ASP.NET
从入门到精通
（第2版）

龙马高新教育 策划

国家863中部软件孵化器 编著

U0232196

人民邮电出版社

北京

图书在版编目（CIP）数据

ASP. NET从入门到精通 / 国家863中部软件孵化器编
著. -- 2版. -- 北京：人民邮电出版社，2015.3（2021.8重印）
ISBN 978-7-115-38213-9

Ⅰ．①A… Ⅱ．①国… Ⅲ．①网页制作工具—程序设
计 Ⅳ．①TP393.092

中国版本图书馆CIP数据核字(2015)第004934号

内 容 提 要

　　本书以零基础讲解为宗旨，用实例引导读者学习，深入浅出地介绍了 ASP.NET 的相关知识和实战技能。

　　本书第 1 篇【基础知识】主要讲解 ASP.NET 动态网站的基础知识、C#语言基础、ASP.NET 中的控件应用、ASP.NET 的内置对象、JavaScript 及 jQuery、数据库与 SQL 基础以及数据控件应用等；第 2 篇【核心技术】主要讲解 ADO.NET、母版页及其主题、ASP.NET 缓存机制、Web Service、LINQ、GDI+图形图像、调试与错误处理、水晶报表、ASP.NET Ajax、ASP.NET 安全策略，以及基于 XML 的新型 Web 开发模式等；第 3 篇【应用开发】主要讲解银行在线支付系统、在线投票统计系统、邮件收发系统、网站流量统计系统、用户验证系统、广告生成系统以及文件批量上传系统等 7 个应用系统的开发；第 4 篇【项目实战】主要讲解项目规划，以及博客系统、B2C 网上购物系统和信息管理系统（图书管理系统、学生管理系统、教师档案管理系统）的开发流程。

　　本书所附 DVD 光盘中包含了与图书内容全程同步的教学录像。此外，还赠送了大量相关学习资料，以便读者扩展学习。

　　本书适合任何想学习 ASP.NET 的读者，无论您是否从事计算机相关行业，是否接触过 ASP.NET，均可通过学习快速掌握 ASP.NET 的开发方法和技巧。

◆ 策　划　龙马高新教育
　　编　著　国家 863 中部软件孵化器
　　责任编辑　张　翼
　　责任印制　杨林杰

◆ 人民邮电出版社出版发行　　北京市丰台区成寿寺路 11 号
　　邮编　100164　电子邮件　315@ptpress.com.cn
　　网址　http://www.ptpress.com.cn
　　北京九州迅驰传媒文化有限公司印刷

◆ 开本：787×1092　1/16
　　印张：41
　　字数：1 141 千字　　　　　　　　2015 年 3 月第 2 版
　　印数：7 201 – 7 500 册　　　　　2021 年 8 月北京第 8 次印刷

定价：69.80 元（附光盘）

读者服务热线：(010)81055410　印装质量热线：(010)81055316
反盗版热线：(010)81055315
广告经营许可证：京东市监广登字 20170147 号

前　言

"从入门到精通"系列是专为初学者量身打造的一套编程学习用书，由知名计算机图书策划机构"龙马高新教育"精心策划而成。

本书主要面向 ASP.NET 初学者和爱好者，旨在帮助读者掌握 ASP.NET 基础知识、了解开发技巧并积累一定的项目实战经验。当读者系统地学习完本书内容之后，就可以骄傲地宣布——"我是一名真正的 ASP.NET 程序员了！"。

 ## 为什么要写这样一本书

荀子曰：不闻不若闻之，闻之不若见之，见之不若知之，知之不若行之。

实践对于学习的重要性由此可见一斑。纵观当前编程图书市场，理论知识与实践经验的脱节，是很多 ASP.NET 图书的写照。为了杜绝这一现象，本书立足于实战，从项目开发的实际需求入手，将理论知识与实际应用相结合。目标就是让初学者能够快速成长为初级程序员，并拥有一定的项目开发经验，从而在职场中拥有一个高起点。

 ## ASP.NET 的最佳学习路线

本书总结了作者多年的教学实践经验，为读者设计了最佳的学习路线。

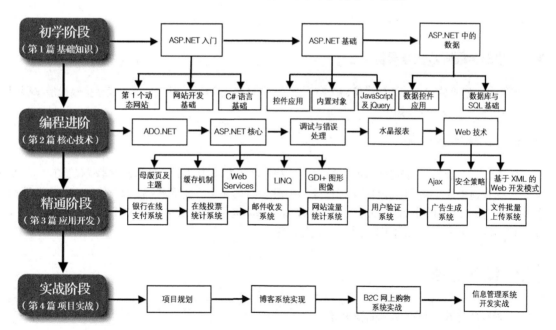

本书特色

▶ 零基础、入门级的讲解

无论读者是否从事计算机相关行业，是否接触过 ASP.NET，是否使用 ASP.NET 开发过项目，都能从本书中找到最佳起点。

▶ 超多、实用、专业的范例和项目

本书结合实际工作中的范例，逐一讲解 ASP.NET 的各种知识和技术。最后，还以实际开发项目来总结本书所学内容，帮助读者在实战中掌握知识，轻松拥有项目经验。

▶ 随时检测自己的学习成果

每章首页罗列了"本章要点"，以便读者明确学习方向。每章最后的"实战练习"则根据所在章的知识点精心设计而成，读者可以随时自我检测，巩固所学知识。

▶ 细致入微、贴心提示

本书在讲解过程中使用了"提示"、"注意"、"技巧"等小栏目，帮助读者在学习过程中更清楚地理解基本概念、掌握相关操作，并轻松获取实战技巧。

 超值光盘

▶ 19 小时全程同步教学录像

涵盖本书所有知识点，详细讲解每个范例及项目的开发过程及关键点。帮助读者更轻松地掌握书中所有的 ASP.NET 程序设计知识。

▶ 超多王牌资源大放送

赠送大量王牌资源，包括 17 小时 C# 项目实战教学录像、19 小时网站建设教学录像、371 页 ASP.NET 类库查询手册、48 页 ASP.NET 控件查询手册、10 套超值完整源代码、50 个 ASP.NET 常见面试题及解析电子书、116 个 ASP.NET 常见错误及解决方案电子书、50 个 ASP.NET 高效编程技巧、ASP.NET 程序员职业规划、ASP.NET 程序员面试技巧等。

 读者对象

- ▶ 没有任何 ASP.NET 基础的初学者
- ▶ 有一定的 ASP.NET 基础，想精通 ASP.NET 的人员
- ▶ 有一定的 ASP.NET 基础，缺乏 ASP.NET 实战经验的人员
- ▶ 大专院校及培训学校的老师和学生

光盘使用说明

01. 光盘运行后首先播放片头动画，之后进入光盘的主界面。其中包括【课堂再现】、【C# 项目实战教学录像】、【网站建设教学录像】三个学习通道，和【范例源码】、【实战练习答案】、【赠送资源】、【帮助文件】、【退出光盘】五个功能按钮。

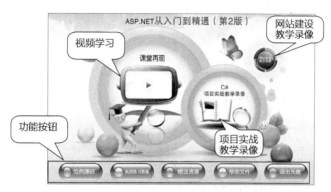

02. 单击【课堂再现】按钮，进入多媒体同步教学录像界面。在左侧的章号按钮上单击鼠标左键，在弹出的快捷菜单上单击要播放的节名，即可开始播放相应的教学录像。

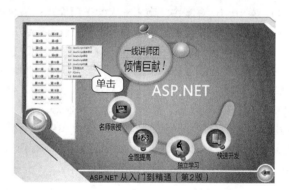

03. 单击【C# 项目实战教学录像】按钮，可以查看相关视频文件，在打开的文件夹中包含了教学录像及其实战源码，在【同步视频】文件夹下进入子文件夹，双击要播放的视频，即可使用电脑中的播放器进行播放。

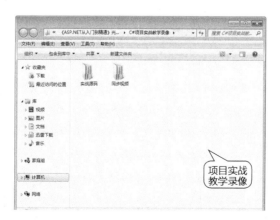

04. 单击【网站建设教学录像】按钮，可以查看赠送的完美网站视频教学录像资源。

05. 单击【范例源码】按钮，可打开本书范例源码文件夹。

06. 单击【实战练习答案】按钮，可在打开的文件夹中看到实战练习答案。

07. 单击【赠送资源】按钮可以查看随本书赠送的资源。

08. 单击【帮助文件】按钮，可以打开"光盘使用说明 .pdf"文档，该说明文档详细介绍了光盘在电脑上的运行环境及运行方法等。

09. 单击【退出光盘】按钮，即可退出本光盘系统。

 ## 网站支持

更多学习资料，请访问 www.51pcbook.cn。

 ## 创作团队

本书由龙马高新教育策划，国家 863 中部软件孵化器组织编写，王雪涛、王雪峰任主编，吴勇、王珂任副主编。参加编写的人员分工如下：第 1~3 章由河南工业大学王雪涛老师编写；第 4、7、10 章由河南工业大学吴勇老师编写；第 5、6、9 章由河南工业大学王珂编写；第 8 及第 19~21 章由河南工业大学田军辉老师编写；第 11 及第 28~30 章由河南工业大学王威达老师编写；第 23~26 章由河南工业大学麦欢欢老师编写；第 12~15 章由天津工业大学李亚伦老师编写；第 16~18 及第 22 章由河南工业大学赵晨阳老师编写，全书由安徽工业职业技术学院王雪峰老师通稿。参加资料整理的人员有孔万里、李震、赵源源、乔娜、周奎奎、王果、陈小杰、左琨、邓艳丽、崔姝怡、侯蕾、左花苹、刘锦源、普宁、王常吉、师鸣若、钟宏伟、陈川、刘子威、徐永俊、朱涛和张允等。

在编写过程中，我们竭尽所能地将最准确的 ASP.NET 理解和感悟呈现给读者，但也难免有疏漏和不妥之处，敬请不吝指正。若您在学习过程中遇到困难或疑问，或有任何建议，可发送电子邮件至 zhangyi@ptpress.com.cn。

编者

目　录

第 1 篇　基础知识

学习 ASP.NET，你准备好了吗?

本章视频教学录像：31 分钟

本章将带领你步入 ASP.NET 的世界，并教你用自己的双手开启知识之门──创建第 1 个 ASP.NET 网站。

第 2 章　ASP.NET 的游戏规则 ── ASP.NET 网站开发基础 21

 本章视频教学录像：28 分钟

本章是学习 ASP.NET 的必经之路。

第 3 章　ASP.NET 中的编程语言 ── C# 语言基础 39

 本章视频教学录像：1 小时 38 分钟

掌握 C# 语言就等于掌握了 ASP.NET 的一半。

第 4 章 网页速成法 —— ASP.NET 中的控件应用 81

本章视频教学录像：2 小时 4 分钟

只有掌握了 ASP.NET 中控件的使用，才能进行网页制作。

第 5 章 使用已有资源 —— ASP.NET 的内置对象 135

本章视频教学录像：19 分钟

使用 ASP.NET 中内置的对象，可以实现事半功倍的效果。

第 6 章 Web 编程必备技术 —— JavaScript 及 jQuery 147

本章视频教学录像：1 小时 8 分钟

JavaScript 及 jQuery 是 Web 编程必备的技术。

第 7 章 网站中的数据源 —— 数据库与 SQL 基础 177

本章视频教学录像: 1 小时 9 分钟

数据库是 ASP.NET 编程中存储数据的地方, 是网站数据的源泉。

第 8 章　ASP.NET 与数据库的中介 —— 数据控件应用............201

本章视频教学录像：17 分钟

本章主要介绍 ASP.NET 与数据库的中介数据控件应用。

第 2 篇　核心技术

你是否在为一大堆数据而挠头？是否因为大量的错误而却步？本篇将揭开 ASP.NET 核心技术的神秘面纱，为你展示程序员是如何"练"成的。

第 9 章　数据库的操纵工具 —— ADO.NET 214

本章视频教学录像：55 分钟

ADO.NET 就是 ASP.NET 数据库"大餐"中的"筷子"，用好了"筷子"，才能品尝到丰盛的大餐。

第 10 章　母版页及其主题...261

本章视频教学录像：25 分钟

本章介绍母版页及其主题的使用方法。

第 11 章　ASP.NET 缓存机制 273

本章视频教学录像：18 分钟

本章介绍 ASP.NET 缓存机制的相关内容。

第 12 章　Web Service 285

本章视频教学录像：20 分钟

本章介绍 Web Service 的相关内容。

第 13 章　统一数据查询模式 —— LINQ 295

本章视频教学录像：55 分钟

本章介绍 LINQ 的相关内容。

第 14 章　GDI+ 图形图像..319

 本章视频教学录像: 42 分钟

本章介绍 GDI+ 图形图像的相关内容。

第 15 章　错误在所难免 —— 调试与错误处理.....................343

本章视频教学录像: 34 分钟

本章介绍错误的处理方式。

第 16 章　报表是如何生成的 —— 水晶报表 359

本章视频教学录像：29 分钟

本章介绍水晶报表的相关内容。

第 17 章　新型 Web 开发技术 —— ASP.NET Ajax 377

本章视频教学录像: 33 分钟

本章介绍 ASP.NET Ajax 的主要内容。

第 18 章　给我的程序加把锁 —— ASP.NET 安全策略 399

本章视频教学录像: 24 分钟

程序开发过程中, 安全很重要。

第 19 章　基于 XML 的新型 Web 开发模式 417

本章视频教学录像：38 分钟

本章介绍基于 XML 的新型 Web 开发模式。

第 3 篇　应用开发

破茧成蝶，从菜鸟向程序员转变。

第 20 章　银行在线支付系统 436

本章视频教学录像：17 分钟

各种网上支付，原来是这么一回事。

第 21 章　在线投票统计系统 453

本章视频教学录像：16 分钟

本章介绍在线投票统计系统。

第 24 章 用户验证系统 509

 本章视频教学录像: 22 分钟

本章主要介绍用户验证系统。

第 25 章 广告生成系统 525

本章视频教学录像: 16 分钟

本章主要介绍广告生成系统的内容。

第 26 章　文件批量上传系统 537

本章视频教学录像：14 分钟

批量上传文件，高效快捷。

第 4 篇 项目实战

万事俱备，只欠东风。学以致用才是学习的最终目的，本篇将带领你迈入真正的程序员行列。

第 27 章 项目实战前的几点忠告 —— 项目规划 550

本章视频教学录像：28 分钟

项目开发前，你知道要做什么吗？

第 28 章　我的博客我做主——博客系统实战 561

本章视频教学录像：18 分钟

你有博客吗？你会创建博客系统吗？本章使用 ASP.NET 3.5 + SQL Server 2008 完美实现。

第 29 章　B2C 网上购物系统实战 585

本章视频教学录像：23 分钟

网上购物系统的制作其实很简单。

第 30 章　信息管理不用愁 —— 信息管理系统开发实战 613

本章视频教学录像：25 分钟

图书管理系统！学生管理系统！教师档案管理系统！

赠送资源（光盘中）

► 1.　17 小时 C# 项目实战教学录像

► 2.　19 小时网站建设教学录像

► 3.　371 页 ASP.NET 类库查询手册

► 4.　48 页 ASP.NET 控件查询手册

► 5.　10 套超值完整源代码

► 6.　50 个 ASP.NET 常见面试题及解析电子书

► 7.　116 个 ASP.NET 常见错误及解决方案电子书

► 8.　50 个 ASP.NET 高效编程技巧

► 9.　ASP.NET 程序员职业规划

► 10.　ASP.NET 程序员面试技巧

第 0 章

如何学习 ASP.NET

各位读者朋友，在你开始学习 ASP.NET 之前，我想你现在最迫切想知道的便是如何才能快速高效地去学习这样一主流开发技术。为什么对于同样一门技术，有些人可以很快掌握，而另外一些人的学习之路却举步维艰？其实这种差异很大程度上取决于他们的学习方法。接下来一起讨论一下究竟应该如何学习 ASP.NET。

本章要点（已掌握的在方框中打钩）

☐ 初识 ASP.NET

☐ 学习 ASP.NET 的注意事项

■ 0.1 初识 ASP.NET

ASP.NET 作为微软 .NET Framework 的一部分，是一个统一的 Web 开发工具，它包括使用尽可能少的代码生成企业级 Web 应用程序所必需的各种服务。当编写 ASP.NET 应用程序的代码时，可以访问 .NET Framework 中的类。可以使用与公共语言运行库（CLR）兼容的任何语言来编写应用程序的代码，ASP.NET 开发的首选语言是 C# 和 VB .NET，同时也支持多种语言的开发，这些语言包括 JScript .NET 和 J#。ASP.NET 具有执行效率高、世界级的工具支持、强大性和适应性、简单性和易学性、高效可管理性、多处理器环境的可靠性、自定义性、可扩展性、安全性等优点，是目前最流行的 Web 应用程序开发方式之一。

■ 0.2 学习 ASP.NET 应注意什么

针对初学者，下面简单地介绍一下学习 ASP.NET 需要注意的几点。

首先，在清晰认识 ASP.NET 后，请用积极的态度对待它。

上面我们介绍了究竟什么是 ASP.NET。我们必须清楚，ASP.NET 并不是一种单一的编程语言，而是一种强大的 Web 开发技术，它有它的应用领域，也有它自己的特点。认识到这些是我们学习 ASP.NET 的前提。另外我们都听过这样一句话：态度决定一切。这句话可以说是一句真理，对做任何事情都适用！如果你是以一种玩笑的态度学习 ASP.NET，那么我可以负责任地告诉你：你不会成功。编程是一个不断学习、不断积累的过程。要用积极的态度去学习！

其次，编程不要等学会所有的知识再去动手，而是在动手中学习。

作为一个初学者，要想学习 ASP.NET 并使用 ASP.NET 进行开发，是需要一个过程的。ASP.NET 开发必须要掌握相关课程知识，如 .NET 面向对象的编程语言、HTML 与 CSS、数据库技术、网络技术等。我们在学习之前对于这些至少要有个了解，但是不可能所有的课程知识都掌握得很好，那么怎么办？是把这些课程都学好了、学精了再去学 ASP.NET 开发？当然不能，最好是在学习 ASP.NET 的过程中遇到不清楚的知识点就去查相关的教材和资料，在学习的过程中进行知识的补充！一本好的教材，往往可以让你的学习达到事半功倍的效果。而本书是初学者学习 ASP.NET 的好帮手，是 ASP.NET 开发初学者从入门到精通的经典教程。书中给出的每个项目，都是由具有多年项目开发经验和培训经验的人员根据实际运用编写的实用项目；每章最后的"高手点拨"给读者介绍了一些高级应用或实用技巧；"实战练习"不但给读者提供了检测自己学习成果的机会，同时也提高了读者的动手能力。通过对本书的阅读学习，初学者不但可以掌握 ASP.NET 的基础知识，还可以通过举一反三的练习达到精通的目的。

要想学好 ASP.NET，既要重视学习，又要注重实践，要把学习的内容运用到实际的程序中去。例如可以试着设计一个完整的网站等，这样有助于自身水平的提高。等到编程水平提高到了一定的境界后，看代码就变成了最好的学习手段，可以从别人的经验中汲取对自己有用的部分。

最后，要学会利用一切可以利用的资源。

在学习或实践的过程中总会遇到一些问题，这个时候不能急躁，不要急着借助外力，应该首先尝试着自己解决。这样不但可以锻炼自己独立分析和解决问题的能力，还可以总结很多宝贵的经验教训。实在无法解决的时候，就应该虚心请教身边有 ASP.NET 开发经验的人，也可以通过网络查阅资料。现在的网络资源非常丰富，借助相应的网站或论坛来解决问题是一个很好的学习方法，而且还能从中积累经验。

从另一个角度来看，我们遇到的很多问题其实也是发挥自己创造性的大好机会。真正的程序员和工程师，绝不仅仅是编写代码的劳动者。我们要站在巨人的肩膀上，充分地发挥自己的创新精神，通过自己的思考，创造出更多、更大的价值。只要以此为目标去努力，就一定会成为一名真正的程序员和工程师。

掌握了以上几点，就让我们一起开始愉快的编程之旅吧！

第 1 篇
基础知识

万丈高楼平地起，打好基础不费力！

本篇是学习 ASP.NET 的基础。通过本篇的学习，您将通过学习开发第 1 个 ASP.NET 动态网站，了解 ASP.NET 动态网站开发的基础，掌握与 ASP.NET 网站开发息息相关的 C# 语言基础、ASP.NET 中的控件应用、ASP.NET 的内置对象、JavaScript 及 jQuery、数据库与 SQL 基础，以及数据控件应用的相关知识，为后面深入学习 ASP.NET 网站开发奠定根基。

那么，就让我们进入精彩的 ASP.NET 编程世界吧！

第 **1** 章

 本章视频教学录像：31 分钟

ASP.NET 见面礼
——第 1 个 ASP.NET 动态网站

ASP.NET 自从推出以来，经过几年的发展，已经成为 Web 开发的主流工具之一。那么什么是 ASP.NET？ASP.NET 有哪些用途？本章将为您解疑释惑。

本章要点（已掌握的在方框中打钩）

☐ ASP.NET 简介

☐ ASP.NET 的根基— ASP.NET 开发运行环境的搭建

☐ 创建我的第 1 个 ASP.NET 网站

☐ 网站的发布

☐ 网站的打包与安装

1.1 ASP.NET 简介

本节视频教学录像：4 分钟

我们经常听说 .NET 和 ASP.NET，可到底什么是 .NET？ ASP.NET 又是什么？

1.1.1 什么是 .NET

所谓 .NET，通常是指微软公司推出的 .NET 框架（即 .NET Framework）。.NET Framework 是一款可以提供多语言组件开发和执行支持的环境。换句话说，它能够提供一个统一编程环境，但这个环境却没有开发语言的限制。.NET 存在的目的就是能够让程序员更高效地建立各种 Web 应用程序和服务，并让 Internet 上的应用程序之间可以通过使用 Web 服务进行沟通。

凡是接触过程序设计的人都知道，用一种语言编写出来的程序，一般来说是很难与用另一种语言编写出来的程序进行数据交换的。比如因其数据类型的定义规则不同，那么用 Delphi 写出来的程序，用其他语言编写程序时调用起来是非常不方便的。

那么，究竟怎样才能解决这个问题？ .NET 的推出，为我们提供了这样一种解决方案：使用一种对各种被支持语言都相同的公共数据类型。这就好比每个人都有自己的语言，但是为了不同国家的人之间的交流更方便，我们就给每个人都带上了一个能够把所有的语言都翻译成一种语言的工具。而这正是 .NET 的最大特点。它提供的公共类型系统定义了一个数据类型的集合，从而屏蔽了大部分编程语言中数据类型的差异性。比如在 J# 环境下使用了一个字符串，公共类型系统就能够确保在 .NET 的环境下你所引用的字符串对其他支持语言（如 C#.NET 或者 VB.NET）来说是完全相同的，也就是说使用的是同一样东西。因为这里使用的 string 类型并非各个编程语言自己定义的数据类型，而是 .NET 公共类型系统里定义的数据类型。公共类型系统里的 string 类型在 .NET 框架本身中已经被定义过了。让编程语言与数据类型的定义分离，就能够使得 .NET 环境支持多种语言的"合作"编程，而且还不影响效率。

.NET 框架主要包括 3 个组成部分：服务框架、公共语言运行和应用程序模板。

.NET 提供了两类模板可供用户自主选择，分别为 Windows 应用程序模板（Windows Forms）和 Web 应用程序模板（Web Forms 和 Web Services），用户可以使用这两类模板分别进行快速的 Windows 程序的开发和 Web 程序的开发。

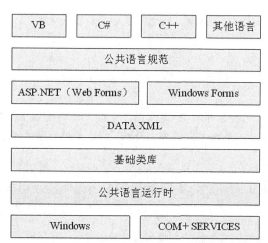

.NET 的框架结构分为若干层（见上图）。第 1 层为 VB、C# 和托管 C++ 等高级程序语言，然后是

公共语言规范、数据与 XML、基础类库和两类应用程序模板等层。基础类库是由微软事先编写好的各种程序和类，用以支持创建这两类应用程序所需要的各种基本服务，比如对数据的访问或是创建应用程序模板（Windows Forms 和 Web Forms）的操作等。

在 .NET 中，用户使用被支持语言所写的代码，在执行的时候都会被转换为 MSIL（微软中间代码），最后转化为机器码统一识别。

注意

1.1.2 什么是 ASP.NET

ASP.NET 是微软公司新推出的 Web 开发技术，是在 Windows 平台下的新型 Web 程序开发语言。经过几年的改进和优化，ASP.NET 已逐渐成为一种稳定而强大的 Web 语言，利用 ASP.NET 进行网络程序的开发和网站的开发也成为了时下的潮流。

那么，ASP.NET 与传统的 ASP 相比，究竟有哪些新的特点呢？

我们知道，虽然 ASP 的产品很多，但由于传统的 ASP 只能使用弱类型的脚本语言进行编程，以及其解释运行的机制和开发中代码的混乱，所以一般来说难以应用在大型系统中。而且 ASP 产品由于安全性的问题不容易完善解决，所以一旦受到攻击，就很容易造成资料的泄露。ASP 的前后台代码是不分离的，这样就会让设计者在一个界面里代码较为复杂时很难进行有效的管理，其系统出现 BUG 的概率和后期维护的成本也非常高。

但是 ASP.NET 问世后，很快就受到了广大程序员的欢迎。ASP.NET 较之 ASP 来说功能更为强大，也更加稳定安全，已经不仅仅是对 ASP 的改进和增强，其条理清晰的前后台分离代码以及许许多多的集成功能更是可以达到 ASP 无法达到的高度，从而能够成为当今 Web 应用程序开发的主流。

1.2 ASP.NET 开发运行环境的搭建

本节视频教学录像：14 分钟

要开发运行 ASP.NET 应用程序或网站，在计算机中要有以下环境。

(1) 浏览器。

(2) .NET Framework SDK。

同时，我们还需要有 Visual Studio 系列的开发工具。而在安装 Visual Studio 2010 时，会自动安装 .NET Framework SDK。

Windows 7 操作系统中已经自带有 IE 浏览器，一般无需再安装 IE 浏览器。本项目中我们就以 Windows 7 为操作系统、Visual Studio 2010 作为开发工具，来进行项目的开发。

开发环境的条件是缺一不可的，缺少其中的任何一个条件都会发生错误。

注意

下面对 ASP.NET 的开发运行环境进行简单的说明并安装。

1.2.1 IIS 的安装

　　IIS，全称为 Internet Information Services，即互联网信息服务，是由微软公司推出的基于 Windows 的互联网基本服务。本项目就是基于 IIS 服务器进行网站发布的。但是，在 Windows 7 系统安装盘中，默认情况下 IIS 是不会随系统一起安装的，所以我们在单独安装 IIS 时需要 Windows 系统盘，或者是从网上下载的安装程序。

　　下面以 IIS 7.0 为例进行安装，具体步骤如下。

　　(1) 选择【开始】➢【控制面板】，单击【程序和功能】。

　　(2) 选择左侧的【打开或关闭 Windows 功能】，在弹出的【Windows 功能】对话框中勾选【Internet 信息服务】复选框，会安装 Internet 信息服务的默认选项。这里建议对 Internet 信息服务中的【web 管理工具】和【万维网服务】完全安装。

　　(3) 单击【确定】按钮开始正式安装 IIS。安装完成后提示是否重新启动计算机，建议重新启动计算机。

　　(4) 选择【开始】➢【控制面板】，单击【管理工具】。从中可以看到 IIS 的图标，双击即可打开 IIS 服务器，以后就可以通过 IIS 来测试预览自己的网站了；如果你的计算机有独立 IP，也可以把你的计算机作为服务器发布自己的网站了。

　　这里我们介绍了 IIS 的安装，但是需要说明一点，因为 Visual Studio 2010 内置了信息服务，所以我们在调试 ASP.NET 应用程序时是不需要 IIS 的。在 ASP.NET 应用程序发布时需要使用 IIS。

提示

1.2.2 安装 Visual Studio 2010

Microsoft Visual Studio 2010 是面向 Windows 系列程序的一套完整的开发工具集合，也是开发 ASP.NET 应用程序的核心工具，是 Visual Studio 2008 的加强版本和升级版本。Visual Studio 2010 在 2008 版本的基础上引入了许多新的特性，支持 Windows Azure，微软云计算架构；支持新语言 Visual F#；支持最新 C++ 标准，增强 IDE，切实提高程序员的开发效率。

下面我们就来安装 Visual Studio 2010，具体步骤如下。

(1) 插入 Visual Studio 2010 的安装光盘，双击 Setup.exe 程序，单击【安装 Visual Studio 2010】。

(2) 安装程序会加载安装组件，加载完成后单击【下一步】按钮，开始安装，并接受安装协议。

(3) 选中【我已阅读并接受许可条款】单选按钮，单击【下一步】按钮。

(4) 用户可以根据自己的实际需求来选择 Visual Studio 2010 的安装模式和路径。选择【完全】，将

安装全部的组件；选择【自定义】，可由用户来选择要安装的组件。此处选中【完全】单选按钮，然后单击【安装】按钮。

(5) 系统开始安装 Visual Studio 2010 的各个组件，安装的组件可在左侧的列表中看到。安装时间比较长，安装期间请用户耐心等待。

(6) 组件安装完成，会弹出成功安装的对话框，单击【完成】按钮，Visual Studio 2010 就成功地被安装到了计算机中，接下来用户就可以轻松地利用 Visual Studio 2010 进行 ASP.NET 程序的开发了！

1.2.3 Visual Studio 2010 开发环境介绍

本节介绍 Visual Studio 2010 开发环境。

(1) 选择【开始】➤【所有程序】➤【Microsoft Visual Studio 2010】➤【Microsoft Visual Studio 2010】菜单命令，启动 Visual Studio 2010。初始界面如图所示。

(2) 选择【文件】➤【新建】➤【网站】➤【ASP.NET 网站】菜单命令，即可进入项目的开发界面。

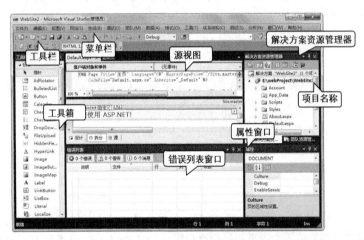

从上图中可以看出，Visual Studio 2010 的开发界面主要由菜单栏、工具栏、工具箱、编辑窗口、解决方案资源管理器和属性窗口等组成。

1. 菜单栏和工具栏

菜单栏和工具栏中包含了所有的操作命令。在其中可以通过右击工具栏，在弹出的快捷菜单中选择相应的菜单项来定制工具栏。

Visual Studio 2010 的菜单栏如图所示。

2. 工具箱

工具箱中主要包含一些常用的控件，比如 HTML 标签和微软已经封装好的一些控件（如数据绑定控件、验证控件和导航控件等）。用户需要使用控件时，只需要将控件从工具箱中拖到界面上，或是双击控件图标即可。

在工具箱中，我们如果右键单击并选择【选择项】，就会弹出【选择工具箱项】对话框，从中可以为工具箱添加其他的一些可选控件。

 提 示　在 ASP.NET 中，我们主要使用微软已经封装好的一些控件，当然用户也可以编写一些自定义控件使用。

3. 编辑窗口

编辑窗口下方有 1 个【界面切换条】，这个切换条包括【设计】、【拆分】和【源】等 3 部分，分别代表 3 种视图，单击即可切换。

【设计】视图：用于设计程序的界面。

【源】视图：用于编辑程序的代码。

【拆分】视图：融合【设计】视图和【源】视图，并同步显示。

4. 属性窗口

选择【视图】➤【属性窗口】菜单命令打开属性窗口，从中可以按照字母顺序或是属性分类来查看某一控件对象的各个属性。除了查看之外，还可以改变控件的属性值，如控件的名称等，以满足需求。当然，也可以在代码中修改属性值，这与在属性窗口中修改是相同的。

5. 解决方案资源管理器

解决方案资源管理器是对其所属项目文件的导航。在这里可以看到项目的结构，比如各个类库、数据库文件以及系统配置文件等。用户在这里也可以添加或者删除文件，来实现对文件的管理。当然，解决方案资源管理器在项目刚创建时只包含几个必要的文件，其具体的架构还需要用户根据实际需求自己来设计。

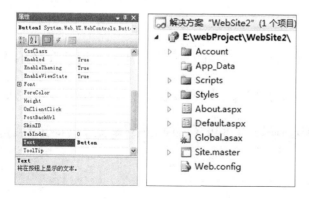

6. 常用操作

（1）添加页面：在项目名称上点击右键，选择"添加新项"，在弹出的窗口中选择"web 窗体"。在名称栏输入要添加的窗体的名称，单击"添加"即可；选择"添加现有项"可以添加本地磁盘现有的内容；选择"添加文件夹"可以添加一个文件夹。

（2）添加页面后默认打开的是页面的"源"视图，可以通过单击页面左下方的"设计"切换到设计视图。

（3）双击页面（或按【F7】键），可以切换到页面的 cs 文件页面，如图所示；按【Shift+F7】组合键可以从 cs 页面返回设计页面。

```
Default2.aspx.cs ×  Default2.aspx   Default.aspx
Default2                                          Page_Load(object se
  3   using System.Linq;
  4   using System.Web;
  5   using System.Web.UI;
  6   using System.Web.UI.WebControls;
  7
  8   public partial class Default2 : System.Web.UI.Page
  9   {
 10       protected void Page_Load(object sender, EventArgs e)
 11       {
 12           |
 13       }
 14   }
```

（4）Web 应用程序运行都会从某个页面开始，因此可以在某个页面上单击右键，选择"设为起始页"，将该页面设置为起始页面。

（5）删除某个对象：选中项目中某个页面或者文件夹，单击右键，选中"删除"，即可删除选中项。

用户在编写代码的时候，可以将文件按类型保存在不同的文件夹下，以保持项目文件系统逻辑的清晰。

提示

1.3 创建我的第 1 个 ASP.NET 网站

本节视频教学录像: 3 分钟

本节利用 Visual Studio 2010 来创建一个 ASP.NET 网站。

【范例 1-1】ASP.NET 的 "Hello World" 程序。

(1) 打开 Microsoft Visual Studio 2010，选择【文件】▶【新建】▶【网站】菜单命令，在弹出的【新建网站】对话框中选择【ASP.NET 网站】，然后单击【浏览】按钮，选择本网站的存放路径。

(2) 单击【确定】按钮完成网站的创建，显示出网站源码窗口。

(3) 系统默认会打开 Default.aspx 页面的代码视图。单击下方的【设计】按钮，可以将其切换到设计视图。

(4) 从工具箱中的标准控件中拖曳一个 Label 标签控件至光标处。

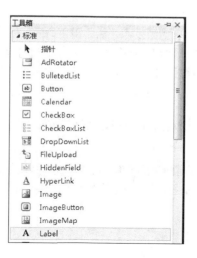

(5)双击页面或者按 F7 键，打开 Default.aspx.cs 页面，在 Page_Load ( )事件中输入以下代码：
this.Label1.Text = "Hello World!";

【运行结果】

在【解决方案资源管理器】中的 Default.aspx 上右击，在弹出的快捷菜单中选择【设为起始页】菜单项。

按【F5】键调试运行，或单击工具栏中的 ▶ 按钮，在弹出的对话框中选择【不进行调试直接运行】，单击【确定】按钮，即可在浏览器中显示如图所示的结果。

如果按【Ctrl+F5】组合键，则可不调试而直接运行。

提 示

【范例分析】

用户在对网站首次访问时，ASP.NET 网页会被动态编译并置入用户电脑的内存，访问速度会比较慢；但是在以后的运行中，由于用户的内存中已经存在了编译的网页的信息，用户对网页的访问速度就会比较快。

▌ 1.4 网站的发布

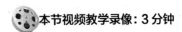本节视频教学录像：3 分钟

ASP.NET 网站设计开发完成后，需要发布才能让用户访问。使用什么类型的服务器以及将它放在哪里的服务器，这取决于具体要求。可以放在个人计算机上，也可以放在局域网服务器上，或者放在能够直接连接 Internet 的提供商（通常是商业的）服务器上。在其被正式使用前可以先对站点进行预编译，这样就可以将其部署到服务器中进行网站发布。

【范例 1-2】使用 Visual Studio 2010 发布网站。

(1) 在 Visual Studio 2010 中，打开【范例 1-1】中创建的 HelloWorld 网站，在【解决方案资源管理器】中的网站名称上右击，在弹出的快捷菜单中选择【发布网站】菜单项。

(2) 在弹出的【发布网站】对话框中选择网站发布的【目标位置】。

(3) 单击【确定】按钮，即可在目标位置生成编译后的网站。

【范例分析】

网站经过发布后，程序文件夹中的 .cs 文件已经没有了，而新创建了一个 bin 文件夹，文件夹中有若干个 dll 文件，可见网站发布的过程就是将网站的后台代码文件创建为 dll 形式的文件的过程。这样可以有效保护我们程序的源代码不被泄露。

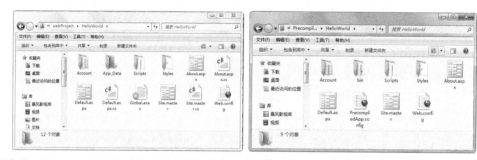

所有的 ASP.NET 文件类型在对网站进行编译时都会被编译，但 HTML 等文件则会被保存原状。

网站通过预编译后，不管是放在局域网服务器上，还是想要被外界访问，都需要在服务器的 IIS 上进行发布。为此，只需要将 IIS 站点的默认路径设置为预编译后的站点保存路径即可。

▌ 1.5 网站的打包与安装

🎞 **本节视频教学录像：5 分钟**

我们能够将网站的所有文件打包成为安装程序，这样其他的用户就可以很方便地使用网站程序。

1.5.1 网站的打包

网站的打包步骤如下。

【范例 1-3】使用 Visual Studio 2010 打包网站。

(1) 选择【文件】➤【新建】➤【项目】菜单命令，弹出【新建项目】对话框。在左侧的【项目类型】栏里选择【其他项目类型】➤【安装和部署】，将【模板】选择为【Web 安装项目】，然后修改项目的名称和存放路径，单击【确定】按钮。

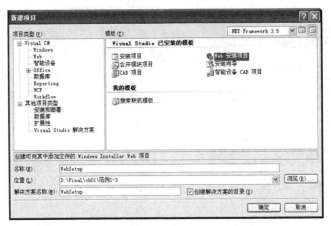

(2) 在【解决方案资源管理器】中右击"解决方案"，在弹出的快捷菜单中选择【添加】▶【现有网站】菜单项，将把需要打包的网站添加到现有项目里（如在此处添加【范例 1-1】中的网站）。

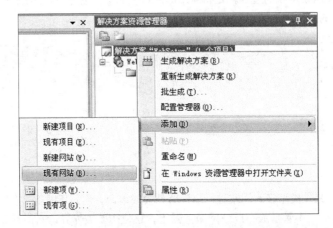

(3) 在【解决方案资源管理器】中右击新建的项目名称（WebSetup），在弹出的快捷菜单中选择【添加】▶【项目输出】菜单项，选择要添加项目的路径，把内容文件添加进去。

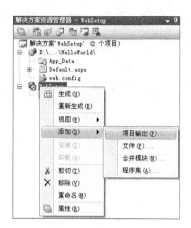

（4）在【解决方案资源管理器】中右击【WebSetup】，在弹出的快捷菜单中选择【生成】菜单项，系统即开始生成网站的安装程序。

【运行结果】

状态栏中提示"生成成功"后，在本范例项目文件夹中的"Debug"文件夹下会生成名为"HelloWorldSetup.exe"和"HelloWorldSetup.msi"的网站安装程序。这样，一个 ASP.NET 程序的打包操作就成功了。

1.5.2 网站的安装

生成网站的安装程序后，接下来可以将"HelloWorldSetup.exe"和"HelloWorldSetup.msi"两个文件发给别人进行安装。

"HelloWorldSetup.exe"和"HelloWorldSetup.msi"要放在同一个文件夹中。

注 意

网站的安装步骤如下。

(1) 双击"HelloWorldSetup.exe"，弹出网站的安装向导，单击【下一步】按钮，设置【站点】和【虚拟目录】的名称，单击【下一步】按钮。

(2) 根据提示一直单击【下一步】按钮，即可进行安装。提示【安装完成】后，单击【关闭】按钮即可。

(3) 选择【开始】➢【控制面板】➢【管理工具】➢【Internet 信息服务】，打开【Internet 信息服务】对话框，可以看到在【默认网站】下有一个名为【HelloWorldSetup】的虚拟目录。

【运行结果】

在浏览器的地址栏中输入"http://localhost/HelloWorldSetup/Default.aspx"，按【Enter】键即可浏览网站。

> 运行 ASP.NET 网站需要安装 IIS 和 .NET Framework。如果生成安装文件后安装出现"安装程序被中断，未能…"的错误，原因有两个：一是需要使用 aspnet_regiis-i 注册 IIS 服务器；二是 IIS 安装不完整，尽量完全安装。
>
> **提示**

▌ 1.6 高手点拨

本节视频教学录像: 2 分钟

1. ASP.NET 与 C# 的关系

ASP.net 是微软的 .net 的一个开发平台框架，是一个系统平台；可以支持很多语言，是一个服务器端的脚本开发环境。而 C# 是一种编程语言，就像 C 语言一样；使用语言可以实现相应的功能。

2. ASP.NET 的开发优势

界面和代码分离的开发模式；强大的开发环境支持；强大的标准工具集；安全性。

3. 网站网页开发原理

我们平时浏览的网站网页，也是使用相关 Web 开发技术开发的。其中很大一部分就是使用 ASP.NET 技术开发的。首先使用开发工具开发网站，然后发布网站，然后申请服务器或者网页空间（虚拟主机），使用上传工具将发布的网站上传到申请的服务器或者网页空间上，然后申请域名，将域名和申请的网页空间进行绑定。至此，就可以在浏览器中输入相应的域名访问网站了。

█ 1.7 实战练习

用 ASP.NET 编写一个简单的页面，要求实现以下功能。

(1) 新建一个 ASP.NET 网站。

(2) 做一个简单的 ASP.NET 页面。

(3) 发布网站。

(4) 安装部署网站。

(5) 在 IIS 中预览运行结果。

第 **2** 章

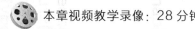本章视频教学录像：28 分钟

ASP.NET 的游戏规则
——ASP.NET 网站开发基础

学习 ASP.NET，就要从其开发基础开始学起。本章介绍 ASP.NET 的基础知识。

本章要点（已掌握的在方框中打钩）

□ ASP.NET 入门知识

□ HTML 基础

2.1 ASP.NET Web 入门知识——准备工作

本节视频教学录像：7分钟

ASP.NET 是一种动态网页技术，那么什么是静态网页和动态网页呢？本节介绍网页设计中常用的一些术语和名词。

2.1.1 静态页面的工作原理

静态网页就是由一些 HTML 代码组成的 Web 页面，代码可以用记事本直接打开查看、编辑。静态页面一般包括文本、图像和超链接，它的外观总是不变的，用户在任何时候都会看到相同的显示内容。网页并不会记录什么人、什么时间，在哪儿通过什么方式访问过网页，这些页面也不会和数据库打交道。

静态网页的网址通常以 .htm、.html、.shtml、.xml 等为后缀。在 HTML 格式的网页上，也可以出现各种动态的效果，如 .GIF 格式的动画、FLASH、滚动字母等，这些"动态效果"只是视觉上的，当然静态 HTML 也可以存在一些动态的内容，但它们都是被动的，没有交互性或者交互性有限，与动态网页是不同的概念。

我们在网络中可以浏览到 HTML 的页面，其工作原理如下。

首先由浏览器根据地址访问网页，该请求被传递给 Web 服务器，Web 服务器将其转换为 HTML 代码，并将 HTML 代码通过网络传递回用户端的计算机浏览器，浏览器解析 HTML 代码最终显示给用户。静态页面工作原理如图所示。

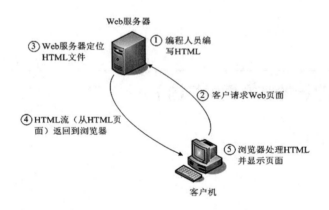

【范例 2-1】静态的 html 页面。

(1) 新建 1 个记事本文件，并输入以下代码。

```
01  <html>
02   <head>
03    <title> 静态 HTML 页面 </title>
04   </head>
05   <body>
06    <h1> 这是一个静态页面 </h1>
```

```
07    </body>
08    </html>
```

(2) 将文件另存为【demo.html】。

【运行结果】

双击此 HTML 文件，即可在浏览器中输出如图所示的结果。

2.1.2 客户端动态页面

客户端的动态页面技术仍然没有脱离 HTML。简单地说，附加在浏览器上的插件完成创建动态页面的全部工作，Web 页面创建者会在编写页面代码时加入一些指令，在用户向 Web 服务器请求页面时，本地的 IE 浏览器插件能够利用这些指令生成不含指令的 HTML 页面，也就是说，IE 浏览器会根据请求在客户端动态生成页面，但这种技术现在已经很少用。

2.1.3 服务器端动态页面

服务器端动态页面技术与客户端动态页面技术有所不同，服务器端动态页面技术将解析指令的方式从客户端转移到了服务器端。当含有指令的页面从客户端发起请求时，由服务器端解析指令并将结果以纯 HTML 文件流的形式传送回客户端，客户端如同接收静态网页一样处理 HTML，并将结果在浏览器上显示出来。服务器动态页面中所有的代码都是在服务器端完成的，从而避免了代码泄漏，也提高了网页的速度，同时也解决了多种浏览器无法解释同一段代码的问题。

当用户刷新页面时，IE 浏览器会向服务器发出请求，服务器在接到请求后要先解释指令代码，生成 HTML 代码，之后将页面的 HTML 代码和脚本的结果一起返回客户端，客户端解析 HTML 代码显示页面。动态网页工作原理如图所示。

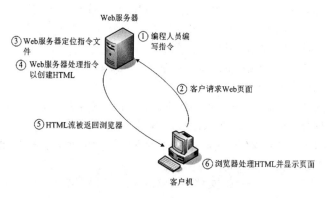

我们在第 1 章中创建的 HelloWorld 网站就是 1 个具有动态页面的网站。

注意 这里所说的动态网页，与网页上的各种动画、滚动字幕等视觉上的"动态效果"没有直接关系。动态网页也可以是纯文字内容的，也可以是包含各种动画的内容，这些只是网页具体内容的表现形式，无论网页是否具有动态效果，采用动态网站技术生成的网页都称为动态网页。

从网站浏览者的角度来看，无论是动态网页还是静态网页，都可以展示基本的文字和图片信息，但从网站开发、管理、维护的角度来看就有很大的差别。动态网页的一般特点简要归纳如下。

（1）动态网页以数据库技术为基础，可以大大降低网站维护的工作量。

（2）采用动态网页技术的网站可以实现更多的功能，如用户注册、用户登录、在线调查、用户管理、订单管理等。

（3）动态网页实际上并不是独立存在于服务器上的网页文件，只有当用户请求时服务器才返回一个完整的网页。

2.2 HTML 基础

本节视频教学录像: 18 分钟

本节介绍 HTML 语言的基础知识。

2.2.1 HTML 基本语法

HTML 即超文本标记语言，是 WWW 的描述语言。所谓超文本，是因为它可以加入图片、声音、动画、影视等内容，HTML 文本是由 HTML 标记组成的描述性文本，HTML 标记可以用于说明文字、图形、动画、声音、表格和链接等。HTML 的结构包括头部（Head）和主体（Body）两大部分，其中头部描述浏览器所需的信息，而主体则包含所要说明的具体内容。

HTML 元素（Element）构成了 HTML 文件，这些元素由 HTML 标签（tags）定义。HTML 文件是一种包含了很多标签（tags）的纯文本文件，标签告诉浏览器如何去显示页面。使用 Windows 系统的"记事本"或者其他的文本编辑器就可以编辑它们，HTML 文件以 .html 或 .htm 为扩展名才会让浏览器"认识"并"解读"出来。

HTML 文件的基本特征如下。

（1）标签由引文尖括号"<"和">"框起来，如"<html>"就是一个标签。

（2）大部分标签都是成对出现的，如"<title>"和"</title>"，第 1 个标签叫"起始标签"，第 2 个叫"结束标签"，结束标签只比起始标签多了一个"/"。

（3）标签可以嵌套，但是先后顺序必须保持一致，如 <p> 标签之后嵌套了 <strong> 标签，所以 </strong> 标签必须在 </p> 标签的前面。

（4）两个标签中的文本内容就是元素内容，标签就是告诉浏览器这个内容是何种元素。

（5）HTML 标签不区分大小写，<p> 和 <P> 是一样的。

（6）<HTML></HTML> 在文档的最外层，文档中的所有文本和 html 标签都包含在其中，它表示该文档是以超文本标识语言（HTML）编写的。

（7）<HEAD> 和 </HEAD> 是 HTML 文档的头部标签，在浏览器窗口中，头部信息是不被显示在正文中的，在此标签中可以插入其他标记，用以说明文件的标题和整个文件的一些公共属性。若不需要头部信息则可省略此标记，通常建议不省略。

(8) <title> 和 </title> 是嵌套在 <HEAD> 头部标签中的，标签之间的文本是文档标题，它被显示在浏览器窗口的标题栏。

(9) <BODY> </BODY> 标记一般不省略，标签之间的文本是正文，是在浏览器中显示的页面内容。

如【范例 2-1】中的 HTML 代码。

2.2.2 HTML 常用标签

在制作一般页面的过程中，经常使用的标签有以下几种。

1. 主体标签 <body>

在 <body> 和 </body> 中放置的是页面中所有的内容，如图片、文字、表格、表单、超链接等设置。<body> 标签有自己的属性，设置 <body> 标签内的属性，可控制整个页面的显示方式。

下表显示的是 <body> 标签的属性。

属 性	描 述
link	设定页面默认的链接颜色
alink	设定鼠标正在单击时的链接颜色
vlink	设定访问后链接文字的颜色
background	设定页面背景图像
bgcolor	设定页面背景颜色
leftmargin	设定页面的左边距
topmargin	设定页面的上边距
bgproperties	设定页面背景图像为固定，不随页面的滚动而滚动
text	设定页面文字的颜色

【范例 2-2】Body 标签。

(1) 新建 1 个记事本文件，并输入以下代码。

```
01  <html>
02  <head>
03  <title>bady 的属性实例 </title>
04  </head>
05  <body bgcolor="#FFFFE7" text="#ff0000" link="#3300FF" alink="#FF00FF" vlink="#9900FF">
06  <center>
07  <h2> 设定不同的链接颜色 </h2>
08  测试 body 标签 <p>
09  <a href="http://www.baidu.com/"> 默认的链接颜色 </a>
```

```
10  <p>
11  <a href="http://www.sina.com.cn"> 正在按下的链接颜色 ,</a>
12  <p>
13  <a href="http://www.sohu.com/"> 访问过后的链接颜色 ,</a>
14  <P>
15  <a href="#" onClick="window.history.back()"> 返回 </a>
16  </conter>
17  </body>
18  </html>
```

(2) 将文件另存为【body.html 】。

【 运行结果 】

双击此 HTML 文件，即可在浏览器中输出如图所示的结果。

2. 标题

标题(Headings)标签有 6 个级别，从 <h1> 到 <h6>。<h1> 为最大的标题，<h6> 为最小的标题。通过设定不同等级的标题，可以完成很多层次结构的设置，比如文档的目录结构或者一份写作大纲。

【 范例 2-3 】HN 标签。

(1) 新建 1 个记事本文件，并输入以下代码。

```
01  <HTML>
02  <HEAD>
03  <TITLE> 设定各级标题 </TITLE>
04  </HEAD>
05  <BODY>
06  <H1> 一级标题 </H1>
07  <H2> 二级标题 </H2>
08  <H3> 三级标题 </H3>
09  <H4> 四级标题 </H4>
10  <H5> 五级标题 </H5>
11  <H6> 六级标题 </H6>
12  </BODY>
13  </HTML>
```

(2) 将文件另存为【hn.html 】。

【运行结果】

双击此 HTML 文件，即可在浏览器中输出如图所示的结果。

3. 段落

段落（Paragraphs）标签 <p> 是处理文字时经常用到的标签。由 <p> 标签所标识的文字，代表同一个段落的文字。不同段落间的间距等于连续加了两个换行符，也就是要隔一行空白行，用以区别文字的不同段落。段落内也可以包含其他的标签，如图片标签 <img>。

【范例 2-4】段落标签。

(1) 新建 1 个记事本文件，并输入以下代码。

```
01  <html>
02  <head>
03  <title> 测试段落标签 </title>
04  </head>
05  <body>
06  <p> 花儿什么也没有。它们只有凋谢在风中的轻微、凄楚而又无奈的吟怨，
07  就像那受到了致命伤害的秋雁，悲哀无助地发出一声声垂死的鸣叫。</p>
08  <p> 或许，这便是花儿那短暂一生最凄凉、最伤感的归宿。</p>
09  <p> 而美丽苦短的花期 </p>
10  </body>
11  </html>
```

(2) 将文件另存为【duanluo.html 】。

【运行结果】

双击此 HTML 文件，即可在浏览器中输出如图所示的结果。

4. 换行

换行标签
 是一个空标签，也就是说，它只有起始标签和属性值，而没有结束标签。当需要结束一行，并且不想开始新的段落时，可以使用
 标签。
 标签不管放在什么地方，都能够强制换行。

【范例 2-5】换行标签。

(1) 新建 1 个记事本文件，并输入以下代码。

```
01  <html>
02  <head>
03  <title> 无换行示例 </title>
04  </head>
05  <body>
06  无换行标记: 春夜喜雨 好雨知时节，当春乃发生。随风潜入夜，润物细无声。
07  <br> 有换行标记: <br> 春夜喜雨 <br> 好雨知时节，<br> 当春乃发生。<br> 随风潜入夜，<br>
润物细无声。
08  </body>
09  </html>
```

(2) 将文件另存为【br.html】。

【运行结果】

双击此 HTML 文件，即可在浏览器中输出如图所示的结果。

5. 链接

HTML 文件中最重要的应用之一就是超链接，web 上的网页是互相链接的，单击被称为超链接的文本或图形就可以链接到其他页面。超级链接除了可链接文本外，也可链接各种媒体，如声音、图像、动画。

格式为：<A HREF=" 资源地址 " TARGET=" 窗口名称 " TITLE=" 指向连接显示的文字 "> 超链接名称 </A>。

说明：标签 <A> 表示一个链接的开始，</A> 表示链接的结束；

属性 "HREF" 定义了这个链接所链接的路径；链接路径可以是绝对路径也可以是相对路径，一旦路径上出现差错，该资源就无法访问。

TARGET: 该属性用于指定打开链接的目标窗口，其默认方式是原窗口。

下表显示的是 TARGET 属性值及描述。

属性值	描　述
_parent	在上一级窗口中打开，一般使用分帧的框架页会经常使用
_blank	在新窗口打开
_self	在同一个帧或窗口中打开，该项一般不用设置
_top	在浏览器的整个窗口中打开，忽略任何框架

TITLE：该属性用于指定指向链接时所显示的标题文字。

例如：<a href="http://www.sina.com.cn" target="_blank"> 新浪 </a> 即是一个指向新浪网的超链接。

6. 列表

在利用表格排版的时代，列表（Lists）的作用被忽略了，很多应该是列表的内容，也转用表格来实现。随着 DIV+CSS 布局方式的推广，列表的地位变得重要起来，配合 CSS 样式表，列表可以显示成样式繁复的导航、菜单、标题等。

(<ol>) 为有序列表，(<ul>) 为无序列表，<li> 标签定义列表项目；<li> 标签可用在有序列表 (<ol>) 和无序列表 (<ul>) 中。

【范例 2-6】列表。

(1) 新建 1 个记事本文件，并输入以下代码。

```
01  <html>
02  <body>
03  <p> 有序列表: </p>
04  <ol>
05    <li> 小学生 </li>
06    <li> 中学生 </li>
07    <li> 大学生 </li>
08  </ol>
09  <p> 无序列表: </p>
10  <ul>
11    <li> 雪碧 </li>
12    <li> 可乐 </li>
13    <li> 凉茶 </li>
14  </ul>
15  </body>
16  </html>
```

(2) 将文件另存为【liebiao.html】。

【运行结果】

双击此 HTML 文件，即可在浏览器中输出如图所示的结果。

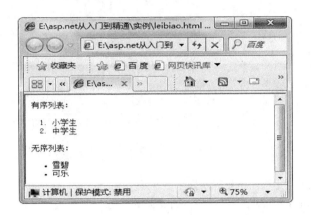

7. 图片

网页中插入图片用单标签 <img>，当浏览器读取到 <img> 标签时，就会显示此标签 src 属性所指定的图像。如果要对插入的图片进行修饰时，仅仅用这一个属性是不够的，还要配合其他属性来完成。

定义图像的句法是：<img src="url">。

下表显示的是插入图片标签 <img> 的属性。

属 性	描 述
src	图像的 url 路径
alt	提示文字
width	宽度通常只设为图片的真实大小以免失真，改变图片大小最好用图像工具
height	高度通常只设为图片的真实大小以免失真，改变图片大小最好用图像工具
Lowsrc	设定低分辨率图片，若加入的是一张很大的图片，可先显示图片
Align	显示的对齐方式

8. 表格

表格（Tables）的最初作用是放置分类的数据，但是在最近几年内，表格大多数情况下被用来排版，而很少有人真正地用它来显示数据。

<table> 标签用来定义表格。一个表格使用 Th 作为标题行，<tr> 标签代表普通行，然后每行可以被分成若干个使用 <td> 标签划分的单元格。Td（Table data）里面可以放数据，数据类型可以是文字、图像、列表、段落、表单、表格等。

对表格的 <table>、<tr>、<th> 和 <td> 等标签都可以设置宽度、高度、背景色等多种属性，但是一般不推荐在 HTML 内定义这些属性，而应该将其统一定义到 CSS 样式表内，以方便修改。

下表显示的是表格标记的标签及其描述。

标　签	描　述
`<table>...</table>`	用于定义一个表格开始和结束
`<caption> …</caption>`	定义表格的标题。在表格中也可以不用此标签
`<th>...</th>`	定义表头单元格。表格中的文字将以粗体显示，在表格中也可以不用此标签，`<th>` 标签必须放在 `<tr>` 标签内
`<tr>...</tr>`	定义一行标签，一组行标签内可以建立多组由 `<td>` 或 `<th>` 标签所定义的单元格
`<td>...</td>`	定义单元格标签，一组 `<td>` 标签将将建立一个单元格，`<td>` 标签必须放在 `<tr>` 标签内

下表显示的是 `<table>` 标签的属性。

属　性	描　述	说　明
width	表格的宽度	
height	表格的高度	
align	表格在页面的水平摆放位置	
background	表格的背景图片	
bgcolor	表格的背景颜色	
border	表格边框的宽度（以像素为单位）	
bordercolor	表格边框颜色	当 border>=1 时起作用
bordercolorlight	表格边框明亮部分的颜色	当 border>=1 时起作用
bordercolordark	表格边框昏暗部分的颜色	当 border>=1 时起作用
cellspacing	单元格之间的间距	
cellpadding	单元格内容与单元格边界之间的空白距离的大小	

【范例 2-7】Table 表格。

(1) 新建 1 个记事本文件，并输入以下代码。

```
01  <html>
02  <head>
03  <title> 无标题文档 </title>
04  </head>
05  <body>
06  <table border=10 bordercolor="#006803" align="center" bgcolor="#DDFFDD" width=500 height=
```

"200"bordercolorlight="#FFFFCC" bordercolordark="#660000" background="bg.jpg" cellspacing="2"
cellp08 adding="8">

```
09   <tr>
10   <td> 第 1 行中的第 1 列 </td>
11   <td> 第 1 行中的第 2 列 </td>
12   <td> 第 1 行中的第 3 列 </td>
13   </tr>
14   <tr>
15   <td> 第 2 行中的第 1 列 </td>
16   <td> 第 2 行中的第 2 列 </td>
17   <td> 第 2 行中的第 3 列 </td>
18   </tr>
19   </table>
20   </body>
21   </html>
```

(2) 将文件另存为【table.html】，将 bg.jpg 图片和 table.html 文件放在同一目录下。

【运行结果】

双击此 HTML 文件，即可在浏览器中输出如图所示的结果。

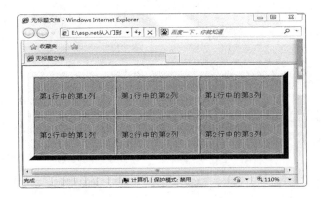

9. 层

层（Div）称为定位标记，它不像链接或者表格那样具有实际的意义，其作用就是设定文字表格等摆放的位置。由于早期的浏览器对于 CSS 样式表的支持特别糟糕，导致层的作用被忽略了，人们更愿意用容易控制的表格来布置页面的布局。不过随着浏览器对样式表支持的力度越来越大，层的地位也有了明显的提高。在后面的学习过程中，读者就能学习到如何摆脱表格而使用层和样式表来布置美化网页。

10. 范围

范围（span）和层的作用类似，只是 <span> 标签一般应用在行内，用以定义一小块需要特别标示的内容，<span> 标签需要通过设置 CSS 样式表才能发挥作用。

11. 框架

使用框架（Frames），可以在一个浏览器窗口中显示多个页面。

所有的框架标记放在一个总的 HTML 文件中，这个档案只记录了该框架如何分割，不会显示任何资料，所以没有 <body> 标记，浏览器通过解释这个总文件而将其中划分的各个框架分别对应的 HTML 文件显示出来。

框架虽然让页面的表现形式变得灵活起来，但是不支持框架的浏览器（例如可上网手机的浏览器）将无法浏览网页内容，要打印一个框架页面也很麻烦，同时，制作页面的过程也会变得更加复杂。

下表显示的是 <frameset> 的属性。

属　性	描　述
border	设置边框粗细，默认是 5 像素
bordercolor	设置边框颜色
frameborder	指定是否显示边框："0" 代表不显示边框，"1" 代表显示边框
cols	用 "像素数" 和 "%" 分割左右窗口，"*" 表示剩余部分
rows	用 "像素数" 和 "%" 分割上下窗口，"*" 表示剩余部分
framespacing="5"	表示框架与框架间的保留空白的距离
noresize	设定框架不能够调节，只要设定了前面的，后面的将继承

下表显示的是 <frame> 的常用属性。

属　性	描　述
src	指示加载的 url 文件的地址
bordercolor	设置边框颜色
frameborder	指示是否要边框，1 显示边框，0 不显示（不提倡用 yes 或 no）
border	设置边框粗细
name	指示框架名称，是连结标记的 target 所要的参数
noresize	指示不能调整窗口的大小，省略此项时就可调整
scorlling	指示是否要滚动条，auto 根据需要自动出现，Yes 有，No 无
marginwidth	设置内容与窗口左右边缘的距离，默认为 1
marginheight	设置内容与窗口上下边缘的边距，默认为 1
width	框窗的宽及高默认为 width="100" height="100"

【范例 2-8】框架。

(1) 新建 1 个记事本文件，并输入以下代码。

```
01  <frameset id="main" rows="110,*">
02    <frame id="top" src="">
03    <FRAMESET id="search"  cols="145,8,*">
04    <FRAME id="navi" name="navi" src="" >
05    <FRAME id="middle" name="middle" src="">
06    <FRAME id="rightmain" name="rightmain" src="" frameBorder="0" scrolling="yes">
07    </FRAMESET>
08  </frameset>
```

(2) 将文件另存为【frameset.html】。

【运行结果】

双击此 HTML 文件，即可在浏览器中输出如图所示的结果。

12. 滚动文字

滚动文字 (Marquee) 是实现文字移动特效的一个标记，由 <marquee> 标签定义。该标签具有很多属性，属性越多，移动特效越丰富。

<marquee> 的属性

属　性	描　述
align	指定对齐方式 top,middle,bottom
bgcolor	设定文字卷动范围的背景颜色
loop	设定文字卷动次数，其值可以是正整数或 infinite（表示无限次，默认为无限循环）
height	设定字幕高度
width	设定字幕宽度

属　性	描　述
scrollamount	指定每次移动的速度，数值越大速度越快
scrolldelay	文字每一次滚动的停顿时间，单位是毫秒。时间越短滚动越快
hspace	指定字幕左右空白区域的大小
vspace	指定字幕上下空白区域的大小
direction	设定文字的卷动方向，left 表示向左，right 表示向右，up 表示往上滚动
behavior	指定移动方式，scroll 表示滚动播出，slibe 表示滚动到一方后停止，alternate 表示滚动到一方后向相反方向滚动

【范例 2-9】移动字幕。

(1) 新建 1 个记事本文件，并输入以下代码。

```
01  <html>
02  <body>
03  <center>
04  <font face=" 字体 2" size=6 color="#ff0000"> 滚动字幕 </font><br>
05  <marquee> 啦啦啦 ~~~ 我会跑了 </marquee>
06  <p>
07   <marquee height="200" direction="up" hspace="200"> 啦啦啦 ~~~ 我会往上跑了 <br> 啦啦啦
~~~ 我会往上跑了 08   </marquee>
09  <p>
10  <marquee direction="right"> 啦啦啦 ~~~ 我会往右跑了 </marquee>
11  <p>
12  <marquee height="200" direction="down"><center> 啦 啦 啦 ~~~ 我 会 往 下 跑 了 </center></
marquee>
13  <p>
14  <marquee width="500" behavior="alternate"> 啦啦啦 ~~~ 我来回地跑 </marquee>
15  <p>
16  <marquee behavior="slide"> 啦啦啦 ~~~ 我跑到目的地就该休息了 </marquee>
17  <P>
18  <marquee scrollamount="2"> 啦啦啦 ~~~ 我累了，要慢慢地溜达 </marquee>
19  <P>
20  <marquee scrolldelay="300"> 啦啦啦 ~~~ 我累了，我要走走停停 </marquee>
21  <p>
22  <marquee scrollamount="20"> 哈哈 ~ 都没有我跑得快 </marquee>
23  <p>
24  <marquee><img src="../../imge/6-2.jpg"> 啦啦啦 ~~ 图片也可以啊 </marquee>
25  <p>
```

26 \<marquee bgcolor="#FFFFCC" width="700" vspace="30">\<font size="+3" color="#FF0000"> 啦啦啦 ~~ 滚动文字有背景了 \</font>\</marquee>

27 \</center>

28 \</body>

29 \</html>

(2) 将文件另存为【marquee.html】。

【运行结果】

双击此 HTML 文件，即可在浏览器中显示文字移动的特殊效果。

13. 颜色的设定

颜色值是一个关键字或一个 RGB 格式的数字。在网页中用得很多。

颜色是由"red""green""blue"三原色组合而成的，在 HTML 中对颜色的定义是十六进位的，对于三原色 HTML 分别用两个十六进位去定义，也就是每个原色可有 256 种彩度，故此三原色可混合成 16777216 种颜色。

例如：白色的组成是 red=ff, green=ff, blue= ff,RGB 值即为 ffffff

红色的组成是 red=ff, green= 00, blue= 00, RGB 值即为 ff0000

绿色的组成是 red=00, green=ff, blue= 00, RGB 值即为 00ff00

蓝色的组成是 red=00, green= 00, blue= ff, RGB 值即为 0000ff

黑色的组成是 red=00, green=00, blue=00, RGB 值即为 000000

应用时常在每个 RGB 值之前加上"#"符号，如 bgcolor="#336699" 用英文名字表示颜色时直接写名字。如 bgcolor=green。

RGB 颜色可以有四种表达形式：

#rrggbb（如，#00cc00）

#rgb（如，#0c0）

rgb(x,x,x) x 是一个介乎 0 到 255 之间的整数（如 rgb(0,204,0))

rgb(y%,y%,y%) y 是一个介乎 0.0 到 100.0 之间的整数（如 rgb(0%,80%,0%))

Windows VGA（视频图像阵列）形成了 16 个关键字：aqua, black, blue, fuchsia, gray, green, lime, maroon, navy, olive, purple, red, silver, teal, white and yellow

14. 表单

表单（Forms）是实现与网页访问者交互的一种途径。表单内的元素能够让访问者在表单中输入信息（如文本框、密码框、下拉菜单、单选按钮、复选框等），并且能够提交到服务器，不过这种交互操作往往需要服务器端的程序支持。

15. 注释

在 HTML 内添加注释可以方便阅读和分析代码，注释标签内的内容不会被浏览器显示。

注释的语法为：

```
<!—注释内容 >
```

2.3　高手点拨

本节视频教学录像：3 分钟

1. 让背景图不滚动

IE 浏览器支持一个 Body 属性 bgproperties，能够控制背景的滚动：〈Body Background=" 图片文件 " bgproperties="fixed" 〉

2. HTML 5 简要介绍

HTML 5 是继 HTML 4.01,XHTML 1.0 和 DOM2 HTML 后的又一个重要版本，旨在消除 Internet 程序（RIA）对 Flash，Silverlight，JavaFX 等浏览器插件的依赖。HTML 5 是 Web 核心语言 HTML 的规范，在浏览器中看到的一切都是 HTML 格式化的。HTML 5 在某些 Web 核心上做了改进，但不是所有网站都会使用到新特性，但毫无疑问这些新特性将改变我们建立网站和使用互联网的方式。除了原先的 DOM 接口，HTML 5 增加了更多 API，如：

本地音频视频播放；

动画；

地理信息；

硬件加速；

本地运行（即使在 Internet 连接中断之后）；

本地存储；

从桌面拖放文件到浏览器上传；

语义化标记。

2.4　实战练习

1. 建立 html 文件，文件名称为 "1.html"。

具体要求：设置网页，网页标题为 "图片相关操作"。在网页中插入一副图片（图片任意，采取相对路径），并设置该图片的边框粗细为 2 像素，高度为 200 像素，宽度为 300 像素，图片提示文字为 "实战练习"。

2. 建立 html 文件，文件名称为"2.html"。

具体要求：设置网页，网页标题为"课程表"。制作如下图所示的课程表（表格的边框粗细为 1 像素，边框颜色为 #000000，宽度 400 像素，高度 200 像素，单元格间距为 0 像素，内容居中显示）。

14级2班课表

	周一	周二	周三	周四	周五
1/2节	HTML	思修	数学	思修	数学
3/4节	ps	思修		基础	数学
5/6节		基础	ps		

第**3**章

 本章视频教学录像：1 小时 38 分钟

ASP.NET 中的编程语言——C# 语言基础

为了让您认识 C#，本章将学习 C# 语言的基础知识，并在 ASP.NET 环境中练习运用 C# 编写简单程序。如果您已经对 C# 有了一定程度的了解，可以直接跳过本章，进入第 4 章学习。对于 C# 不熟悉的读者，一定要认真学习本章的内容，并且进行大量的编程练习，为后续章节的学习打下基础。

本章要点（已掌握的在方框中打钩）

□ ASP.NET 与 C# 的关系

□ C# 的语法规则

□ 标识符和关键字

□ 数据类型

□ 常量和变量

□ 数组

□ 程序流程控制及常用语句

3.1 ASP.NET 与 C# 的关系

本节视频教学录像：10 分钟

我们常常看到一些 ASP.NET 书的书名中挂上 C# 的字样，到底 ASP.NET 与 C# 有什么关系？我们学习的是 ASP.NET，那为什么又要学习 C#？ C# 是什么？

本节将为你揭晓答案。

3.1.1 什么是 C#

C#，英文是"C sharp"，是微软于 2002 年推出的一种新型的面向对象的编程语言，基于强大的 C++ 传统语言创建，是一种现代化的、直观的、面向对象的编程语言。它不仅可以让 C++ 和 Java 开发人员快速熟悉，而且提供了重要的改进，包括统一的类型系统、最大化开发人员控制的"不安全"代码，以及大多数开发人员容易理解的强大的新语言构造。它只存在于 Windows 中的 .NET 平台，主要特点如下。

(1) 功能强大。几乎 Windows 下的任何应用程序，用 C# 都可以实现。

(2) 简单易学。如果你之前没有任何编程基础，而又想学编程，那么建议你从 C# 学起。

如果你有一些编程基础，那么想转到 C# 上就会更容易。C# 就像自动挡的汽车，如果你没有开过车，那么教练可能会建议你开自动挡的车，因为好开；如果你有一点基础，那么自动挡的车对你来说将是小菜一碟。

3.1.2 我的第 1 个 C# 应用程序

提 示

学习 C# 可以分为两步。

第 1 步是语法学习，可以从编写控制台应用程序学起，也就是编写类似于 DOS 的应用程序，通过在命令行中输入命令或参数来操作。控制台程序常见于一些后台软件，主要的开发运行环境是控制台。

第 2 步是应用开发学习。主要是通过 Visual C# 等这样的软件进行界面的设计以及代码的编写，最后生成可以实现既定功能的 Windows 下的应用程序。主要的开发工具有 ASP.NET、Visual C# 等。

本章中的大部分程序都是简单的控制台程序。

每个程序语言的教学都是从 Hello World 开始的，这个传统来源于一门新的语言诞生时向世界发出的第一声问候。本小节也从编写 C# 中的 Hello World 程序开始，通过该程序我们可以了解到如何与程序"交流"——输入和输出，如何运行 C# 程序以及 C# 语言的基本特点。

【范例 3-1】C# 中的 Hello World 程序。

(1) 启动 Visual Studio 2010，选择【新建】➤【项目】菜单命令，在弹出的【新建项目】对话框中选择【Visual C#】➤【控制台应用程序】，在【名称】文本框中输入项目名称"Hello World"。

(2) 单击【确定】按钮，会直接打开 "Program.cs" 的代码窗口，在 static void Main(string[] args) 下面的大括号中输入以下代码。

```
Console.WriteLine("Hello World!");
```

【运行结果】

按【Ctrl+F5】组合键运行程序，即可在控制台中输出 "Hello World！"。

> **提示**　按【F5】运行此程序，这个控制台窗口会一闪而过。如果按【Ctrl+F5】组合键不调试直接运行，即可保持住此窗口。另外，在步骤 (2) 的代码下方再添加下面的一句代码，也能有效地解决这个问题。
> Console.Read();

步骤 (2) 中的代码使用了 WriteLine 方法来输出 "HelloWorld！"，该方法是运行时库中的 "Console" 类的输出方法之一，而这个类就包含在命名空间 System 中，所以说系统自动生成的代码也是不可或缺的，如果删除 "using System;" 这句代码，就会提示当前上下文中不存在名称 "Console"。另一方面，自动生成可以节省很多操作步骤。

从这个程序中也可以看出 C# 的以下几个典型特点。符合这些特点的程序就可以断定是一个 C# 程序。

(1) 可以使用系统内定的命名空间，如 "using System;"，也可以自定义命名空间，如 "namespace HelloWorld；"。

(2) 方法的定义，如第 10 行代码定义的是 Main 方法，程序是从这里开始执行的。

(3) 类的声明，如 "class Program"，声明以后就可以直接调用。

3.1.3 ASP.NET 中的 C#

C# 如此强大，那么它和 ASP.NET 是什么关系呢?

ASP.NET 是一个框架，如同汽车，但要发挥汽车的威力，还是要使用强有力的发动机。而 C# 和 VB.NET 就是两种不同类型的发动机。C# 版的 ASP.NET 就如同使用汽油发动机的汽车，VB.NET 版的 ASP.NET 就如同使用柴油发动机的汽车。

下面就来制造一个"使用汽油发动机的汽车"，把上一例中的 HelloWorld 在 ASP.NET 网页中显示出来。

【范例 1–1】就是使用 C# 语言创建的 ASP.NET 网站。

▌ 3.2 C# 的语法规则

本节视频教学录像：6 分钟

ASP.NET 只是一种编程环境，而 C# 则是在这种环境中进行编程使用的语言。为了使用 C# 进行程序设计，必须了解 C# 的基本语法规则，并在今后的编程中严格遵循。

1. 语序

C# 源代码最基本的执行语序是从上向下，每行一条，按顺序执行。所以在书写 C# 的源代码时，应遵循以下基本规则。

(1) 每行语句以 ";" 结尾。

(2) 空行和缩进被忽略。

(3) 多条语句可以处于同一行，之间以分号分隔即可。

例如，下面就是一系列顺序执行的语句。

```
int a,b;
a=10;b=20;
Console.WriteLine("a+b={0}",a+b);
int c;
c =2*a*a+3*b-1;
Console.WriteLine("c={0}",c);
```

2. 空白

C# 语言中的空白包括空格、换行符、制表位 (Tab) 等，多余的空白会被编译器忽略。例如，下面的两条语句在编译器看来是完全一样的。

```
int a=9;
int  a=   9;
```

不过，有的时候空白不能够省略。例如：

```
inta=7;          // 编译器不能识别
```

3. 书写

由于 C# 语言区分大小写，所以 getname() 和 GetName() 是完全不同的两个方法。在 C# 开发环境中如果不加注意，就可能产生一个难以察觉的 bug。

注　意　强烈建议在今后书写标识符时遵循以下规则。
一般变量名首字母小写，后面各单词首字母大写（例如 someStudent ）；而常量、类名、方法名等，则采用单词首字母大写（例如 SomeFunction() ）。

4. 注释

注释是一段被编译器忽略的代码，仅作为我们阅读程序时参考，帮助我们理解程序，不作为编译使用。我们可以在程序中的任何地方添加注释。C# 支持两种形式的注释：单行注释和带分隔符的注释。

单行注释以字符"//"开头，符号后面就是注释的内容。这种注释只能占一行。
带分隔符的注释以字符"/*"开头，以字符"*/"结束，两符号中间是注释的内容。它不仅可以进行单行注释，而且可以进行多行注释。

提　示　"/*"和"*/"必须成对使用，且它们之间不能出现嵌套，否则会出现错误。

因为 C# 语言是微软专门为 .NET 平台重新开发的语言，并且已经成为了标准版本，所以，我们在日常编程中必须严格遵循它的基本语法规则。

3.3　标识符和关键字

本节视频教学录像：4 分钟

标识符和关键字是 C# 语言中两种重要的语法记号，掌握后可以给 C# 中的各种对象起名字。

3.3.1 标识符

在 C# 程序中会用到各种对象，如常量、变量、数组、方法、类型等。为了识别这些不同的对象，我们可以给每个对象起一个名字即标识符，标识符是我们在编程时可以自由定义的一组字符序列。

C# 中标识符最多可以由 511 个字符组成，在定义时需要遵循以下命名规则。

(1) 标识符必须由字母、数字和下划线 "_" 组成。例如：

abc, a32, student_191

(2) 标识符的第 1 个字符必须是字母或下划线。例如：

A_edu, _b , _123

提示 一定不能以数字开头，写成 123a 或 123_ 都是非法的。

(3) C# 语言区分字母的大小写，只要两个标识符对应字母大小写不同，就是不同的标识符。

例如 student 和 sTudent 就是两个完全不同的标识符。

(4) 标识符不能与关键字同名。如果一定要用 C# 的关键字作标识符，则应使用 "@" 字符作为前缀。例如：

@if   // 合法的标识符
If   // 不是合法的标识符，因为它是关键字
@price   // 合法的标识符，但与 price 是同名标识符

提示 为了与其他语言交互，C# 语言允许使用前缀 "@" 将关键字用做标识符。不过，字符 "@" 并不是标识符的实际组成部分，因此在其他语言中可能将此标识符视为不带前缀的正常标识符。带 "@" 前缀的标识符称做逐字标识符。在 C# 中，也可以将 "@" 前缀用于非关键字的标识符，但是从代码书写的样式考虑，强烈建议大家不要这样做。

由于 C# 语言使用 Unicode 字符集，其中 "字母" 和 "数字" 定义的范围比其他编程设计语言广泛，比如 "字母" 就几乎包括了当今世界上任意一种印刷体文字。而仅仅改变组成标识符的任一字符的字体也会产生一个新的标识符，因为它们是不同的 Unicode 字符，这样就容易造成混淆。因此我们在实际编程时，一般采用 ASCII 字符集（它是 Unicode 的子集）中的字符定义标识符。

例如，HelloWorld、_isTrue、check_is_9 等都是合法的标识符。

而下面的标识符则都是非法的：

23example   // 非法起始字符
$100   // 非法起始字符，虽然在 C++ 等语言中是合法的
Hello!   // 非法含有字符 "!"
Hello World // 非法含有空格

Hello+World // 非法含有运算符

3.3.2　关键字

关键字是对 C# 编译器具有特殊意义的预定义保留字，它们不能在程序中用做标识符，除非在前面加 @ 前缀，例如：@case、@null、@else。

下表列出了 C# 语言的常用关键字。

abstract	as	base	bool	break	byte
case	catch	char	checked	class	const
continue	double	decimal	default	delegate	else
enum	event	explicit	extern	false	finally
fixed	float	for	foreach	goto	if
implicit	in	int	interface	internal	is
lock	long	namespace	new	null	object
operator	out	override	params	private	protected
public	readonly	ref	return	sbyte	sealed
short	sizeof	stackalloc	static	string	struct
switch	this	throw	true	try	typeof
uint	ulong	unchecked	unsafe	ushort	using
virtual	void	volatile	while	do	

3.4　数据类型

本节视频教学录像：8 分钟

所谓数据类型，就是指数据的种类。在计算机世界中，数据不止是数字，其他的像文字、图片、声音、视频等都可以称为数据。

在应用程序的开发过程中，要使这些数据能被计算机识别并处理，需要将数据分为不同的类型，这样做的好处是存储和计算时比较方便。比如在对姓名和地址的处理中需要使用字符，在对货币和数量的处理中又需要使用数字或不同精度的小数，这些数据都是不同类型的数据。在 C# 中，数据类型必须被定义才能使用。

提示 之所以要定义数据类型，是因为计算机是没有思维的，只有告诉它，它才知道这是什么。比如你告诉计算机"int a;"，它才知道 a 是一个整数。如果不告诉它或告诉的信息错误，计算机就识别不出来它是个什么东西或者出错。

下图展示了各种数据类型之间的关系。

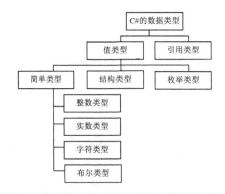

3.4.1 整数类型

整数类型的变量的值都为整数。C# 中的整数与数学意义上的整数有很大的区别。数学上的整数可从负无穷大到正无穷大，而 C# 的整数类型有多种，并且值都是有范围的。

C# 的整数类型归纳起来可分为短字节型（sbyte）、字节型（byte）、短整型（short）、无符号短整型（ushort）、整型（int）、无符号整型（uint）、长整型（long）和无符号长整型（ulong）等。这些类型是根据各类型的变量在内存中所占的位数划分的，比如"int a;"就表示定义了为整型（int）的变量 a，它在内存中占用 32 位，可表示 2^{32} 个数值。

这些类型在计算机中所占的内存位数和取值范围如下表所示。

数据类型	占内存位数	取值范围
短字节型（sbyte）	8 位	−128~127
字节型（byte）	8 位	0~255
短整型（short）	16 位	−32 768~32 767
无符号短整型（ushort）	16 位	0~65 535
整型（int）	32 位	−2 147 483 648~21 47 483 647
无符号整型（uint）	32 位	0~4 294 967 295
长整型（long）	64 位	−9 223 372 036 854 775 808 ~ 9 223 372 036 854 775 807
无符号长整型（ulong）	64 位	0~18 446 744 073 709 551 615

注意

变量所占的内存位数除了和被定义的类型有关之外，还和计算机本身的运算长度有关，比如在 32 位和 64 位的计算机中，同一个 "int a" 所表示的范围是不同的。

【范例 3-2】定义整型变量并赋值。

(1) 在 Visual Studio 2010 中，新建名为 "short" 的【Visual C#】➤【控制台应用程序】。

(2) 在 "static void Main(string[] args)" 后面的两个大括号中间输入以下代码。

```
01    short x = 32766;              // 定义短整型变量 x 并为其赋值为 32766
02    x++;                         // 在赋值基础上加上 1，为 32767
03    Console.WriteLine(x);        // 第 1 次在控制台中输出 x 的值
04    x++;                         // 再加上 1，此时 x 的值应该是 32 768，已超出短整型变量的取值范围
05    Console.WriteLine(x);        // 第 2 次在控制台中输出 x 的值
```

【运行结果】

按【Ctrl+F5】组合键运行程序，即可在控制台中输出如图所示的结果。

【范例分析】

本范例中，先定义了短整型的变量 x 并赋值为 32766，第 1 次加上 1 后为 32767，在短整型的取值范围内，所以能够正确输出 32767。而第 2 次再加上 1 后为 32768，已经超出短整型变量的取值范围，系统会出现溢出的错误并输出错误的结果为 – 32768。

注 意

每一种变量类型都有固定的取值范围，在取值范围内数据有效，如果超出取值范围，则会出现意想不到的错误。如同 1 小时一定为 60 分钟，如果将时间说成 10 点 62 分，就会闹出大笑话。在学习的时候建议了解这些规则，否则就可能触雷，比如【范例 3-2】。

3.4.2　实数类型

实数是整数、小数的总称，所以实数类型的变量的值可以是整数，也可以是小数。在 C# 中，实数类型主要分为浮点类型和十进制类型两种，具体分类如图所示。

表示数值的精确度：单精度型 < 双精度型 < 十进制型。

运算效率：双精度型 < 单精度型 < 整数类型。

下表列出了单精度、双精度和十进制等类型的取值范围和运算精度。

数据类型	精度（小数点后的位数）	取值范围
单精度类型（float）	7 位	$1.5 \times 10^{-45} \sim 3.4 \times 10^{38}$
双精度类型（double）	15~16 位	$5.0 \times 10^{-324} \sim 1.7 \times 10^{308}$
十进制类型（decimal）	28 位	$10 \times 10^{-28} \sim 7.9 \times 10^{28}$

注意 十进制类型在变量赋值时使用 m 下标以表明它是一个十进制类型，如果省略了 m，编译器将把这个变量当做双精度类型来处理。例如：

decimal x=2.0m; // 定义十进制型变量 x 并赋值为 2.0

3.4.3 字符型

字符型为一个单 Unicode 字符，一个 Unicode 字符长 16 位，它可以用来表示世界上的多种语言。可以按以下方法给一个字符变量赋值。

char chSomechar= 'A';　　　// 定义一个字符变量 chSomedhar，并赋初值为 'A'。

除此之外，还可以通过十六进制转义符（前缀 \ X）或 Unicode 表示法给变量赋值（前缀 \ u）。

char chSomeChar= '\x0065';
char chSomeChar= '\u0065';
char chSomeChar= (char)65;

注意 不存在把 char 转换成其他数据类型的隐式转换。这就意味着，在 C# 中把一个字符变量当做另外的整数数据类型看待是行不通的，这是我们必须养成的习惯之一。但是，可以运用显式转换，这些内容将在 3.7 节中介绍。

3.4.4 布尔类型

布尔数据类型有 true 和 false 两个布尔值。我们可以赋予 true 或 false 一个布尔变量，或者赋予一个表达式，求出的值等于两者之一。例如：

bool bTest= (80>90);

在 C# 中，true 值和 false 值不再为任何非零值，不要为了方便而把其他的整型转换成布尔型。

注意

3.5 常量和变量

本节视频教学录像：7分钟

C# 程序中的数据都是以常量或变量的形式呈现的。

3.5.1 常量

常量又叫常数，是在程序运行过程中值不发生变化的量。常见的圆周率就是常量。在程序中还有一些不会发生变化的值，如把尺转换为米的换算常量。例如：

m=c*3.33； // 3.33 就是换算常量

另外还可以把这些数声明为带有一个常数值的变量，并赋予它们名称。例如：

const double cTom=3.33;

这样声明的变量在程序运行中是不能通过赋值等操作改变的，C# 编译器会拒绝任何为这样的变量赋新值的操作。我们可以在计算机中直接使用这个名称。例如：

M=c*cTom;   // 这里是用编程语言解释正在参加计算的常量，而不是直接用数字参与运算

常量只要在程序需要的地方直接写出即可，其类型由书写方法自动默认，一般不需要事先定义。一个常量可以依赖于另一个常量，但不能循环依赖。

提示

常量也有数据类型。C# 语言中常用的常量有整型常量、浮点型常量、字符常量、字符串常量和布尔常量等。

1. 整型常量

整型常量就是以文字形式出现的整数，它可以用十六进制或十进制表示。如果整型常量的开头是 0X 或 0x，则代表是十六进制，否则都被认为是十进制。

与 C++ 语言不同，C# 语言中没有整型常量的八进制表示形式。

注意

例如：

32 // 十进制

0222   // 十进制，与 C++ 语言不同

OX5cD   // 十六进制

一般来说，整型常量的默认数据类型是 int 型，但当其值超出了 int 型的取值范围时，它将相应地被视为一个 uint 型、long 型或 ulong 型常量，具体类型由该常量的数值大小决定。可以在整型常量后面加后缀 L(或 1) 将它显式说明为 long 或 ulong 型 (具体类型由该常量的数值大小决定)，也可以在整型常量后面加后缀 U(或 u) 将它显式说明为 uint 或 ulong 型 (具体类型也由该常量的数值大小决定)。如果在整型常量后面同时加上这两种后缀，它就是一个 ulong 型常量。例如：

567892   //long 型

36u   //uint 型

36u   //ulong 型

---

2. 浮点型常量

浮点型常量只能用十进制表示，共有两种表示形式：一般表示形式和指数表示形式。

(1) 一般表示形式。

又称小数表示形式。在这种表示形式中，浮点型常量由整数和小数两部分组成。其中，整数部分在实际使用时可省略。例如：

5.6，.9，6.0

必须注意：与 C++ 语言不同，小数部分不能省略。例如：

---

10.   // 错误

---

(2) 指数表示形式。

使用指数表示形式时，浮点型常量由尾数部分、字母 E(或 e)、指数部分等 3 部分组成。尾数部分的表示形式和浮点型常量的一般表示形式相同 (不过，小数点和小数部分可以同时省略)，指数部分必须是整型文字常量 (不能带后缀)。例如：

4.1E12，.27e4，5E-2

浮点型常量的默认数据类型为双精度型。如果要将其说明为浮点型，则应在常量后面加后缀 F(或 f)。如果要将其说明为十进制型，则应在常量后加后面缀 M(或 m)。另外，如果想把浮点型常量显式说明为双精度型，也可以加后缀 D(或 d)。例如：

5.6f，6.2D，4.1E5M

对于浮点型常量的一般表示形式，如果其后面加有后缀 F、f、M、m、D 或 d，则小数点和小数部分可以同时省略。例如：

1F   // 浮点型

2M   // 十进制型

22D   // 双精度型

---

3. 字符常量

字符常量的数据类型是 char。通常情况下，它是指用单引号括起来的一个字符。例如：

```
'A', 'b', '$', '*'
```

此外，C# 语言还提供了一种转义字符。转义字符以反斜杠" \ "开头，后面跟一个字符或 Unicode 码，它通常被用来表示那些一般方法无法表示的字符。下表列出了 C# 语言中常用的转义字符。

转义字符	含 义
\0	空字符 \u0000
\a	感叹号（Alert）\u0007
\b	退格(Backspace 键) \u0008
\f	换页 \u000C
\n	换行 \u000A
\r	回车 \u000[)
\t	水平制表符 (Tab 键) \u0009
\v	垂直制表符
\\	反斜杠 \u005C
\'	单引号 \u0027
\"	双引号 \u0022
\uNNNN	4 位十六进制 Unicode 码表示的字符

由表可知，可以采用 4 位十六进制 Unicode 码表示相应的字符常量。不过，其中的十六进制数字必须有 4 位。例如：

```
'\u0041'     // 表示 "A"
'\u0007'     // 表示 "！"
```

在 C# 语言中，" \ "、" ' " 和 " " " 各自有其特定的意义。如果需要把它们用作字符常量，就应该采用表中定义的转义字符。

4. 字符串常量

字符串常量的数据类型是 string，它指的是用双引号括起来的一串字符。字符串中的字符也可以是任意有效的转义字符。标识字符串的两个双引号通常必须在程序的同一行，如果需要在字符串中插入换行符，则应该使用转义字符 '\n'。例如：

```
" "

"a string"
```

"Hello!　　\ n How are you?"

技 巧　字符串中的字符可以是 0 个。

　　C# 语言允许字符串常量中出现的 "\" 号不表示转义字符，而是表示自身的符号。如果读者希望字符串常量中出现的 "\" 号不被解释成转义字符，则只需在该串字符的起始双引号前面加上一个 "@" 符号即可。例如：

@"c:\cshape\book"　　// 等价于 "c:\\cshape\\book"

　　这种表示方法通常被称做逐字字符串表示法。使用这种表示法，双引号不必在程序的同一行。例如：

@"the string has
　　　two lines"　　　// 正确

而

"the string has
　　　two lines"　　　// 错误

　　5. 布尔常量
　　布尔常量仅有两个：false（假）和 true（真），其数据类型为 bool。

3.5.2 变量

　　变量是指在程序运行过程中值可以改变的量，通常在程序中存储一个中间值或最终结果。在 C# 中可以用一个标识符来标识变量名。

提 示　作为变量名的标识符，在起名时一定要有意义，便于阅读记忆。为了和 C# 语言系统使用的变量区别，我们自己定义的变量应尽量不使用 "_" 开头。

　　变量是存在于内存中的，当程序运行时，每个变量都要占用连续的内存空间。变量所占内存空间的字节多少由变量的数据类型决定，但是不管变量占用多少字节的内存空间，我们都把第 1 个字节的地址称为变量的地址。在系统中，变量名表示对应的存储地址单元，变量类型就决定了对应存储单元中的数据类型。通过变量名可以很方便地对相应的存储单元进行存取或修改等操作。C# 要求变量在使用前必须先声明其名称和数据类型。

　　1. 变量的声明
　　声明变量的格式如下。

[变量修饰符] 类型说明符 变量名 1= 初值 1, 变量名 2= 初值 2，…，

功能：定义若干个变量，变量名由"变量名 1"、"变量名 2"等指定，数据类型由"类型说明符"指定，简单变量的类型说明符有 sbyte、byte、short、ushort、int、uint、long、ulong、char、float、double、decimal、bool、string 等。在定义变量的时候，可以给变量赋初值，初值由"初值 1"、"初值 2"等确定。

说明："变量修饰符"用来描述对变量的访问级别和是否是静态变量等，有 private、public、protected、internal、static 等类型，若缺省"变量修饰符"，则默认为 private。例如：

```
private static int gz=65;
public double jj=76.8;
```

变量命名遵循标识符命名规则，变量声明时可以直接赋初值。例如：

```
string n="stladent";
int x=l,  y,  z=x*2;
```

在 C# 中要求对变量明确赋初值，使用未初始化的变量会导致编译器报错。如下面的代码在编译时就会报错：

```
public Void say( )
{ string  strVar;
console.writeLine(strVar);}        // 错误，使用未赋初值的变量
```

C# 中共定义了 7 种变量类别：静态变量、实例变量、数组元素、值参数、引用参数、输出参数以及局部变量。在下面的例子中：

```
class   A
{
    public static int X;
    int y;
    void F(int[ ] V，int a，ref int b，out int C)
    {int i=1;
    C=a+b++;
}}
```

X 是静态变量，Y 是实例变量，V[0] 是数组元素，a 是值参数，b 是引用参数，c 是输出参数，i 是局部变量。

在 C# 中，不存在类似其他语言的全局变量，任何变量的声明都必须存在于类型结构中 (类、结构、接口等)。

提示

如果声明变量时没有给变量赋初始值，变量会带有默认的值。默认初始值如下表所示。

变量类型	默认初始值
任何数值类型	0(0. 0)
string	空字符串
Object	特殊值 NULL
Boolean	False
Date	01/01/01 00：00

2. Object 类型变量

在 C# 中，声明为 Object 类型的变量可以存储任意类型的数据。Object 类型基于 ASP.NET 框架中的 System.Object，是其他所有数据类型的基类型。所有数据类型均从 System.Object 类继承。

【范例 3-3】显示 Object 类型的变量可以接受任何数据类型的值，以及 Object 类型的变量可以使用 System.Object 类方法。

(1) 在 Visual Studio 2010 中，新建名为 "object" 的【 Visual C# 】➤【控制台应用程序】。

(2) 在 "class Program" 后面的两个大括号中间输入以下代码（代码 3-3.txt）。

```
01    public class MyClassl
02    {
03        public int m = 200;
04    }
05    public class MyClass2
06    {
07        public static void Main()
08        {
09            object a;
10            a = 1;          // 装箱操作
11            Console.WriteLine(a);
12            Console.WriteLine(a.GetType());       // 调用 System.Object 类方法
13            Console.WriteLine(a.ToString());      // 调用 System.Object 类方法
14            Console.WriteLine();
15            a = new MyClassl();
16            MyClassl ref_MyClassl;
17            ref_MyClassl = (MyClassl)a;
18            Console.WriteLine(ref_MyClassl.m);
19        }
20    }
```

【运行结果】

按【 Ctrl+F5 】组合键运行，即可在控制台中输出如下图所示的结果。

 注意

Object 类型的使用非常灵活，但是建议不要在程序中为了图方便而频繁地使用它，这样做一方面会增加程序的开销，另一方面容易导致一些隐藏的不易被发现的逻辑错误。

3.6 数组

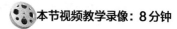 **本节视频教学录像：8 分钟**

我们在程序中需要使用很多相同类型的数据，如果使用一个就要声明一个相应的变量，是不是很不方便？C# 中的重要数据结构——数组，恰恰为我们解决了这一问题。数组是数据类型相同、数目一定的变量的有序集合，组成数组的变量称为该数组的元素。在内存中数组对应着一组顺序排放的存储单元，数组中的每个元素按照创建时的次序在其中连续存放。这些数组元素具有相同的名称，在程序中以下标相互区分，下标可以以变量或表达式来表示，这为我们循环处理数据带来了方便。

3.6.1 声明和创建数组

在 C# 语言中，数组是一种引用类型，使用前需要声明和创建。本节以一维数组为例来学习数组的声明和创建方式。一维数组是指只有一个下标的数组。

1. 声明数组

一维数组的声明格式如下。

数据类型符 [ ] 数组名；

其中，数据类型表示的是数组中元素的类型，它可以是 C# 语言中任意合法的数据类型（包括数组类型）；数组名是一个标识符；方括号"[]"是数组的标志。例如：

Int [] a;
striTlg [] s;

在 C# 中数组是一种引用类型。声明数组只是声明了一个用来操作该数组的引用，并不会为数组元素实际分配内存空间。因此声明数组时，不能指定数组元素的个数。例如：

int[5] a;   //错误

另外，声明数组时也不能把方括号"[]"放在数组名的后面。例如：

int b[ ];   //错误

2. 创建数组

声明数组后，在访问其元素前必须为数组中的元素分配相应的内存，也即创建数组。创建一维数组的一般形式如下。

数组名 =new 数据类型 [数组元素个数]

其中，用于指定数组元素个数的表达式的值必须是一个大于或等于 0 的整数。如果值为 0，则表示该数组为空（不包含任何元素），一般来说，这种数组没有什么实际意义。例如：

```
Int [ ]a;
a=new int[5];
```

此处创建了一个有 5 个 int 型元素的数组。

当然，我们也可以直接写成一条语句。格式为：

数据类型符 [ ] 数组名 =new 数据类型符 [数组长度]

例如：

```
int [] a=new int[8];
```

创建数组后，就可以通过其下标访问其中的元素：

数组名 [下标]

与 C 和 C++ 不同，C# 中的数组长度可以动态确定。

```
Int m=8;
Int a[]=new int a[m];
```

 注意 下标的值必须是整数类型。由于在 C# 语言中，数组的第 1 个元素索引为 0，第 2 个元素索引为 1，依此类推，因此索引表达式的最大值是数组元素个数减 1。如果指定的下标表达式的值大于最大值或小于 0，那么程序运行时，将会引发异常。

【范例 3-4】创建数组并输出各个数组元素。

(1) 在 Visual Studio 2010 中，新建名为 "shuzu" 的【Visual C#】➤【控制台应用程序】。

(2) 在 "static void Main(string[] args)" 后面的两个大括号中间输入以下代码（代码 3-4.txt）。

```
01    int i;
02    int[] a = new int[4];
03    bool[] b = new bool[3];
04    object[] c = new object[5];
05    Console.Write("int");
```

```
06    for (i = 0; i < a.Length; i++)
07        Console.Write("\t a[{0}]={1}", i, a[i]);
08    Console.Write("\n bool");
09    for (i = 0; i < b.Length; i++)
10        Console.Write("\t b[{0}]={1}", i, b[i]);
11    Console.Write("\n object");
12    for (i = 0; i < c.Length; i++)
13        Console.Write("\t c[{0}]={1}", i, c[i]);
14    Console.WriteLine();
```

【运行结果】

按【Ctrl+F5】组合键运行，即可在控制台中输出如图所示的结果。

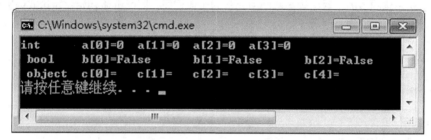

【范例分析】

在 C# 语言中，所有数组类型实际上都是从 System.Array 抽象类派生出来的，因此，每个数组都可以使用 Array 类中的属性和其成员。本例中使用的 Length 属性就是 Array 类定义的，它返回的是当前数组中元素的个数。另外从本范例的运行结果可以看到，数组中的元素一定有初值，其默认值为：数值类型元素的默认值为 0（char 型即为：\ u0000），bool 型元素的默认值为 false，对象引用的默认值为 null。

提示　在 C# 语言中，如果创建的是一个引用类型数组，那么数组中保存的实际上只是对象引用。在访问这些对象的成员前，必须使用 new 运算符创建实际的对象。

创建数组时可以给数组元素指定初始值。例如：

```
int[]b=new int[3]{1，2，3};
```

此处创建了一个有 3 个 int 型元素的数组，并且数组中的元素值都被初始化。其中，大括号中的最后一个逗号可有可无，但如果大括号中用于初始化的值的个数与数组创建的元素个数不同，就会产生编译错误。例如：

```
int[]c=new int[4]{1，2，3};    //错误
```

注 意 在这种初始化形式中，方括号内用于指定数组元素个数的表达式必须是一个常量表达式。

```
int i=3;
int[]c=new int[i]{1, 2, 3};      // 错误
int[]d=new int[2+1]{1, 2, 3};  // 正确
```

不过，下述语句是正确的：

```
int i=3;
int[]c=new int[i];          // 正确
```

因为用于初始化的值的个数必须与数组中元素的个数相同，因此上述初始化表达式中完全可以不用显式地给出元素的个数。例如：

```
int[]b=new int[]{1,2,3};          / 数组有 3 个元素
```

对应于上例，还有另一种更简洁的方式：

```
int[]b={l,2,3};
```

不过，这种简洁方式只能与数组声明出现在同一条语句中。例如：

```
int[]b;
b={1,2,3};      // 错误
```

此处是错误的。而下例则是正确的：

```
int[]b;
b=new int[]{1,2,3};
```

3.6.2 多维数组

前面介绍的数组都是一维数组。一维数组只有一个下标，多维数组具有多个下标。要引用多维数组的元素，就要使用多个下标。多维数组中用得最多的就是二维数组，即有两个下标的数组，适合用来处理如成绩报表、矩阵等具有行列结构的数据。我们把二维数组中每一行数组元素个数相等的二维数组叫做方形二维数组，把不相等的叫做参差数组。在 C# 语言中，可以声明和创建多维数组。例如：

```
int[ , ]A;
A=new int[3,2];
```

此处声明并创建了一个 3 行 2 列的二维数组，并且数组中的每个元素都初始化为默认值。声明和创建二维数组时，在方括号"[]"中需要使用 1 个逗号，依此类推，使用更多的逗号就可以声明和创建三维及三维以上的数组。例如：

```
Int[ , , ] A=new int[2,3,4];
```

此处声明并创建了一个三维 (2、3 和 4) 数组，并且数组中的每个元素都初始化为默认值。创建多维数组时，可以同时初始化。多维数组的初始化形式与一维数组相似。例如：

```
int[ , ]Al=new int[4,2]{{1,2},{3,4},{5,6},{7,8}};
int[ , , ]A2=new int[ , , ]{{{l,2,3}},{{4,5,6}}};
```

其中，大括号嵌套的级别应与数组的维数相同。最外层的嵌套与最左边的维数对应，而最内层的嵌套则与最右边的维数对应。数组中每个维的长度与相应嵌套级别中元素的个数相同。与一维数组相同，也可以采用如下形式声明并创建一个多维数组：

```
int[ , , ]A4={{1,2},{3,4},{5,6},{7,8}} ;
```

注 意 这种书写方式只能与数组声明出现在同一条语句中。

例如：

```
int[ , , ]A;
A={{l,2},{3,4},{5,6},{7,8}};   // 错误
```

这两条语句就是错误的。而下例则是正确的：

```
int[ , , ]A;
A=new int[,]{{1,2},{3,4},{5,6},{ 7,8}};
```

创建一个多维数组后，就可以通过下述表达式引用其中的元素：

数组名 [下标表达式 1，下标表达式 2，……]

其中，每个下标表达式的值都必须在 0 到它指定的维度的大小减 l 之间。例如：

```
A[2,1]=25;
```

3.7 数据类型转换

本节视频教学录像：9 分钟

C# 的系统编译器为了能高效地处理数据，防止由于数据类型不匹配而导致运行错误，通常不允许用一种类型替换另一种类型。但是为了提高在程序设计过程中的灵活性，与其他大部分的高级语言类似，C# 也提供了类型转换机制，主要包括两种类型转换：隐式转换和显式转换。

3.7.1 隐式转换

隐式转换是系统默认的类型转换形式，即编译器能自动支持的转换，既不需要加以声明，也不需要编写代码就可以进行转换。当然，并不是所有的类型之间都可以进行隐式类型转换，一般是当被转换的类型的取值范围完全包含在转换到的类型的取值范围之内时才能进行隐式转换。例如：

```
char cl= 'Y';
int sl;
sl=cl;   //char 类型的取值范围完全包含在 int 范围之内
```

下面是 C# 中合法的隐式转换类型对应表。

类型	可以安全隐式转换的类型
sbyte	short、int、long、float、double 或 decimal
byte	short、ushort、int、uint、long、ulong、float、double、decimal
short	int、long、float、double 或 decimal
ushort	int、uint、long、ulong、float、double 或 decimal
int	long、float、double 或 decimal
uint	long、ulong、float、double 或 decimal
long	float、double 或 decimal
char	ushort、int、uint、long、ulong、float、double 或 decimal
noat	double
ulong	float、double 或 decimal

3.7.2 显式转换

当隐式转换不能实现正确的转换时，C# 还提供了显式转换形式，即明确要求编译器将一种数据类型转换为另一种数据类型，也称为强制类型转换。例如：

```
short s1;
int xl=13;
sl=(short)xl;   // 强制类型转换
```

　　显式类型转换需要在被转换的表达式前面加上被转换的类型标识。下面是常见的显式转换类型对应表。

类　型	可以安全显式转换的类型
sbyte	byte、ushort、uint、ulong 或 char
byte	sbyte 或 char
short	sbyte、byte、ushort、uint、ulong 或 char
ushort	sbyte、byte、short 或 char
Int	sbyte、byte、short、ushort、uint、ulong 或 char
Int	sbyte、byte、short、ushort、int 或 char
long	sbyte、byte、short、ushort、int、uint、ulong 或 char
ulong	sbyte、byte、short、ushort、int、uint、long 或 char
char	sbyte、byte 或 short
float	sbyte、byte、short、ushort、int、uint、long、ulong、chardecimal
double	sbyte、byte、short、ushort、int、uint、long、ulong、char、float 或 decimal
decimal	sbyte、byte、short、ushort、int、uint、long、ulong、char、float 或 double

提　示

由于不同数据类型对应存储空间的大小不同，因此在显式类型转换过程中可能导致数据精度损失或引发异常。常见的情况有：

(1) 将 decimal 值转换为整型时，该值将舍入为与零最接近的整数值。如果结果整数值超出目标类型的范围，则会引发 OverflowException 异常。

(2) 将 double 或 float 值转换为整型时，数值会被截断。

(3) 将 double 转换为 float 时，double 值将舍入为最接近的 float 值。如果 double 值因过小或过大而使目标类型无法容纳它，结果将为零或无穷大。

　　另外在 C# 中，还提供了一个简单的类型转换类——Convert，利用该类的相关方法可以实现显式类型转换。下表列出了 Convert 类的常用方法及其转换结果。其中转换方法中的类型名称与 C# 的类型名称有所不同，主要是因为这些命令来自于 .NET 框架的 System 命名空间，而不是 C# 本身。

方　法	结果描述
Convert.ToBoolean(var)	Var 转换为 bool
Convert.ToByte(var)	var 转换为 byte
Convert.ToChar(var)	var 转换为 char
Convert.ToDecimal(var)	var 转换为 decimal
Convert.ToDouble(var)	var 转换为 double
Convert.ToIntl6(var)	var 转换为 short
Convert.ToInt32(var)	var 转换为 int
Convert.Tolm64(var)	var 转换为 long
Convert.ToSByte(var)	var 转换为 sbyte
Convert.ToSingle(var)	var 转换为 single
Convert.ToString(var)	var 转换为 string
Convert.ToUIntl6(var)	var 转换为 ushort
Convert.ToUInt32(var)	var 转换为 uint
Convert.ToUInt64(var)	var 转换为 ulong

提示　var 可以是各种类型的变量。如果这些方法不能处理该类型的变量，程序编译时会给出提示。

3.7.3　装箱与拆箱

在 C# 中同时存在着两大类数据类型：值类型和引用类型。值类型都是一些简单类型，其变量直接用来存放数值，操作效率高。而引用类型则通常用来存放对象的地址，具有很强的面向对象特征，适用于面向对象的开发。但是，在程序开发中有时需要的是一种更为简单的、能够囊括所有可能值的类型，这样使得任何数据都可以被看成是对象存入其中。为了实现这一目的，在 C# 语言中引入了让值类型在需要时转换为引用类型，以及让引用类型在需要时转换为值类型的机制，即装箱与拆箱机制。利用装箱与拆箱功能，可通过允许值类型的任何值与 object 类型的值相互转换，将值类型与引用类型链接起来。

1. 装箱

装箱是指将一个值类型转换为一个 object 类型的过程。例如：

```
int x=15;
object obj=x;          // 利用隐式转换实现装箱
```

也可以用显式方法进行装箱操作。例如：

```
int x=15;
object obj=(object)x;  // 利用显式转换实现装箱
```

2. 拆箱

拆箱是指将一个 object 类型显式转换成一个值类型的过程。拆箱可分为两个步骤：其一是检查被转换的对象实例是否是给定的值类型的装箱值；其二是将这个对象实例复制给值类型的变量。例如：

```
int val=100;
object obj=val;        // 装箱
int num=(int)obj;      // 拆箱
Console.Writeline("num:{0}",num);
```

注　意　装箱和拆箱都必须遵循类型兼容原则，否则会引发异常。

3.8　表达式和运算符

本节视频教学录像：15 分钟

表达式和运算符是构成程序中各种运算任务的基本元素，也是程序设计的基础。

3.8.1　表达式

表达式是由操作数和运算符组成的式子，是一个可以计算且返回结果的简单结构。其返回值可以为单个值、对象、方法，甚至命名空间。最简单的表达式是一个变量或常量。一个表达式中可以包含文本值、方法调用、运算符及其操作数等，并且表达式可以嵌套，因此表达式既可以非常简单，也可以非常复杂。例如：

```
X              // 变量表达式
10             // 常量表达式
i=5            // 赋值运算表达式
x*y            // 算术运算表达式
DoWork(var) ; // 方法调用表达式
```

表达式是根据约定、求值次序、结合性和优先级规则来进行计算。其中约定是指类型转换的约定；求值次序是指表达式中各个操作数的求值次序；结合性是指表达式中出现同等优先级的运算符时，该先做哪个运算的规定；而优先级则是指不同优先级的运算符，总是先做优先级高的运算。

提 示　可以说有什么样的运算符就有什么样的表达式。

3.8.2 运算符

C# 提供有大量的运算符，用这些运算符来实现对变量或其他数据进行加、减等各种运算。C# 常用运算符的功能、优先级和结合性如表所示。

优先级	运算符	功能说明	结合性
1	()	改变优先级	从左至右
	()	方法调用	
	[ ]	数组下标	
	++ --	后缀自增、自减	
	.	成员访问符	
	new	创建对象	
	typeof	获取类型信息	
	checked	启动溢出检查	
	unchecked	取消溢出检查	
2	++ --	前缀自增、自减	从左至右
	+ -	一元加、减运算符	
	!	逻辑非	
	~	按位求反	
	()	显式类型转换	
3	* / %	乘法、除法、取余	从左至右
4	+ -	加法、减法	从左至右
5	<< >>	左移位、右移位	从左至右
6	< > <= >= is as	关系运算，类型测试、转换	从左至右
7	== !=	等于、不等于	从左至右
8	&	逻辑与／按位与	从左至右

续表

优先级	运算符	功能说明	结合性
9	^	逻辑异或／按位异或	从左至右
10	I	逻辑或／按位或	从左至右
11	& &	条件与	从左至右
12	II	条件或	从左至右
13	?:	条件运算符	从右至左
14	= += -= *= / = % = &= ^= I= <<= >>=	赋值运算符	从右至左

运算符具有优先级和结合性。当一个表达式中含有多个运算符时，运算符的优先级决定了表达式中进行不同运算的先后顺序，即先进行优先级高的运算，后作优先级低的运算。而运算符的结合性则决定了表达式中并列多个相同优先级的运算的进行顺序，即是自左向右，还是自右向左。

C# 运算符按其所要求操作数的多少，可分为一元运算符、二元运算符、三元运算符。一元运算符需要一个操作数，二元运算符需要两个操作数，三元运算符需要 3 个操作数；按运算符的运算性质又可分为算术运算符、关系运算符、条件逻辑运算符等。

1. 基本赋值运算符

基本赋值运算符 (=) 用于赋值运算。由基本赋值运算符组成表达式的一般形式是：

变量 = 表达式

其中，右边的表达式可以是任何一个常量、变量或其他有能力产生数值的表达式，左边则必须是一个明确的变量。赋值表达式的意义是将运算符右边表达式的值赋给左边的变量。赋值后表达式本身的值就是左边变量的值。例如：

```
x=2.6        //运算后 x 的值为 2.6，表达式的值也是 2.6
4=x          //错误，左操作数必须是变量
```

在 C# 语言中可以连续赋值，例如：

```
x=y=z=2.6   //运算后 x、y、z 的值均为 2.6
```

进行赋值运算时，左边变量的类型必须与右边的值相容。比如，不能将一个 bool 类型的值赋给整数类型变量；不能将 double 型的值赋给 int 型变量 (如果需要，必须显式转换)。不过，可以将 int 型的值赋给 double 型变量。

2. 算术运算符

算术运算符用于对整数类型或浮点数类型的操作数进行运算。包括基本算术运算符，一元加、减运算符、自增、自减运算符等。

(1) 基本算术运算符

基本算术运算符包括：+(加号)、-(减号)、*(乘号)、/(除号)、%(取余)，它们都是二元运算符。

运算符 "+"、"-"、"*"、"/" 的使用方法与在代数中基本相同。只是需要注意：对于 "/" 运算符，当它的两个操作数都是整数类型时，其计算结果是运算后所得商的整数部分。例如：

```
5/2   //值为 2
```

运算符 "%" 的意义是求两个数相除后的余数。在 C++ 语言中，两个操作数必须都是整数类型，但 C# 语言对此进行了扩充，操作数可以是浮点数。例如：

```
10%4       //值为 2
4.6%2.1    //值为 0.4
```

注意：当对负数进行取余运算时，其结果永远与取余运算符左边的数值有相同的正负号。例如：

```
-7%5       //值为 -2
7%-5       //值为 2
-7%-5      //值为 -2
```

(2) 一元加、减运算符

一元加 "+" 和一元减 "-" 与二元加、减运算符的写法相同，C# 编译器会根据程序中表达式的形式自动判定。例如：

```
i=+5       //等价于 i=5
i=8/-2
```

不过，第 2 个表达式最好写成：

```
i=8/(-2)
```

一元加、减运算符的意义等同于代数中的正、负号。实际编程时，一元加号通常省略。

(3) 自增、自减运算符

自增、自减运算符都是一元运算符，有前缀和后缀两种形式。前缀是指运算符在操作数的前面，后缀是指运算符在操作数的后面。例如：

```
i++   //后缀递增
--i   //前缀递减
```

自增、自减运算符不论是作为前缀还是后缀，其运算结果都是使操作数的值增 1 或减 1，但操作数和运算符组成的表达式的值并不相同。前缀形式是先计算操作数的值（增 1 或减 1），后把操作数的值作为表达式的结果；后缀形式是先将操作数的值作为表达式的结果，然后把操作数的值增 1 或减 1。当这种表达式被用作操作数继续参与其他运算时，这一点要特别注意。例如：

```
int  i=5;
int  j=3;
int k1=i++;    //k1=5, i=6
int k2=++i;    //k2=6, i=7
int m1=--j;    //m1=2, j=2
```

```
int m12=j;      //m2=1, j=2
```

由于自增、自减运算符改变的是操作数自身的值，因此，自增、自减运算中的操作数只能是一个变量。例如：

```
5++          // 错误
(i-j)--       // 错误
```

在 C++ 语言中，参与自增、自减运算的操作数必须是整数类型的变量。但是在 C# 语言中，操作数也可以是浮点数类型的变量。

3. 关系运算符

在 C# 语言中，关系运算符共有 6 个：<(小于)、<=(小于或等于)、>(大于)、>=(大于或等于)、==(等于)、!=(不等于)。它们都是二元运算符，用于比较两个操作数之间的关系，运算结果是一个 bool 型的值。当两个操作数满足关系运算符指定的关系时，表达式的值为 true，否则为 false。运算符 "==" 和 "!=" 的操作数可以是 C# 语言中除了自定义结构外的任意一个数据类型的数据，但其他关系运算符的操作数只能是整数、浮点数或字符。

因为浮点数在计算机中只能近似地表示，所以两个浮点数一般不能直接进行相等比较。如果需要进行相等比较，通常的做法是指定一个极小的精度值，当两个浮点数的差在这个精度之内时，就认为它们相等，否则为不等。

4. 条件逻辑运算符

在 C# 语言中，条件逻辑运算符共有 6 个：!(逻辑非)、&&(条件与)、||(条件或)、^(逻辑异或)、&(逻辑与)、|(逻辑或)。其中，"!" 是一元运算符，另外 5 个是二元运算符。与 C++ 语言不同，条件逻辑运算符的操作数都必须是 bool 类型，运算结果也是 bool 类型。具体运算规则如下表所示。

x	y	!X	x&&y 或 x&y	X||Y 或 x|Y	X^y
false	false	true	false	false	false
false	true	true	false	true	true
true	false	false	false	true	true
true	true	false	true	true	false

由上表可知，运算符 "&&" 与 "&"，" ||" 与 "|" 在使用方法上类似。不过它们之间也有不同之处：进行条件与 "&&" 或条件或 "||" 运算时，只要能够确定运算结果，运算就不再继续进行。如果参与这个运算的操作数也是一个需要运算求值的表达式，则必须注意这一点。

例如：

```
int i=2,j=4;
bool b=i>j&&j++>i-- ;
```

在计算布尔变量 b 的值时，首先计算关系表达式 i>j 的值，结果为 false，根据条件与运算的规则，不论运算符 "&&" 右边表达式的值是什么，条件与运算后的结果都是 false。因此，运算符 "&&" 右边的表达式就不被执行。计算结束后，b=false，i=2，j=4。而进行逻辑与 "&" 或逻辑或 "|" 运算，不管左操作数是 true 还是 false，总会计算右操作数的值。

5. 复合赋值运算符

在 C# 语言中，除了基本赋值运算符=外，另外还有 10 个复合赋值运算符：+=、−=、*=、/ =、% =、<<=、>>=、&=、^=、|=。它们是由基本赋值运算符和二元算术运算符、逻辑运算符或位运算符等结合在一起构成的。这些复合运算符组成表达式的一般形式为：

变量 复合赋值运算符 表达式

其中，表达式与基本赋值运算符中的要求相同。上述形式可进一步分解为：

变量算术运算符 (或位运算符等)= 表达式

其意义等同于下述表达式：

变量 = 变量算术运算符 (或位运算符等) 表达式

例如：

```
x*=2          //等价于 x=x*2
x*=x+2        //等价于 x=x*(x+2)
```

6. 条件运算符

C# 语言中有唯一的一个三元运算符，即条件运算符 "? :"，由条件运算符和 3 个操作数组成的条件表达式的形式如下：

表达式 1? 表达式 2: 表达式 3   .

其中，表达式 1 的值必须是 bool 型。它的运算顺序是：先计算表达式 1 的值，若表达式 1 的值为 true，则计算表达式 2，并把它的值作为条件表达式的值；否则计算条件表达式 3，并把它的值作为条件表达式的值。条件表达式的类型为表达式 2 和表达式 3 中类型取值范围大者。例如：

```
x=(4>5)?4:5 //运算结果 x=5
```

7. 字符串连接运算符

在 C# 语言中，运算符 "+" 能用于连接字符串，例如：

```
"Hello!" +" C# world"          //值为   " Hello!C# World"
```

> **注意**
>
> 当运算符 "+" 用于操作字符串时，它的两个操作数中可以有一个不是字符串。如果其中的一个不是字符串，那么在进行字符串合并操作前，C# 编译器会自动将其转换为相应的字符串形式。

3.9　程序流程控制及常用语句

本节视频教学录像：27 分钟

没有流程控制结构，一个应用程序就完全无法运行。顺序、选择、循环，再繁琐的程序也离不开这 3 种结构。掌握之后，就可以通吃所有的程序。顺序结构就是自始至终程序流程不发生转移的程序，主要用来实现赋值、计算和输入 / 输出等操作。选择结构是在程序执行过程中会根据某些条件是否成立来确定某些语句是执行还是不执行，或者根据某个变量的或表达式的取值从若干个语句组中选择一组来执行。循环结构是指某些程序段需要重复执行若干次。

3.9.1　选择语句

选择语句依据一个条件表达式的计算值，从一系列被执行语句中选择出执行语句。

1. if 语句

if 语句也叫条件语句，它根据条件表达式的值来选择将要执行的语句。可以实现单分支、双分支和多分支等选择结构。

(1) if 语句实现单分支选择结构。使用格式如下。

```
If（条件表达式）
语句；
```

流程图如下。

功能说明：首先计算条件表达式的值，如果结果为 true，则执行后面的语句。如果表达式的值为 false，则不执行后面的语句。

(2) if 语句实现双分支选择结构。使用格式如下。

```
if（条件表达式）
语句 1；
else
语句 2；
```

流程图如下。

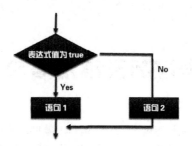

功能说明：首先计算条件表达式的值，如果为 true 则执行语句 1，如果值为 false，则执行语句 2。
例如：

```
If (x-(int)x>0.5)
i=(int)x+1;
else
i=(int)x;
```

(3) if 语句实现多分支选择结构。使用格式如下。

```
if （条件表达式 1) 语句 1;
else if( 条件表达式 2) 语句 2;
else if( 条件表达式 3) 语句 3;
……
else
语句 n;
```

其流程图如下。

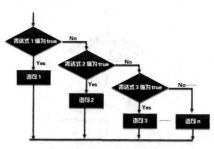

功能说明：本结构首先判断条件表达式 1 的值是否为 true，如果是就执行语句 1，如果为 false，则继续判断条件表达式 2 的值是否为 true，如果条件表达式 2 的值为 true，就执行语句 2，否则继续判断条件表达式 3 的值……依此类推，直到找到一个条件表达式的值为 true 并执行后面的语句。如果所有的条件表达式的值都是 false，则执行 else 后面的语句 n。

注意 If语句实现多分支选择结构，其实就是在双分支选择结构的 else 后面的语句 2 的位置嵌套了另一个 if 双分支选择结构语句。这样形成 if 语句的嵌套，可以实现程序中复杂的逻辑判断。

提示　语句中的条件表达式通常为关系表达式或逻辑表达式。上面的"语句"或"语句 1"等在条件允许时，可以是由"{"和"}"括起来的一个程序段，当然也包括其他各类语句。else 分支与最近的 if 语句构成一个 if－else 对。if 语句并不一定必须有 else 分支。只有需要多个判断条件使程序形成多个分支的话，才在 if 后面的 else 语句中加入其他 if－else 分支。

例如：

```
If (x>0)    { y=1; }
else
{  if (x==0)    { y=0; }
    else
     { y= -1; }
}
```

2. switch 语句

使程序形成多个分支的另一种方法是使用 switch 语句，也叫开关语句。使用格式如下：

```
switch（控制表达式）
{
  case 常量表达式 1: 语句 1;
  break;
  case 常量表达式 2: 语句 2;
  break;
  ……
  case 常量表达式 n: 语句 n;
  break;
  [default: 语句 n+1;break;]
}
```

功能说明：它根据一个控制表达式的值来决定执行不同的程序段。

流程图如下。

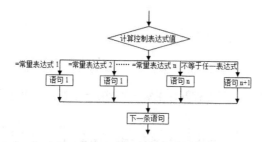

（1）switch 后面的控制表达式可以是整形或字符型表达式，而 case 后面的常量表达式的类型则必须与控制表达式的类型相同，或者能够隐式地转换为控制表达式的类型。

（2）程序执行时首先计算控制表达式的值，然后依次与 case 后面的常量表达式 1、常量表达式 2……常量表达式 n 来比较，如果控制表达式的值与某个 case 后面的常量表达式的值相等，就执行这个 case

后面的相应语句，然后执行 break 语句退出 switch 语句。如果控制表达的值与所有的 case 后面常量表达式的值都不同，则执行 default 后面的"语句 n+1"，执行后退出 switch 语句，最后程序继续执行 switch 语句后面的下一条语句。

(3) switch 语句中各个 case 后面的常量表达式不一定要按值的大小排列，但是要求各个常量表达式的值必须是不同的，从而保证分支选择的唯一性。

(4) 如果某个分支有多条语句，可以用大括号括起来，也可以不加大括号。因为进入某个 case 分支后，程序会自动顺序执行本分支后面的所有语句。

(5) default 总是放在最后。default 语句可以缺省。当 default 语句缺省后，如果 switch 语句后面的控制表达式的值与任一常量表达式的值都不相等，将不执行任何语句，而直接退出 switch 语句。

(6) 各个分支语句中的 break 不可省略，否则会出现错误。

【范例 3-5】接受 5 分制分数的输入，并转换为相应的等级输出。

(1) 在 Visual Studio 2010 中，新建名为 "score" 的【Visual C#】▶【控制台应用程序】。

(2) 在 "static void Main(string[] args)" 后面的两个大括号中间输入以下代码（代码 3-5.txt）。

```
01    Console.WriteLine(" 请输入分数 :");
02    int X = int.Parse(Console.ReadLine());
03    switch (X)
04    {
05       case 5:
06          Console.WriteLine(" 优秀 ");
07          break;
08       case 4:
09          Console.WriteLine(" 良好 ");
10          break;
11       case 3:
12          Console.WriteLine(" 及格 ");
13          break;
14       default:          //3 分以下均不及格
15          Console.WriteLine(" 不及格 ");
16          break;
17    }
18    Console.ReadLine();
```

【运行结果】

按【Ctrl+F5】组合键运行，即可在控制台中输出如图所示的结果。根据提示输入分数 4，按【Enter】键，即可输出分级结果。

3.9.2 循环语句

循环语句用于程序段的重复执行。C# 中提供有 4 种循环：while 循环、do-while 循环、for 循环和 foreach 循环。很多条件下它们可以相互替代。

1. while 循环语句

while 语句实现的循环是当型循环，其使用格式如下。

---

while（表达式）
　语句；（即循环体部分）

流程图如下。

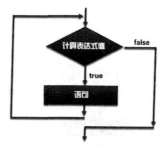

功能说明：程序先计算 while 后面表达式的值，若结果为 true，则执行循环语句部分，然后再次计算 while 后面的表达式，重复上述过程……当某次计算的表达式的值为 false 时，则退出循环，转入下一条语句执行。

提示

(1) 循环体如果包含一条以上的语句，应该用花括号括起来作为复合语句。
(2) 循环最终都要退出，所以在循环体中应包含有使循环趋于结束的语句，即能使表达式的值由 true 变为 false 的语句。
(3) 由于先判断条件，也许第 1 次判断条件时，表达式的值就是 false，在此情况下循环体则一次也不执行。所以当型循环又叫做"允许 0 次循环"。

【范例 3-6】计算整数的阶乘。

(1) 在 Visual Studio 2010 中，新建名为 "jiecheng" 的【Visual C#】➤【控制台应用程序】。
(2) 在 "static void Main(string[] args)" 后面的两个大括号中间输入以下代码（代码 3-6.txt）。

```
01   int X = int.Parse(Console.ReadLine());
02   long Y = 1;
03   while (X > 1)
04   {
05       Y *= X;
06       X--;
07   }
08   Console.WriteLine(" 阶乘为: {0}", Y);
```

```
09   Console.ReadLine();
```

【运行结果】

按【Ctrl+F5】组合键运行，输入 4，按【Enter】键，即可输出 4 的阶乘结果。

2. do-while 循环语句

do-while 循环语句的使用格式如下。

```
do 循环体语句 ;
while ( 表达式 );
```

流程图如下。

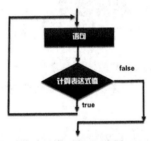

功能说明：执行循环体中的语句，然后计算表达式的值，若表达式的值为 true，则再执行循环体中的语句……如此循环，直到某次计算表达式的值时，表达式的值为 false，这个时候将不再执行循环体，而是转到循环体后面的语句执行。

(1) do-while 语句是先执行语句，后判断表达式。所以无论一开始表达式的值是 true 还是 false，循环体中的语句至少执行一次，因此直到型循环又叫"不允许 0 次循环"。
(2) 如果 do-while 语句的循环体部分是由多个语句组成的，则必须作为复合语句用花括号括起来。

【范例 3-7】用 do-while 循环改写上面求阶乘的范例。

(1) 在 Visual Studio 2010 中，新建名为"dowhile"的【Visual C#】➢【控制台应用程序】。
(2) 在"static void Main(string[] args)"后面的两个大括号中间输入以下代码（代码 3-7.txt）。

```
01   int X = int.Parse(Console.ReadLine());
02   long Y = 1;
03   do
04   {
05       Y *= X;
```

```
06        X--;
07      }
08    while (X > 1);
09    Console.WriteLine(" 阶乘为: {0}", Y);
10    Console.ReadLine();
```

【运行结果】

按【Ctrl+F5】组合键运行，输入 5，按【Enter】键，即可输出 5 的阶乘结果。

3. for 循环语句

for 循环语句用在预先已知循环次数的情况下。for 语句又叫做计数循环语句，其使用格式如下。

```
for（表达式 1; 表达式 2; 表达式 3）
语句 ;
```

流程图如下。

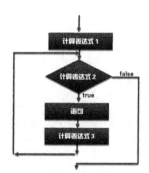

功能说明：表达式 1、表达式 2、表达式 3 分别是循环初始表达式、循环判断表达式和循环控制表达式，它们之间用分号分割。for 循环的执行顺序为：首先计算表达式 1（只执行一遍），通常是初始化循环变量。然后计算表达式 2，若表达式 2 的值为 true，则执行 for 语句中的循环体，循环体执行后，计算表达式 3。接着返回再次计算表达式 2，若表达式 2 的值为 true，再执行 for 语句中的循环体……如此循环，当某次计算表达式 2 的值为 false 时，则退出 for 循环，接着执行 for 后面的语句。

需要注意的是：

(1) for 语句中的表达式 1 可省略，此时应在 for 语句之前给循环变量赋值。例如：

```
for（;k<=100;k++) sum+=k;
```

循环执行时，没有"计算表达式 1"这一步，其他不变。

(2)"表达式 2"应是逻辑表达式或关系表达式，也可省略，省略时相当于表达式 2 的值为 true，此时要退出循环，需使用后面介绍的 break 语句。

(3)"表达式 3"也可以省略，但此时程序设计者应保证循环能正常结束。例如：

```
for(s=0;k=1;k<=100;)
{s+=k;k++;}
```

本例中的 k++ 不是放在 for 语句的表达式 3 的位置处，而是作为循环体的一部分，效果是一样的，都能使循环正常结束。

(4) 可以省略表达式 1 和表达式 3，只有表达式 2，即只给出循环条件。例如：

```
for(  ;i<=100;)
        {sum+=i;i++;}
```

此语句相当于：

```
while(i<=100){sum+=i ; i++ ; )
```

(5) 表达式 I、表达式 2 和表达式 3 均可省略。例如：

```
for( ; ; )
语句；
```

该语句相当于：

```
while(true)
    语句；
```

【范例 3-8】循环打印整数 1~9。

(1) 在 Visual Studio 2010 中，新建名为 "print" 的【Visual C#】➤【控制台应用程序】。
(2) 在 "static void Main(string[] args)" 后面的两个大括号中间输入以下代码。

```
01     for (int i = 0; i < 10; i++)
02         Console.WriteLine(i);
```

【运行结果】

按【Ctrl+F5】组合键运行，即可在控制台中输出如图所示的结果。

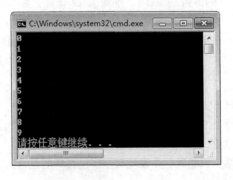

技 巧

for 语句同样可以嵌套使用，以处理大量重复性的程序。

4. foreach 循环语句

foreach 语句是 C# 中新增的循环语句，对于处理数组及集合等数据类型特别方便。功能与 for 语句相似，但是使用起来比 for 语句更为方便。

foreach 语句的一般语法格式如下：

```
foreach（数据类型 标识符 in 表达式）
循环体；
```

功能说明：数据类型是指要访问的集合或数组中元素的类型；标识符是一个迭代变量，相当于一个指针，每次后移一位；表达式是要访问的集合或者数组名称。

for 语句和 foreach 语句的主要区别在于，for 需要通过控制计数器来控制循环体的执行次数；而用 foreach 无需了解循环体究竟要执行多少次，也不用考虑索引的问题。

【范例 3-9】循环打印整数 1~9。

(1) 在 Visual Studio 2010 中，新建名为 "printArray" 的【Visual C#】➢【控制台应用程序】。
(2) 在 "static void Main(string[] args)" 后面的两个大括号中间输入以下代码。

```
01   int[]arr=newint[]{0,1,2,3,4,5};
02   foreach (int a in arr)
03   Console.WriteLine(a);
```

【运行结果】

按【Ctrl+F5】组合键运行，即可在控制台中输出如图所示的结果。

3.9.3 转移语句

使用循环语句时，如果循环条件不被改变，循环就会一直进行下去。转移语句通常与循环语句结合使用，以提高循环的效率，避免"死循环"出现。

在循环执行过程中，若希望循环强制结束，则可使用 break 语句；若希望使本次循环结束并开始下一次循环，则可使用 continue 语句。

带有 break 语句的流程图如下。

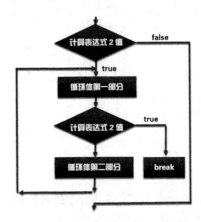

1. break 语句

break 语句用于跳出 switch 选择语句和 while、do-while、for 等循环语句，并转移到其后的程序段。使用格式为：

---

break;

功能说明：终止对循环的执行，流程直接跳转到当前循环语句的下一语句执行。

提示

流程图中的表达式 1 通常是循环条件，表达式 2 通常是一个 if 语句中的条件。
(1)break 语句只可用在 switch 语句和 3 种循环语句中。(2) 一般在循环体中并不直接使用 break 语句，而是和一个 if 语句配合使用，在循环体中测试某个条件是否满足，若满足则执行 break 语句退出循环。break 语句提供有退出循环的另一种方法。(3) 在循环嵌套中，break 语句只能终止一层循环。

【范例 3-10】求 1 ~ 10 之间的质数。

(1) 在 Visual Studio 2010 中，新建名为 "zhishu" 的【Visual C#】➤【控制台应用程序】。

(2) 在 "static void Main(string[] args)" 后面的两个大括号中间输入以下代码（代码 3-10.txt）。

```
01    bool flag;
02    for (int i = 2; i <= 10; i++)
03    {
04        flag = true;
05        for (int j = 2; j <= i / 2; j++)
06        {
07            if (i % j == 0)
08            {
09                flag = false;
10                break;
11            }
```

```
12          }
13      if (flag)
14          Console.Write("{0}\t", i);
15      }
16  Console.WriteLine();
```

【运行结果】

按【Ctrl+F5】组合键运行，即可在控制台中输出如图所示的结果。

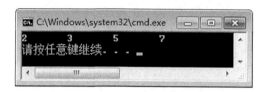

2. continue 语句

continue 语句只用于跳出 while、do-while、for 和 foreach 等循环语句，并转移到循环语句的开始重新执行。

3. return 语句

return 语句用于函数的返回。如果在程序主方法中使用 return 语句，程序则结束。

▌ 3.10 高手点拨

本节视频教学录像：4 分钟

1. 三目运算符与 if…else 语句的关系

或许读者已经看出来了，三目运算符就相当于 if…else 语句，只不过三目运算符有返回值。不过还是得提醒读者，为了使程序清晰明了，只有在 if…else 语句的主体部分很少时才使用三目运算符。

2. var 隐式声明

VAR 是从 NET 3.5 开始出现的一个定义变量的类型，VAR 可代替任何类型，编译器会根据上下文来判断到底是什么类型。类似于 Object 类型。Object 类型在使用时要注意以下几点：

(1) 必须在定义时初始化。也就是必须是 var s ="abcd" 形式，而不能是如下形式：var s;s = "abcd";

(2) 一旦初始化完成，就不能再给变量赋予与初始化值类型不同的值了。

(3) var 要求是局部变量。

(4) 使用 var 定义变量和 object 不同，它在效率上和使用强类型方式定义变量完全一样。

3. 三种循环的关系

我们讲到的三种循环结构其实是可以互相转化的，通常我们只是使用其中一种结构，因为这样可以使程序结构更加清晰。例如，下面的三段代码在功能是等同的，读者可根据自己的习惯取舍其中的一种方式。

(1) 使用 for 循环。

```
for( int i=0; i<10; ++i )
{
    System.out.println( "i = " + i );
}
```

(2) 使用 while 循环。

```
int i = 0;
while( i < 10 )
{
        System.out.println( "i = " + i );
        ++i;
}
```

(3) 使用 do–while 循环。

```
int i = 0;
do
{
        System.out.println( "i = " + i );
        ++i;
}while( i < 10 )
```

4. 循环的区间控制

在习惯上，我们在循环中通常使用半开区，即从第一个元素开始，到最后一个元素的下一个位置之前。同样是循环十次类，我们推荐使用

for(int i = 0; i < 10; ++i)

而非

for(int i =0; i <= 9; ++i)

来循环十次。前者更具有可读性，而后者也能达到相同功能，读者可根据自己的代码风格进行取舍。

▌3.11 实战练习

1. 编写程序，使用循环控制语句计算 "1+2+3+…+100" 的值。

2. 编写程序，使用程序产生 1~12 的某个整数（包括 1 和 12），然后输出相应月份的天数（2 月按 28 天算）。

第 **4** 章

 本章视频教学录像：2 小时 4 分钟

网页速成法——ASP.NET 中的控件应用

在动态网站中，组成网页的最基本的要素就是控件，在绝大多数网站中均可以用到，如需要用户输入用户名、密码等信息，有时需要对用户输入的信息进行验证等。在 ASP.NET 中，有 HTML 服务器、Web 服务器、验证和 Web 用户等控件，本章介绍这些控件的应用。

本章要点（已掌握的在方框中打钩）

□ HTML 服务器控件

□ Web 服务器控件

□ 验证控件

□ 导航控件

□ Web 用户控件

4.1 HTML 服务器控件

本节视频教学录像：23 分钟

在 ASP 中，HTML 标记已经可以满足需求。但是 HTML 标记有其自身不可克服的缺点，比如开发人员不能直接去控制它，必须通过其他方法实现对 HTML 标记的控制，这给开发人员带来了极大的不便。从 ASP.NET 3.5 开始，已经对 HTML 标记对象化，对象化之后的 HTML 标记称为 HTML 服务器控件，并为其增加了两个属性：ID 和 runat。其中 ID 属性方便了开发人员使用该 HTML 服务器控件，runat 属性的值只有唯一的一个 server，表明该控件运行在服务器端。

打开 Visual Studio 2010，新建一个网站，将默认页面 Default.aspx 切换到设计视图，打开工具箱，单击 HTML 选项卡，如图所示。

4.1.1 将 HTML 控件转换为服务器控件

所有的 HTML 控件默认并不能直接作为服务器控件使用，必须通过设置才能作为服务器控件使用。具体设置方法如下。

(1) 打开 Visual Studio 2010，新建一个 ASP.NET 空网站，添加一个默认页面 Default.aspx。

(2) 将默认页面文件 Default.aspx 切换到设计视图，打开工具箱，单击 HTML 选项卡。用鼠标按住某个 HTML 控件，例如按住 Input（Text）控件不放，移动鼠标到设计视图中松开，在页面中即可出现该控件，如图所示。

> Input(Text)控件

此时，该控件不是作为服务器控件（这也是 ASP.NET 默认的方式）。切换到代码视图，查看该控件的 HTML 代码如下。

```
01    <input
02        id="Text1"
03        type="text"
04    />
```

(3) 如果要作为服务器控件运行，在上面的 HTML 代码中加入 runat="server" 即可。此时该控件的 HTML 代码如下。

```
01  <input
02    id="Text1"
03    runat="server"
04    type="text"
05  />
```

可以看出作为服务器控件的 HTML 代码中多了一个属性 / 属性值对，即 runat="server"，它表明该控件已经是服务器控件了。

4.1.2 文本类型控件

文本类型控件是用来由用户输入文本使用的控件，包括 3 个输入文本控件 [abl] Input (Text)、[**] Input (Password)、[按] Textarea 和一个用于显示信息的控件 [≡] Div。

1. Input（Text）服务器控件

语法格式如下。

<input id=" 控件标识符 " runat="server" type="text" value=" 控件默认文本 " />

其中 id 属性是唯一标识该控件与其他控件的区别属性。type 属性表示该控件的类型，值"text"表示该控件是一个文本控件。runat 属性表示该控件是作为服务器控件运行在服务器端。value 属性表示该控件的默认文本，默认值为空。

> **提示**
>
> id 属性相当于我们的身份证，用来唯一表示某个人。如同即使不是一个国家的人，也不能有相同的身份证一样，在 ASP.NET 中，即使控件不属于同一个类型，也不能有相同的 id 属性值。

【范例 4-1】Input（Text）控件使用。

(1) 创建一个 ASP.NET 空网站 InputTextControls，添加一个 InputText.aspx。

(2) 将页面文件 InputText.aspx 切换到设计视图，从工具箱的 HTML 选项中拖放一个 [abl] Input (Text) 控件，用于接收用户输入的信息，一个 [≡] Div 控件用于显示信息。将这两个控件设置为服务器控件，设计界面如图所示。

(3) 双击 Input(Text) 控件，在其 ServerChange() 事件中添加如下代码。

divMessage.InnerHtml = txtInput.Value;   // 将文本控件中输入的信息在 DIV 控件中显示

【运行结果】

按【F5】键调试运行，运行结果如图所示，在浏览器中显示 1 个文本框。在文本框中输入信息后按【Enter】键，即可将输入的内容显示在下面。

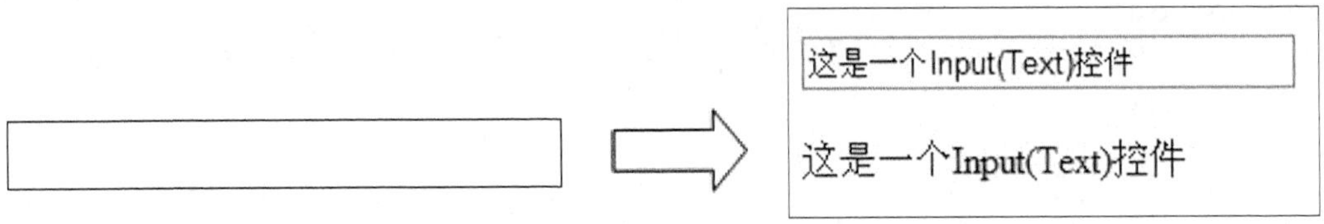

2. Input（Password）服务器控件

Input（Password）服务器控件是作为密码输入的文本类型控件。语法格式如下。

```
<input
    id=" 控件标识 "
    runat="server"
    type=" password "    // 表示该控件为密码控件
/>
```

3. Textarea 服务器控件

用户可以在该控件中输入大量的文本内容，且可以自动换行。语法格式如下。

```
<textarea
    id="TextArea1"
    runat="server"
    cols=" 文本列数 "    // 表示在该控件中输入文本的列数，即一行中有多少字符，默认是 20 个字符
    rows=" 文本行数 "> // 表示该控件中输入文本的行数，即可以输入多少行，默认是 2 行
</textarea>
```

4. DIV 服务器控件

DIV 服务器控件主要用来动态显示操作页面上其他控件元素的内容，主要使用 InnerHtml 属性，该属性显示经 HTML 解析后的文本。使用 InnerHtml 属性，可以编程方式修改 HTML 服务器控件的开始和结束标记之间的内容。语法格式如下。

```
<div
    id=" 控件标识 "
    runat="server"
    style="width: 宽度值 ; height: 高度值 ">
</div>
```

为了设置 DIV 控件的高度和宽度，需要在属性窗口中对其 style 属性进行设置。

4.1.3 按钮类型控件

按钮类型控件是用来为用户提供单击操作的控件，通过单击相应的按钮，实现不同的操作。实现代码通常在对应的 ServerClick() 事件中。按钮控件有 3 种，即普通按钮 Input（Button）、重置按钮 Input（Reset）和提交按钮 Input（Submit）。用户单击按钮控件，该控件所在的窗体的控件中的输入将被发送到服务器并得到处理，然后，服务器将响应发送回浏览器。

语法格式如下。

```
<input
id=" 控件标识符 "
type="button|Submit|Reset"
value=" 文字 "
onserverclick=" 事件处理程序 "
runat="server" />    // 指定按钮上显示的文字
```

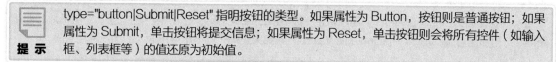

> **提 示**　type="button|Submit|Reset" 指明按钮的类型。如果属性为 Button，按钮则是普通按钮；如果属性为 Submit，单击按钮将提交信息；如果属性为 Reset，单击按钮则会将所有控件（如输入框、列表框等）的值还原为初始值。

按钮类型控件最主要的用途是让用户通过单击按钮执行命令或动作，最重要的就是 onserverclick() 事件。当用户按下按钮时便会触发 onserverclick() 事件，通过为 onserverclick() 事件提供自定义事件处理程序，可以在单击控件时执行特定的指令集。

【范例 4-2】验证用户身份，并提交附加信息。

(1) 创建一个网站 HTMLTextControls，提交一个页面文件 HTMLTextControls.aspx，并设为起始页。

(2) 切换到 HTMLTextControls.aspx 的设计视图，在窗体上分别添加一个 Input（Text）控件、一个 Input（Password）控件、一个 Textarea 控件、一个【提交】按钮和一个【重置】按钮，分别将这 5 个控件设置为服务器控件。设计界面如图所示。

(3) 控件的属性及其属性值如下表所示。

控件类型	属性	属性值	控件类型	属性	属性值
Input（Text）	ID	txtName	Input（Submit）	ID	btnSubmit
	Value	""		Value	提交
Input（Password）	ID	txtPwd	Input（Reset）	ID	btnReset
	Value	""		Value	重置
Textarea	ID	taContents	DIV	ID	divMessage
	Value	""			

（4）双击【提交】按钮，在其 ServerClick() 事件中添加如下代码。

```
01   if (txtName.Value == "ASP.NET" && txtPwd.Value == "35")    //先判断输入的用户名是否为"ASP.
NET"，同时密码是否为"35"
02     divMessage.InnerHtml = "用户名是: " + txtName.Value + "<br>" + "密码是: " + txtPwd.Value +
"<br>" + "附加信息是: <br>" + taContents.Value;    //如果正确，则显示用户输入的用户名和密码
03   else
04     divMessage.InnerHtml = "用户名或密码错误！";    //如果不正确，则提示"用户名或密码错误！"
```

【运行结果】

按【F5】键调试运行，结果如图所示。

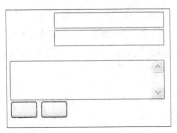

在图中输入相应的信息。如果认为信息输入有错误，可以单击【重置】按钮，将清空所有信息。信息输入正确后单击【提交】按钮，结果如图所示。

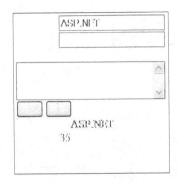

4.1.4　选择类型控件

选择类型控件分为单选控件 ⊙ Input (Radio) 和复选控件 ☑ Input (Checkbox) 两种。

1. 单选控件

其中单选按钮是在一组互斥的选项中选择一项，如图所示。

性别：⊙男　○女

图中有两个单选控件，分别表示"男"和"女"。如果选择了"男"选项，则不能选中"女"选项；反过来，如果选择了"女"选项，则不能选中"男"选项。对于 HTML 服务器控件来说，"男"和"女"这两个文本字符串是不能通过设置单选控件的某个属性来实现，而是直接输入的静态文本。

单选控件的语法格式如下。

```
<input
id=" 控件标识符 "
type="radio"
runat="server"/>
```

其中，type 属性的值"radio"表示该控件为单选控件。

2. 复选控件

复选控件为用户提供了可以在一组选项中选择多项的操作，如图所示。

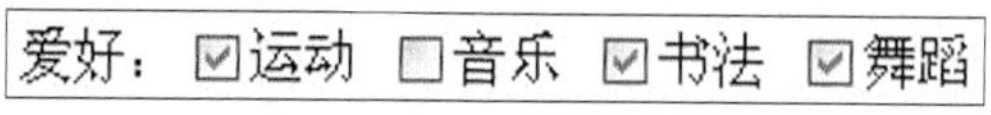

爱好：☑运动　□音乐　☑书法　☑舞蹈

图中有 4 个选项，用户可以从中选择一个或多个选项，也可以一个都不选择。复选控件的语法格式如下。

```
<input
id=" 控件标识符 "
runat="server"
type="checkbox" />    // 表示该控件为复选控件
```

4.1.5　图形显示类型控件

图形显示控件 🖼 Image 用来显示图像，用户可以通过其属性窗口设置其 src 属性为其设置一个静态图像，也可以在代码中设置该属性值实现动态加载一幅图像。

将 Image 控件拖放到页面的设计视图中，如下左图所示。选中该控件，在其属性窗口中设置其 src 属性到项目中的一幅图像，如下右图所示。

4.1.6 文件上传控件

文件上传控件 abl Input (File) 提供了供用户向服务器上传文件的功能。将该控件从工具箱中拖放到页面的设计视图中，会自动产生一个文本框和一个【浏览】按钮，如图所示。

使用该控件上传文件时，首先将要上传的文件存储在服务器的 HttpPostFile 对象中，然后利用 HttpPostFile 对象提供的 SaveAs() 方法将文件存储在服务器的硬盘中。

【范例4-3】利用文件上传控件将文件上传至服务器的硬盘中。

(1)创建一个 ASP.NET 空网站 FileUpLoadDemo，在该网站中添加一个页面，命名为 FileUpLoad. aspx，并设为起始页。

(2) 切换到设计视图，从工具箱中拖放一个 abl Input (File) 控件、一个 ☐ Input (Button) 控件和一个 田 Div 控件，设计界面如图所示。

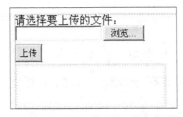

(3)分别选中这些控件，在其属性窗口设置对应的属性及属性值，如表所示。

控件	属性	属性值
Input(File)	ID	fileUpLoad
Input(Button)	ID	btnUpLoad
	Value	上传
Div	ID	divMessage

(4) 双击界面上的【上传】按钮，在其 ServerClick() 事件中添加如下代码。

```
01    if ((fileUpLoad.PostedFile.FileName != null) && (fileUpLoad.PostedFile.FileName != ""))
02    // 判断输入的文件名是否为空，如果不为空，执行上传代码。
03    {
04        string strFilePath = fileUpLoad.PostedFile.FileName.ToString();
```

```
      // 创建一个文本对象，用于存放要上传文件的完整路径和文件名
05        string[] file_Path = strFilePath.Split('\\');   // 分隔路径和文件名
06        string fileName = file_Path[file_Path.Length - 1];  // 存放文件名
07        string strSave = "d:\\" + fileName;   // 设置上传路径和文件名
08        fileUpLoad.PostedFile.SaveAs(strSave);   // 按照指定路径和文件名保存文件
09        divMessage.InnerHtml = " 文件已经上传至服务器的 " + strSave;   // 显示保存结果
10    }
11    else
12        return;   // 如果文本框中为空，则返回
13    }
```

【运行结果】

按【F5】键调试运行，运行结果如图所示。单击【浏览】按钮，找到要上传的文件，如下左图所示。单击【上传】按钮，即可将该文件上传至服务器中指定的磁盘中。该范例中是将本地电脑上 D:\Final\ch05\ 范例 5-3 文件夹下名为 "InputText.aspx" 的文件上传至服务器中，指定存储位置是服务器的 D 盘下。同时将上传结果信息显示给用户。如下右图所示。

4.2 Web 服务器控件

本节视频教学录像：48 分钟

与 HTML 服务器控件相比，Web 服务器控件不仅包括一般的文本控件、按钮控件等，还包括验证控件和数据库操作控件等，因此 Web 服务器控件的功能更强大。同时 Web 服务器控件默认是作为服务器控件使用的。

4.2.1 文本类型控件

文本类型控件包括标签控件 **A Label** 和文本框控件 **abl TextBox** 。

1. 标签（Label）控件

Label 控件的作用是在页面上显示文本信息，既可以显示静态文本，又可以通过代码来设置该控件的 Text 属性动态显示文本信息。Label 控件的语法格式如下。

```
<asp:Label
    ID=" 控件标识符 "
    runat="server"
```

```
        Text=" 显示的文本 ">
</asp:Label>
```

可以看出，与 HTML 服务器控件不同的是，Web 服务器控件的标记是以 <asp:***> 开始的，表示该控件是 Web 服务器控件。<asp:Label> 表示该控件是 Label 控件，Text 属性值为在该 Label 控件上显示的静态文本。

如果仅仅为了显示静态文本，可以直接在页面上输入要显示的文本，而不需要使用 Label 控件，因为 Web 服务器控件在运行时会占用更多的服务器资源。

2. 文本框（TextBox）控件

TextBox 控件不仅可以用来显示静态、动态文本，而且可以接收用户输入的文本。例如，在上网时经常会遇到注册页面中让用户填写信息的情况，这些都是在 TextBox 控件中填写的。该控件的语法格式如下。

```
<asp:TextBox
        ID=" 控件标识符 "
        runat="server"
        AutoPostBack="TruelFalse"
        Columns=" 控件中每行字符数 "
        Rows=" 控件中字符行数 "
        ReadOnly="FalselTrue"
        TextMode="SingleLine lMultiLinelPassword"
        Wrap="TruelFalse"
        OnTextChanged=" 单击事件处理程序名 ">
        Text=" 默认文本 "
</asp:TextBox>
```

其中，AutoPostBack 属性表示该控件是否自动触发，默认值为 False，即不自动触发；Columns 属性表示在该文本框中每行最多可以输入的字符数；Rows 属性表示该文本框中最多可以输入字符的行数。Columns 属性和 Rows 属性的默认值均为 0。ReadOnly 表示该文本框是否是只读的，默认值为 False，即用户可以输入字符串。TextMode 属性表示该文本框的类型，即是单行、多行还是密码类型，默认值为 SingleLine，即单行。Wrap 属性表示是否自动换行，默认值为 True，即自动换行。OnTextChanged 表示当文本框中的字符串发生变化时，要进一步处理的程序名。Text 属性表示该文本框中的默认文本。

【范例 4-4】Label 控件和 TextBox 控件的使用。

（1）创建一个 ASP.NET 空网站，添加一个页面，命名为 TextBoxControl.aspx，并设为起始页。

（2）切换到设计视图，从工具箱中拖放一个 TextBox 控件和一个控件 A Label，设计界面如图所示。

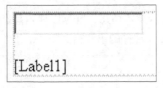

(3) 分别选中这两个控件，在其属性窗口设置对应的属性及属性值，如下表所示。

控件	属性	属性值
TextBox	ID	TextBox1
	AutoPostBack	True
Label	ID	Label1
	Text	

(4) 双击设计界面中的 TextBox 控件，在其 TextBox1_TextChanged() 事件中添加如下代码：

```
Label1.Text = TextBox1.Text;
```

【运行结果】

　　按【F5】键调试运行，运行结果如图所示。在文本框中输入"Hello ASP.NET!"，然后单击页面其他地方或按回车键，则会在 Label 控件显示所输入的信息，如图所示。

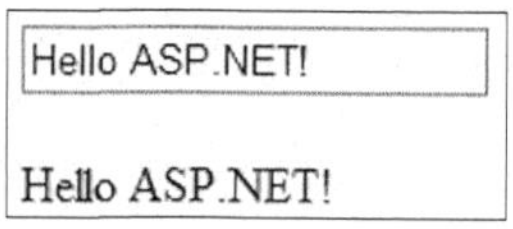

> Hello ASP.NET!
>
> Hello ASP.NET!

4.2.2　按钮类型控件

　　按钮类型控件提供给用户通过单击执行相应的代码，并提交网页页面给服务器。在 ASP.NET 中提供有 3 种类型的按钮控件：普通按钮 ⓐⓑ Button 控件、图像按钮 🖻 ImageButton 控件和链接按钮 ⓐⓑ LinkButton 控件。

　　1. 普通按钮（Button）控件

　　普通按钮 ⓐⓑ Button 控件用于接收用户的单击事件，并调用相应的事件处理程序。其语法格式如下。

```
<asp:Button
    ID=" 控件标识符 "
    runat="server"
    OnClick=" 事件处理程序名 "
    Text=" 单击按钮 " />
```

　　其中，OnClick 属性值表示当用户单击时，要调用的相应事件处理程序名。

　　2. 图像按钮（ImageButton）控件

　　图像按钮 🖻 ImageButton 控件除了用于完成普通按钮控件的功能外，其外观可以以图像显示给用户。其语法格式如下。

```
<asp:ImageButton
    ID=" 控件标识符 "
    runat="server"
    ImageUrl=" 显示图像的源文件 "
    OnClick=" 单击处理事件程序名 "
    Width=" 图像按钮的宽度 "
    Height=" 图像按钮的高度 ">
< /asp:ImageButton>
```

其中，ImageUrl 的属性值表示该按钮控件上显示的图像文件的路径和文件名。

3. 链接按钮（LinkButton）控件

链接按钮 ⓐⓑ LinkButton 控件除了用于完成普通按钮控件的功能外，其外观是以超链接的形式显示给用户。其语法格式如下。

```
<asp:LinkButton
    D=" 控件标识符 "
    runat="server"
    OnClick=" 单击事件处理程序名 "
    Height=" 控件高度 "
    Width=" 控件宽度 "
    Text=" 默认初始文本 ">
</asp:LinkButton>
```

按钮类型控件常用属性及说明如下表所示。

控件	属性	说明
Button LinkButton ImageButton	ID	控件 ID，任何控件都有这个属性，用于标识某个控件
	Text	获取或设置控件显示的文本
	CssClass	控件呈现的样式
	OnClientClick	设置引发控件客户端的事件
	CausesValidation	获取或设置一个值，该值指示单击 Button 控件时是否执行验证
	PostBackUrl	获取或设置单击 Button 按钮时从当前页发送到的网页 URL

【范例 4-5】按钮控件的使用。

(1)创建一个 ASP.NET 空网站，添加一个页面，命名为 btnControl.aspx，并设为起始页。

(2) 切换到设计视图，从工具箱中拖放一个 ⓐⓑ Button 控件、一个 ⬚ ImageButton 控件、一个 ⓐⓑ LinkButton 控件和一个 Ａ Label 控件，设计界面如图所示。

(3) 分别选中这些控件，在其属性窗口设置对应的属性及属性值，如表所示。

控件	属性	属性值
Button	ID	Button1
	Text	单击按钮
ImageButton	ID	ImageButton1
	ImageUrl	~/PT12.jpg
LinkButton	ID	LinkButton1
	Text	链接按钮
Label	ID	Label1
	Text	""

(4) 双击设计界面中的 Button1 控件，在其 Button1_Click() 事件中添加如下代码。

Label1.Text = " 您单击了 Button 按钮 ";
双击设计界面中的 ImageButton1 控件，在其 ImageButton1_Click() 事件中添加如下代码：
Label1.Text = " 您单击了 ImageButton 按钮 ";
双击设计界面中的 LinkButton1 控件，在其 LinkButton1_Click() 事件中添加如下代码：
Label1.Text = " 您单击了 LinkButton 按钮 ";

【运行结果】

按【F5】键调试运行，运行结果如图所示。

单击 3 个按钮，分别显示相应的结果，如图所示。

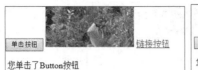 

4.2.3 列举类型控件

列举类型控件为用户提供了进行选择的功能，用户可以从中选择一项或多项。列举控件包括如下 6 个控件：单选按钮 ⊙ RadioButton 、单选按钮组 ⦂≣ RadioButtonList 、复选按钮 ☑ CheckBox 、复选按钮组 ⦂≣ CheckBoxList 、列表框 ⦀ ListBox 以及下拉列表框 ⦂≣ DropDownList 。

1. 单选按钮（RadioButton）控件

RadioButton 控件是一个单选按钮控件，用户只能从一组选项中选择一项。当在网页中只需选择一项时，可以使用该控件。其语法格式如下。

```
<asp:RadioButton
    ID=" 控件标识符 "
    runat="server"
    GroupName=" 控件所属组名 "
    Text=" 控件文本 "
    AutoPostBack="FalseITrue"
    Checked="FalseITrue"
    OnCheckedChanged=" 控件被选中时触发的事件处理程序名 ">
</ asp:RadioButton >
```

提 示　对于 RadioButton 控件，如果不设置其 GroupName 属性，则所有的选项将相互独立，可以都被选中。当且仅当设置其 GroupName 属性时，所属同一组中的 RadioButton 控件在被选中时是互斥的。

【范例 4-6】RadioButton 控件的使用。

(1) 创建一个 ASP.NET 空网站，添加一个页面，命名为 SelectControls.aspx，并设为起始页。

(2) 切换到设计视图，从工具箱中拖放三个 ⊙ RadioButton 控件、一个 ⓐⓑ Button 控件和一个 A Label 控件，设计界面如图所示。

请选择您的第一志愿：

○ 清华大学 ○ 北京大学 ○ 浙江大

[lblXXX]

提交

(3) 分别选中这些控件，在其属性窗口设置对应的属性及属性值，如下表所示。

控件	属性	属性值
	ID	rbQH
RadioButton	Text	清华大学
	GroupName	xxGroup
RadioButton	ID	rbBD
	Text	北京大学
	GroupName	xxGroup
RadioButton	ID	rbZD
	Text	浙江大学
	GroupName	xxGroup
Label	ID	lblXX
	Text	""
Button	ID	btnSubmit
	Text	提交

(4) 双击设计界面中的【提交】按钮，在其 btnSubmit_Click() 事件中添加如下代码（代码 4-6.txt）。

```
01  if (rbQH.Checked == true)
02  {
03      lblXX.Text = "您选择了" + rbQH.Text + "作为您的第一志愿！";
04  }
05  if (rbBD.Checked == true)
06  {
07      lblXX.Text = "您选择了" + rbBD.Text + "作为您的第一志愿！";
08  }
09  if (rbZD.Checked == true)
10  {
11      lblXX.Text = "您选择了" + rbZD.Text + "作为您的第一志愿！";
12  }
```

【运行结果】

按【F5】键调试运行，运行结果如图所示。选择某一选项，单击【提交】按钮，即可显示所选择的信息。

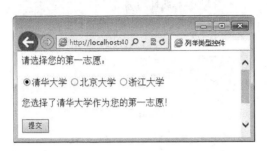

2. 单选按钮组（RadioButtonList）控件

对于 RadioButton 控件，即使设置所属组，在判断同组内的某一选项是否被选中时，也必须通过判断所有的 RadioButton 控件的 Checked 属性，这在编程时是很麻烦的。好在 ASP.NET 提供了 RadioButtonList 控件，可以很方便地管理许多互斥的选项。RadioButtonList 控件的语法格式如下。

```
<asp:RadioButtonList
 ID=" 控件标识符 "
 runat="server"
 RepeatDirection="VerticallHorizontal"
// 表示 RadioButtonList 控件的排列方式是水平的还是垂直的，默认值为 Vertical，即垂直方式
 RepeatLayout="FlowlTable"
// 表示 RadioButtonList 控件是以流的形式还是以表格的形式显示，默认值为 Flow，即流的形式
 DataSource=" 绑定的数据源 "
 RepeatColumns=" 控件中显示的列数 "        // 表示 RadioButtonList 控件显示的列数
 AutoPostBack="falselTrue"
 OnSelectedIndexChanged=" 事件处理程序名 ">
    <asp:ListItem> 选择项 1</asp:ListItem>
    <asp:ListItem> 选择项 2</asp:ListItem>
</asp:RadioButtonList>
```

所有的选择项都在 <asp:ListItem> 和 </asp:ListItem> 中。

【范例 4-7】RadioButtonList 控件的使用。

（1）在【范例 4-6】的基础上添加一个 RadioButtonList 控件，选中该控件，单击控件右上方的▶按钮，打开如图所示的任务菜单。

（2）选择【编辑项】菜单项，或在其属性窗口中的 Items 属性集右边单击 ⋯ 按钮，打开如图所示的【ListItem 集合编辑器】对话框（该对话框同样适用于后面要学习的 CheckBoxList、DropDownList 等

控件）。单击【添加】按钮，在"属性"列表中的 Text 属性右边输入"清华大学"。单击【添加】按钮，继续添加其他选项。所有选项添加完毕，单击【确定】按钮。

设计界面如图所示。

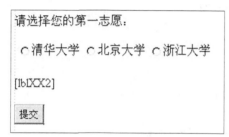

（3）分别选中这些控件，在其属性窗口设置对应的属性及属性值，如表所示。

控件	属性	属性值
RadioButtonList	ID	rblXX
	RepeatDirection	Horizontal
Label	ID	lblXX2
	Text	""
Button	ID	btnSubmit2
	Text	提交

（4）双击设计界面中的【提交】按钮，在其 btnSubmit2_Click() 事件中添加如下代码。

```
lblXX2.Text = "您选择了 " + rblXX.SelectedItem.Text + " 作为您的第一志愿！ ";
```

【运行结果】

按【F5】键调试运行，运行结果如图所示。选择"北京大学"选项后单击【提交】按钮，即可显示相应的信息。

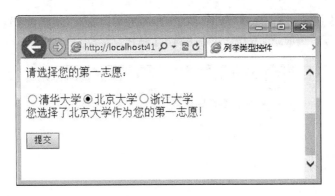

比较【范例 4-7】和【范例 4-6】可以发现，在【范例 4-7】中使用 RadioButtonList 控件的代码要简单得多。

3. 复选按钮（CheckBox）控件

如果在多个选择项中需要选择的项多于一个，可以使用 CheckBox 控件，该控件允许用户进行多项选择。CheckBox 控件的语法格式如下。

```
<asp:CheckBox
    ID=" 控件标识符 "
    runat="server"
    AutoPostBack="False|True"
    Checked=" False|True"
    OnCheckedChanged=" 事件处理程序名 "
    Text=" 选择项文本 ">
</asp:CheckBox>
```

【范例 4-8】CheckBox 控件的使用。

(1) 创建一个 ASP.NET 空网站，添加一个页面，命名为 MulWebSelectControls.aspx，并设为起始页。

(2) 切换到设计视图，从工具箱中拖放四个 ☑ CheckBox 控件、一个 ⓐⓑ Button 控件和一个 **A** Label 控件，设计界面如图所示。

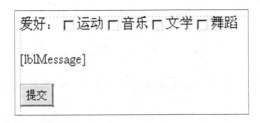

(3) 分别选中这些控件，在其属性窗口设置对应的属性及属性值，如下表所示。

控件	属性	属性值
CheckBox	ID	cbYunDong
	Text	运动
CheckBox	ID	cbYinyue
	Text	音乐
CheckBox	ID	cbWenxue
	Text	文学
CheckBox	ID	cbWudao
	Text	舞蹈
Label	ID	lblMessage
	Text	""
Button	ID	btnSubmit
	Text	提交

(4) 双击设计界面中的【提交】按钮，在其对应的 btnSubmit_Click() 事件中添加如下代码（代码 4-8. txt）。

```
01  string str = "您的爱好是: ";
02  if (cbYundong.Checked == true)
03    str += cbYundong.Text + "、";
04  if (cbYinyue.Checked == true)
05    str += cbYinyue.Text + "、";
06  if (cbWenxue.Checked == true)
07    str += cbWenxue.Text + "、";
08  if (cbWudao.Checked == true)
09    str += cbWudao.Text + "、";
10  lblMessage.Text = str;
```

【运行结果】

按【F5】键调试运行，运行结果如图所示。选择选项后单击【提交】按钮，即可显示相应的信息。

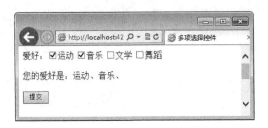

4. 复选按钮组（CheckBoxList）控件

与 RadioButton 控件类似，CheckBox 控件也有其不足。比如在【范例 4-8】中，在判断某个选项是否被选中时，需要逐一判断，这给 Web 程序员在编程时带来了不必要的麻烦。ASP.NET 提供了 CheckBoxList 控件，该控件不仅可以满足用户进行多选的要求，而且在判断某项是否被选中时非常方便。CheckBoxList 控件的语法格式如下。

```
<asp:CheckBoxList
     ID=" 控件标识符 "
     runat="server"
     AutoPostBack="FalseITrue"
     DataSourceID=" 控件绑定的数据源 "
     RepeatDirection="VerticalIHorizontal"
     RepeatLayout="TableIFlow">
         <asp:ListItem> 选项 1</asp:ListItem>
         <asp:ListItem> 选项 2</asp:ListItem>
</asp:CheckBoxList>
```

【范例 4-9】CheckBoxList 控件的使用。

(1) 在【范例 4-8】的基础上添加一个 CheckBoxList 控件，选中该控件，单击控件右上方的▶按钮，打开如图所示的任务菜单。

(2) 选择【编辑项】菜单项，或在其属性窗口中的 Items 属性集右边单击按钮，打开【ListItem 集合编辑器】对话框。单击【添加】按钮，在 "属性" 列表中的 Text 属性右边输入 "运动"。单击【添加】按钮，继续添加其他选项。所有选项添加完毕后单击【确定】按钮，设计界面如图所示。

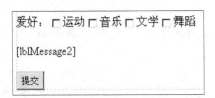

(3) 分别选中这 3 个控件，在其属性窗口设置对应的属性及属性值，如表所示。

控件	属性	属性值
CheckBoxList	ID	cblHobby
	RepeatDirection	Horizontal
Label	ID	lblMessage2
	Text	""
Button	ID	btnSubmit2
	Text	提交

(4) 双击设计界面中的【提交】按钮，在其 btnSubmit2_Click() 事件中添加如下代码。

```
01    string str = " 您的爱好是: ";
02    for (int i = 0; i < cblHobby.Items.Count; i++)
03    {
04      if (cblHobby.Items[i].Selected == true)
05      {
06        str += cblHobby.Items[i].Text + "、";
07      }
08    }
09    lblMessage2.Text = str;
```

【运行结果】

按【F5】键调试运行，运行结果如图所示。选择选项后单击【提交】按钮，即可显示相应的信息。上边的是使用 CheckBox 实现的，下边的是使用 CheckBoxList 实现的，如图所示。

5. 列表框（ListBox）控件

ListBox 控件又称为列表框控件，可以将所有选项列于列表框，用户可以从中选择选项，既可以选择一项，也可以选择多项。ListBox 控件的语法格式如下。

```
<asp:ListBox
    ID=" 控件标识符 "
```

```
        runat="server"
        AutoPostBack="FalseTrue"
        DataSource=" 控件绑定的数据源 "
        OnSelectedIndexChanged=" 事件处理程序名 "
        SelectionMode="SingleIMultiple">
            <asp:ListItem> 选项 1</asp:ListItem>
            <asp:ListItem> 选项 2</asp:ListItem>
</asp:ListBox>
```

其中，SelectionMode 属性表示列表框控件中选项的选择方式，即一次可以选择一项或多项，默认值为 Single，一次只能选择一项。如果要从列表框中选择多项，只需将列表框控件的 SelectionMode 属性设置为 Multiple 即可。

【范例 4-10】ListBox 控件的使用。

(1) 创建一个 ASP.NET 空网站，添加一个页面，命名为 ListBoxControls.aspx，并设为起始页。

(2) 切换到设计视图，从工具箱中拖放一个 ListBox 控件、一个 Button 控件和一个 A Label 控件，如图所示。

(3) 选中 ListBox 控件，单击控件右上方的 按钮，或在其属性窗口中的 Items 属性集右边单击 按钮，打开其任务菜单，选择【编辑项】菜单项，打开【ListItem 集合编辑器】对话框。单击【添加】按钮，在"属性"列表中的 Text 属性右边输入"北京"。单击【添加】按钮，继续添加其他选项。所有选项添加完毕后单击【确定】按钮，设计界面如图所示。

(4) 分别选中这 3 个控件，在其属性窗口中设置对应的属性及属性值，如表所示。

控件	属性	属性值
ListBox	ID	lbCity
	SelectionMode	Single
Label	ID	lblMessage
	Text	""
Button	ID	btnSubmit
	Text	提交

(5) 双击设计界面中的【提交】按钮，在其 btnSubmit_Click() 事件中添加如下代码。

```
lblMessage.Text = " 您喜欢的城市是：" + lbCity.SelectedItem.Text;
```

【运行结果】

按【F5】键调试运行，运行结果如图所示。在列表框中选择某一项，单击【提交】按钮，即可显示相应的信息，如下图所示。

6. 下拉列表框（DropDownList）控件

DropDownList 控件为下拉列表框控件，实现的功能与 ListBox 控件相似，但是该控件每次只允许用户选择一项，而且与 ListBox 控件的外观不同。DropDownList 控件的语法格式如下。

```
<asp:DropDownList
    ID=" 控件标识符 "
    runat="server"
    Width=" 宽度 "
    Height=" 高度 "
    AutoPostBack="IFalseTrue"
    DataSourceID=" 控件绑定的数据源 ">
        <asp:ListItem> 选项 1</asp:ListItem>
        <asp:ListItem> 选项 2</asp:ListItem>
</asp:DropDownList>
```

【范例 4-11】DropDownList 控件的使用。

(1) 创建一个 ASP.NET 空网站，添加一个页面，命名为 DropDownListControls.aspx，并设为起始页。

(2) 切换到设计视图，从工具箱中拖放一个 DropDownList 控件、一个 ListBox 控件，如图所示。

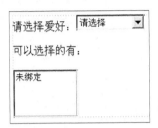

(3) 分别选中这两个控件，在其属性窗口设置对应的属性及属性值，如表所示。

控件	属性	属性值
DropDownList	ID	ddlHobby
	AutoPostBack	true
ListBox	ID	lbHobby

(4) 选中 DropDownList 控件，单击控件右上方的 ▶ 按钮，或在其属性窗口中的 Items 属性集右边单击 按钮，打开其任务菜单，选择【编辑项】菜单项，打开【ListItem 集合编辑器】对话框。单击【添加】按钮，在"属性"列表中的 Text 属性右边输入"请选择"。单击【添加】按钮，继续添加其他选项。所有选项添加完毕，单击【确定】按钮。

(5) 在设计视图中选中 DropDownList 控件，在其属性窗口中单击 按钮，双击其 SelectedIndex Changed 事件，添加如下代码（代码 4-11.txt）。

```
01  if (ddlHobby.SelectedItem.Text == " 运动 ")
02  {
03      ArrayList listHobby = new ArrayList();
04      listHobby.Add(" 足球 ");
05      listHobby.Add(" 篮球 ");
06      listHobby.Add(" 游泳 ");
07      listHobby.Add(" 爬山 ");
08      listHobby.Add(" 跳水 ");
09      lbHobby.DataSource = listHobby;
10      lbHobby.DataBind();
11  }
12  if (ddlHobby.SelectedItem.Text == " 舞蹈 ")
13  {
14      ArrayList listHobby = new ArrayList();
15      listHobby.Add(" 拉丁舞 ");
```

```
16    listHobby.Add(" 民族舞 ");
17    listHobby.Add(" 交谊舞 ");
18    lbHobby.DataSource = listHobby;
19    lbHobby.DataBind();
20  }
```

【运行结果】

　　按【F5】键调试运行，运行结果如下图 (a) 所示。单击下拉列表框中的 "运动" 选项，在列表框中即可显示相关的运动项目，如下图 (b) 所示；单击下拉列表框中的 "舞蹈" 选项，在列表框中即可显示相关的舞蹈项目，如下图 (c) 所示。

(a)　　　　　　　　　　　(b)　　　　　　　　　　　(c)

提 示　AutoPostBack 意思是自动回发，指明是否自动发生回传到服务器的操作。比如 Dropdownlist 控件，若设置为 True，则更换下拉列表值时会刷新页面，设置为 False 就不会刷新了，该属性默认值为 False。

▍4.3 验证控件

🎬 **本节视频教学录像: 29 分钟**

　　在上网时经常会遇到诸如登录、注册等页面，在用户输入信息时，有些信息如果不输入，页面上会出现 "不能为空" 字样的提示信息；如果输入的信息不合适，则会出现 "格式不正确" 字样的提示信息等。这些提示信息可以通过 ASP.NET 中的验证控件来实现。

　　ASP.NET 中的验证控件有 6 个：必填验证控件 `RequiredFieldValidator`、范围验证控件 `RangeValidator`、正则表达式验证控件 `RegularExpressionValidator`、比较验证控件 `CompareValidator`、用户自定义验证控件 `CustomValidator`、验证控件总和 `ValidationSummary`。

4.3.1 必填验证控件

　　必填验证控件 `RequiredFieldValidator` 用来验证那些必须输入信息的控件中是否输入了信息。例如用户在登录电子信箱时，用户名是必须输入的，如果为空，系统则会拒绝用户登录，同时提示用户，用户名是必须输入的。必填验证控件 `RequiredFieldValidator` 的语法格式如下。

```
<asp:RequiredFieldValidator
    ID=" 控件标识符 "
    Irunat="server"
```

```
            IControlToValidate=" 要验证的控件名 "
            IDisplay="StaticlDynamiclNone"
            ErrorMessage=" 验证错误时的提示信息 ">
</asp:RequiredFieldValidator>
```

其中，ControlToValidate 属性是 RequiredFieldValidator 控件要验证的控件，通常为文本框。Display 属性为显示方式，默认值为 Static。ErrorMessage 属性为 RequiredFieldValidator 控件验证出错时显示的提示信息。

【范例 4-12】RequiredFieldValidator 控件的使用。

(1) 创建一个网站，添加一个页面，命名为 RequiredFieldValidatorControl.aspx，并设为起始页。

(2) 在设计视图中添加两个文本框，分别用来接收用户输入的用户名和密码；两个验证控件 RequiredFieldValidator；一个 Button 控件，用于提交表单；一个 Label 控件，用于显示信息。设计界面如图所示。

(3) 修改控件属性，如下表所示。

控件	属性	属性值
TextBox	ID	txtName
TextBox	ID	txtPwd
	TextMode	Password
RequiredFieldValidator	ID	rfvName
	ControlToValidate	txtName
	ErrorMessage	用户名必须输入
RequiredFieldValidator	ID	rfvPwd
	ControlToValidate	txtPwd
	ErrorMessage	密码必须输入
Button	ID	btnSubmit
	Text	提交

(4) 双击设计视图中的【提交】按钮，在对应的 btnSubmit_Click() 事件中添加如下代码：

```
01   if ((rfvName.IsValid == true) && (rfvPwd.IsValid == true))
02   {
03     Label1.Text = " 恭喜您通过验证！ ";
04   }
```

【运行结果】

　　按【F5】键调试运行。如果在图中不输入任何信息，单击【提交】按钮，验证控件会提示必须输入用户名和密码。

　　如果输入信息，单击【提交】按钮，则会提示验证通过。

提示　ControlToValidate 属性是验证控件必须要设置的一个属性，用来指明验证控件要对哪个控件进行验证。ErrorMessage 属性用来指明验证失败时的提示信息。

【范例分析】

　　在 btnSubmit_Click() 事件中使用了验证控件 RequiredFieldValidator 的 IsValid 属性来判断是否通过了验证，如果通过验证，该属性值为 True，否则为 False。如果 RequiredFieldValidator 的 IsValid 属性值为 False，则不会执行 btnSubmit_Click() 事件中的代码。

4.3.2　范围验证控件

　　范围验证控件 RangeValidator 用来验证用户输入的信息是否在某个范围内，这个范围可以通过属性窗口设置，也可以使用其他控件中的值。范围验证控件 RangeValidator 的语法格式如下。

```
<asp:RangeValidator
    ID=" 控件标识符 "
    runat="server"
    ControlToValidate=" 被验证的控件标识符 "
    ErrorMessage=" 验证错误时的提示信息 "
    MaximumValue=" 验证范围最大值 "   // 表示验证范围的最大值
```

MinimumValue=" 验证范围最小值 ">

// 表示验证范围的最小值。被验证的控件中用户输入的值必须在 MaximumValue 属性值和 MinimumValue 属性值之间，否则将无法通过验证

Type="String|Integer|Double|Date|Currency"　　// 表示被验证的数据的数据类型，默认值为 String 类型

</asp:RangeValidator>

【范例 4-13】RangeValidator 控件的使用。

(1) 创建一个网站，添加一个页面，命名为 RangeValidatorControl.aspx，并设为起始页。

(2) 在设计视图中添加两个文本框，分别用来接收用户输入的用户名和年龄；一个验证控件 ⊞ RangeValidator ；一个 Button 控件，用于提交表单；一个 Label 控件，用于显示信息。设计界面如图所示。

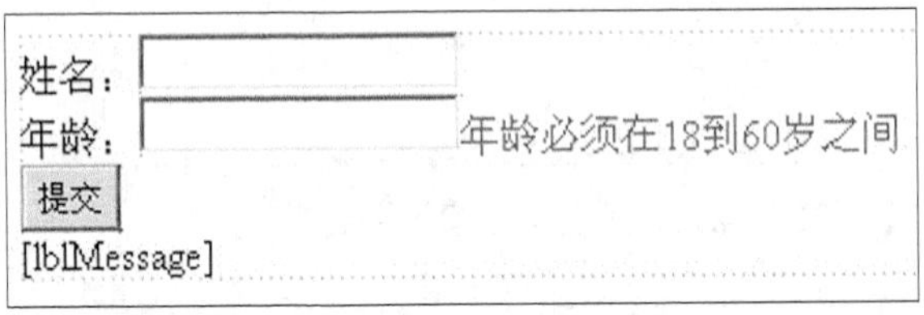

```
姓名： [        ]
年龄： [        ]    年龄必须在18到60岁之间
[提交]
[lblMessage]
```

(3) 修改控件属性，如下表所示。

控件	属性	属性值
TextBox	ID	txtName
TextBox	ID	txtAge
RangeValidator	ID	rvName
	ControlToValidate	txtAge
	ErrorMessage	年龄必须在 18 到 60 岁之间
	MaximumValue	60
	MinimumValue	18
Button	ID	btnSubmit
	Text	提交
Label	Text	lblMessage

(4) 双击设计视图中的【提交】按钮，在对应的 btnSubmit_Click() 事件中添加如下代码：

```
01  if (rvAge.IsValid == true)
02  {
03      lblMessage.Text = " 您输入的年龄： " + txtAge.Text + " 通过验证！ ";
```

```
04   }
```

【运行结果】

　　按【F5】键调试运行，如果在【年龄】文本框中输入 99，单击【提交】按钮，验证控件会提示输入的年龄必须在 18~60 岁之间，如图所示。

　　如果输入的年龄在 18~60 之间，例如输入 20，单击【提交】按钮，则会提示验证通过，如图所示。

　　　如果在【年龄】文本框中不输入信息，那么也会提示通过验证，这是因为 ASP.NET 默认不对空信息进行验证。但是只要输入信息，且输入的信息不在验证范围内，就不能通过验证。

注意

　　RangeValidator 控件还有一个 Type 属性，用于指定验证数据的类型，属性值有 String,Integer,Double,Date,Currency。分别对不同数据类型的数据进行验证，下面我们通过实例实现对变动日期的范围验证。要求实现旅游日期为当前日期后的 3 个月。

　　(5)在【范例 4-13】中再添加一个页面，命名为 DateRangeValidate.aspx。

　　(6) 在设计视图中添加两个文本框，分别用来接收用户输入的用户名和旅游日期；一个验证控件 RangeValidator；一个 Button 控件，用于提交表单；一个 Label 控件，用于显示信息；设计界面如图所示。

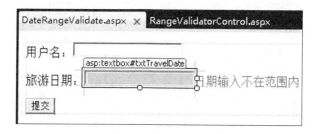

　　属性设置如下：

控件	属性	属性值
TextBox	ID	txtName
TextBox	ID	txtTravelDate
RangeValidator	ID	rvDate
	ControlToValidate	txtTravelDate
	ErrorMessage	日期要求在 3 个月内
	Type	Date
Button	ID	btnSubmit
	Text	提交
Label	ID	labMessage

（7）双击页面在 Page_Load() 事件输入以下代码：

```
01  rvDate.MinimumValue = DateTime.Now.ToShortDateString();
02  rvDate.MaximumValue = DateTime.Now.AddMonths(3).ToShortDateString();
```

（8）双击设计视图中的【提交】按钮，在对应的 btnSubmit_Click() 事件中添加如下代码：

```
03  if (rvDate.IsValid == true)
04  {
05      lblMessage.Text = " 您的旅行日期是： " + txtTravelDate.Text;
06  }
```

【运行结果】

按【F5】键调试运行，如果在【旅游日期】文本框中输入 2013-5-5，单击【提交】按钮，验证控件会提示输入有误，如图所示。

如果输入的日期在今天算起往后的 3 个月内，单击【提交】按钮，则会提示验证通过，如图所示。

【范例分析】

代码 01,02 通过程序的方式设置范围验证控件的最小值和最大值，DateTime.Now. AddMonths(3). ToShortDateString() 是在当前日期的基础上增加三个月，并转化成短日期类型，从而实现输入的日期必须在从当前时间算起的 3 个月。

4.3.3　正则表达式验证控件

正则表达式验证控件 RegularExpressionValidator 用来验证用户输入的信息是否符合某种格式，从而防止用户输入垃圾数据，例如身份证号码、电话号码、电子邮箱地址等。正则表达式验证控件 RegularExpressionValidator 的语法格式如下。

```
<asp:RegularExpressionValidator
        ID=" 控件标识符 "
        runat="server"
        ControlToValidate=" 被验证的控件标识符 "
        ErrorMessage=" 验证错误时的提示信息 "
        ValidationExpression=" 正则表达式 ">
</asp:RegularExpressionValidator>
```

其中，ValidationExpression 属性用来设置正则表达式，该值可以由用户自行设置，也可以通过属性窗口设置。由于其中的规则较多，所以建议读者使用属性窗口设置。具体方法如下。

(1) 在设计视图中选中 RegularExpressionValidator 控件，在其属性窗口中单击 Validation Expression 属性右边的 □ 按钮，打开如图所示的【正则表达式编辑器】对话框。

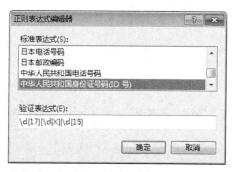

(2) 在【标准表达式】列表框中选择需要的表达式，在【验证表达式】文本框中会出现相应的验证表达式，然后单击【确定】按钮即可。

【范例 4-14】RegularExpressionValidator 控件的使用。

(1) 创建一个 ASP.NET 空网站，添加一个页面，并命名为 RegularExpressionValidator Control. aspx，并设为起始页。

(2) 在设计视图中添加两个文本框，分别用来接收用户输入的身份证号码和电话号码；两个验证控件 📰 RegularExpressionValidator ；一个 Button 控件，用于提交表单；一个 Label 控件，用于显示信息。设计界面如图所示。

```
┌─────────────────────────────────────────────────┐
│ RangeValidatorVa...torControls.aspx ✕             │
│ body                                              │
│ 身份证号码：[          ]        身份证格式不正确    │
│ 电话号码：[          ]          电话号码格式不正确  │
│ 提交                                              │
│ [lblMessage]                                      │
└─────────────────────────────────────────────────┘
```

(3) 修改控件属性，如表所示。

控件	属性	属性值
TextBox	ID	txtID
TextBox	ID	txtPhone
RegularExpressionValidator	ID	revID
	ControlToValidate	txtID
	RegularExpression	\d{17}[\d|X]|\d{15}
RegularExpressionValidator	ID	revPhone
	ControlToValidate	txtPhone
	RegularExpression	(\(\d{4}\)|\d{4}−)?\d{8}
Button	ID	btnSubmit
	Text	提交
Label	Text	lblMessage

(4)双击设计视图中的【提交】按钮，在对应的 btnSubmit_Click() 事件中添加如下代码。

```
01  if ((revID.IsValid == true) && (revPhone.IsValid == true))
02  {
03    lblMessage.Text = "您输入的身份证" + txtID.Text + "和电话号码" + txtPhone.Text + "通过验证！";
04  }
```

【运行结果】

按【F5】键调试运行，结果如图所示。

如果在【身份证号码】文本框中输入的身份证号码不符合格式要求，或在【电话号码】文本框中输入的电话号码不符合格式要求，单击【提交】按钮，验证控件将提示格式不正确。

如果输入的【身份证号码】和【电话号码】格式都正确，单击【提交】按钮，则会提示验证通过。

 提 示 对于正则表达式，其中的规则较多，初学者对此很难掌握。比如电话号码验证规则 (\\(\d{4}\)|\d{4}-)?\d{8}，其中的 \d 表示对数字进行匹配，\d{4} 表示对 4 位数字进行匹配等。如果需要了解更多有关正则表达式的验证规则，可以查阅相关资料。

4.3.4 比较验证控件

比较验证控件 CompareValidator 用来验证被验证控件和某一固定值或其他控件值是否满足某一逻辑关系。比如验证两次输入的密码是否一致，输入的年龄是否大于 18 岁等。比较验证控件 CompareValidator 的语法格式如下。

```
<asp:CompareValidator
    ID=" 控件标识符 "
    runat="server"
    ControlToCompare=" 被比较的控件标识符 "
    ControlToValidate=" 被验证的控件标识符 "
    ErrorMessage=" 验证错误时的提示信息 "
    Operator="Equal|NotEqual|GreaterThan|GreaterThanEqual| LessThan| LessThanEqual
DataTypeCheck">
```

```
</asp:CompareValidator>
```

其中，ControlToCompare 属性表示被比较的控件标识符，即被验证的控件和 ControlToCompare 属性所指的控件进行比较。该属性也可以用 ValueToCompare 属性所代替，如果用 ValueToCompare 属性，则表示和某一固定值比较。Operator 表示被验证控件和被比较控件之间的逻辑关系，默认值是 Equal，表示相等，可以根据需要设置。

【范例 4-15】CompareValidator 控件的使用。

(1)创建一个 ASP.NET 空网站，添加一个页面，命名为 CompareValidator Controls.aspx，并设为起始页。

(2) 在设计视图中添加 3 个文本框，分别用来接收用户输入的用户名、密码和确认密码；一个验证控件 CompareValidator；一个 Button 控件，用于提交表单；一个 Label 控件，用于显示信息。设计界面如图所示。

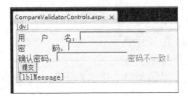

(3) 修改控件属性，如下表所示。

控件	属性	属性值
TextBox	ID	txtName
TextBox	ID	txtPwd
TextBox	ID	txtPwd2
CompareValidator	ID	cvPwd2
	ControlToValidate	txtPwd2
	ControlToCompare	txtPwd
	Operator	Equal
	ErrorMessage	密码不一致!
Button	ID	btnSubmit
	Text	提交
Label	Text	lblMessage

(4) 双击设计视图中的【提交】按钮，在对应的 btnSubmit_Click() 事件中添加如下代码。

lblMessage.Text = txtName.Text + " 您好！
" + " 您第一次输入的密码是： " + txtPwd.Text + "<br>" +" 您第二次输入的密码是： " + txtPwd2.Text;

【运行结果】

按【F5】键调试运行，结果如图所示。

在图中，如果在【确认密码】文本框中输入的密码与在【密码】文本框中输入的密码不一致，单击【提交】按钮，验证控件会提示密码不一致。

如果两次输入的密码一致，单击【提交】按钮，则会提示验证通过。

提 示　CompareValidator 控件还有几个比较重要的属性，Operator 属性用来设置逻辑关系；Type 属性用来设置比较的值的类型；ValueToCompare 要进行比较的具体的值。

4.3.5 用户自定义验证控件

用户自定义验证控件 ⽤ CustomValidator 是为了满足用户的特殊需求而专门设计的一个控件。当前面介绍的验证控件不能满足需求时，用户可以通过自定义验证控件来设置。用户自定义验证控件 ⽤ CustomValidator 的语法格式如下。

```
<asp:CustomValidator
    ID=" 控件标识符 "
    runat="server"
    ControlToValidate=" 被验证的控件标识符 "
```

```
        ErrorMessage=" 验证错误时的提示信息 "
        OnServerValidate=" 服务器端验证函数 ">
    </asp:CustomValidator>
```

【范例 4-16】 CustomValidator 控件的使用。

(1) 创建一个 ASP.NET 空网站，添加一个页面，命名为 CustomValidatorControls.aspx，并设为起始页。

(2) 在设计视图中添加一个文本框，用来接收用户输入的数据；一个用户验证控件 CustomValidator；一个 Button 控件，用于提交表单；一个 Label 控件，用于显示信息。设计界面如图所示。

(3) 修改控件属性，如表所示。

控件	属性	属性值
TextBox	ID	txtNum
CustomValidator	ID	cvNum
	ControlToValidate	txtNum
	ErrorMessage	您输入的数字是素数
Button	ID	btnSubmit
	Text	提交
Label	Text	lblMessage

(4) 双击设计界面中的 CustomValidator 控件 cvNum，在对应的 ServerValidate() 事件中添加如下代码（代码 4-16-1.txt）。

```
01   int t = int.Parse(args.Value);   // 获取用户从页面文本框控件中输入的数据
02       for (int i = 2; i <= t / 2; i++)
03       {
04          // 利用循环判断 t 是否是合数
05          if (t % i == 0)
06          {
07             args.IsValid = true;
08             return;
09          }
10          else
```

```
11          args.IsValid = false;
12      }
```

(5) 双击设计视图中的【提交】按钮，在对应的 Click() 事件中添加如下代码（代码 4-16-2.txt）。

```
01  if (IsValid == true)
02  {
03      lblMessage.Text = " 输入的数据合适！ ";
04  }
05  else
06      lblMessage.Text = "";
```

【运行结果】

按【F5】键调试运行，结果如图所示。

在图中，如果输入的数据不是合数，例如 23，单击【提交】按钮，验证控件会提示输入的数字是素数。

在图中，如果输入的数据是合数，例如 32，单击【提交】按钮，则会通过验证，同时显示提示信息。

> 提示　使用 CustomValidator 控件时，该控件有一个 ValidateEmptyText 属性，该属性表示当被验证控件文本框为空时，验证程序是否验证控件。该属性的默认值为 False，即当被验证控件文本框为空时，验证程序不验证控件。

4.3.6 验证控件总和

验证控件总和 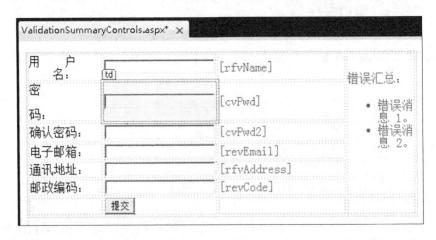 `ValidationSummary` 为用户提供一种以摘要形式显示页面中所有未能通过验证的验证控件的 ErrorMessage 中指定的错误提示信息。其语法格式如下。

```
<asp:ValidationSummary
    ID=" 控件标识符 "
    runat="server"
    DisplayMode="BulletListlListlSingleParagraph"
    HeaderText=" 在摘要中显示的标题头文本信息 "
    ShowMessageBox="FaslelTrue"
</asp:ValidationSummary >
```

其中，DisplayMode 属性表示验证控件总和错误信息的显示方式，默认值为 BulletList，即以项目符号的方式显示错误信息。HeaderText 属性表示在显示汇总错误时的标题头。ShowMessage Box 属性表示是否显示消息提示框，默认值为 fasle，即不显示消息提示框。

【范例 4-17】ValidationSummary 控件的使用。

(1) 创建一个 ASP.NET 空网站，添加一个页面，命名为 ValidationSummaryControls.aspx，并设为起始页。

(2) 在设计视图中添加 6 个文本框，分别用来接收用户输入的用户名、密码、确认密码、电子邮箱、通讯地址和邮政编码，对应的 ID 属性分别为 txtName、txtPwd、txtPwd2、txtEmail、txtAddress 和 txtcode。两个必填验证控件，分别验证用户名和通讯地址。一个范围验证控件，用于验证密码的位数。一个比较验证控件，用于验证确认密码与密码是否一致。两个正则表达式验证控件，分别用于验证电子邮箱和邮政编码的格式是否正确。一个验证控件总和，用于以摘要形式显示页面中的错误信息。一个 Button 控件，ID 属性为 btnSubmit，Text 属性为"提交"，用于提交表单。设计界面如图所示。

(3) 修改各个验证控件的属性，如下表所示。

控件	属性	属性值
RequiredFieldValidator	ID	rfvAddress
	ControlToValidate	txtAddress
	ErrorMessage	地址必须填写!
RequiredFieldValidator	ID	rfvName
	ControlToValidate	txtName
	ErrorMessage	用户名必须填写!
CustomValidator	ID	cvPwd
	ControlToValidate	txtPwd
	ErrorMessage	密码必须在 6 到 10 位之间
CompareValidator	ID	cvPwd
	ControlToValidate	txtPwd2
	ControlToCompare	txtPwd
	ErrorMessage	密码不一致!
RegularExpressionValidator	ID	revEmail
	ControlToValidate	txtEmail
	ErrorMessage	邮箱地址格式不正确!
	ValidationExpression	\w+([-+.']\w+)*@\w+([-.]\w+)*\.\w+([-.]\w+)*
RegularExpressionValidator	ID	revCode
	ControlToValidate	txtCode
	ErrorMessage	邮编格式不正确!
	ValidationExpression	\d{6}
ValidationSummary	ID	vsRegister
	DisplayMode	BulletList
	HeaderText	错误汇总:

(4) 双击设计界面中的 CustomValidator 控件 cvPwd,在对应的 ServerValidate() 事件中添加如下代码。

```
01   // 判断密码位数是否在 6 到 10 位之间
02   if ((txtPwd.Text.Length >= 6) && (txtPwd.Text.Length <= 10))
03       args.IsValid = true;
04   else
05       args.IsValid = false;
```

（5）在本范例中不需要对【提交】按钮对应的 Click() 事件中添加代码，因为这里不需要该按钮额外执行什么功能，只是利用该按钮来提交表单信息。

【运行结果】

按【F5】键调试运行，结果如图所示。

在图中，如果不输入任何信息，单击【提交】按钮，验证控件会提示用户名和通讯地址必须输入，如图所示。

在图中，如果输入的数据中有不能通过验证的，单击【提交】按钮，则会将那些不能通过验证的控件对应的验证控件中指定的错误信息显示出来，如图所示。

在图中，如果输入的数据中只有密码不能通过验证，比如密码位数不在 6 到 10 位之间，单击【提交】按钮，则会提示密码位数不正确信息，如图所示。

注意　如果使用 ValidationSummary 控件，需要将其他验证控件的 Display 属性设置为 None，否则，错误提示信息既会在该控件中显示，又会在 ValidationSummary 控件中显示。

■ 4.4 导航控件

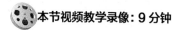本节视频教学录像：9 分钟

网站导航条对于每个网站都是必不可少的，它相当于城市道路的路标，方便浏览者快速方便地找到自己想要的内容。导航条有多种，实现的方法和作用也不同。

ASP.NET 中的导航控件有 3 个：菜单导航控件 Menu 、站点导航路径控件 SiteMapPath 、树状控件 TreeView 。

4.4.1 菜单导航控件

Menu 导航控件可以在网页上模拟 Windows 的菜单导航效果。ASP.NET 的 Menu 控件可以呈现两种模式，静态模式和动态模式。Menu 控件的语法格式如下。

```
<asp:Menu ID="Menu1" runat="server" Orientation=" 显示方式 ">
  <Items>
    <asp:MenuItem Text=" 显示内容 " Value=" 值 " NavigateUrl=" 链接的页面地址 ">
    </asp:MenuItem>
  </Items>
</asp:Menu>
```

【范例 4-18】Menu 控件的使用。

(1) 创建一个网站，添加 6 个页面，分别命名为 MenuControls.aspx，companyHistory.aspx，companyLeader.aspx，companyMember.aspx，softProduct.aspx，hardProduct.aspx，分别用来作为主页，公司历史，公司领导，公司成员，软件产品，硬件产品等页面，并将 MenuControls 设为起始页。

(2) 在 MenuControls.aspx 页面的设计视图中添加 1 个 Menu 控件。

(3) 选中添加的 Menu 控件，点击向右的箭头，显示如图所示窗口。

(4) 点击编辑菜单项，打开菜单编辑器，通过点击左上角的 ▓ 添加根菜单项，选中添加的某个根菜单，点击左上角的第二个按钮 ▓ 还可以为该跟菜单添加子菜单。添加后如图所示。

选中某个节点，可以通过右侧的属性窗口来设置节点的属性，属性设置如下表所示。

节点	属性	属性值
公司介绍	Text	公司介绍
	Value	0
	NavigateUrl	
公司历史	Text	公司历史
	Value	1
	NavigateUrl	~/companyHistory.aspx
领导介绍	Text	领导介绍
	Value	2
	NavigateUrl	~/companyLeader.aspx
公司人员	Text	公司人员
	Value	3
	NavigateUrl	~/companyMember.aspx
	Target	_blank
产品介绍	Text	产品介绍
	Value	4
	NavigateUrl	
	Target	

续表

节点	属性	属性值
软件产品	Text	软件产品
	Value	5
	NavigateUrl	~/softProduct.aspx
	Target	_blank
硬件产品	Text	硬件产品
	Value	6
	NavigateUrl	~/hardProduct.aspx

(5) 单击【确定】按钮，Menu 控件设置完成。

【运行结果】

按【F5】键调试运行，结果如图所示。

将鼠标放到节点链接上，即可自动弹出下级菜单，点击某个节点，即可打开该节点 NavigateUrl 属性所指的页面。

4.4.2 SiteMapPath 站点地图控件

SiteMapPath 控件用来显示站点的导航路径。SiteMapPath 是一个非常方便的控件，可以根据在 Web.sitemap 定义的数据自动显示网站的路径，并能确定当前页的位置，可以自定义导航的外观。SiteMapPath 控件的语法格式如下。

```
<asp:Menu ID="Menu1" runat="server" Orientation=" 显示方式 ">
    <Items>
        <asp:MenuItem Text=" 显示内容 " Value=" 值 " NavigateUrl=" 链接的页面地址 ">
        </asp:MenuItem>
    </Items>
</asp:Menu>
```

【范例 4-19】SiteMapPath 控件的使用。

(1) 在范例【4-18】项目中，添加一个 Web.sitemap 文件。其源代码如下：

```
01    <?xml version="1.0" encoding="utf-8" ?>
02    <siteMap xmlns="http://schemas.microsoft.com/AspNet/SiteMap-File-1.0" >
03        <siteMapNode url="MenuControl.aspx" title=" 首页 ">
04         <siteMapNode title=" 公司介绍 ">
05          <siteMapNode url="companyHistory.aspx" title=" 公司历史 " description="" />
06          <siteMapNode url="companyLeader.aspx" title=" 公司领导 " description="" />
07          <siteMapNode url="companyMember.aspx" title=" 公司成员 " description="" />
08         </siteMapNode>
09         <siteMapNode title=" 产品介绍 ">
10          <siteMapNode url="softProduct.aspx" title=" 软件产品 " description="" />
11          <siteMapNode url="hardProduct.aspx" title=" 硬件产品 " description="" />
12         </siteMapNode>
13        </siteMapNode>
14    </siteMap>
```

(2) 在每个页面拖放一个 SiteMapPath 控件，SiteMappath 控件就会直接将路径呈现在页面上。

【运行结果】

按【F5】键调试运行，首页运行结果如图所示。

将鼠标放到"公司介绍"上，即可自动弹出下级菜单，点击"公司领导"，打开下一级页面，如图所示。

4.4.3 TreeView 树状图控件

TreeView 控件由一个或多个节点构成，节点在程序中用 TreeNode 表示。TreeView 控件最上层的节点为根节点，再下一层称为父节点，父节点下面的称为子节点。每个开发人员，每个接触电脑的用户，基本上每天都会和 TreeView 控件打交道。微软在 ASP.NET 中内置了 TreeView 控件，大大简化了开发人员编写导航功能的复杂性。TreeView 控件用于在树结构中显示分层数据，例如目录或文件目录，或者有上下级关系的部门等。

【范例 4-20】Treeview 控件的使用。

(1) 在例 4-19 的基础上，添加 1 个页面，命名为 TreeViewControl.aspx。

(2) 在 TreeViewControl.aspx 页面的设计视图中添加 1 个 TreeView 控件。

(3) 选中添加的 TreeView 控件，点击向右的箭头，显示如图所示的窗口。

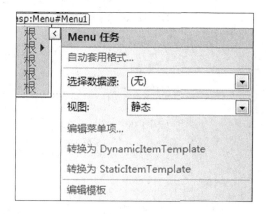

(4) 点击编辑菜单项，打开菜单编辑器，通过点击左上角的 添加根菜单项，选中添加的某个根菜单，点击左上角的第二个按钮 还可以为该跟菜单添加子菜单。添加后如图所示。

选中某个节点，可以通过右侧的属性窗口来设置节点的属性，属性设置如表所示。

节点	属性	属性值
公司介绍	Text	公司介绍
	Value	0
	NavigateUrl	
公司历史	Text	公司历史
	Value	1
	NavigateUrl	~/companyHistory.aspx
领导介绍	Text	领导介绍
	Value	2
	NavigateUrl	~/companyLeader.aspx
公司人员	Text	公司人员
	Value	3
	NavigateUrl	~/companyMember.aspx
	Target	_blank
产品介绍	Text	产品介绍
	Value	4
	NavigateUrl	
	Target	
软件产品	Text	软件产品
	Value	5
	NavigateUrl	~/softProduct.aspx
	Target	_blank
硬件产品	Text	硬件产品
	Value	6
	NavigateUrl	~/hardProduct.aspx

(5) 单击【确定】按钮，TreeView 控件设置完成。

【运行结果】

按【F5】键调试运行，结果如图所示。

4.5 Web 用户控件

本节视频教学录像：10 分钟

虽然 ASP.NET 框架中为用户提供了大量内置的 HTML 服务器控件和 Web 服务器控件，但是可能还是不能满足不同用户的需求。因此，ASP.NET 允许用户根据实际需求编写自己的控件。

4.5.1 用户控件概述

用户控件的扩展名为 .ascx。在一个大系统中，有的时候只能用几个 *.aspx 页面，其余的都是做成 *.ascx 页面，如网站的导航，网页的头部和底部，这样可以增强页面之间的耦合性。一个用户控件 *.ascx 都是作为一个独立的功能块，需要修改某一功能时，只需要修改相应的 *.ascx 文件即可。

下面以一个简单的用户控件演示，介绍用户控件的基本结构和用法。要添加一个用户控件，可以按照以下步骤进行。

（1）在【解决方案资源管理器】中右击项目名称，在弹出的快捷菜单中选择【添加新项】菜单项，打开【添加新项】对话框。

（2）选择 "Web 用户控件" 选项。给该控件一个合适的命名，一定要以 ".ascx" 为后缀名。选择 "Visual C#" 为该控件的语言。如图所示。

（3）单击【添加】按钮，然后对所添加的用户控件进行设置。一个简单的用户控件代码如下。

```
<%@ Control Language="C#" AutoEventWireup="true" CodeFile="WebUC.ascx.cs" Inherits="WebUC"
%>
```

可以看出，用户控件是以 <%@ Control> 标记开始，以 <%> 标记结束。

（4）新建一个页面 Default.aspx，将用户控件 WebUC.ascx 从【解决方案资源管理器】中拖到该页面中，实现用户控件的调用，完整的代码如下。

```
<%@ Register Src="WebUC.ascx" TagName="WebUC" TagPrefix="uc1" %>
```

可以看出，在调用用户控件时，使用 Register 指令进行用户控件的注册，并且需要定义以下 3 个属性。

（1）TagPrefix：标记前缀，定义控件的命名空间。

（2）TagName：标记名，指向所使用控件的名字。

（3）Src：指向控件的资源文件，要使用相对路径，不能使用绝对路径（如 "E:\Path\WebUC.ascx" -->)。

【范例 4-21】利用用户控件实现加减功能。

（1）创建一个网站 UserControlsDemo，添加一个页面，命名为 UserControls.aspx，并设为起始页。

（2）在网站 UserControlsDemo 中添加一个用户控件 WebUserControl.ascx 文件，切换到设计视图，从中添加一个 HTML 表格控件，要求 2 行 2 列，并将第一列的 2 行合并单元格。

（3）在第一列合并的单元格中添加一个文本框控件，命名为 txtCount；在第二列的第一行第二行分别添加按钮控件，分别命名为 btnAdd 和 btnMinus，文本分别设置为"加"和"减"。设计界面如图所示。

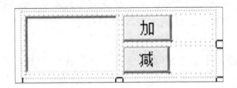

（4）双击设计界面中的【加】按钮，在其 btnAdd_Click() 事件中添加如下代码：

```
this.TextBox1.Text = (Convert.ToInt32(TextBox1.Text) + 1).ToString();
```

（5）双击设计界面中的【减】按钮，在其 btnMinus_Click() 事件中添加如下代码：

```
this.TextBox1.Text = (Convert.ToInt32(TextBox1.Text) - 1).ToString();
```

然后在 Page_Load() 事件中添加如下代码：

```
01   if (!this.IsPostBack)
02       {
03           this.txtCount.Text = "1";
04       }
```

（6）打开 UserControls.aspx 页面的设计页面，拖曳 WebUserControl.ascx 到页面中。

【运行结果】

按【F5】键调试运行，结果如图所示。

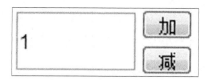

单击"加"或者"减"按钮即可实现文本框中数字的增 1 和减 1 操作。如图所示。

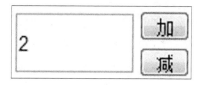

提 示 　如果把加减按钮的文字换成箭头或者加减符号，是不是就和购物网站上的购物车中心购买数量一样了？

4.5.2 自定义控件

所谓自定义控件，是指编辑好后生成一个 dll 文件，可以添加到工具箱中，就像 ASP.NET 内置控件一样，可以直接在页面上使用。要制作一个简单的自定义控件，可按下面的方法进行。

(1) 建立一个类库。方法是在 Visual Studio 2010 环境下选择【文件】➤【新建】➤【项目】菜单项，打开【新建项目】对话框，在【模板】列表框中选择"类库"选项，单击【确定】按钮。

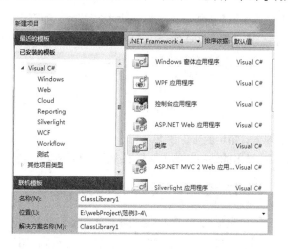

(2) 右击【解决方案资源管理器】中的"引用"文件夹，在弹出的快捷菜单中选择【添加引用】菜单项，打开【添加引用】对话框。

（3）在【.NET】选项卡中选择【组件名称】为【System.Web】的引用，结果如图所示（其中 System、System.Data 和 System.Xml 等 3 个引用是默认的）。

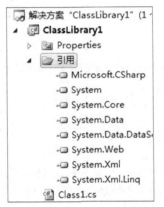

（4）添加完引用后，在 Class1.cs 文件中，对自定义控件进行设计。具体设计方法可参见【范例 4-22】。

（5）设计完成，选择【生成】▷【生成 ClassLibrary1】菜单项，即可完成该类库的生成。将生成的 dll 文件添加到工具箱中，该自定义控件默认包含在【常规】选项中，如图所示。

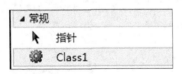

将生成的 dll 文件添加到工具箱中的步骤如下。

a. 右击工具箱空白处，在弹出的快捷菜单中选择【选择项】菜单项，打开【选择工具箱项】对话框。

b. 选择【.NET Framework 组件】选项卡，单击【浏览】按钮，在【打开】对话框中找到要添加的 dll 文件，单击【打开】按钮即可。

【范例 4-22】用户自定义控件的使用。

（1）按照前述方法创建一个类库 ClassLibrary1（这是 Visual Studio 2010 默认的类库名称，用户可以修改为具有个性化的类库名称），为该类库的 Class1 类设计如下代码。

```
01  using System;
02  using System.Collections.Generic;
03  using System.Linq;
04  using System.Text;
05  using System.Web.UI;
06  using System.Web.UI.WebControls;
07  namespace ClassLibrary1
08  {
09      // 继承 Control 类可以定义由所有 ASP.NET 服务器控件共享的属性、方法和事件。继承
INamingContainer 类引入标记接口
12      public class Class1 : Control, INamingContainer
13      {
14        public String Text
15        {
16          //get 访问器用来获取属性 Text 的值
17         get
18         {
19           // 确定服务器控件是否包含子控件，
20           // 如果不包含，则创建子控件
21          this.EnsureChildControls();
22            // 输出一个文本框，并显示其中的内容
23            return ((TextBox)Controls[3]).Text;
25          }
25         //set 访问器用来设置属性 Text 的值
26         set
27         {
28            this.EnsureChildControls();
29            // 给文本框赋值
30            ((TextBox)Controls[3]).Text = value;
31          }
32        }
33        // 重载 CreateChildControls() 方法，以创建子控件
34        protected override void CreateChildControls()
35        {
36          // 继承基类 base 的 CreateChildControls()
37          base.CreateChildControls();
```

```
38        Label lbName = new Label();    // 创建 Label 控件
39        lbName.Text = " 用户名: "; // 给 Label 控件赋值
40      Controls.Add(lbName);    // 将 Label 控件添加到控件集合中
41      TextBox txtName = new TextBox();
42      txtName.Text = "";
43       Controls.Add(txtName);
44       Controls.Add(new LiteralControl("<br>"));
45       Label lbPwd = new Label();    // 创建 Label 控件
46       lbPwd.Text = " 密码: "; // 给 Label 控件赋值
47        Controls.Add(lbPwd);     // 将 Label 控件添加到控件集合中
48       TextBox txtPwd = new TextBox();
49        txtPwd.Text = "";
50        txtPwd.TextMode = TextBoxMode.Password;
51        Controls.Add(txtPwd);
52        Controls.Add(new LiteralControl("<br>"));
53        Button btnAccess = new Button();
54        btnAccess.Text = " 登录 ";
55        Controls.Add(btnAccess);
56        Controls.Add(new LiteralControl("<br>"));
57    }
58  }
59 }
```

(2) 选择【生成】➤【生成 ClassLibrary1】菜单项，或按【Shift+F6】组合键，生成一个用户自定义控件 class1（该名称与类名相同），并将其添加到工具箱中。

(3) 创建一个网站，添加一个页面，命名为 UserSelfControls.aspx，并设为起始页。

(4) 从工具箱中找到用户自定义控件，并将其拖放到 UserSelfControls.aspx 设计视图页面上，界面如图所示。

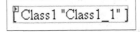

【运行结果】

按【F5】键调试运行，结果如图所示。

【范例分析】

查看 UserSelfControls.aspx 文件源代码，可以看到有如下一行代码。

<%@ Register Assembly="ClassLibrary1" Namespace="ClassLibrary1" TagPrefix="cc1" %>

该行代码类似于 .aspx 文件的 Page 指令。

<cc1:Class1 ID="Class1_1" runat="server"></cc1:Class1>

该行代码表示在此处引入了一个用户自定义控件。

4.6　高手点拨

本节视频教学录像：5 分钟

1. TextBox 控件使用技巧

TextBox 文本框中的信息默认情况下是可以编辑的，但有时我们只需要显示信息，而不需要修改，这时可以将 TextBox 控件的 ReadOnly 属性设置为 True，即 :TextBox1.ReadOnly=True。通过设置 MaxLength 属性可以限制输入的字符数，如 TextBox1.Text=6, 即文本框中只能输入 6 个字符。

举一反三，任何一个服务器控件都有很多的属性，我们可以通过设置或获取控件的属性实现一个特殊的功能。

2. 验证控件的 ValidationGroup 属性

验证控件按钮都有一个 ValidationGroup 属性，该属性用来设置验证组。即如果一个页面上有一个 A 按钮和 B 按钮，要求单击 A 按钮触发验证，单击 B 按钮不触发验证。正常情况下，单击任何一个按钮都会触发验证控件的验证操作，这显然是不对的。这时需要将 A 按钮和验证控件的 ValidationGroup 属性设置为同一个值，即可实现单击 A 按钮触发验证，单击 B 按钮不触发验证。

还有一个方法，就是设置 B 按钮的 CauseValidation 属性为 False。

3. Page 对象的 IsValid 属性

验证控件列表和执行验证的结果是由 Page 对象来维护的。Page 对象有一个 IsValid 属性，如果验证测试成功，属性返回 True ；如果验证失败，则返回 False。IsValid 属性可用于判断是否所有验证测试均已通过，从而判断用户重定向或向用户显示适当的信息。

4.7　实战练习

1. 编程实现一个用户注册页面，并对页面中的控件进行验证。

要求如下。

(1) 用户通过该页面输入正确信息，单击【提交】按钮才能通过验证，否则将提示验证错误信息。

(2) 用户在【国家】下拉列表中选择某个国家，在【城市】下拉列表中会自动列出这个国家的城市，用户选择完城市后，在【路（街道）】下拉列表中会自动列出该城市的路或街道。

(3) 所有的信息正确输入后，才能通过验证。

2. 使用自定义验证控件实现文本框中的字符长度不能超过 10。

第 5 章

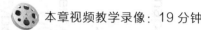
本章视频教学录像：19 分钟

使用已有资源——ASP.NET 的内置对象

ASP.NET 内置了几个常用对象，这些对象使用户更容易收集通过浏览器发送的请求信息、响应浏览器信息以及用户储存的信息，以实现特定的状态管理和信息传递。

本章要点（已掌握的在方框中打钩）

☐ Response 对象

☐ Request 对象

☐ Server 对象

☐ Application 对象

☐ Session 对象

☐ Cookie 对象

■ 5.1 ASP.NET 的内置对象

本节视频教学录像：11 分钟

ASP.NET 已经为我们提供了很多的内置资源，合理地使用这些资源可以提高开发的效率。ASP. NET 的基本对象主要包括 Application、Session、Cookie 等，它们都能存储应用程序的数据。Request 和 Response 这两个对象是 ASP 所提供的内置对象中最常用的两个。在浏览器和 Web 服务器之间，请求与响应中发生的信息交流可以通过 ASP 中的这两个内置对象进行访问和管理。

5.1.1 Response 对象

ASP.NET 的早期版本 ASP 中就包含有 Page、Response、Request 等对象。而在 ASP.NET 中，这些对象仍然存在，使用的方法也大致相同，不同的是这些对象改由 .NET Framework 中封装好的类来实现。并且由于这些对象是在 ASP.NET 页面初始化请求时自动创建的，所以能在程序中的任何地方直接调用，而无需对类进行实例化操作。

Response 对象常用的属性如下表所示。

属性	功能
Cookies	响应 Cookies 集合
IsClientConnected	一个布尔类型的变量，作用是指出客户是否仍然与服务器连接
Output	能够把文本输出给客户
OutputStream	能够把二进制数据输出给客户
Flush	这个方法把当前高速缓存的所有数据输出给客户
Redirect	这个方法把客户导向新的 URL
Write	把文本写到响应输出流中
WriteFile	把文件直接写到响应输出流中
Buffer	缓冲区

【范例 5-1】使用 Response 对象的相关属性和方法。

（1）在 Visual Studio 2010 中，新建名为"Response"的 ASP.NET 网站。添加一个名为 ResponseTest. aspx 的页面并设置为起始页。

（2）切换到 ResponseTest.aspx 页面的设计视图，添加一个按钮 Button1，修改按钮的 Text 属性为"新浪"。双击 ResponseTest.aspx 页面或者按 F7 键，打开 ResponseTest.aspx.cs 页面，在 Page_Load() 事件中输入以下代码。

```
Response.Write(" 现在时间是: " + DateTime.Now);
```

（3）添加 Button1_Click() 事件，输入以下代码。

Response.Redirect("http://www.sina.com.cn");

【运行结果】

按【Ctrl+F5】组合键或是单击工具栏中的 ▶ 按钮，在浏览器中会输出如图所示的结果。

单击"新浪"按钮，即可导向新浪网站。

【范例分析】

Response 对象实际是在执行 System.Web 命名空间中的 HttpResponse 类。CLR 会根据用户的请求信息建立一个 Response 对象。Response.Write() 实现向客户端输出信息；Response.Redirect() 实现定向到其他 URL；Response.BinaryWrite() 方法实现以二进制的方式输入。

5.1.2 Request 对象

Request 对象的功能是从客户端得到数据。Request 对象常用的属性及方法如表所示。

属性和方法	功能
Browser 属性	获取有关正在请求的客户端的浏览器功能的信息
Cookies 属性	获取客户端发送的 Cookies 的集合
Files 属性	获取客户端上传的文件的集合
Form 属性	获取表单变量的集合
QueryString 属性	获取 HTTP 查询字符串变量集合
ServerVariables 属性	获取 Web 服务器变量的集合
UserHostAddress 属性	获取远程客户端的主机 IP 地址
SaveAs 方法	将 HTTP 请求保存到磁盘

【范例 5-2】使用 Request 对象的 Browser 属性获取客户端信息。

（1）在 Visual Studio 2010 中，新建名为"RequestBrowser"的 ASP.NET 网站，添加一个名为 getBrowser.aspx 的页面。

(2) 双击 getBrowser.aspx 页面，打开 getBrowser.aspx.cs 页面，在 Page_Load() 事件中输入以下代码（代码 5-2.txt）。

```
01   protected void Page_Load(object sender, EventArgs e)
02   {
03     Response.Write(" 你使用的操作系统是: " + Request.Browser.Platform+"<br>");
04     Response.Write(" 是否支持 HTML 框架: " + Request.Browser.Frames + "<br>");
05     Response.Write(" 浏览器的版本是: " + Request.Browser.Version + "<br>");
06   }
```

【运行结果】

按【Ctrl+F5】组合键或是单击工具栏中的 ▶ 按钮，在浏览器中会输出如图所示的结果。

5.1.3 Server 对象

Server 对象提供对服务器上访问的方法和属性，大多数方法和属性是作为实用程序的功能提供的。Server 对象常用的属性及方法如下表所示。

属性和方法	功能
MachineName 属性	获取服务器的计算机名称
ScriptTimeout 属性	获取和设置文件最长执行时间（以秒计）
CreatObject 方法	创建 COM 对象的一个服务器实例
Execute 方法	使用另一页执行当前请求
HtmlEncode 方法	对要在浏览器中显示的字符串进行编码
HemlDecode 方法	对已被编码已清除无效 HTML 字符的字符串进行解码
UrlEncode 方法	对指定字符串以 URL 格式进行编码
UrlDecode 方法	对 URL 格式字符串进行解码
MapPath 方法	将虚拟路径转换为物理路径
Transfer 方法	终止当前页面的执行，并开始执行新的请求页

其中的 ScriptTimeout 属性用来设置脚本最长执行时间，默认时间为 90 秒。用户可以自己设置脚本最长执行时间：

Server.ScriptTimeout=150;

【范例 5-3】使用 Server 对象的 MapPath 方法获取当前文件路径。

(1) 在 Visual Studio 2010 中，新建名为"ServerMapPath"的 ASP.NET 网站，添加名为 ServerTest.aspx 的页面。

(2) 在 ServerTest.aspx.cs 页面的 Page_Load() 事件中输入以下代码：

Response.Write(" 当前文件所在的物理路径为: " + Server.MapPath("."));

【运行结果】

按【Ctrl+F5】组合键或是单击工具栏中的 ▶ 按钮，在浏览器中会输出如图所示的结果。

【范例分析】

本范例使用了 Server 对象的 MapPath 方法在页面加载时读取当前文件的位置，即 Page_Load() 事件中的 Server.MapPath(".")。

5.1.4 Application 对象

Application 对象提供对所有会话的应用程序范围的方法和事件的访问，还提供对可用于存储信息的应用程序范围的缓存的访问。应用程序状态是可供 ASP.NET 应用程序中的所有类使用的数据储存库。它存储在服务器的内存中，因此与在数据库中存储和检索信息相比，它的执行速度更快。与特定和单个用户会话的会话状态不同，应用程序状态应用于所有的用户和会话。因此，应用程序状态非常适合存储那些数量少、不随用户的变化而变化的常用数据。

Application 的关键特性有：存储于服务器内存中，与用户无关即多用户共享，在应用程序的整个生存期中存在即不会被主动丢弃，不被序列化，不发生服务器和客户端之间的数据传输。

Application 对象的使用格式如下。

Application［"变量"］="变量内容";

Application 对象的属性如下表所示。

属性	功能
AllKeys	获取 HttpApplicationState 集合中的访问键
Count	获取 HttpApplicationState 集合中的对象数
Item	获取 HttpApplicationState 集合中的对象的访问
StaticObject	获取由 <object> 标记声明的所有对象，其中范围设置为 ASP.NET 应用程序中的 Application
Content	获取对 HttpApplicationState 对象的引用
Add	将新的对象添加到 HttpApplication 集合中
Clear	从 HttpApplicationState 集合中移除所有对象
Get	通过名称或索引获取 HttpApplicationState 对象
GetKey	通过索引获取 HttpApplicationState 对象名
Lock	锁定对 HttpApplicationState 变量的访问以促进访问同步
Remove	从 HttpApplicationState 集合中移除命名对象
Set	更新 HttpApplicationState 集合中的对象值
UnLock	取消锁定对 HttpApplicationState 变量的访问以促进访问同步

Application 对象的事件如下表所示。

事件	功能说明
OnStart	在整个 ASP.NET 应用中首先被触发的事件，也就是在一个虚拟目录中第 1 个 ASP.NET 程序执行时触发
OnEnd	在整个应用停止时被触发（通常发生在服务器被重启／关机时）
OnBeginRequest	在每一个 ASP.NET 程序被请求时就发生，即客户每访问一个 ASP.NET 程序时就触发一次该事件
OnEndRequest	ASP.NET 程序结束时触发该事件

【范例 5-4】使用 Application 对象存取变量内容。

（1）在 Visual Studio 2010 中，新建名为 "Application" 的 ASP.NET 网站，添加名为 AppTest.aspx 的页面并设置为起始页。

（2）在 AppTest.aspx 页面上添加一个标签控件 Label1。

(3) 在 AppTest.aspx.cs 页面的代码窗口的 Page_Load 事件中输入以下代码（代码 5-4.txt）。

```
01    protected void Page_Load(object sender, EventArgs e)
02    {
03        Application.Lock();
04        Application["usercount"] = (Convert.ToInt32(Application["usercount"]) + 1).ToString();
05        Application.UnLock();
06        Label1.Text = "您是第 " + Application["usercount"].ToString() + " 位访客 ";
07    }
```

【运行结果】

单击工具栏中的 ▶ 按钮，运行结果如图所示，该列可以实现对在线访问人数的统计。

【范例分析】

此范例中，第 4 行代码实现将 Application 变量 usercount 的自增 1 的操作，并保存到 usercount 中，然后在第 6 行代码中，通过标签控件将 Application 对象中的变量内容输出。第 3 行和第 5 行代码是为了实现对 Application 对象 usercount 的锁定和解锁，以防止多线程同时对该对象进行访问。

 提示　Application 对象是多用户共享的，它并不会因为一个用户离开而消失，一旦创建了 Application 对象，那么它就会一直存在，直到网站关闭或该对象被卸载。

因为 Application 是多用户共享的，为了防止在使用的使用被其他用户改变其值，需要用到 Application 对象变量的 Lock 方法，其语法如下。

```
Application.Lock
Application["变量"] = 表达式
Application.UnLock
```

Application.Lock 是对 Application 值的锁定，这个时候其他用户是不能使用的，当使用完之后才能通过 Application.UnLock 来解锁，只有解锁之后其他用户才能够使用。

5.1.5　Session 对象

Session 对象为当前用户会话提供信息，还提供对可用于存储信息的会话范围的缓存的访问，以及控制如何管理会话的方法。应用程序状态是可供 ASP.NET 应用程序中的所有类使用的数据储存库。它存储在服务器的内存中，因此与在数据库中存储和检索信息相比，它的执行速度更快。与不特定于单个用户会话的应用程序状态不同，会话状态应用于单个的用户和会话。因此，应用程序状态非常适合存储那些数量少、随用户的变化而变化的常用数据。而且由于其不发生服务器与客户端之间的数据传输，所以 Session 还适合存储关于用户的安全数据，如购物车信息。

Session 是单用户操作，当用户第一次登录时，系统会自动为其分配一个 SessionID，这个 ID 是随机分配的，不会重复，可用来标志每一个不同的用户。当页面刷新或者重新打开该页面时，该值都会变化。

【范例 5-5】使用 Session 对象记录当前用户的登录信息。

(1) 在 Visual Studio 2010 中，新建名为"Session"的 ASP.NET 网站，添加名为 Login.aspx 的页面和一个名为 Admin.aspx 的页面。

(2) 在 Login.aspx 页面上添加两个 Label 控件，两个 TextBox 控件和两个 Button 控件，属性设置如下表所示。

控件类型	控件 ID	主要属性	用途
Label	labUserName	Text 属性设置为"用户名："	
	labPwd	Text 属性设置为"密码："	
TextBox	txtUserName		输入用户名
	txtPwd	TextMode 属性设置为 Password	输入密码
Button	btnLogin	Text 属性设置为"登录"	
	btnCancel	Text 属性设置为"取消"	

(3) 双击"登录"按钮，在 btnLogin_Click() 事件中输入以下代码：

```
01  protected void btnLogin_Click(object sender, EventArgs e)
02  {
03      if (txtUserName.Text == "admin" && txtPwd.Text == "123456")
04      {
05          Session["userName"] = txtUserName.Text;// 使用 Session 变量记录用户名
06          Session["loginTime"] = DateTime.Now.ToString();// 使用 Session 变量记录登录时间
07          Response.Redirect("Admin.aspx");//Redirect 方法导向另外一个页面
08
09      }
10      else
11      {
12          Response.Write("<script>alert(' 用户名或密码错误 ')</script>");
13      }
14  }
```

(4) 在 Admin.aspx 的 Page_Load() 事件中输入以下代码：

```
01  protected void Page_Load(object sender, EventArgs e)
02  {
03      Response.Write(" 欢迎管理员 :" + Session["userName"].ToString()+"<br>");
04      Response.Write(" 您登录时间为 :"+Session["loginTime"].ToString());
```

05　}

【运行结果】

将 Login.aspx 页面设置为起始页，单击工具栏中的 ▶ 按钮，运行结果如图所示。输入用户名和密码并单击【登录】按钮，如果输入正确的用户名和密码，则会导向 Admin.aspx 页面；如果错误，则会提示用户名或密码错误。

【范例分析】

步骤(3)中的第 5 行和第 6 行代码是将用户输入的信息保存到 Session 对象中，单击【登录】按钮后，如果信息正确，将导向管理员页面，读取 Session 变量信息并显示。

提示

在网站建设中一般用 Session 来判断用户登录权限操作。系统在用户登录时获得用户信息，根据用户信息判断用户操作权限。

5.1.6　Cookie 对象

Cookie 提供了一种在 Web 应用程序中存储用户特定信息的方法。例如，当用户访问您的站点时，您可以使用 Cookie 存储用户首选项或其他信息。当该用户再次访问您的网站时，应用程序便可以检索以前存储的信息。在开发人员以编程方式设置 Cookie 时，需要将自己希望保存的数据序列化为字符串（并且要注意，很多浏览器对 Cookie 有 4096 字节的限制），然后进行设置。

Cookie 对象的属性如下表所示。

属性	功能
Name	获取或设置 Cookie 的名称
Expires	获取或设置 Cookie 的过期日期和时间
Domain	获取或设置 Cookie 关联的域
HakKeys	获取一个值，通过该值指示 Cookie 是否具有子键
Path	获取或设置要与 Cookie 一起传输的虚拟路径
Secure	获取或设置一个值，通过该值指示是否安全传输 Cookie
Value	获取或设置单个 Cookie 值
Values	获取单个 Cookie 对象中包含的键值的集合

【范例 5-6】使用 COOKIE 对象记录用户输入的信息。

(1) 在范例 5-5 的 Login.aspx 的页面的密码框下方添加上一个复选框控件，界面如图所示，属性设置如表所示。

控件类型	控件 ID	主要属性	用途
CheckBox	chkAuto	Text 属性设置为"下次自动登录"	—

(2) 双击【登录】按钮，将其单击事件中的代码修改为以下代码（代码 5-6-1.txt）。

```
01   protected void btnLogin_Click(object sender, EventArgs e)
02   {
03       if (txtUserName.Text == "admin" && txtPwd.Text == "123456")
04       {
05           if (chkAuto.Checked)// 如果复选框选中
06           {
07               HttpCookie mycookie = new HttpCookie("mycookie", txtUserName.Text);// 创建一个
cookie 对象，并将用户名存入 cookie 对象中
08               mycookie.Expires = DateTime.Now.AddDays(14);// 设置 cookie 过期时间
09               Session["loginTime"] = DateTime.Now.ToString();
10               Response.Cookies.Set(mycookie);// 将 cookie 写入到客户端
11           }
12           else
13           {
14               Session["userName"] = txtUserName.Text;
15               Session["loginTime"] = DateTime.Now.ToString();
16           }
17           Response.Redirect("Admin.aspx");
18       }
19       else
20       {
21           Response.Write("<script>alert(' 用户名或密码错误 ')</script>");
22       }
23   }
```

(3) 相应的也需要修改 Admin.aspx 的 Page_Load() 事件代码。

```
01    protected void Page_Load(object sender, EventArgs e)
02    {
03        HttpCookie mycookie = null;
04        mycookie = Request.Cookies["mycookie"];
05        if (mycookie != null)
06        {
07            Response.Write(" 欢迎管理员：" + mycookie.Value+"<br>");
08            Response.Write(" 您登录时间为 :" + DateTime.Now.ToString());
09        }
10        else
11        {
12            if (Session["userName"] == null)
13            {
14                Response.Redirect("Login.aspx");
15            }
16            else
17            {
18                Response.Write(" 欢迎管理员 :" + Session["userName"].ToString() + "<br>");
19                Response.Write(" 您登录时间为 :" + Session["loginTime"].ToString());
20            }
21        }
22    }
```

【运行结果】

设置 Login.aspx 为起始页，单击工具栏中的 ▶ 按钮。输入用户名和密码，选中复选框，单击【登录】按钮，即可跳转到管理员页面，并输出用户信息。选中复选框的作用就是将用户信息写入到客户端，下一次可以直接访问 Admin.aspx 页面而不需要登录。

【范例分析】

此范例是将用户输入的信息保存到 Cookie 对象中，并通过 Request 方法来读取 Cookie 对象中的这些信息。

▌ 5.2 高手点拨

本节视频教学录像：8 分钟

1.Response 的 Write 方法和 Redirect 方法的特殊应用

Response.Write() 方法实现向客户端输出数据，如果希望输出一个提示性的对话框，可以使用如下方法：Response.Write（"<script>window.alert('添加成功！');</script>"）；将会弹出一个添加成功的"确定"对话框。

Response.Rediect 方法可以在定位到某个页面的同时传递变量值，我们简称"问号传值"，那么使用问号传值是可以传递多个参数的。传递多个参数时，参数与参数之间使用"&"分隔。格式如下：Response.Redirect（"Abc.aspx?parameter1=one&parameter2=two"）。

2.Application，Session，Cookie 对象的区别

Application 对象被整个应用程序共享，即多个用户共享一个 Application 对象；Session 对象被每一个用户所独享，且每一个用户都具有唯一的 Session 标识，常用于存储用户信息；Cookie 对象用于保存客户浏览器请求信息。其中 Application 和 Session 是把信息保存在服务器端，Cookie 则是把信息保存在客户端。

▌ 5.3 实战练习

编写一个网站在线人数统计计数器，要求实现以下功能：每次用户打开页面计数器加 1，某个用户会话结束后计数器减 1。

第6章

 本章视频教学录像：1 小时 8 分钟

Web 编程必备技术
——JavaScript 及 jQuery

JavaScript 是一种广泛应用于 Web 客户端开发的脚本语言，用来给 HTML 网页添加动态功能，比如响应用户的各种操作以及实现各种精彩的效果等。jQuery 是一个兼容多浏览器的 javascript 框架，核心理念是 write less,do more(写得更少，做得更多)。jQuery 已经成为最流行的 javascript 框架。 jQuery 的语法设计可以使开发者更加便捷，例如操作文档对象、选择 DOM 元素、制作动画效果、事件处理、使用 Ajax 以及其他功能。除此以外，jQuery 提供 API 让开发者编写插件。其模块化的使用方式使开发者可以很轻松地开发出功能强大的静态或动态网页。

本章要点（已掌握的在方框中打钩）

☐ 在网页中使用 JavaScript

☐ JavaScript 基本语法

☐ JavaScript 语句

☐ JavaScript 函数

☐ JavaScript 对象

☐ 正则表达式

6.1 JavaScript 小试牛刀

本节视频教学录像：12 分钟

如今，不管学习哪一种平台的 Web 编程，ASP.NET 也好，JSP 也好，PHP 也好，都离不开一种编程语言：JavaScript。这是为什么？

大家都知道，程序开发大致可以分为 C/S 开发和 B/S 开发两种架构，无论哪种架构，Server 端都有各种各样的语言，可是，一直以来 Client 端和 Browser 端能用的语言却不如 Server 端多，而且目前在 B/S 编程上，还没有出现一种 Browser 端和 Server 端语法完全一致的开发语言。而且由于 B/S 模式的特殊性，将来出现语法完全一致的开发语言的可能性也极小，读者可以根据这个课题自己去研究一下这个问题的始末。

目前的 B/S 程序的 Browser 端都在用什么语言呢？ HTML？那只是一种标记语言，只能控制内容的显示格式，不能控制内容的显示逻辑。目前 Browser 端常见的控制语言有以下几种：VBscript、Jscript、JavaScript，其中前两种是微软且仅受微软支持的产品，VBscript 基本已经淘汰，Jscript 和 JavaScript 基本类似，但是 JavaScript 却是通用标签，不但微软支持，其他厂家也广泛支持。因此，JavaScript 成为了 Web 编程的必备技术。

本节将为你揭开 JavaScript 的神秘面纱。

6.1.1 Hello，JavaScript World

没有什么比首先直观地看到一个程序的运行来学习一门语言来的痛快了，每种语言都有一个代表性的"Hello，World"，JavaScript 也不例外，下面来操作一下吧。

【范例 6-1】使用 JavaScript 语句在浏览器中输出文字。

(1) 打开 Visual Studio 2010，新建一个名为"Hello JavaScript World"的 ASP.NET 空网站。

(2) 添加一个页面，使用默认名字 Default.aspx，打开页面的源视图，在 Head 标签对之间输入以下代码。

```
<script type="text/javascript" language="JavaScript">
    document.write("Hello,Javascript World!");
</script>
```

(3) 单击【保存】按钮或者按【Ctrl+S】组合键保存文件内容。

> JavaScript 是一种对大小写敏感的编程语言，在拼写双引号以外的内容时绝对要注意。
>
> 提 示

【运行结果】

按【F5】键调试运行，即可在浏览器中输出如图所示的结果。

【**拓展训练 6-1**】**不要关闭此显示结果，返回 Visual Studio 2010，修改为如下 的代码，给要显示的文字加上一定的显示格式。**

```
<script type="text/javascript" language="JavaScript">
        document.write("<h2>Hello,Javascript World!</h2>");
</script>
```

保存代码，返回 IE 浏览器，单击【刷新】按钮，即可看到新的显示效果。

 最后一步保存代码后，不要再回到【解决方案资源管理器】单击右键查看运行结果，而是直接 切换到 IE 浏览器去查看运行结果。

提 示

敏感的读者，应该可以看到本次写代码和调试代码与 C# 大有不同：

(1) C# 代码一般都是与 aspx 页面分离的，为什么 JavaScript 代码却写在一个文本里呢？是不是所 有的 JavaScript 都必须和 aspx 写在一个文件里呢？

(2) C# 代码在调试期间是不允许修改的，即使修改了也要重新 Debug，为什么本次只在 IE 中刷新 一下就可以看到新的结果了呢？

对于第 1 个问题，我们在稍后的章节中讲解，对于第 2 个问题，我们可以从 B/S 架构来解释。

(1) 为什么允许调试期间修改 JavaScript 代码？每一个页面在客户端运行，必须要到服务器端获取 页面代码，而服务器端只执行服务器端代码，客户端代码要到客户端等浏览器解析执行，因此客户端代 码的改动不影响服务器端代码的调试，可以允许在 IE 浏览期间改变客户端代码。

(2) 为什么刷新一下就可以看到新的结果了呢？IE 刷新之后，到服务器端重新获取代码，因此可以 解析最新的客户端代码而看到新的结果。

(3) 是不是只有客户端语言才能在调试期间修改，C# 永远不能这么操作呢？不是！Visual Studio 从 2005 版开始，提供了两种查看代码运行效果的方式，第 1 种便是传统的按【F5】键或按【Ctrl+F5】组 合键，新型的查看方式便是本例中用的方式：右键单击要查看的页面，在弹出的快捷菜单中选择【在浏 览器中查看】菜单项。对于第 2 种方式，便可以修改 C# 代码！原理其实很简单，读者可以自己想想。

6.1.2 如何在网页中使用 JavaScript 代码

不论是 JavaScript 还是 Vbscript、Jscript，它们都是 Script 代码，即脚本代码.HTML 规范为这些不同类型的脚本代码定义了统一而灵活的插入方式，可以概括为以下 4 类。

1. 在 HTML 页面的任意位置插入 Script

Script 可以写在 HTML 文件的任何位置，使用标记 <script>…</script>，只是通过这个标签的 Type 属性和 Language 属性来区分脚本的类型。对于 JavaScript，Type 属性值为 "text/JavaScript"，language 属性值为 "JavaScript"，一般只需要知道 Type 属性即可。基本格式如下所示。

```
<script  type="text/javascript" language="javascript" >
<!--
...
(JavaScript 代码 )
...
-->
</script>
```

其中，第 1 行和最后一行是脚本的起始终止标记；第 2 行和倒数第 2 行是为了让不支持此类型脚本的浏览器忽略此类脚本代码，目前市面上的浏览器可以不支持 Vbscript 和 Jscript，但是绝对不会不支持 JavaScript，因此如果是 JavaScript，可以不用写。

2. 将 Script 写到单独的文件中，然后通过一个标记引入到页面中

把 Script 代码写到另一个文件中，然后用以下格式引入到文档中。

```
<script  language="javascript" src="文件路径" />
```

3. 将 Script 代码直接写入控件的属性或事件里

直接将代码写入控件的属性，格式如下。

```
javascript:<JavaScript 语句 >
```

4. 在超链接中加入脚本代码

最常用的便是在超链接中加入脚本代码，使超链接像一个按钮一样响应客户端的点击，格式如下。

```
<a href="javascript:alert('hello,JavaScript world')"> 点击我查看提示信息 </a>
```

6.2 JavaScript 基本语法

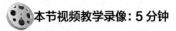本节视频教学录像：5 分钟

通过上一节已经基本认识了 JavaScript，并与 C# 进行了对比。本节正式开始 JavaScript 语法的介绍。

学过 Java 的人可不要以为可以少学习一些本节的内容，其实 Java 和 JavaScript 是两种完全不同的语言，除了在 JavaScript 中可以看到一点 C 系的编程风格外，我们需要抛开 Java 来全新理解 JavaScript。两者之间最基本的区别可以这么理解：Java 是一种像 C# 一样的服务器端语言，不但可以用来开发 Web 程序，还可以用来开发 C/S 基于 WinForm 的程序；且基于 Web 的 Java 和 C# 都是在服务器端预编译的，即页面只在第 1 次访问时编译好，之后无论访问多少次都不用再从服务器端编译了；而 JavaScript 却只能由客户端浏览器来编译解析，且每次访问解析、执行一次。因此我们经常可以在客户端看到脚本代码。

下面介绍几个 JavaScript 的基本语法。

1. 语言规范

JavaScript 是一种严格区分大小写的语言，getdate() 和 getDate() 有着本质的区别，完全是两个不同的方法。

2. 语句规范

JavaScript 语句全部要以分号"；"结束，一行中可以写多句代码，但是有些新型的浏览器支持每行一句代码且不必以分号结束的格式，但是还是建议采用标准格式，因为我们希望代码能在更多的浏览器上运行。

3. 代码执行

JavaScript 代码是自上而下依次解析并执行的，因此如果一个文件中定义了两个名称相同的方法，后面的方法定义会覆盖前面的定义。

4. 注释

JavaScript 注释采用两种方式：// 和 /* … */，其中前者用于单行注释，后者用于单行或多行注释，且前者可以嵌套在后者中，用法与 C# 一样。

5. 标识符

JavaScript 中的标识符（即 JavaScript 中定义的符号，如变量、函数名、数组名等）可以由任意顺序的大小写字母、数字、下划线（_）和美元符号（$）等组成，但是标识符不能以数字开头，不能使用 JavaScript 中保留的关键字。

合法的标识符：shitiku，shiti_ku，_shitiku。

非法的标识符：www.shitiku.com，int，shiti-ku。

6.3 JavaScript 语句

本节视频教学录像：17 分钟

程序是语句的集合，本节介绍 JavaScript 支持的语句。

6.3.1 循环语句

循环语句主要包括以下 7 种。

1. if 语句

if 语句是条件选择语句，可以使程序有条件地执行。语法如下。

```
if( 条件表达式 )
{
语句块
}
```

如果条件表达式的值为 true，即满足条件，则执行括号里面的代码，否则不执行。

2. if…else 语句

if 语句还有另外一种形式 if…else。

```
if( 条件表达式 )
{语句块 1}
else
{语句块 2}
```

如果条件表达式的值为 true，则执行语句块 1，否则执行语句块 2。例如：

```
if ( a>b )
{c=a;}// 如果 a>b 成立，则 c=a
else
{c=b;}// 如果 a>b 不成立，则 c=b
```

3. else if 语句

else if 语句和 if…else 语句的作用相同，相当于嵌套使用 if…else，只不过形式不同罢了。

```
if ( 条件表达式 1 ) { 语句块 1}
else if ( 条件表达式 2 ) { 语句块 2}
else if ( 条件表达式 3 ) { 语句块 3}
……
else{ 语句块 n}
```

如果满足条件表达式 1，则执行语句块 1；如果满足条件表达式 2，则执行语句块 2……如果前面的所有条件表达式都不满足，则执行语句块 n。例如：

```
if ( n= 1 ) {a=1}
else if ( n=2 ) {a=2}
else if( n=3 ) {a=3}
else {n=4}
```

4. switch 语句

嵌套的 if…else 或者 else if 选择语句有的时候很麻烦，还好我们有另外一种选择，就是使用 switch 语句。Switch 语句也是用于选择执行，语法如下。

```
switch( 表达式 )
{
case 值 1：
代码块 1
[break;]
case 值 2：
代码块 2
……
default：
代码块 n
[break;]
}
```

　　如果表达式的值是值 1，则执行代码块 1；如果表达式的值是值 2，则执行代码块 2……如果全部都不是，则执行代码块 n。这里的 break 是可选项，用于执行完一个代码块后跳出 switch 语句，否则它会继续执行下面的代码块，所以，一般情况下每个 case 语句后面都要写上一个 break;。case 后面是一些供表达式对比的值。switch 和 case、default 总是配合使用的。

　　5. while 语句

　　while 语句用于条件循环。语法如下。

```
while（条件表达式）
{
代码块
}
```

　　如果条件表达式的值为 true，即满足条件，则循环执行括号里面的代码，否则不执行。值得注意的是：如果这个条件在每次循环后仍然满足，则会一直循环执行下去。有的时候这是我们不希望看到的，那么应当在语句块里面设法控制条件表达式的值，使它不总是满足，而只是在我们需要执行循环的时候满足。例如：

```
var a = 10;
while(a>0)
{
    document.write（"a="+a+" "）;
    a--;
}
```

　　还记得 a-- 吗？它的含义是 a=a-1，即把 a 的值减去 1。这样每次循环以后，a 的值就会减小，直到 a 变为 0，不满足 a>0 为止，此时即可跳出循环。如果没有 a-- 这一句，这个循环就会无限循环下去。结果如图所示。

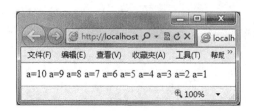

6. do/while 语句

do…while 语句和 while 语句的作用一样，唯一的差别在于 do…while 是先执行括号里面的代码块，再判断是否满足条件表达式。而 while 语句是先判断后执行。do…while 语句语法如下。

```
do
{
语句块
}
while（条件表达式）;
```

7. for 语句

for 语句是功能最强大的循环语句，语法如下。

```
for( 语句 1; 条件表达式 ; 语句 2)
{
语句块
}
```

执行 for 语句时，先从语句 1 开始，执行完语句 1 以后，再执行括号里的语句块。第 1 次执行完括号里的语句块后，执行语句 2。然后再判断是否满足条件表达式，如果满足，再执行括号里的语句块，否则退出循环。接下来就是循环"判断是否满足条件表达式，如果满足，再执行括号里的语句块，否则退出循环"这个过程。

6.3.2 转向语句

转向语句主要包括以下 3 种。

1. break 语句

break 语句在前面的 switch 语句里面已经见过，它用来跳出 switch 语句。它的作用除了跳出 switch 语句以外，还有无条件跳出包含它的最内层循环。

【范例 6-2】在循环中使用 break 方法。

(1) 在 Visual Studio 2010 中，新建名为"break"的 ASP.NET 空网站。
(2) 添加一个 Default.aspx 页面，打开源视图，在 Head 标签对之间输入以下代码。

```
01      <script language="JavaScript">
02          for (var i = 0; i < 10; i++) {
```

```
03            for (var j = 0; j < 10; j++) {
04                if (j > 2) { break; }
05                document.write("(" + i + "," + j + ")" + " ");
06            }
07            document.write("<br>");
08        }
09    </script>
```

【运行结果】

按【F5】键调试运行，即可在浏览器中输出如图所示的结果。

【范例分析】

每当变量 j>2 时，break 语句使得内层循环跳出，接着执行下一次外层循环。最后应当输出 30 对数。

2. continue 语句

continue 也是用于终止循环，它和 break 的区别在于它只是终止本次循环，接着执行下一次循环，而不是跳出整个循环体。

3. return 语句

return 语句用于函数中，返回函数的值。例如：

```
function a()
{
    Return 10;
}
var b = a();
```

函数 a 的返回值是 10。b 调用函数 a 赋值，那么 b 的值就是 10。

6.3.3 异常处理语句

异常处理语句主要包括以下两种。

1. throw 语句

throw 语句用于抛出程序的异常，抛出的异常可以被 try/catch/finally 语句捕捉并处理。
throw 语句的语法如下。

throw   异常对象

这里举一个抛出异常的例子：

if(a>0) {throw new Error("程序出现异常！");}

2. try/catch/finally 语句

try/catch/finally 语句捕捉并处理 throw 语句抛出的异常。语法如下。

```
try
{
// 可能发生异常的代码。可以用 throw 语句抛出异常，也可以调用抛出异常的方法
// 间接抛出异常。如果没有异常发生，就执行完全部代码
}
catch(e)
{
//e 代表异常对象，这里捕捉这个异常以后进行处理
}
finally
{
//finally 是可选的，无论是否有异常发生，都会执行这里的代码
}
```

【范例 6-3】使用 try/catch 语句输出异常。

(1) 在 Visual Studio 2010 中，新建名为 "error" 的 ASP.NET 空网站。
(2) 添加一个名为 Default.aspx 页面，打开源视图，在 Head 标签对之间输入以下代码。

```
01    <script language="JavaScript">
02      try {
03          b;
04      }
05      catch (e) {
06          document.write(e + e.number + e.description);
07      }
08    </script>
```

【运行结果】

按【F5】键调试运行，即可在浏览器中输出如图所示的结果。

【范例分析】

这里我们没有声明便使用了 b，出现了一个异常，catch 捕捉这个异常并输出了异常类型、异常号和异常描述。

6.3.4　空语句

空语句什么也不做，它也是 JavaScript 支持的语句。语法如下。

```
;
```

可见空语句中除了一个语句结束的标志——分号外，什么也没有。当我们需要程序什么也不做的时候，就可以使用空语句。通常它被用在循环体中。

6.4　JavaScript 函数

本节视频教学录像：10 分钟

前面我们已经见过 JavaScript 的函数，有的是内部函数，有的是用户自定义函数。本节重点介绍用户自定义函数的声明、调用等。学完本节后，读者可以全面掌握 JavaScript 函数的用法。

6.4.1　函数的定义和调用

函数是用 function 定义的，语法如下。

```
function 函数名（[ 参数列表 ]）
{
代码块
[return……;]
}
```

其中，参数列表是可选的，可以有 0 个或者多个参数，参数之间用逗号隔开。这里的参数叫做"形式参数"。return 语句也是可选的，函数可以有返回值，也可以没有。下面举一个定义函数的例子。

```
function print (mystring)
{
        document.write(mystring);
```

```
        }
```

这个函数有一个参数，没有返回值。它的作用是输出参数的值，可以用来代替我们经常用到的 document.write。

调用函数的语法如下。

```
函数名（[ 参数列表 ]）；
```

这里的参数应该和函数定义里面的参数一一对应。不过这里的参数叫做"实际参数"。在调用的时候，程序把实际参数传递给函数定义，用来代替函数定义里面的形式参数，然后执行里面的代码。如果函数有返回值，完成以后就返回函数值到调用它的地方。

例如，我们调用刚刚定义的那个 print 函数。

```
print（"Hello JavaScript!"）；
```

得到的结果是输出"Hello JavaScript!"，这里就是用"Hello JavaScript!"代替了函数定义里的 mystring。

除此以外，还有一种定义函数的方法，那就是用 function() 来动态定义函数。语法如下。

```
var 函数名 = new function( 参数列表 )
```

这里使用了 new 关键字，这有点像创建对象的语句。参数列表里面应该有一个或多个字符串参数。如果有多个字符串参数，那么最后一个参数会自动被认为是函数体，而前面的参数会被认为是要构造的函数的形式参数；如果只有一个参数，那么它就是函数体，构造出来的这个函数就没有参数。下面举个例子：

```
var a = new function（"return 10;"）；
```

它等价于：

```
function a()
{
        return 10;
}
```

下面的这个例子等价于前面定义的 print 函数：

```
var print = new function（"mystring"，" document.write(mystring);"）；
```

我们可以按如下方法调用它。

```
print("Hello JavaScript!");
```

用 function() 可以动态地创建函数，但是每次调用时，function() 都要对其进行编译。如果频繁地调用，那么效率将会很低。所以我们并不推荐使用 function() 创建函数。

此外，函数还可以嵌套定义和递归调用。

6.4.2　作为数据的函数

前面已经介绍了函数的定义和调用。实际上在所有的编程语言里面，函数都作为语法出现，程序可以定义和调用它。但是在 JavaScript 里面，函数不仅是语法，还是数据。也就是说，可以把它作为值赋给变量、存放在对象的属性或数组中、传递给其他函数等。这里介绍的是函数作为数据的用法。

函数的定义如下。

```
function print (mystring)
{
    document.write(mystring);
}
```

函数名 print 有什么含义呢？其实函数名是存放函数的变量名。这个定义创建了一个函数对象，把这个对象的值赋给了变量 print。函数就是存放在这个变量中的。既然如此，我们也可以把函数赋给别的变量，或者赋给对象的属性。

```
var a = print;              // 把函数赋给了变量 a
a（"Hello JavaScript"）;     // 调用 a 等价于调用 print
var obj = new Object;       // 新建一个对象
obj.a = print;              // 把函数赋给对象的属性，这里我们称为方法
obj.a（"Hello JavaScript"）; // 调用对象的方法
```

【范例 6-4】调用函数变量。

(1) 在 Visual Studio 2010 中，新建名为"bianliang"的 ASP.NET 空网站。

(2) 新建一个名为 Default.aspx 页面，打开源视图，在 Head 标签对之间输入以下代码。

```
01    <script language="JavaScript">
02      function print(mystring) {
03        document.write(mystring);
04      }
05      var a = print;                    // 把函数赋给了变量 a
06      a("Hello JavaScript" + "<br>");   // 调用 a 等价于调用 print
07      var obj = new Object;
08      obj.a = print;
09      obj.a("Hello JavaScript");
10    </script>
```

【运行结果】

按【F5】键调试运行，即可在浏览器中输出如图所示的结果。

6.4.3 函数的作用域

前面介绍过,函数的作用域是函数体内部。在函数内部通过 var 创建的变量是局部变量,它的作用域是整个函数体内部。JavaScript 把调用对象加在全局对象前面构成作用域链,通过依次搜索这个作用域链里面对象的属性,来找到变量的值。嵌套函数的作用域也是嵌套的。

6.4.4 Arguments 对象

Arguments 对象是函数的内置对象,用来获取传递给函数的实际参数值。Arguments 类似于数组,可以用来存取用户调用函数时输入的实际参数,而且并不限定实际参数的个数,尽管这个个数和函数定义的形式参数的个数不符。Arguments 对象有 length 属性,表示存储的参数个数。

```
function f(a,b)
{
    if(arguments.length!=2)
    {
    throw new Error("实际参数个数错误");
    }
}
```

这个函数使用了 Arguments 对象检查实际参数的个数,如果用户输入的实际参数个数不是 2 个,就抛出一个异常。

【范例 6-5】使用 Arguments 对象。

(1) 在 Visual Studio 2010 中,新建名为 "Arguments" 的 ASP.NET 空网站。

(2) 新建一个名为 Default.aspx 的页面,打开源视图,在 Head 标签对之间输入以下代码。

```
01      <script language="JavaScript">
02        function f(a, b) {
03          if (arguments.length != 2) {
04            throw new Error(100, "实际参数个数错误 ");
05          }
06        }
07      try {
08          f(1, 2, 3);
09        }
```

```
10      catch (e) {
11          document.write(e + e.number + e.description);
12      }
13  </script>
```

【运行结果】

按【F5】键调试运行，即可在浏览器中输出如图所示的结果。

【范例分析】

我们也可以用argument[]数组获得用户输入的实际参数的值。例如，argument[0] 表示第1个参数，argument[1] 表示第2个参数。

【范例6-6】使用 Arguments 对象获取参数值。

(1) 在 Visual Studio 2010 中，新建名为"canshu"的 ASP.NET 空网站。
(2) 新建一个名为 Default.aspx 的页面，打开源视图，在 Head 标签对之间输入以下代码。

```
01  <script language="JavaScript">
02      function f(a, b) {
03          for (var i = 0; i < arguments.length; i++) {
04              document.write(arguments[i] + " ");
05          }
06      }
07      f(1, 2, 3, 4, 5);
08  </script>
```

【运行结果】

按【F5】键调试运行，即可在浏览器中输出如图所示的结果。

【范例分析】

这里调用函数时使用了 5 个实际参数，尽管函数实际上只有两个形式参数，但是 argument[] 数组还是可以获得所有的实际参数。

6.4.5 函数的属性和方法

函数作为对象有它自己的属性和方法。

1. length 属性

函数的 length 属性表示函数定义的"形式参数"的个数，注意它和 Arguments 对象的 length 属性的区别。

我们也可以自定义函数的属性，用来保存需要的值供函数使用。例如：

```
f.number = 0;          // 自定义函数的属性
function f ()
{
  return f.number;     // 使用函数的自定义属性
}
```

2. call 方法

call 方法用来调用函数。语法如下：

```
call( 对象名，参数 1，参数 2……)
```

call 方法的第 1 个参数是要调用这个函数的对象名，后面的是传递给函数的参数。例如：

```
f.call(obj,1,2);
```

3. apply 方法

apply 方法和 call 方法一样，唯一的区别在于参数列表不同，它采用的是数组的形式。

```
f.apply(obj,[1,2]);
```

6.5 JavaScript 对象

本节视频教学录像：6 分钟

对象（object）的概念我们应该不会陌生。在前面介绍 C# 语言面向对象特性的时候，就介绍了什么是对象。对象具有属性和方法，我们可以调用对象的属性和方法。

例如，下面的代码引用了一个对象的方法

```
document.write（"Hello JavaScript!"）;
```

方法名和属性之间用一个句点（．）隔开。

下面的代码引用了一个对象的属性。

Image.height

通过 new 关键字可以创建一个对象，创建对象的时候引用构造函数。例如：

```
var obj = new object();
var now = new Date();
```

其中，var 表示声明一个变量。前面已经讲过，变量用来存储值。对象是一种数据类型，这种类型的值可以存储在变量中。

创建对象以后，就可以设置并使用它们的属性。例如：

```
obj.x = 10;
obj.y = 20;
```

下面介绍 JavaScript 里面常用的对象。

6.5.1　字符串 String 对象

属性：字符串对象的主要属性是 Length，表示字符串的长度。例如：

```
var mystring = "Hello JavaScript!";
document.write(mystring.length);
```

输出结果为 17，表示这个字符串的长度为 17，其中包含一个空格。

方法：字符串对象的常用方法如下表所示。

方法	说明
toLowerCase()	转换成小写字体
toUpperCase()	转换成大写字体
IndexOf(char , index)	从 index 处开始搜索 char 第 1 次出现的位置
substring(start , end)	返回从 start 开始到 end 之间的子串

【范例 6-7】使用字符串方法。

(1) 在 Visual Studio 2010 中，新建名为 "string" 的 ASP.NET 空网站。

(2) 新建一个名为 Default.aspx 的页面，打开源视图，在 Head 标签对之间输入以下代码。

```
01  <script language="JavaScript">
02     var mystring = "Hello JavaScript!";
```

```
03      document.write(mystring.toUpperCase());
04    </script>
```

【运行结果】

按【F5】键调试运行，即可在浏览器中输出如图所示的结果。

【范例分析】

可见，toUpperCase() 方法已经把小写字母全部转换成了大写字母。其他方法就不一一介绍了，读者可以参考有关手册。

6.5.2 数学 Math 对象

Math 对象用来进行加减乘除平方开方等数学计算。

属性：Math 对象的属性主要有常数 E、自然对数 ln10、自然对数 ln2、圆周率 pi、二分之一的平方根 sqrt1–2、2 的平方根 sqrt2 等。

方法：Math 对象的主要方法如下表所示。

对象	作用	对象	作用
Abs()	取绝对值函数	Sin()	正弦函数
Cos()	余弦函数	Sqrt()	平方根函数

【范例 6–8】输出圆周率 pi 的平方根。

(1) 在 Visual Studio 2010 中，新建名为 "PI" 的 ASP.NET 空网站。

(2) 新建一个名为 Default.aspx 的页面，打开源视图，在 Head 标签对之间输入以下代码。

```
01      <script language="JavaScript">
02          document.write(" 圆周率 PI 的平方根是： " + Math.sqrt(Math.PI));
03      </script>
```

【运行结果】

按【F5】键调试运行，即可在浏览器中输出如图所示的结果。

6.5.3 日期和时间 Date 对象

Date 对象常用的方法如下表所示。

对象	作用	对象	作用
getYear()	返回年数	setYear()	设置年
getMonth()	返回当月月数	setDate()	设置当日号数
getDate()	返回当日号数	setMonth()	设置当月月数
getDay()	返回星期几	setHours()	设置小时数
getHours()	返回小时数	setMintes()	设置分钟数
getMintes(	返回分钟数	setSeconds()	设置秒数
getSeconds()	返回秒数	setTime ()	设置毫秒数
getTime()	返回毫秒数		

6.6 正则表达式

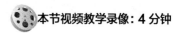
本节视频教学录像：4 分钟

正则表达式用来进行模式匹配或者字符串处理。从直观上看，可以认为正则表达式是包含在两个斜杠之间的字符。在 JavaScript 中，正则表达式由 RegExp 对象表示。我们可以如下定义正则表达式。

---

var a = /[0-9a-zA-Z]/ ;

这个语句创建了一个 RegExp 对象，把它赋给了变量 a，后面两个斜杠之间的字符就是正则表达式，它表示匹配任意数字或字母。

同样，可以如下定义正则表达式。

---

var a = new RegExp（"[0-9a-zA-Z]"）;

正则表达式中一些特殊字符的含义如下表所示。

字符	含义
字母和数字	匹配自身
\o	匹配 nul 字符
\t	匹配制表符
\n	匹配换行符
\v	匹配垂直制表符
\f	匹配换页符
\r	匹配回车
\s	匹配空格
\\	匹配反斜杠 \
+	匹配前一项一次或者多次，例如 a+ 匹配一个或者多个字母 a
*	匹配前一项 0 次或者多次，例如 a* 匹配 0 个或者多个字母 a
?	匹配前一项 0 次或者 1 次
{n}	匹配前一项 n 次
{m,n}	匹配前一项 m 到 n 次
{n,}	匹配前一项至少 n 次
[……]	匹配括号中的任意字符，例如 [0-9a-zA-Z] 匹配字母或数字
[^……]	匹配不在此括号中的任意字符
^	匹配字符串的开头
$	匹配字符串的结尾
g	执行全局匹配
i	执行大小写不敏感的匹配
m	多行匹配
\w	任何单个字符，等价于 [0-9a-zA-Z_]

使用表中的字符构造正则表达式比较复杂，需要有一定的经验。

【范例 6-9】与用户输入交互。要求用户输入一个 Email 地址，如果输入错误，会要求重新输入，直到输入正确以后，把用户输入的 Email 地址显示出来。

(1) 在 Visual Studio 2010 中，新建名为"checkemail"的 ASP.NET 空网站。

(2) 新建一个名为 Default.aspx 的页面，打开源视图，在 Head 标签对之间输入以下代码。

```
01    <script language="JavaScript">
02      function CheckEmail(Email) {
03        var myReg = /^[_a-z0-9]+@([_a-z0-9]+\.)+[a-z0-9]{2,3}$/;
04        if (myReg.test(Email)) { return true; }
05        else { return false; }
06      }
07      var myemail = prompt(" 请输入一个 email 地址 ");
08      while (!CheckEmail(myemail)) {
09        alert(" 输入错误，请重新输入 !");
10        myemail = prompt(" 请输入一个 email 地址 ");
11      }
12      document.write(" 你输入的 email 地址是: " + myemail);
13    </script>
```

【运行结果】

按【F5】键调试运行，即可在浏览器中输出如图所示的结果。如果输入的 email 格式不符合要求，则会提示输入错误，要求重新输入。

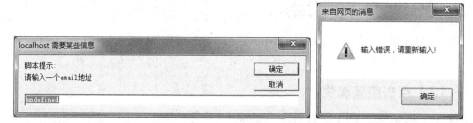

根据提示重新输入 email 地址，然后单击【确定】按钮，新输入的 email 地址即可在浏览器中显示出来。

【范例分析】

这段代码的关键在于第 3 行的正则表达式，它匹配了 Email 地址，读者应该仔细理解它的含义。

6.7　jQuery

本节视频教学录像: 12 分钟

jQuery 是继 prototype 之后又一个优秀的 Javascript 框架。它是轻量级的 js 库，不仅兼容 CSS3,

还兼容各种浏览器（IE 6.0+，FF 1.5+，Safari 2.0+，Opera 9.0+），jQuery2.0 及后续版本将不再支持 IE6/7/8 浏览器。jQuery 使用户能更方便地处理 HTML（标准通用标记语言下的一个应用）、events、实现动画效果，并且方便地为网站提供 AJAX 交互。jQuery 还有一个比较大的优势是，它的文档说明很全，而且各种应用说明很详细，同时还有许多成熟的插件可供选择。jQuery 能够使用户的 html 页面保持代码和 html 内容分离，也就是说，不用再在 html 里面插入一堆 js 来调用命令了，只需定义 id 即可。

6.7.1 jQuery 的安装

如需使用 jQuery，您需要下载 jQuery 库。有两个版本的 jQuery 可供下载，Production version 用于实际的网站中，是已被精简和压缩的版本；Development version 用于测试和开发。这两个版本可以从 www.jQuery.com 下载。对于 visual Studio2010 来说，当创建一个 Asp.Net 网站时会包含一个名为 Scripts 的文件夹，里边有 jQuery1.4.1.js，我们可以直接使用。

jQuery 库是一个 JavaScript 文件，需要使用 HTML 的 <script> 标签来引用它：

```
<head>
<script type='text/javascript' src="jquery.js"></script>
</head>
```

6.7.2 第一个 jQuery 程序

我们通过一个实例来了解 jQuery 在项目中的应用，通过该程序我们可以了解到 jQuery 给我们带来的一些特殊效果和特殊应用。

【范例 6-10】点击段落消失。

(1) 在 Visual Studio 2010 中，新建名为 "jQueryTest" 的 ASP.NET 网站。

(2) 添加一个名为 jQuery.aspx 的页面，打开源视图，在 Head 标签对之间输入以下代码。

```
01  <script src="//ajax.googleapis.com/ajax/libs/jquery/1.8.3/jquery.min.js">
02  </script>
03  <script>
04  $(document).ready(function(){
05    $("p").click(function(){
06      $(this).hide();
07    });
08  });
09  </script>
```

(3) 删除 body 区域的原有代码，输入以下代码：

```
<p> 点击我，我会消失。</p>
<p> 点击我，我会消失。</p>
<p> 也要点击我哦。</p>
```

【运行结果】

按【F5】键调试运行，即可在浏览器中输出如图所示的结果。点击第一行文字，第一行文字就会消失。

6.7.3 jQuery 基本语法

jQuery 并不是一门新的语言，它是 Javascript 的一个框架，说白了，就是别人用 Javascript 编写好的一个个函数，你只需要调用就行了。

jQuery 语法是为 HTML 元素的选取编制，可以对元素执行某些操作。

基础语法是：$(selector).action();

美元符号 $ 其实是 jQuery() 函数的简写形式。$("p") 和 jQuery("p") 是等价的。它是一个函数，又称为选择器，可以对 HTML 中的元素进行选取，返回值是 jQuery 对象。Selector 是 jQuery 函数的参数，也叫选择符，传入不同的选择符，jQuery 函数会根据选择符，返回不同的对象的引用，供用户操作。比如，$("p") 会返回 HTML 文档中所有标签为 p 的元素。action，是要对返回的对象进行的操作，比如，hide() 是隐藏当前对象。jQuery 提供了很多常用的对元素的操作，比如刚才用到的 hide()，还有 show() 等一系列，将会在后面介绍。

6.7.4 jQuery 选择器

jQuery 最强大之处就是它的选择器，灵活多变，提供了多种方式对 HTML 元素进行选取。jQuery 选择器允许您对元素组或单个元素进行操作。在 6.7.3 小节中，我们知道利用 $(selector) 可以对 HTML 文档中的元素进行选取，那么，如何准确地选取您希望应用效果的元素就是本节的重点。

jQuery 元素选择器和属性选择器允许您通过标签名、属性名或内容对 HTML 元素进行选择。

1. jQuery 元素选择器

jQuery 使用 CSS 选择器来选取 HTML 元素。jQuery 选择器兼容了 CSS 选择器，所有能在 CSS 中用的选择符，都可以用在 jQuery 中。

$("p") 选取 <p> 元素。

$("p.intro") 选取所有 class="intro" 的 <p> 元素。

$("p#demo") 选取 id="demo" 的第一个 <p> 元素。

2. jQuery 属性选择器

jQuery 使用 XPath 表达式来选择带有给定属性的元素。

$("[href]") 选取所有带有 href 属性的元素。

$("[href='#']") 选取所有带有 href 值等于 "#" 的元素。

$("[href!='#']") 选取所有带有 href 值不等于 "#" 的元素。

$("[href$='.jpg']") 选取所有 href 值以 ".jpg" 结尾的元素。

【范例 6-11】点击段落消失。再次点击段落显示。

(1) 在 Visual Studio 2010 中，新建名为 "jQueryTest2" 的 ASP.NET 网站。

(2) 添加一个名为 jQuery.aspx 的页面，打开源视图，在 Head 标签对之间输入以下代码。

```
01   $(document).ready(function () {
02       $(".flip").click(function () {
03           $("#panel").slideToggle("slow");
04       });
05   });
```

(3) 删除 body 区域的原有代码，输入以下代码：

```
01   <div id="panel">
02     <p> 段落 1</p>
03     <p> 点击下面的 Show/Hide Panel<br /> 我就会向上滑动，直到消失 </p>
04   </div>
05   <p class="flip">Show/Hide Panel</p>
```

【运行结果】

按【F5】键调试运行，即可在浏览器中输出如图所示的结果。第一次点击 Show/Hide Panel，上面的段落滑动消失。再次点击，又滑动出现。第二幅和第三幅图片分别是第一次和第二次点击的效果。

3. jQuery CSS 操作

jQuery CSS 函数可用于改变 HTML 元素的 CSS 属性。参数为新的 CSS 样式。jQuery 拥有三种供

CSS 操作的重要函数：

　　$(selector).css(name,value)

　　$(selector).css({properties})

　　$(selector).css(name)

　　css(name,value) 为所有匹配元素的给定 CSS 属性设置值，name 代表属性名，value 代表属性值。比如，下面的语句把所有 p 元素的背景颜色更改为红色：

　　$("p").css("background-color","red");

　　css({properties}) 同时为所有匹配元素的一系列 CSS 属性设置值：

　　$("p").css({"background-color":"yellow","font-size":"200%"}); 这条语句把所有的 P 元素的背景设置为黄色，字体大小设置为 200%。

　　css(name) 返回指定的 CSS 属性的值：例如，$(this).css("background-color"); 这条语句返回此文档的背景色的值。

【范例 6-12】点击按钮，改变 div 块的颜色值和大小。

(1) 在 Visual Studio 2010 中，新建名为 "jQueryTest3" 的 ASP.NET 网站。

(2) 添加一个名为 jQuery.aspx 的页面，打开源视图，在 Head 标签对之间输入以下代码。

```
01  $(document).ready(function () {
02    $("#rect").height("100px");   // 设置 div 初始高度为 100px
03    $("#rect").width("100px");    // 设置 div 初始宽度为 100px
04          // 设置 div 初始背景色为黄色，有边框
05    $("#rect").css({ "background-color": "yellow", "border": "1px #000 solid" });
06    $("#btn").click(function () {
07      if ($("#rect").css("height") == "100px") {
08        $("#rect").css({ "background-color": "green", "height": "150px", "width": "150px" });
09      } else {
10        $("#rect").css({ "background-color": "yellow", "height": "100px", "width": "100px" });
11      }
12    });
13  });
```

(3) 删除 body 区域的原有代码，输入以下代码：

```
<div id="rect"></div>
<button id='btn'>Change</button>
```

【运行结果】

　　按【F5】键调试运行，即可在浏览器中输出如图所示的结果。第一次单击 Change 按钮，div 块变成了绿色，并且 Size 变大了，再次点击，div 块又变回黄色，Size 又变回原来的。

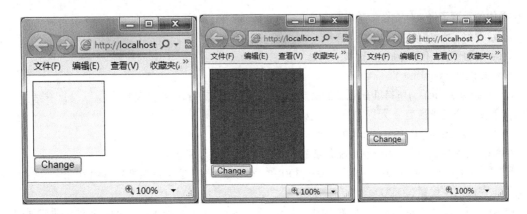

4. 更多的实例

语法	描述
$(this)	当前 HTML 元素
$("p")	所有 \<p\> 元素
$("p.intro")	所有 class="intro" 的 \<p\> 元素
$(".intro")	所有 class="intro" 的元素
$("#intro")	id="intro" 的第一个元素
$("ul li:first")	每个 \<ul\> 的第一个 \<li\> 元素
$("[href$='.jpg']")	所有带有以 ".jpg" 结尾的 href 属性的属性
$("div#intro .head")	id="intro" 的 \<div\> 元素中的所有 class="head" 的元素

6.7.5 jQuery Ajax 请求

1. 什么是 Ajax？

Ajax（Asynchronous JavaScript and XML）是一种创建快速动态网页的技术。

Ajax 通过在后台与服务器交换少量数据的方式，允许网页进行异步更新。这意味着有可能在不重载整个页面的情况下，对网页的一部分进行更新。

2. Ajax 和 jQuery

jQuery 提供了供 Ajax 开发的丰富函数（方法）库。通过 jQuery Ajax，使用 HTTP Get 和 HTTP

Post，您都可以从远程服务器请求 TXT、HTML、XML 或 JSON，而且您可以直接把远程数据载入网页的被选 HTML 元素中。

3. 写得更少，做得更多

jQuery 的 load 函数是一种简单的（但很强大的）Ajax 函数。它的语法如下：

$(selector).load(url,data,callback)

请使用选择器来定义要改变的 HTML 元素，使用 url 参数来指定您的数据的 Web 地址。只有当您希望向服务器发送数据时，才需要使用 data 参数。只有当您需要在完毕之后触发一个函数时，才需要使用 callback 参数。

4. Low Level Ajax

$.ajax(options) 是低层级 Ajax 函数的语法。$.ajax 提供了比高层级函数更多的功能，但是同时也更难使用。option 参数设置的是 namelvalue 对，定义 url 数据、密码、数据类型、过滤器、字符集、超时以及错误函数。

5. jQuery Ajax 请求

请求	描述
$(selector).load(url,data,callback)	把远程数据加载到被选的元素中
$.ajax(options)	把远程数据加载到 XMLHttpRequest 对象中
$.get(url,data,callback,type)	使用 HTTP GET 来加载远程数据
$.post(url,data,callback,type)	使用 HTTP POST 来加载远程数据
$.getJSON(url,data,callback)	使用 HTTP GET 来加载远程 JSON 数据
$.getScript(url,callback)	加载并执行远程的 JavaScript 文件

(selector) jQuery 元素选择器语法如下。
(url) 被加载的数据的 URL（地址）。
(data) 发送到服务器的数据的键 / 值对象。
(callback) 当数据被加载时，所执行的函数。
(type) 被返回的数据的类型 (html,xml,json,jasonp,script,text)。
(options) 完整 Ajax 请求的所有键 / 值对选项。

【范例 6-13】判断用户名是否存在。

(1) 在 Visual Studio 2010 中，新建名为 "jQueryAjax" 的 ASP.NET 网站。

(2) 添加一个名为 Register.aspx 的页面，打开设计视图，在页面上添加一个 4 行 2 列的表格。在表格中添加以下内容和控件，在相应的控件前面加上控件说明。

控件	属性	属性值	说明
TextBox	ID	txtUserName	用户名
TextBox	ID	txtPwd	密码
TextBox	ID	txtConfirmPwd	确认密码
Button	ID	BtnReg	
	Text	注册	

(3) 在用户名文本框 txtUserName 后添加一个 Html 标签 div。

```
<div id="message">
</div>
```

(4) 切换到 Register.aspx 页面的源代码视图，将项目中的 scripts 文件夹下的 jquery-1.4.1.js 拖曳到 <head></head> 区域，会自动产生如下代码：

```
<script src="Scripts/jquery-1.4.1.js"
type="text/javascript"></script>
```

(5) 在 <head></head> 区域再加上以下代码：

```
01  <script type="text/javascript" language="javascript">
02      function checkUserName() {
03          // 请求的地址
04          // 将用户名发送给服务器，查看该用户名是否被使用，返回一个字符串
05          var userobj = $("#userName");
06          var username = userobj.val();
07          $.get("CheckUserName.aspx?username=" + username, null, callback);
08      }
09      function callback(data) {
10          $("#message").html(data);
11      }
12  </script>
```

(6) 在 <body> 区域找到 ID 为 userName 的文本的定义，添加 onblur 事件。代码如下：

```
<asp:TextBox ID="userName" runat="server" onblur="checkUserName();"></asp:TextBox>
```

(7) 在项目中添加一个名为 CheckUserName.aspx 的页面，在 Page_Load() 事件中添加如下代码：

```
01  protected void Page_Load(object sender, EventArgs e)
02  {
```

```
03          string userName = Request.QueryString["userName"].ToString();// 获取用户名
04          if (userName=="admin")
05          {
06              Response.Write(" 用户名已经存在！ ");
07          }
08          else
09          {
10           Response.Write(" 您可以使用此用户名！ ");
11          }
12      }
```

【运行结果】

按【F5】键调试运行，即可在浏览器中输出如图所示的结果。在用户名文本框中输入"admin"，光标离开后显示"用户名已经存在！"；在用户名文本框中输入"admin44"，光标离开后显示"您可以使用此用户名！"。

【范例分析】

第 (3) 步添加一个 div 是为了显示提示信息；第 (4) 步实现了在页面添加对 Jquery 的引用；第 (5) 步实现异步调用 CheckUserName.aspx 页面来判断用户名是否存在；第 (6) 步设置文本框的 onblur 事件，即光标离开事件；第 (7) 步根据第 (5) 步中的第 7 行传递过来的用户，判断用户名是否存在。

▌ 6.8 高手点拨

本节视频教学录像：2 分钟

1. jQuery 和 JavaScript 的关系。

JavaScript 是运行在浏览器端的脚本；jQuery 并不是一种新的语言，实际上就是 JavaScript 的一个函数库，完全遵循 JavaScript 的语法。

2.Ajax 和 jQuery 的关系。

Ajax 并不是一种语言，而是一种技术，这种技术可以通过 JavaScript 语言来编程实现。jQuery 是个很强大的 JavaScript 函数库，它提供了丰富的支持 Ajax 的函数，用它来实现 Ajax 技术会方便很多。同样，ASP.NET 中也有相应的 Ajax 开发框架，我们在后边的章节还会提到。

6.9 实战练习

1. 练习如何在一个网页中加入一段 JavaScript 代码。

2. 定义一个对象，并设置这个对象的属性。

3. 用两种方法定义并调用一个函数，完成输出字符串的功能。

4. 写一个正则表达式匹配一个 URL。

5. 添加一个 div，设置为 200*200 大小，并添加一些文字；添加一个 <input type=button/>，实现点击按钮的时候 div 缓慢隐藏；再点击按钮，div 缓慢出现。

第 7 章

 本章视频教学录像：1 小时 9 分钟

网站中的数据源——数据库与 SQL 基础

在 ASP.NET 网站开发中，要想在网站上能够显示动态更新的数据，网站与数据库的连接必不可少，可见数据库占有一个重要的地位。而操作数据库，就需要使用 SQL 语言。

本章我们就来学习数据库与 SQL 语言的基础知识。

本章要点（已掌握的在方框中打钩）

☐ 数据库概述

☐ SQL Server 2008 安装、搭建与基本操作

☐ SQL 语言入门

☐ SQL 查询语句

☐ SQL 连接查询

☐ SQL 常用函数

7.1 数据库概述

从计算机流行以来，数据的存储便一直是个问题。数据最早是存储在一个个文本文件中，后来由于安全、性能、灵活性等等原因，数据存储技术不断发展，日新月异，数据库技术便由此诞生。数据库技术经历网状数据库、层次数据库之后，最终形成了如今的关系型数据库的局面，而关系型数据库管理系统（DBMS）的代表有：Microsoft SQL Server 系列、Oracle 系列、MySQL、DB2 等。其中 Microsoft SQL Server（简称 MSSQL）又因其部署简单、成本低廉、性能优异、安全性能良好、与 Visual Studio 无缝集成等原因，成为了 .NET 平台必须掌握的技术。

7.1.1 关系型数据库

关系型数据库管理系统，首先管理的是一个个独立的数据库，然后将各种复杂的数据以各种相关联的表格的形式存储在不同的数据库中，解决了一系列数据方面的问题。因此，我们如今的数据库技术，便是依次对数据库、表格、数据等的管理。

在关系型数据库发展一段时间之后，为了实现数据库操作，各个厂商提供了各种数据库操作语言，曾经一度导致学习数据库语言成为程序员的"痛"，为此各厂商一起努力制定出了一套结构化数据库操作语言（Structured Query Language），便是如今的 SQL。由于语言的统一，导致各个程序员入手数据库的成本大大降低。但后来由于各个数据库厂商的竞争和数据库技术的发展，标准的 SQL 语言已经不能满足越来越高的数据库操作要求和越来越丰富的数据库功能，因此各厂商在支持标准 SQL 的基础上，开始定义自己的一些语法。但是各个数据库厂商都支持标准的 SQL 语法及常用函数。

7.1.2 数据库基本对象简介

在介绍 SQL Server 2008 之前，我们首先介绍关系数据库里面的基本对象。本节内容不必死记硬背，可以参照本节去学习下一节。

数据库常见基本对象有以下几种。

1. 表（TABLE）

在 SQL 中，一个关系对应一个表。关系就是表中数据之间存在的联系。从直观的角度看，表就是一个二维的填有数据的表格。比如下面就是一个表。

学号	姓名	年龄	性别	班级
11001	张三	20	男	01101
11002	李四	21	女	01101
11003	王五	22	男	01101

表的一行称为一个记录，表的一列称为一个字段。

2. 视图（VIEW）

视图是从一个或几个表导出的，外观和表类似。但是它和表又有所不同。表里面存储数据，而视图本身不存储数据。视图里面的数据仍然存放在表中，数据库里面存放的是视图的定义。

视图可以从一个或几个表中导出，也可以从一个或几个视图中导出。视图和表都对应着关系。

3. 索引（INDEX）

索引是用来快速访问表的，通过索引不必扫描整张表就能够查询到数据，优化了查询速度。一个表可以有若干个索引。

4. 主键（PRIMARY KEY）

表中的数据必须有唯一性，这样才能够确保查找到表中的记录。一个记录就是表中的一行数据。主键的作用就是确保这种唯一性。例如，在上面的那个表中，学号这一列就是主键，因为它是唯一的，每个学号对应一个人。通过学号可以找到每个人，而不会引起歧义。一般每个表都要定义一个主键，但不是强制的。

5. 外键（FOREIGN KEY）

如果有两个表，这两个表的主键是一样的，那么这两个表之间就可以通过相同的主键建立起关系，就可以在两个表之间查询数据。一个表的主键相对于另一个表就是外键。

▌ 7.2 数据库的搭建——SQL Server 2008

🎬 本节视频教学录像：14 分钟

在学习 SQL 语言前，我们先学习安装 SQL Server 2008。这是随 Visual Studio 2010 一起发布的数据库管理系统。

其实，在安装 Visual Studio 2010 时会顺便安装一个 Express 版的 SQL Server，这个 SQL Server 只能通过 Visual Studio 2010 集成的数据库管理功能进行管理，不能通过 SQL Server 本身的管理工具进行管理。

本节以 SQL Server 2008 标准版为例进行安装讲解。

7.2.1 安装 SQL Server 2008

安装 SQL Server 2008 的具体步骤如下。

（1）插入 SQL Server 2008 安装光盘，运行安装程序，稍等片刻，便可进入【SQL Server 安装中心】界面，单击左侧的【安装】，然后在右侧单击【全新 SQL Server 独立安装或向现有安装添加功能】。

（2）进入【安装程序支持规则】界面，安装程序开始检测计算机是否支持安装 SQL Server 2008，检测全部通过后，单击【确定】按钮。

（3）进入【安装程序支持文件】界面，单击【安装】按钮，开始安装程序支持文件。

（4）安装完成自动跳转到 SQL Server 2008 安装配置阶段，如果检测全部通过，单击【下一步】按钮。

（5）进入【产品密钥】界面，在此处需要选择安装的版本、输入产品密钥，单击【下一步】按钮，继续安装程序支持文件，完成后自动转向【功能选择】界面，在此界面中选择需要的功能或全部选择，单击【下一步】按钮。

（6）进入【实例配置】界面，选择 SQL Server 实例名，此处选择默认选项，也可以自己命名。

（7）单击【下一步】按钮，检测所选安装驱动器的剩余空间是否符合要求，然后单击【下一步】按钮，进入【服务器配置】界面，开始设置服务的权限。在【SQL Server Database Engine】后面的账户名中选择计算机中的当前账户。如果数据库要求网络上的机器也可以访问，可以将所有账户名设置为【NT AUTHORITY\NETWORK SERVICE】。

（8）单击【下一步】按钮，进入【数据库引擎配置】界面，选择【混合模式】，并设置密码（SQL Server 中默认的超级管理员用户名是 sa，这里设置密码为 123），然后单击【添加当前用户】按钮。

（9）根据提示一直单击【下一步】按钮，开始安装 SQL Server 2008，并显示安装进度。

⑩ 安装完成后，单击【关闭】按钮，即可成功安装 SQL Server 2008。

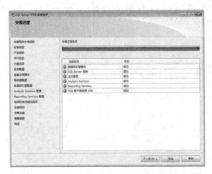

提示　安装 Visual Studio 2010 时会默认安装 SQL Server 2008 Express 版本，这是 SQL Server 的一个快捷版本，默认没有图形管理工具，可以通过微软网站下载一个 SQLManagementStudio 的图形管理工具并安装，主要区别在于 Express 版的服务器名称是 ".\sqlexpress"，而企业版的可以直接用 "."。

7.2.2 启动 SQL Server 2008

启动 SQL Server 2008 的具体步骤如下。

(1) 打开开始菜单，选择【开始】➢【所有程序】➢【Microsoft SQL Server 2008】➢【SQL Server Management Studio】，出现登录界面。

(2) 在【身份验证】下拉列表中，如果选择【Windows 身份验证】选项，则默认使用当前登录用户登录 SQL Server 2008。

(3) 选择【SQL Server 身份验证】选项，则填写登录名 sa 和安装时设置的密码 sa123，然后单击【连接】按钮。

(4) 连接后，即可出现 SQL Server 2008 的管理器界面。

7.2.3 数据库基本操作

学习 SQL 语言前，我们先通过 SQL Server Management Studio 提供的可视化工具来熟悉数据库的基本操作。

1. 新建数据库

在 SQL Server 2008 中，新建数据库的具体步骤如下。

(1) 右击【对象资源管理器】，从弹出的快捷菜单中选择【新建数据库】菜单项。

(2) 在弹出的【新建数据库】对话框中，填写数据库名称、设置数据库文件后，单击【确定】按钮，即可新建 1 个数据库文件。

(3) 新建的数据库文件会添加到【对象资源管理器】中。

2. 新建数据表

(1) 在【对象资源管理器】中展开需要创建表的数据库，右击【表】，在弹出的快捷菜单中选择【新建表】菜单项。

(2) 在中间的编辑窗口中，输入列名和数据类型，按【Ctrl+S】组合键，在弹出的【选择名称】对话框中输入表名，单击【确定】按钮，刷新后即可显示。

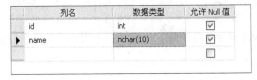 

3. 编辑数据

(1) 在表名上右击，在弹出的快捷菜单中选择【编辑前 200 行】菜单项。

(2) 在中间的编辑窗口中输入数据即可。

4. 附加数据库

在 SQL Server 2008 中，附加数据库的具体步骤如下。

(1) 在【对象资源管理器】上右击，选择【附加】。

(2) 弹出的【附加数据库】对话框，单击【添加】按钮，浏览到数据库文件处，单击【确定】按钮，即可出现下图所示界面。

(3) 单击【确定】按钮，即可附加数据库，并出现在【对象资源管理器】中。

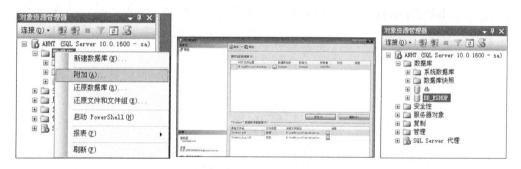

▌ 7.3　SQL 语言入门

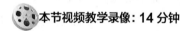 本节视频教学录像：14 分钟

SQL（Structured Query Language，结构化查询语言）是一种数据库查询语言。不过它的功能绝非仅限于查询，还可以创建、修改、删除、更新数据库，完成数据的查询、排序、插入、删除等功能。它是关系型数据库管理系统的标准语言。

现在使用的主流数据库都是关系型数据库，像 Oracle、SQL Server、Sybase、Access 等，都是把 SQL 语言作为数据库操作的标准语言。

SQL 语言包括 3 种主要程序设计语言类别的陈述式：数据定义语言 (DDL)、数据操作语言 (DML) 及数据控制语言 (DCL)。

SQL 语言包含以下 4 个部分。

(1) 数据定义语言 (DDL)，例如：CREATE、DROP、ALTER 等语句。

(2) 数据操作语言 (DML)，例如：INSERT（插入）、UPDATE（修改）、DELETE（删除）等语句。

(3) 数据查询语言 (DQL)，例如：SELECT 语句。

(4) 数据控制语言 (DCL)，例如：GRANT、REVOKE、COMMIT、ROLLBACK 等语句。

7.3.1 创建数据库 CREATE DATABASE

首先我们创建一个数据库，有了数据库才能进行数据库操作，语法如下。

CREATE DATABASE 数据库名
[可选参数……]

很简单，后面还可以带一些可选的参数。如果不带参数，系统就会设为默认值。这些参数很复杂，读者也没有必要全部掌握它们，只要在实际应用过程中多动手就会清楚了。下面通过几个实例说明。

【范例 7-1】创建一个 student 数据库。

(1) 在 SQL Server 2008 中，以 sa 账户登录。
(2) 单击工具栏中的【新建查询】按钮，在右侧窗口中输入以下代码。

CREATE DATABASE student

(3) 单击工具栏中的【！执行】按钮，右边下面的消息框会提示"命令已成功完成"。
(4) 右击【对象资源管理器】中的【数据库】，选择【刷新】后，即可出现"student"数据库。

【拓展训练 7-1】

创建一个 student2 数据库，指定数据文件所存放的地方。新建查询，并输入以下代码。

CREATE DATABASE student
ON
(
    NAME='student2',
    FILENAME='D: \student2.mdf'
)

执行后，即可在指定位置新建名为"student2"的数据库。我们可以看到文件夹里面有两个文件，一个是 student.mdf，这是个数据库文件；另一个是 student_log.ldf，这是个日志文件。

7.3.2 删除数据库 DROP DATABASE

如果不需要数据库了，可以将它删除。删除语句的语法如下：

DROP　DATABASE 数据库名

如删除 student 数据表，可在新建查询中输入以下代码。

DROP DATABASE student

7.3.3 创建表 CREATE TABLE

创建了数据库以后，就可以在里面创建表。创建表语句的语法如下：

CREATE TABLE 表名
(
　　字段名 字段数据类型 [可选约束],
　　字段名 字段数据类型 [可选约束],
　　……
)……

【范例 7-2】在【范例 7-1】建立的 student 数据库中创建一个名为 studentinfo 的表。

(1) 在【对象资源管理器】中单击【student】，单击工具栏中的【新建查询】按钮。
(2) 在右侧窗口中输入以下代码。

CREATE TABLE studentinfo
(
　　id　int,
　　name　nvarchar(50),
　　age　int
)

(3) 执行、刷新后，即可创建名为 "studentinfo" 的表。
(4) 在表名上右击，选择【设计】，即可在右侧窗口中浏览表的结构。这个表有 3 个字段，也就是 3 列，分别是 id（学号）、name（姓名）和 age（年龄），数据类型分别是 int、nvarchar 和 int。

7.3.4 修改表 ALTER TABLE

在表创建完后，就可以按照自己的要求修改表。修改表的语句为 ALTER TABLE，下面我们通过例子来学习表的修改。

例 1：将【范例 7-1】中 studentinfo 表的 name 字段改为 nvarchar(10)，非空，代码如下。

```
ALTER TABLE studentinfo
alter column name nvarchar(10) not null
```

例 2：在例 1 的基础上添加一个 gender 字段，数据类型为 nvarchar(2)，非空，代码如下。

```
ALTER TABLE studentinfo
add gender nvarchar(2) not null
```

例 3：把例 2 中添加的字段删除，代码如下。

```
ALTER TABLE studentinfo
drop column gender
```

例 4：对 gender 字段添加约束，让它只能是"男"或"女"，代码如下。

```
ALTER TABLE studentinfo
add constraint ck_gender check(gender=' 男 ' or gender=' 女 ')
```

其中 constraint 代表约束，ck_gender 是约束名。Check 后面的括号里是约束条件。

7.3.5 删除表 DROP TABLE

删除表也很简单，语法如下：

```
DROP TABLE  表名
```

例：删除表 studentinfo，代码如下。

```
DROP TABLE studentinfo
```

这样就删除了前面创建的 studentinfo 表。

7.3.6 插入数据 INSERT

INSERT 语句用于将新行追加到表中。语法如下。

```
INSERT INTO 表名 [( 字段列表 )] values ( 值列表 )
```

下面通过几个例子来学习插入数据操作。
例 1：在 studentinfo 表里插入张三的信息，代码如下。

```
INSERT INTO studentinfo values (11001,' 张三 ',20,' 男 ')
```

这个表里面有 4 个字段，这里依次为每一个字段制定了值，因此不必再制定字段名，但是要保证与字段的数据类型——对应。values 通常与 INSERT 一起使用，values 后面的括号里是要插入的各字段的值，用逗号分开。

例 2：在 studentinfo 表里插入李四的信息，代码如下。

```
INSERT INTO studentinfo
(name,id,gender,age)
values (' 李四 ',11002,' 女 ',21)
```

和上个例子不同的是，这里不是按字段在表里的顺序插入的。所以要列出字段，与下面要插入的值——对应。也可以只插入部分字段的值，剩下的可以为空的字段和自动增长的字段自动设为默认值。但是非空字段一定要插入值。

7.3.7　更新数据 UPDATE

UPDATE 语句可以用来更新表里的数据，语法如下。

```
UPDATE 表名
set 新值
[where 条件 ]
```

其中 [ ] 里面是可选的。UPDATE 可以同时更改多个字段。

例 1：将 studentinfo 表里的张三的年龄加 1，代码如下。

```
UPDATE studentinfo
SET age=age+1
WHERE name=' 张三 '
```

例 2：将 studentinfo 表里姓名为张三的年龄改为 22，新建查询代码如下。

```
UPDATE studentinfo
set age=22
where (name=' 张三 ')
```

UPDATE 通常和 SET 以及 WHERE 一起使用。SET 后面是修改表达式，WHERE 后面是要修改的条件。要注意的是，UPDATE 语句一次可以更新多条记录。上面的例子中，如果去掉 where 后面的语句，将会把所有人的年龄都改为 22。

7.3.8　删除数据 DELETE

DELETE 用来从表中删除记录。语法如下。

```
DELETE [from] 表名 [where 条件 ]
```

其中 [ ] 里面的内容是可选的。

例 1：将 studentinfo 表里姓名为张三的记录删除，代码如下。

```
DELETE studentinfo
where name=' 张三 '
```

和 UPDATE 类似，DELETE 一次可以删除多条记录。如果没有 WHERE 子句，将会删除所有记录。

例 2：从前面的雇员信息表里面删除所有年龄大于 55 岁的雇员信息，新建查询代码如下。

```
DELETE FROM 雇员信息
WHERE 年龄 >55
```

例 3：从前面的通讯录里面删除所有姓王的人的信息，代码如下。

```
DELETE FROM 通讯录
WHERE 姓名 LIKE ' 王 %'
```

例 4：删除通讯录里面所有记录，代码如下。

```
DELETE FROM 通讯录
```

▌ 7.4 SQL 查询语句

本节视频教学录像：9 分钟

SELECT 语句用于数据库查询，是 SQL 语言里面最复杂、最灵活也是最有用的语句。学好 SELECT 语句是学好 SQL 语言的关键。与 SELECT 配合使用的还有 FROM 和 WHERE 子句。灵活地运用这些语句可以实现强大的查询功能。

虽然 SELECT 语句的完整语法较复杂，但其主要子句可归纳如下：

```
SELECT 查询列表 [ INTO 新表名 ]
[ FROM 表名 ] [ WHERE 查询条件 ]
[ GROUP BY 分组条件 ]
[ HAVING 搜索条件 ]
[ ORDER BY 排序条件 [ ASC I DESC ] ]
```

WHERE 子句、GROUP BY 子句和 HAVING 子句的 SELECT 语句的处理顺序以及它们的作用如下：

(1) FROM 子句返回初始结果集。

(2) WHERE 子句排除不满足搜索条件的行。

(3) GROUP BY 将选定的行收集到 GROUP BY 子句中各个唯一值的组中。

(4) 选择列表中指定的聚合函数可以计算各组的汇总值。

(5) HAVING 子句排除不满足搜索条件的行。

7.4.1 FROM 子句

在 SELECT 语句中，FROM 子句是必需的，指定从哪些表中查询。下面举几个例子，让大家了解如何利用这些子句进行查询。

首先按照 4.2.2 小节中的操作，创建一个名为 student 的数据库，在里面创建两个表 studentinfo 和 examscore，并添加数据，如下图所示（数据库见随书光盘 \Sample\ch04\student.mdf）。

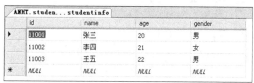 

例 1：查询 studentinfo 表里的所有记录，代码如下。

```
select * from studentinfo
```

查询结果如下：

由此可见，"*"型号代表所有字段。

例 2：查询 studentinfo 表里所有学生的学号和姓名，代码如下。

```
select id,name
from studentinfo
```

查询结果如下：

SELECT 后面跟着查询列表，里面有要查询的字段名，用逗号隔开。

7.4.2 使用 WHERE 子句设置查询条件

WHERE 子句用来指定查询条件。下面举几个例子来说明怎样使用这些子句进行查询。

例 1：从 examscore 表里面查询分数高于 80 的学生的记录，代码如下。

```
SELECT *
FROM examscore
WHERE score>=80
```

查询结果如下：

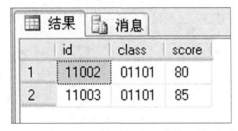

WHERE 子句给出了查询条件，要求 score 字段的值大于或等于 80。前面都是在一个表里面查询，下面举一个多表查询的例子。

例 2：从 studentinfo 表和 examscore 表中查询出所有学生的成绩，要求有 id、name、gender、score、class 字段。查询结果按考试分数从高到低排序，代码如下。

```
select studentinfo.id,name,gender,score,class
from studentinfo,examscore
where studentinfo.id=examscore.id
ORDER BY score DESC
```

查询结果如下：

上面是一个多表查询的例子。两个表都有 id 字段，因此两个表可以通过 id 字段建立关系进行多表查询。如果一个表的 id 字段是主键，那么另一个表的 id 字段就是外键。在查询列表里面，要用"表名 + '点' + 字段名"的方式表示这个两个表中相同的字段。例如 studentinfo.id，WHERE 后面的查询条件也如此。FROM 后面列了两个表名，表示从两个表中查询，中间用逗号隔开。ORDER BY 表示排序，DESC 表示逆序，也就是从大到小排序。还有一个 ASC 表示顺序。最后一句的意思就是按照 score 字段从大到小排序。

7.4.3 通配符

当我们需要进行模糊查询的时候，比如查询姓王的同学的信息，就需要使用通配符，它可以模糊匹配字符或者字符串。通配符有下面几种。

通配符	说明
%	替代任意字符串
_	替代任何单个字符
[]	替代指定范围内的单个字符
[^]	替代指定范围外的单个字符

比如，"张 %"可以表示"张三"，"张 abc"，"张冠李戴"等。通配符常常和 LIKE 关键字配合使用。例如：查询 studentinfo 里面所有姓张的同学的信息，新建查询代码如下。

```
select *
from studentinfo
where name like ' 张 %'
```

查询结果如下：

可见，通配符放在 WHERE 子句里面做查询条件，在 LIKE 后面和 LIKE 配合使用。最后一行代码的含义是：name 字段以张开头，即查询姓名字段中以张开头的所有记录。

7.5 SQL 连接查询

本节视频教学录像：11 分钟

在前面 7.4.2 小节中，我们举了一个多表查询的例子，利用了 WHERE 子句设置查询条件，各表之间用逗号隔开。在 SQL Server 里面还有另外一种多表查询方式，我们称为连接查询。SQL Server 提倡使用后者。连接查询使用 JOIN…ON…语句。

连接查询的语法如下：

```
SELECT 参数列表
FROM 连接表一 连接类型 连接表二
[ON 连接条件 ]
```

可见，这里用 ON 代替了 WHERE 来表示查询条件。连接表一和连接表二表示要执行连接操作的两个表。也可以是同一个表，称为自连接。连接类型有以下几种：

(1) [INNER] JOIN 内连接

(2) LEFT [OUTER] JOIN 、RIGHT [OUTER] JOIN、FULL [OUTER] JOIN 外连接

(3) CROSS JOIN 交叉连接

使用不同的连接可以得到不同的查询结果。下面具体介绍这几种连接：

7.5.1 内连接

[INNER] JOIN 内连接只显示符合条件的记录，是默认的方式。[ ] 里面的内容可以省略。下面举一个例子说明内连接的用法。

例：从 studentinfo 表和 examscore 表中查询出所有学生的成绩和所有信息，新建查询代码如下。

```
SELECT *
FROM studentinfo INNER JOIN examscore
ON studentinfo.id=examscore.id
```

查询结果如下：

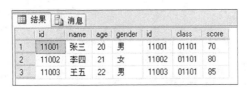

从上面的结果可以看出，INNER JOIN 两边列出了要连接查询的两个表名。ON 后面指明了查询条件，查询两个表中 id 字段匹配的记录的所有信息。

我们发现查询结果中出现了两个相同的 id 字段。这是不必要的。如果 SELECT 后面用 *，则默认列出所有字段，不管是否重复。我们可以把上面的代码稍作修改，以去掉重复的字段：

```
SELECT  studentinfo.id,name,age,gender,class,score
FROM studentinfo INNER JOIN examscore
ON studentinfo.id=examscore.id
```

查询结果如下：

7.5.2 外连接

外连接包括 3 种即 LEFT [OUTER] JOIN 、RIGHT [OUTER] JOIN 和 FULL [OUTER] JOIN。分别叫做左外连接、右外连接和全外连接。作用如下。

(1) LEFT [OUTER] JOIN：显示左边表中所有记录，以及右边表中符合条件的记录。

(2) RIGHT [OUTER] JOIN：显示右边表中所有记录，以及左边表中符合条件的记录。

(3) FULL [OUTER]：显示所有表中所有记录。

下面分别对这 3 种情况进行举例。在举例之前，将 4.4.1 小节中的表修改如下（数据库见随书光盘 \Sample\ch04\student.mdf）。

studentinfo 表：

AMMT.studen...studentinfo			
id	name	age	gender
11001	张三	20	男
11002	李四	21	女
11003	王五	22	男
11004	赵六	21	女
11005	吴七	20	男
NULL	NULL	NULL	NULL

examscore 表：

AMMT.studen...o.examscore		
id	class	score
11001	01101	70
11002	01101	80
11003	01101	85
12001	01201	65
12002	01201	70
12003	01201	83
NULL	NULL	NULL

例 1：左连接，代码如下。

```
SELECT  *
FROM studentinfo LEFT JOIN examscore
ON studentinfo.id=examscore.id
```

查询结果如下：

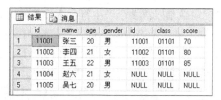

	id	name	age	gender	id	class	score
1	11001	张三	20	男	11001	01101	70
2	11002	李四	21	女	11002	01101	80
3	11003	王五	22	男	11003	01101	85
4	11004	赵六	21	女	NULL	NULL	NULL
5	11005	吴七	20	男	NULL	NULL	NULL

结果显示了 LEFT JOIN 左边表（studentinfo）的所有记录，和右边表里面符合查询条件（studentinfo.id=examscore.id）的记录。有意思的是，studentinfo 表里面有赵六和吴七的信息，examscore 表里却没有。结果里面显示它们的 examscore 表里的 id,class 和 score 字段为 NULL，也就是空。

例 2：右连接，代码如下。

```
SELECT  *
FROM studentinfo RIGHT JOIN examscore
ON studentinfo.id=examscore.id
```

查询结果如下：

	id	name	age	gender	id	class	score
1	11001	张三	20	男	11001	01101	70
2	11002	李四	21	女	11002	01101	80
3	11003	王五	22	男	11003	01101	85
4	NULL	NULL	NULL	NULL	12001	01201	65
5	NULL	NULL	NULL	NULL	12002	01201	70
6	NULL	NULL	NULL	NULL	12003	01201	83

结果和例一正好相反。结果显示了 LEFT JOIN 右边表（examscore）的所有记录，和左边表里面符合查询条件（studentinfo.id=examscore.id）的记录。有意思的是，examscore 表里面有 id 为 12001、12002 和 12003 的信息，studentinfo 表里却没有。结果里面显示它们的 studentinfo 表里的 id、name、age 和 gender 字段为 NULL，也就是空。

例 3：全连接，代码如下。

```
SELECT  *
FROM studentinfo FULL JOIN examscore
ON studentinfo.id=examscore.id
```

查询结果如下：

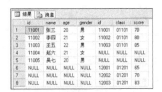

结果显示了两个表的所有记录。这正是 FULL JOIN 的功能。

7.5.3 交叉连接

交叉连接不带 ON 子句，它返回被连接的两个表所有数据行的笛卡尔积，也就是结果集中的记录数等于第 1 个表中符合查询条件的记录数乘以第 2 个表中符合查询条件的记录数。

例如，第 1 个表中有 5 条记录，第 2 个表中有 6 条，则查询结果有 30 条记录。这 30 条是第一个表中每条记录和第 2 个表中每条记录组合的结果。新建查询代码如下。

```
SELECT  *
FROM studentinfo CROSS JOIN examscore
```

查询结果如下，可见结果显示了 30 条记录。

7.6 SQL 常用函数

本节视频教学录像：7 分钟

本节我们来学习 SQL 中的常用函数。

7.6.1 统计字段值的数目

使用集合函数 COUNT 可以统计字段值的数目。COUNT 与 COUNT_BIG 函数类似。两个函数唯一的差别是它们的返回值。COUNT 始终返回 int 数据类型值。COUNT_BIG 始终返回 bigint 数据类型值。COUNT 的语法如下：

COUNT ({ [[ALL | DISTINCT] 表达式] | * })

COUNT(*) 返回组中的项数。包括 NULL 值和重复项。COUNT(ALL 表达式) 对组中的每一行都计算表达式并返回非空值的数量。COUNT(DISTINCT 表达式) 对组中的非重复行计算表达式并返回唯一非空值的数量。对于大于 2^31–1 的返回值，COUNT 生成一个错误。这时应使用 COUNT_BIG。

我们使用 7.5.2 小节中修改后的两个表。

例 1：统计 studentinfo 表里面的纪录数，新建查询代码如下。

```
SELECT COUNT (*)
FROM studentinfo
```

查询结果如下：

结果是 5，说明里面有 5 条记录。

例 2：统计 examscore 表里面的班级数，代码如下

```
SELECT COUNT (DISTINCT class)
FROM examscore
```

查询结果如下：

结果是 2，说明里面有两个班级。DISTINCT 可以避免统计重复的记录。如果把 DISTINCT 改为 ALL，得到的结果则是 6。因为统计了重复的信息。

7.6.2 计算字段的平均值

AVG 返回组中各值的平均值。空值将被忽略。AVG 的语法如下：

AVG（[ALL I DISTINCT] 表达式）

其中 DISTINCT 不计算相同的值。

例：计算 examscore 表里面学生的平均考试成绩，代码如下。

SELECT AVG (ALL score) AS 平均成绩
FROM examscore

查询结果如下：

这里使用了 ALL，表示计算所有学生的平均成绩。AS 表示为结果字段取一个别名，AS 后面的"平均成绩"就是别名。如果把 ALL 改为 DISTINCT，则计算出的平均成绩是 76。因为它忽略了重复的数据，有两个学生都是 70 分，却只统计了一个。

7.6.3 计算字段值的和

SUM 返回表达式中所有值的和或仅非重复值的和。SUM 只能用于数字列。空值将被忽略。SUM 的语法如下。

SUM（[ALL I DISTINCT] 表达式）

其中 ALL 和 DISTINCT 的含义同 COUNT 和 AVG。

例：统计 01101 班所有学生的总成绩，代码如下。

SELECT SUM(ALL score) AS 总成绩
FROM examscore
WHERE class = 01101

显示的结果如下：

7.6.4 返回最大值或最小值

MAX 返回表达式的最大值。MAX 的语法如下：

MAX（[ALL I DISTINCT] 表达式）

　　MAX 忽略任何空值。对于字符列，MAX 查找按排序序列排列的最大值。ALL 和 DISTINCT 的含义同 COUNT、AVG 和 SUM。

　　例：找出 01101 班的最高成绩，代码如下。

```
SELECT MAX(ALL score)
FROM examscore
WHERE class = 01101
```

　　查询结果如下：

　　MIN：返回表达式的最小值，用法同 MAX，这里不再赘述。

7.7 存储过程

本节视频教学录像：5 分钟

　　存储过程（Stored Procedure）是在数据库系统中，一组为了完成特定功能的 SQL 语句集，经过编译以后存储在数据库中，用户通过指定存储过程的名字并给出参数（如果该存储过程带有参数）来执行它。存储过程是数据库对象之一，也可以理解为数据库的子程序，在客户端和服务器端可以直接调用它，同时存储过程也可以接受输入参数，返回表格或标量结果和消息，调用"数据定义语言（DDL）"和"数据操作语言（DML）"语句，然后返回输出参数。

　　本节我们来学习如何在 SQL Server 2008 中创建和使用存储过程。

7.7.1 存储过程的创建

　　存储过程只能定义在当前数据库中，可以使用 T-SQL 命令或者"对象资源管理器"创建。使用 CREATE PROCEDURE 语句创建存储过程的语法如下：

```
CREATE  PROCEDURE  procedure_name [;number]
[{@parameter data_type}
[VARYING][=default][OUTPUT]][,…n]
[WITH {RECOMPILE | ENCRYPTION | RECOMPILE,ENCRYPTION }]
[FOR  REPLICATION]
AS  sql_statement[…n]
```

　　其主要参数含义如下：

（1）Procedure_name：新存储过程的名称。过程名称在架构中必须唯一，可在 procedure_name 前面使用一个数字符号"#"来创建局部临时过程，使用两个数字符号"#"来创建全局临时过程。

（2）;number：是可选的整数，用来对同名的过程分组。使用一个 DROP PROCEDURE 语句可将这些分组过程一起删除。

（3）@parameter：过程中的参数。在 CREATE PROCEDURE 语句中可以声明一个或多个参数。

（4）Data_type：参数的数据类型。所有数据类型均可以用作存储过程的参数。

（5）Default 参数的默认值。如果定义了 dafault 值，则无须指定此参数的值即可执行过程。默认值必须是常量或 NULL。

（6）Output：指示参数是输出参数。此选项的值可以返回给调用 EXECUTE 的语句。使用 OUTPUT 参数将值返回给过程的调用方。

例 1：在数据库 Student 中创建一个名为 Reader_proc 的存储过程，它将从 StudentInfo 表中返回所有学生的姓名、性别、出生日期和成绩。使用 CREATE PROCEDUCE 语句如下。

```
USE Student
GO
CREATE PROCEDURE Reader_proc
AS
SELECT Sname，Sex，Birthday，Score
FROM StudentInfo
```

执行结果如下：

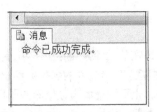

例 2：创建 CountStudent 存储过程，获取 Student 数据库中学生的总人数。

```
USE Student
GO
CREATE PROCEDURE proc_CountStudent
AS
SELECT count(NO) AS 总数
FROM  StudentInfo
```

执行结果如下：

7.7.2 存储过程的执行

在需要执行存储过程时，可以使用 T-SQL 语句 EXECUTE。如果存储过程是批处理中的第一条语句，那么不使用 EXECUTE 关键字也可以执行该存储过程，EXECUTE 语法格式如下：

```
[ { EXEC | EXECUTE } ]
  {
  [ @return_status= ] { procedure_name [;number] | @procedure_name_var }
  @parameter = [ { value | @variable [ OUTPUT ] | [ DEFAULT ] } ]
  [,…n]
  [ WITH RECOMPILE ]
```

其中主要参数的含义如下：

(1) @return_status：是一个可选的整型变量，保存存储过程的返回状态。这个变量在用于 EXECUTE 语句前，必须在批处理、存储过程或函数中声明过。

(2) procedure_name：要调用的存储过程名称。

(3) ;number：是可选的参数，用于将相同名称的过程进行组合，使得它们可以用一句 DROP PROCEDURE 语句删除。

(4) @procedure_name_var：是局部变量名，代表存储过程名称。

(5) @parameter：是过程参数，在 CREATE PROCEDURE 语句中定义。

(6) Value：是过程中参数的值。

(7) @ variable：是用来保存参数或者返回参数的变量。

(8) OUTPUT：指定存储过程必须返回一个参数。

(9) DEAULT：根据过程的定义，提供参数的默认值。

下面我们通过 EXECUTE 语句来执行 7.7.1 小节中创建的两个存储过程。

例 1：执行第一个 Reader_proc 存储过程，语句如下。

```
USE  Student
GO
EXECUTE  Reader_proc
```

执行结果如下：

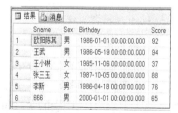

该存储过程获取了所有学生的姓名、性别、出生日期和成绩。

例 2：执行第二个 proc_CountStudent 存储过程，语句如下。

```
USE Student
GO
```

EXECUTE　proc_ CountStudent

执行结果如下：

该存储过程统计了学生的总人数。

■ 7.8 高手点拨

本节视频教学录像：3 分钟

1. 常用的关系型数据库管理系统介绍。

目前常用的关系型数据库管理系统有 Oracle、SQL Server、Mysql、DB2 等。其中 SQL Server 只能在 Windows 平台下使用；Oracle、MySQL、DB2 等可以在所有主流平台运行。总体上对比来说 Oracle 大型、完善、安全；SQL Server 简单，界面友好，是 Windows 平台下比较好的选择；MySQL 免费，功能不错，适合个人网站及一些企业的网站应用；DB2 超大型，与 Oracle 类似。

2. SQL Server 中哪个数据类型存储数据最大？

varchar 只能支持 8KB 个字符；TEXT 数据类型用于存储大量文本数据，其容量理论上为 1 到 2 的 31 次方 –1（2 147 483 647）个字节；NTEXT 数据类型与 TEXT 类型相似，不同的是 NTEXT 类型采用 UNICODE 标准字符集 (Character Set)，因此其理论容量为 2^{30}–1(1 073 741 823) 个字节；IMAGE 数据类型用于存储大量的二进制数据 Binary Data，其理论容量为 2^{31}–1(2 147 483 647) 个字节，存储数据的模式与 TEXT 数据类型相同，通常用来存储图形等对象。

■ 7.9 实战练习

在 SQL Server 2008 中，实现以下操作。

1. 新建 1 个名为 JWGL(教务管理) 的数据库。

2. 创建三个数据表，Student (sno,sname,age,sex)；Course(cno,cname,credit)；SC(sno,cno,score)。

3. 写出查询所有同学的学号、姓名、课程名、成绩的 sql 语句。

4. 创建一个存储过程，查询平均成绩大于 60 分的同学的学号和平均成绩。

第 8 章

 本章视频教学录像：17 分钟

ASP.NET 与数据库的中介
——数据控件应用

使用 ASP.NET 进行 Web 开发，和数据库的交互分不开。ASP.NET 含有大量的数据库控件，使网站与数据库的交互变得更加容易。

本章要点（已掌握的在方框中打钩）

☐ 数据源控件

☐ 数据控件

☐ 在 ASP.NET 中绑定控件

8.1 数据控件概述

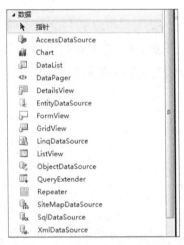

本节视频教学录像：3 分钟

以前，为了实现一个数据库读写，并在前台页面上展示，需要很深的编程功底才行。费尽力气写的程序又不一定好使，BUG 连连，不是无法连上数据库，就是无法查到所需数据，甚至修改了半天的东西无法提交保存。

从 Visual Studio 2005 开始，微软致力于可视化的数据库编程，对繁杂的数据读写技术进行封装，程序员只要拖曳就可以实现数据的读写。

除了 Visual Studio 2005 上的数据控件外，从 Visual Studio 2008 开始还提供有 LINQ、DynamicDataAccess 等各种功能更丰富的数据控件。

建立一个空网站，叫做 DataControls，添加一个名为 Default.aspx 的页面并返回设计视图，在工具箱中选择【数据】，即可看到数据控件，如图所示。

```
▲ 数据
   ▶  指针
   📷  AccessDataSource
   📊  Chart
   📋  DataList
   ◀2▶  DataPager
   📋  DetailsView
   🔧  EntityDataSource
   📋  FormView
   📋  GridView
   📋  LinqDataSource
   📋  ListView
   📋  ObjectDataSource
   📋  QueryExtender
   📋  Repeater
   📋  SiteMapDataSource
   📋  SqlDataSource
   📋  XmlDataSource
```

在 ASP.NET 中，数据控件按功能可以分为数据源控件和数据展示控件两种。数据源控件用于跟数据源（数据库、XML、对象等）交互，数据展示控件用于将数据源的数据格式化输出到界面。

8.2 数据源（DataSource）控件

本节视频教学录像：11 分钟

本节介绍 ASP.NET 4.0 中的数据源控件。

8.2.1 数据源(DataSource) 控件概述

新的 ASP.NET 2.0 及以后版本，数据访问系统的核心是 DataSource 控件。一个 DataSource 控件代表一个备份数据存储（数据库、对象、xml、消息队列等），能够在 Web 页面上声明性地表示出来。页面并不显示 DataSource，但是它确实可以为用任何数据绑定的 UI 控件提供数据访问。为了支持 DataSource 并使用自动数据绑定，利用了一个事件模型以便在更改数据时通知控件，各种 UI 控件都进行了重新设计。此外，数据源还提供了包括排序、分页、更新、删除和插入等功能，执行这些功能无需任何附加代码。

最终，所有的 DataSource 控件公开一个公共接口，因此，数据绑定控件无需了解连接细节（即连接到一个数据库还是一个 XML 文件）。每个 DataSource 还公开了特定于数据源的属性，因而对开发人员而言更为直观。例如，SqlDataSource 公开了 ConnectionString 和 SelectCommand 属性，而 XMLDataSource 则公开了定义源文件和任何架构的属性。在底层，所有的数据源都创建了特定于提供程序的基础 ADO.NET 对象，该对象是检索数据所需的。

8.2.2 AccessDataSource

如果在应用程序中使用 Microsoft Access 数据库，则能够通过 System.Web.UI.WebControls. AccessDataSource 进行插入、更新和删除数据等操作。Access 数据库是提供基本关系存储的最小数据库。因为使用起来既简单又方便，所以许多小型的 Web 站点都是通过 Access 形成数据存储层。虽然 Access 不提供像 SQL Server 这样的关系数据库的所有功能，但是其简单性和易用性，使得 Access 非常适合应用于原型开发和快速应用程序开发 (RAD)。需要注意的是，Visual Studio 2010 中 AccessDataSource 用来连接后缀名为 .mdb 的 Access2003 的文件；如果要连接后缀名为 .accdb 的 Access2007 或 Access2010 的文件，需要使用 SqlDataSource。

【范例 8-1】建立 AccessDataSource。

(1) 在 Visual Studio 2010 中新建一个名为 "AccessDataSource" 的网站，然后在 App_Data 文件夹下使用 Access 2003 新建一个名为 "AccessData.mdb" 的数据库文件。

(2) 打开 AccessData.mdb，使用设计器建立一张表，叫做 student，字段如图所示，并随便在此表中插入几条数据。

(3) 返回站点 DataControls，在【解决方案资源管理器】上单击【刷新】按钮，可以看到刚才新建的 Access 数据库。

(4) 在【解决方案资源管理器】的根节点处右击，在弹出的快捷菜单中选择【添加新项】菜单项，然后在弹出的【添加新项】对话框中选中【Web 窗体】选项，并将其命名为 "Access.aspx"。打开并切换到设计视图，在工具箱的【数据】选项中拖曳一个 AccessDataSource 到页面上，并在【属性】窗

口中将其 ID 改为 dsAccess，如图所示。

(5) 单击箭头，选择【配置数据源】，弹出设置向导，如图所示。单击【浏览】按钮，在网站目录下选择刚才建立的 Access 数据库文件。

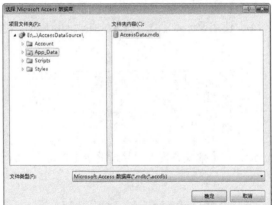

(6) 单击【下一步】按钮，开始配置读写规则。如图所示，选中所有字段。

(7) 单击【ORDER BY】按钮，设置排序规则，以 Name 字段升序排序，设置完成后单击【确定】按钮。

(8) 单击【下一步】按钮，进入【测试查询】窗体，单击【测试查询】按钮测试刚才的查询语句。测试成功后单击【完成】按钮，完成此次设置。

(9) 从工具箱的【数据】选项中拖曳一个 GridView 控件到 Access.aspx 页面上，在右侧悬浮窗中的【选择数据源】下拉列表中选择 "dsAccess"。

(10) 将 Access.aspx 设为起始页。

【运行结果】

按【F5】键运行，测试运行结果，如图所示。

【范例分析】

通过本范例我们做到了以下几点。

(1) 没有写一行代码，就实现了数据库查询。

(2) 虽然在 aspx 页面上放了一个 DataSource 控件，但是客户端解析的页面上并不显示。也就是说 DataSource 控件只提供服务器端控件所需的数据，不在客户端展示。

(3) 简单修改后，还可以实现对数据库的增删改查。

8.2.3 SqlDataSource

为了提供一个更加健壮的数据库，综合利用 Microsoft SQL Server 提供的强大功能，ASP.NET 提供了 SQLDataSource。SQLDataSource 的配置比 AccessDataSource 更为复杂，SQLDataSource 用于企业级应用程序，这些应用程序需要一个真正的数据库管理系统 (DBMS) 所拥有的功能。SqlDataSource 控件使用 ADO.NET 类与 ADO.NET 所支持的任何数据库进行交互。这包括 Microsoft SQL Server（使用 System.Data.SqlClient 提供程序）、System.Data.OleDb、System.Data.Odbc 和 Oracle（使用 System. Data.OracleClient 提供程序）。使用 SqlDataSource 控件可以在 ASP.NET 页面中访问和操作数据，而无需直接使用 ADO.NET 类。只需提供用于连接到数据库的连接字符串，并定义使用数据的 SQL 语句或存储过程即可。

【范例 8-2】建立 SqlDataSource。

首先附加 ch08 文件夹里的 Student.mdf 数据库文件，然后按照以下步骤操作。

(1) 在 Visual Studio 2010 中新建一个名为 "SqlDataSource" 的网站。

(2) 添加一个 "SQL.aspx"。打开并切换到设计视图，在工具箱的【数据】选项中拖曳一个 SqlDataSource 到页面上，并将其 ID 改为 dsSQL，如图所示。

(3) 单击【配置数据源】，弹出设置向导。单击新建连接按钮，弹出如图所示的窗体，从中可以选择要连接的相应的数据源。这里我们选择 Microsoft SQL Server，连接 SQL Server 服务器。

Microsoft Access 数据库文件：用于连接 Access 2007 版本以上的 Access 文件。

Microsoft ODBC：用于使用 ODBC 连接数据库。

Microsoft Sql Server：用于连接 Sql Server 服务器。

Microsoft SQL Server Compact 3.5：用于连接 SQL Server 嵌入式数据库。

　　MicrosoftSQL　Server 数据库文件：用于连接 SQL Server 数据库文件。

　　Oracle 数据库：用于连接 Oracle 数据库。

　　(4) 单击【确定】按钮，在弹出的窗体中输入服务器的名称并在下方选择要连接的数据库名称，单击【确定】按钮，弹出【选择你的数据连接】界面，单击【下一步】按钮，弹出【将连接字符串保存到应用程序配置文件中】界面。

　　(5) 不必修改名称，直接单击【下一步】按钮，进入配置的实质阶段。在"希望如何从数据库中检索数据"选项中选中"指定来自表或视图的列"，然后选中"StudentInfo"数据表。

　　到这里大家可能会有疑问：本界面和上一小节中的界面是一样的？是的，一模一样。至此，SqlDataSource 的后续操作和 AccessDataSource 一模一样了，不再赘述。有疑问的读者请仔细查看上一小节的讲述。

8.2.4 ObjectDataSource

System.Web.UI.WebControls.ObjectDataSource 用于实现一个数据访问层，从而提供更好的封装和抽象。ObjectDataSource 控件支持绑定到一个特定的数据层，而非绑定到一个数据库，其绑定方式与使用其他控件绑定数据库的方式相同。ObjectDataSource 控件能够绑定到任何一个方法，该方法返回一个 DataSet 对象或 IEnumerable 对象（例如一个 DataReader 或类集合）。

ObjectDataSource 控件使用 Web 服务代理的方式与使用数据访问层的方式完全相同。换句话说，ObjectDataSource 处理设计正确的 Web 服务与处理一个关系数据库的方式相同。

【范例 8-3】使用 ObjectDataSource。

(1) 在 Visual Studio 2010 中新建一个名为 "ObjctDataSource" 的网站。该例使用【范例 8-2】的数据库。

(2) 为了实现 ObjectDataSource，首先需要封装一个类，此类指明了 Object 所需的增删改查相对应的方法。在【解决方案资源管理器】的根节点处右击，在弹出的快捷菜单中选择【添加新项】菜单项，然后在弹出的【添加新项】对话框中选择【类】选项，并将其命名为 "UserOperation.cs"。在该类中添加如下命名空间和 GetUser() 方法：

```
01  using System.Data;
02  using System.Data.SqlClient;
03  using System.ComponentModel;
04  using System.Web.Security;
05  [DataObjectMethodAttribute(DataObjectMethodType.Select, true)]
06  public DataSet GetUser()
07  {
08      string conStr ="server=.\\sqlexpress;Database=Test;uid=sa;pwd=123 ";
09      SqlConnection conn = new SqlConnection(conStr);
10      conn.Open();
11      SqlCommand cmd = new SqlCommand("select * from student", conn);
12      SqlDataAdapter ada = new SqlDataAdapter(cmd);
13      DataSet ds = new DataSet();
14      ada.Fill(ds);
15      return ds;
16  }
```

(3) 添加一个 ObjectDataTest.aspx 页面，打开并切换到设计视图，在工具箱的【标准】选项和【数据】选项中分别拖曳一个 Literal 控件和一个 ObjectDataSource 到页面上，并将其 ID 分别改为 LUserName 和 dsObject，如图所示。

(4) 单击【配置数据源】按钮，弹出【选择业务对象】窗体。

(5) 可以看到，此处已经有刚才封装的类了。选中此类，单击【下一步】按钮，弹出【定义数据方法】窗体，单击 4 个标签，可以看到此页面已经默认选中了不同的方法，看来我们在方法名前面加的备注生效了。

(6) 单击【完成】按钮，返回页面设计视图。同样拖曳 GridView 控件到页面上，选择 dsObject 作为 GridView 控件的数据源。

【运行结果】

按【F5】键运行，结果如图所示。

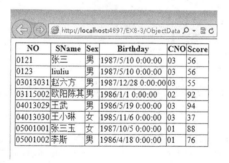

8.2.5　XmlDataSource

XML 数据通常用于表示半结构化或层次化数据。使用 XML 文档作为数据源，可以从其他资源（例如其他公司或现有应用程序）接收 XML 文档，并将 XML 数据格式化，以便与应用程序兼容。

【范例 8-4】建立 XmlDataSource。

(1) 新建一个 Web 站点，命名为 XMLDataSource。随意建立一个 XML 数据文件，代码如下。

```
01   <?xml version="1.0" encoding="utf-8" ?>
02   <People>
03     <Person FirstName="Joe" LastName="Suits" Age="35">
04       <Address Street="1800 Success Way" City="Redmond" State="WA" ZipCode="98052">
05       </Address>
06       <Job Title="CEO" Description="Wears the nice suit">
07       </Job>
08     </Person>
09     <Person FirstName="Linda" LastName="Sue" Age="25">
10       <Address Street="1302 American St." City="Paso Robles" State="CA" ZipCode="93447">
11       </Address>
12       <Job Title="Attorney" Description="Stands up for justice">
13       </Job>
14     </Person>
15   </People>
```

（2）建立一个 Web 窗体，取名叫 xml.aspx，打开并切换到设计视图，在工具箱【数据】选项和【导航】选项中拖曳一个 XmlDataSource 和一个 TreeView 到页面上，并将其 ID 分别改为 dsXml 和 treeView，如图所示。

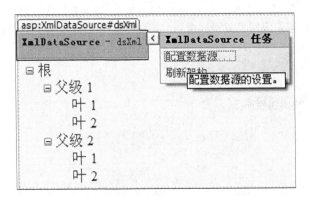

（3）单击 Configure Data Source，弹出设置向导，如图所示，指定【数据文件】之后即可单击【确定】按钮。

（4）设置 TreeView 的数据源为 dsXml，如图所示。

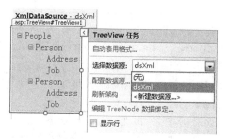

(5) 保存并按【F5】键运行，结果如图所示。

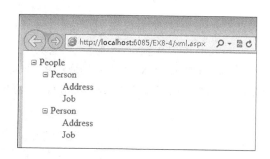

8.2.6 SiteMapDataSource

System.Web.UI.WebControls.SiteMapDataSource 控件能够在逻辑上（而非物理上）实现 Web 站点的导航。通过生成一个逻辑结构，导航不受文件物理地址变动的影响。即使页面物理位置改变了，也不必更改应用程序的导航结构。

要使用 SiteMapDataSource，第 1 步是创建一个 XML 文件来映射 SiteMapNode 元素的层次结构，从而指定站点的导航结构。我们可以将 XML 文件保存为 app.sitemap。

当在应用程序中使用 SiteMapDataSource 时，它将查找指定的 app.sitemap 文件，然后将 SiteMapDataSource 连接到导航控件，实现逻辑导航。

【范例 8-5】建立 SitemapDataSource。

(1) 新建一个 Web 站点，命名为 SitemapDataSource。在项目名称上单击右键，【添加新项】➤【站点地图】，新建一个站点地图文件，命名采用默认选项，如图所示，完成后输入以下数据。

```
01  <?xml version="1.0" encoding="utf-8" ?>
02  <siteMap xmlns="http://schemas.microsoft.com/AspNet/SiteMap-File-1.0" >
03    <siteMapNode title=" 主页 " url="index.aspx">
04      <siteMapNode title=" 第 1 级 " url="index1.aspx">
05        <siteMapNode title=" 分支 1" url="index2.aspx" />
06        <siteMapNode title=" 分支 2" url="Default.aspx" />
07        <siteMapNode title=" 分支 3" url="index3.aspx" />
08      </siteMapNode>
09    </siteMapNode>
10  </siteMap>
```

(2) 新建一个 Web 窗体，命名为 SiteMap.aspx。打开并切换到设计视图，在工具箱的【导航】选项中拖曳一个 SiteMapPath 到页面上，此控件会自动绑定 Web.Sitemap，直接编辑执行即可看到执行效果。

8.3 高手点拨

本节视频教学录像：3 分钟

数据源的 DataSourceMode 属性

SqlDataSource 和 AccessDataSource 控件都有一个 DataSourceMode 属性，该属性具有两种模式供开发者选择，DataSet（默认）和 DataReader 模式。DataSet 模式将数据写入 DataSet 以供操作，好处是数据会保留在内存中，具备数据访问能力，具备分页与排序功能（比如对于 GridView 控件）；DataReader 模式由 IDataReader 对象提供只读，不能保存数据，因此无法实现双向操作，但是数据的查询速度相对要快一些。

8.4 实战练习

新建一个网站，使用上节练习题中的 JWGL 数据库，要求实现以下功能：
(1) 使用 SqlDataSource 控件绑定 Student 数据表，绑定到 Gridview 控件；
(2) 使用 SqlDataSource 控件绑定 Student 数据表，绑定到 DetailsView 控件。

第 2 篇
核心技术

欲穷千里目，更上一层楼。

通过第 1 篇的学习，您可能已经对 ASP.NET 有了基础性的了解，本篇将深入 ASP.NET 的开发世界，学习 ASP.NET 网站开发的核心技术。

在本篇，您可以学习 ASP.NET 中的 ADO.NET、母版页及其主题、ASP.NET 缓存机制、Web Services、LINQ、GDI+ 图形图像、调试与错误处理、水晶报表、ASP.NET AJAX、ASP.NET 安全策略，以及基于 XML 的新型 WEB 开发模式等核心技术。

第 9 章

本章视频教学录像：55 分钟

数据库的操纵工具——ADO.NET

使用 ADO.NET 操作数据库是 ASP.NET 网站开发的重点。本章从 ADO.NET 的结构出发，介绍如何使用 ADO.NET 与数据库建立连接、如何使用 ADO.NET 与数据库进行交互。本章以操作 SQL Server 数据库为例，介绍如何使用 ADO.NET 的主要对象，最终使读者通过 ADO.NET 可以操作常用的数据库，如 SQL Server、Access、Oracle 等。

本章要点（已掌握的在方框中打钩）

☐ 什么是 ADO.NET

☐ ASP.NET 与 SQL Server 数据库的连接

☐ SqlConnection 对象

☐ SqlCommand 对象

☐ SqlDataReader 对象

☐ SqlDataAdapter 对象

☐ DataTable 对象

☐ DataSet 对象

9.1 ADO.NET 简介

 本节视频教学录像：5 分钟

对数据库操作是 ASP.NET 网站开发中的重中之重，ADO.NET 则是 ASP.NET 网站通往数据库之间的桥梁。

9.1.1 什么是 ADO.NET

ADO.NET 的名字起源于 ADO（ActiveX Data Objects），这是一个广泛的类组，用于在以往的 Microsoft 技术中访问数据。ADO.NET 是在 ADO 的基础上发展的新一代数据存取技术，是在 .NET 开发环境中优先使用的数据访问接口。通俗地讲，ADO.NET 就是设计了一系列对各种类型数据的访问形式，并提供了对应的类，在类中提供了与对应数据交互的属性和方法，编程者可以通过这些属性和方法很方便地对各种数据源进行存取操作，例如 SQL 数据库、Access 数据库、Oracle 数据库、XML 文件等。

在 ADO.NET 中，可以使用多种 .NET Framework 数据提供程序来访问数据源。.NET Framework 提供的数据提供程序主要有以下几种。

(1) SQL Server .NET Framework 数据提供程序：使用 System.Data.SqlClient 命名空间，用于访问 SQL Server 数据库。

(2) Oracle .NET Framework 数据提供程序：使用 System.Data.OracleClient 命名空间，用于访问 Oracle 数据库。

(3) OLE DB .NET Framework 数据提供程序：使用 System.Data.OleDb 命名空间，用于访问 OLE DB 公开的数据源，例如 Access 数据库等。

(4) ODBC .NET Framework 数据提供程序：使用 System.Data.Odbc 命名空间，用于访问 ODBC 公开的数据源，例如 Visual FoxPro 数据库等。

在这些数据提供程序中，我们主要使用 SQL Server .NET Framework 数据提供程序和 OLE DB .NET Framework 数据提供程序。

ADO.NET 的最大特点就是支持对数据的无连接方式的访问，减少了与数据库的活动连接数目，从而减少了多个用户争用数据库服务器上有限资源的可能性。

9.1.2 ADO.NET 的结构

ADO.NET 的结构如图所示。

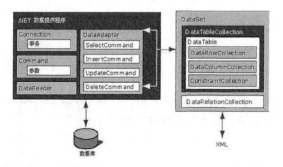

ADO.NET 有 5 个主要的对象。

(1) Connection：用于连接到数据库或其他数据源。

(2) Command：用于在数据库中检索、更新、删除、插入数据等。

(3) DataReader：从数据库或数据源提供数据流。这些数据是只读属性。DataReader 对象没有公用的构造函数，因而不能像其他类对象一样可以通过构造函数来实例化，只能使用 Command 对象中的 ExecuteReader 方法来创建一个 DataReader 对象。DataReader 对象适用于与数据源保持连接方式下的顺序读取数据。

(4) DataAdapter：用于将数据源中的数据填充到 DataSet 中，并将在 DataSet 中的数据更新后保存到数据库中。通常称 DataAdapter 为"数据适配器"，把 DataAdapter 看作是 DataSet 和数据库之间的桥梁。

(5) DataSet：数据集是驻留在内存中的数据库，其中包含表、视图、表之间的关系等。通常在无连接方式下使用 DataSet。

提 示　ADO.NET 的 5 个对象可以形象地记为：连接"Connection"，执行"Command"，读取"DataReader"，分配"DataAdapter"，填充"DataSet"。这正是 ADO.NET 对数据库操作的一般步骤。

9.2 ADO.NET 与数据库的连接

本节视频教学录像：10 分钟

在 ADO.NET 中，对数据库进行操作时，需要事先使用 Connection 请求连接，以便进行客户端相关信息的认证，比如用户名、密码以及访问数据库等。本节介绍几种常用数据库的连接方法。

9.2.1 ADO.NET 与 SQL Server 数据库的连接

SQL Server .NET Framework 数据提供程序位于 System.Data.SqlClient 命名空间中，它使用 SqlConnection 对象与 Microsoft SQL Server 数据库建立连接。通常有以下两种形式的连接字符串。

1. 在连接字符串中指定服务器名、用户 ID、用户密码、数据库名等信息

例如：

```
string connstring="server=servername;uid=username;pwd=password;database=dbname";
SqlConnection conn=new SqlConnection(connstring);
conn.Open();
```

或者：

```
string connstring=
"Data Source=servername;uid=username;pwd=password;Initial Catalog=dbname";
SqlConnection conn=new SqlConnection(connstring);
conn.Open();
```

说明：连接字符串中的"servername"是指局域网中提供 SQL Server 服务的服务器和 SQL Server 的实例名；如果一台机器只安装一个 SQL Server 的实例，也可以直接指定服务器名；如果安装 SQL

Server 的服务器是本机，则可写为"localhost"，否则可以用 IP 地址或域名指定。"username"和 "password"是指登录 SQL Server 数据库所使用的用户名和密码。"dbname"是指所要连接到的数据库名称。

【范例 9-1】 创建一个 ASP.NET Web 应用程序，利用 DropDownList 控件将 Student 数据库中的 Student 表中的学号字段中的所有记录显示出来。

（1）在 SQL Server 2008 中，以 sa 账户登录，附加 Student 数据库（随书光盘）。

（2）在 Visual Studio 2010 中，新建 ASP.NET 网站，添加一个不使用母版页的页面 Default2.aspx，切换到页面设计视图，向页面上拖放一个 DropDownList 控件，如图所示。

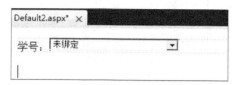

（3）打开 Default2.aspx.cs 文件，在 Default2.aspx.cs 文件中代码的最上方添加引用命名空间的代码。

```
using System.Data;
using System.Data.SqlClient;
```

（4）在 Page_Load 事件中添加程序执行代码。全部源代码如下。

```
01    protected void Page_Load(object sender, EventArgs e)
02    {
03       if (!Page.IsPostBack)  // 判断是否是首次加载页面
04       {
05          // 与数据库连接字符串
06          string connStr = "server=.\\sqlexpress;uid=sa;pwd=123;database=Student";
07          SqlConnection conn = new SqlConnection(connStr);      // 创建 SqlConnection 对象
08          conn.Open();         // 打开与数据库的连接
09          SqlCommand cmd = new SqlCommand();         // 创建 SqlCommand 对象
10          cmd.Connection = conn;
11          cmd.CommandText = "select * from studentinfo";        // 执行的 SQL 语句
11          SqlDataReader dr = cmd.ExecuteReader();      // 创建 SqlDataReader 对象
12          this.DroDownListNO.DataSource = dr;             // 将 DropDownListNO 控件与数据源绑定
13          this.DroDownListNO.DataTextField = "SNO";
14          // 在 ASP.NET 程序中，数据源与控件绑定时，此句必不可少，否则在页面上显示不出结果
15          this.DroDownListNO.DataBind();
16          if (conn.State == ConnectionState.Open)
17          {
18             conn.Close();      // 判断连接状态，若连接就关闭连接
19          }
20       }
21    }
```

【运行结果】

按【F5】键调试并运行，浏览器中的运行结果如图所示。

【范例分析】

本范例中，第 6 行就是设置 ADO.NET 与 SQL Server 数据库连接的连接字符串；第 7~12 行使用了 ADO.NET 与 SQL Server 数据库访问的对象，分别是 SqlConnection 对象、SqlCommand 对象和 SqlDataReader 对象，这些对象将在下节重点介绍；第 13~16 行是将获取的数据源绑定到 DropDownList 控件上显示出来；第 17~20 行是用来判断 ADO.NET 与 SQL Server 数据库的连接状态，如果处于连接状态就断开连接。

> 在 Web 应用程序开发中，通常将与数据库连接的连接字符串写在 Web.Config 文件中，例如将上面范例中的连接字符串写在 Web.config 文件中。
>
> **提示**

```
<connectionStrings>
<add name="ConnStr"connectionString="server=localhost;uid=sa;pwd=123;database=Student"/>
</connectionStrings>
```

在程序中的引用方式为：

```
// 与数据库连接字符串
string connStr = ConfigurationManager.ConnectionStrings["ConnStr"].ConnectionString;
// 创建 SqlConnection 对象
SqlConnection conn = new SqlConnection(connStr);
```

2. 在连接字符串中指定数据库服务器名、集成 Windows 安全认证方式、数据库名等信息

例如：

```
string connStr="server= servername;Integrated Security=SSPI;database= dbname ";
SqlConnection conn=new SqlConnection(connStr);
conn.Open();
```

或者：

>>>>>>>>>> 第 9 章　数据库的操纵工具——ADO.NET

```
string connStr="Data Source= servername;Integrated Security=SSPI;Initial Catalog= dbname ";
SqlConnection conn=new SqlConnection(connStr);
conn.Open();
```

说明：连接字符串中的 Integrated Security=SSPI 表示集成 Windows 系统安全认证方式，这种连接方式也成为"可信任连接"，这是连接到 SQL Server 数据库更可靠的方法，因为它不会在连接字符串中暴露用户的 ID 以及密码。

【范例 9-2】创建一个 ASP.NET 网站，利用 GridView 控件将 Student 数据库中的 StudentInfo 表中的学号字段中的所有记录显示出来。

(1) 在 SQL Server 2008 中，以 sa 账户登录，附加 Student 数据库（随书光盘 \Simple\ch07）。

(2) 在 Visual Studio 2010 中，新建 ASP.NET 网站，添加一个不使用母版页的页面 Default2.aspx，切换到页面设计视图，向页面上拖放一个 GridView 控件，如图所示。

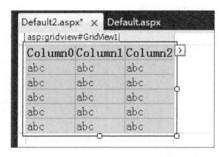

(3) 在 Web.config 文件中添加以下 <connectionStrings/> 节点代码。

```
01   <connectionStrings>
02        <add name="ConnStr" connectionString="server=.\sqlexpress;
03        Integrated Security=SSPI;database=Student"/>
04   </connectionStrings>
```

(4) 打开 Default2.aspx.cs 文件，在 Default2.aspx.cs 文件中代码的最上方，添加需要引用的命名空间。

```
01   using System.Data;
02   using System.Data.SqlClient;
03   using System.Configuration;
```

(5) 在 Page_Load 事件中添加程序执行代码。全部源代码如下（代码 9-2.txt）。

```
01   protected void Page_Load(object sender, EventArgs e)
02   {
03       if (!Page.IsPostBack)   // 判断是否是首次加载页面
04       {
05           // 与数据库连接字符串
06           string connStr = ConfigurationManager.
```

— 219 —

```
07              ConnectionStrings["ConnStr"].ConnectionString;
08              // 创建 SqlConnection 对象
09          SqlConnection conn = new SqlConnection(connStr);
10      conn.Open();    // 打开与数据库的连接
11              // 创建 SqlDataAdapter 对象
12      SqlDataAdapter ad = new SqlDataAdapter("Select * from StudentInfo", conn);
13              // 创建 DataSet 对象
14      DataSet ds = new DataSet();
15      ad.Fill(ds);    // 填充 DataSet 对象
16              // 对 GridView 对象绑定数据源
17      this.GridView1.DataSource = ds;
18              // 此句必须有，否则页面上显示不出数据
19      this.GridView1.DataBind();
20      if (conn.State == ConnectionState.Open)
21      {   // 判断连接状态，若连接就关闭连接
22          conn.Close();
23      }
24  }
25  }
```

【运行结果】

按【F5】键调试并运行，结果如图所示。

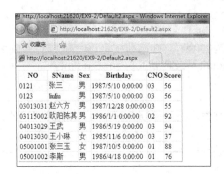

【范例分析】

本范例中，步骤 (3) 的程序代码是将连接字符串写在 Web.config 文件的 <connectionStrings/> 节中，目的是将其作为全局变量使用，在 Web 开发中非常实用。步骤 (3) 的第 06 行就是从 Web.config 中读取数据库连接的连接字符串；第 8~15 行使用了 ADO.NET 与 SQL Server 数据库访问的对象，分别是 SqlConnection 对象、SqlCommand 对象和 DataSet 对象，这些对象将在下节重点介绍；第 16~19 行是将获取的数据源绑定到 GridView 控件上显示出来；第 21~23 行是用来判断 ADO.NET 与 SQL Server 数据库的连接状态，如果处于连接状态就断开连接。

9.2.2　ADO.NET 与 Access 数据库的连接

OLE DB .NET Framework 数据提供程序位于 System.Data.OleDb 命名空间中，可以通过 OLE DB 提供程序与 OLE DB 数据源进行通信，例如 Access 数据库等。

使用 Access 数据库时连接字符串的形式如下。

"Provider=Microsoft.Jet.OLE DB.4.0; Data Source=AccessDatabaseName"

说明：连接字符串中的"Microsoft.Jet.OLEDB.4.0"表示使用微软提供的 Access 数据库提供程序。"AccessDatabaseName"表示 Access 数据库文件名（包含完整的路径）。

 提示 在 Data 和 Source 之间要有一个空格。

【范例 9-3】创建一个 ASP.NET Web 应用程序，利用 GridView 控件将 Student 数据库中的 StudentInfo 表中的学号字段中的所有记录显示出来。

(1) 在 Visual Studio 2010 中，新建 ASP.NET Web 网站。在项目 App_Data 文件夹中，使用 Access 2003 创建一个 Student.mdb 数据库（数据库见随书光盘）。

(2) 添加一个不使用母版页的页面 Default2.aspx，切换到页面设计视图，向页面上拖放一个 GridView 控件。

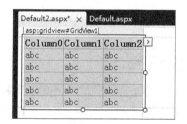

(3) 在 Default2.aspx.cs 文件中添加引用命名空间。

```
Using System.data;
using System.Data.OleDb;    // 操作 Access 数据库必须添加此命名空间
```

(4) 打开 Default2.aspx.cs 文件，在 Page_Load 事件中添加程序执行代码。全部源代码如下（代码 9-3.txt）。

```
01      protected void Page_Load(object sender, EventArgs e)
02      {
03          if (!Page.IsPostBack)    // 判断是否是首次加载页面
04          {
05              // 与数据库连接字符串，在本示例中数据库文件放在
06              // 网站数据目录，即与 web.config 文件在同一目录下
07              string ConnStr = @"Provider=Microsoft.Jet.OLEDB.4.0;
```

```
08              Data Source="+Server.MapPath(@"Student.mdb");
09          // 创建 OleDbConnection 对象
10      OleDbConnection conn = new OleDbConnection(ConnStr);
11      conn.Open();
12          // 创建 OleDbCommand 对象
13      OleDbCommand cmd = new OleDbCommand();
14      cmd.Connection = conn;
15      cmd.CommandText = "Select * from StudentInfo";
16          // 创建 OleDbDataAdapter 对象
17      OleDbDataAdapter ad = new OleDbDataAdapter(cmd);
18      DataSet ds = new DataSet();
19          // 填充 DataSet 对象
20      ad.Fill(ds);
21      this.GridView1.DataSource = ds;
22          // 此句必须有，否则页面上显示不出数据
23      this.GridView1.DataBind();
24      if (conn.State == ConnectionState.Open)
25      {   // 判断连接状态，若连接就关闭连接
26          conn.Close();
27      }
28   }
29 }
```

【运行结果】

按【F5】键调试并运行，结果如图所示。

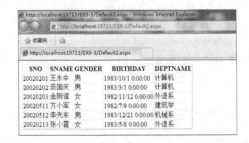

【范例分析】

本范例中，第 7、8 行就是从 Web.config 中读取数据库连接的连接字符串；第 9~20 行使用了 ADO.NET 与 OLE DB 数据源（Access 数据库属于 OLE DB 数据源）的访问对象，分别是 OleDbConnection 对象、OleDbCommand 对象和 DataSet 对象，这些对象的使用与 SqlConnection 对象、SqlCommand 对象等的用法一致；第 21~23 行是将获取的数据源绑定到 GridView 控件上显示出来；第 24~27 行是用来判断 ADO.NET 与 Access 数据库的连接状态，如果处于连接状态就断开连接。

9.3 ADO.NET 与 SQL Server 数据库的交互

本节视频教学录像: 23 分钟

本节以操作 SQL Server 数据库为例，从 ADO.NET 数据访问对象出发，介绍如何使用 ADO.NET 与数据库交互，最后设计一个数据库访问类，完整地介绍如何使用 ADO.NET 操作数据库。

为了方便应用程序对 SQL Server 数据库的操作，ADO.NET 提供了许多对象模型，比较常用的有 SqlConnection 对象、SqlCommand 对象、SqlDataAdapter 对象、SqlDataReader 对象、SqlCommandBuilder 对象、SqlParameter 对象和 SqlTransaction 对象等。这些对象提供了对 SQL Server 数据源的各种不同的访问功能，全部归类于 System.Data.SqlClient 命名空间下，使用时必须引用该命名空间。

9.3.1 使用 SqlConnection 对象连接数据库

要想访问数据库，首先必须连接到数据库，SqlConnection 类提供了对 SQL Server 数据库的连接。在使用 SqlConnection 对象连接 SQL Server 数据库时，程序员需要提供一个连接字符串。连接字符串由一系列关键字和值组成，各关键字之间用分号隔开，关键字不区分大小写。

例如，建立与 SQL Server 数据库的连接。

```
string connstring=
"Data Source=servername;uid=username;pwd=password;Initial Catalog=dbname";
SqlConnection conn=new SqlConnection(connstring);
conn.Open();
```

例如，判断连接状态，如果连接状态为 Open 则关闭连接。

```
if (conn.State == ConnectionState.Open)
{    // 判断连接状态，若连接就关闭连接。
    conn.Close();
}
```

9.3.2 使用 SqlCommand 对象在连接状态下操作数据

与数据库连接成功后，就可以对数据库中的数据进行插入、更新、删除、查询等操作。在 ADO.NET 中，有两种操作数据库的方式，一种是采用无连接的方式，即先将数据库中的数据读取到本机的 DataSet 中，或者直接读取到本机的 DataTable 中；另一种就是在保持连接的方式下，通过执行指定的 SQL 语句完成需要的功能。

无论采用哪种方式，都可以通过 SqlCommand 对象提供的方法传递对数据库操作的命令，并返回命令执行的结果。操作命令的类型可以是 SQL 语句，也可以是存储过程。

在保持连接的方式下，操作数据库的一般步骤如图所示。

SqlCommand 对象提供有多种完成对数据库操作的方法。

1. ExecuteNonQuery 方法

该方法执行 SQL 语句，并返回因操作所受影响的行数。一般将其用于使用 Update、Insert、Selected、Delete 等语句直接操作数据库中的表数据。ExecuteNonQuery 方法对于 Update、Insert 和 Delete 等语句，其返回值为该命令所影响的行数；而对于其他类型的语句（Select 等），其返回值为 –1。如果发生回滚，其返回值也为 –1。

【范例 9-4】 将 Student 数据库中 StudentInfo 表中性别为"女"的学生成绩增加分，分值自定。

(1) 在 SQL Server 2008 中，以 sa 账户登录，附加 Student 数据库（见随书光盘）。

(2) 创建一个 ASP.NET 空网站，添加一个 Default.aspx 页面，向页面中添加一个 GridView 控件、一个 Button 控件、一个 Label 控件和一个 TextBox 控件，ID 修改为 txtScore，页面设计如图所示。

(3) 在 Default.aspx.cs 文件中，添加命名空间的引用代码和类的私有字段。

```
01   using System.Data.SqlClient;
02   using System.Data;
03   //添加类一级字段，即页面级变量
04   string ConnStr = "server=.\\sqlexpress; Integrated Security=SSPI;database=Student";
```

(4) 打开 Default.aspx.cs 文件，在 Page_Load 事件中添加程序执行代码（代码 9-4-1.txt）。

```
01    protected void Page_Load(object sender, EventArgs e)
02    {
03        SqlConnection conn = new SqlConnection(ConnStr);
04        SqlCommand cmd = new SqlCommand();
```

```
05        cmd.Connection = conn;
06        cmd.CommandText = "Select * from StudentInfo";
07        try
08        {
09          conn.Open();
10          SqlDataReader dr = cmd.ExecuteReader();
11          this.GridView1.Caption = " 加分前的学生信息表 ";
12          this.GridView1.DataSource = dr;
13          this.GridView1.DataBind();
14        }
15        catch (SqlException sex)
16        {
17          throw sex;
18        }
19        finally
20        {
21          if (conn.State == ConnectionState.Open)
22          {
23              conn.Close();
24          }
25        }
26  }
```

（5）双击 Button 控件，在 btnAdd_Click 事件中添加执行代码（代码 9-4-2.txt）。

```
01    protected void button1_Click(object sender, EventArgs e)
02    {
03        SqlConnection conn = new SqlConnection(ConnStr);
04        SqlCommand cmd = new SqlCommand();
05        cmd.Connection = conn;
06        cmd.CommandText = "Update StudentInfo Set Score=Score+"+
07            this.txtScore.Text.Trim()+" Where Sex=' 女 '";
08        try
09        {
10          conn.Open();
11          int iValue = cmd.ExecuteNonQuery();
12          if (iValue > 0)
13          {
14              cmd.CommandText = "Select * from StudentInfo";
15              SqlDataReader dr = cmd.ExecuteReader();
16              this.GridView1.Caption = " 加分后学生信息表 ";
17              this.GridView1.DataSource = dr;
18              this.GridView1.DataBind();
```

```
19              Response.Write("<script>window.alert(' 加分成功！ ')</script>");
20          }
21      }
22      catch (SqlException sex)
23      {
24          throw sex;
25      }
26      finally
27      {
28          if (conn.State == ConnectionState.Open)
29          {
30              conn.Close();
31          }
32      }
33  }
```

【运行结果】

按【F5】键调试并运行。加分之前的界面如图所示。

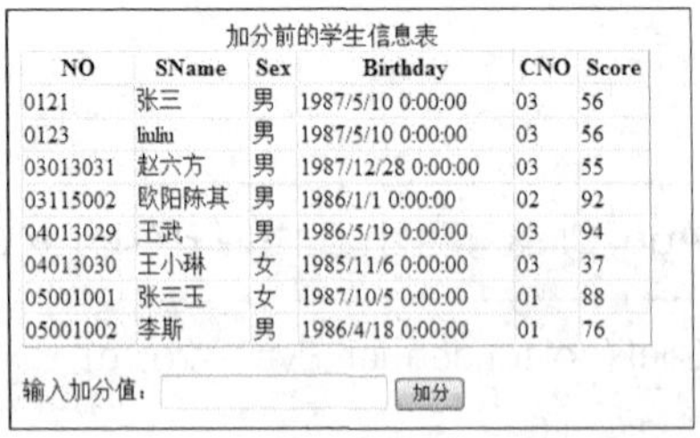

加分前的学生信息表

NO	SName	Sex	Birthday	CNO	Score
0121	张三	男	1987/5/10 0:00:00	03	56
0123	liuliu	男	1987/5/10 0:00:00	03	56
03013031	赵六方	男	1987/12/28 0:00:00	03	55
03115002	欧阳陈其	男	1986/1/1 0:00:00	02	92
04013029	王武	男	1986/5/19 0:00:00	03	94
04013030	王小琳	女	1985/11/6 0:00:00	03	37
05001001	张三玉	女	1987/10/5 0:00:00	01	88
05001002	李斯	男	1986/4/18 0:00:00	01	76

输入加分值：[_____] [加分]

在 txtScore 文本框中输入"10"，单击【加分】按钮，即可实现将所有女生的分数加分，如图所示。

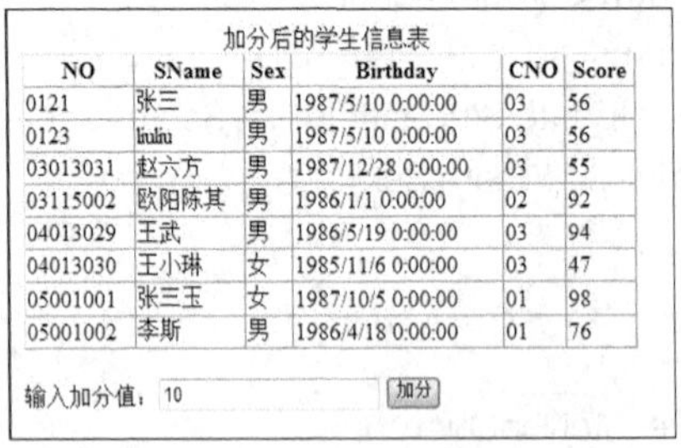

加分后的学生信息表

NO	SName	Sex	Birthday	CNO	Score
0121	张三	男	1987/5/10 0:00:00	03	56
0123	liuliu	男	1987/5/10 0:00:00	03	56
03013031	赵六方	男	1987/12/28 0:00:00	03	55
03115002	欧阳陈其	男	1986/1/1 0:00:00	02	92
04013029	王武	男	1986/5/19 0:00:00	03	94
04013030	王小琳	女	1985/11/6 0:00:00	03	47
05001001	张三玉	女	1987/10/5 0:00:00	01	98
05001002	李斯	男	1986/4/18 0:00:00	01	76

输入加分值：[10] [加分]

【范例分析】

本范例中，第 4、5、6 行是创建 SqlCommand 对象，设置连接、设置 Sql 查询语句，目的是检索出加分前学生的信息；第 7~14 行的 try 语句块是打开连接，使用 SqlDataReader 对象来获取数据源，然后将数据源绑定到 GridView 控件上显示出来；第 15~18 行的 catch 语句块是捕获异常，一旦操作失败，则抛出异常；第 19~25 行的 finally 语句块是无论程序是否正常运行还是抛出异常，均要执行 finally 语句块来关闭与数据库的连接；第 32、33 行用于设置 Sql 更新语句；第 34~47 行的 try 语句块是通过

SqlCommand 对象的 ExecuteNonQuery 方法更新数据库，然后重新将数据源绑定到 GridView 控件并显示出来。

释放与数据库的连接除了使用 SqlConnection 对象的 Close 方法外，还有一种方法就是使用 using 语句。在 using 语句中不再使用 Close 方法，一旦 using 模块结束，系统会立即关闭与相关对象的相关连接，并立即释放在 using 模块中指定的资源。

using 语句的一般形式如下。

---

using(创建一个或多个需要使用后立即释放资源的对象，多于一个对象时，各对象之间用逗号分隔)

{

功能模块

}

或者创建一个或多个对象。

---

using(使用的对象，多于一个对象时，各对象间用逗号分隔)

{

功能模块

}

在【范例 9-4】中的 btnAdd_Click 事件中使用 using 语句如下。

```
01     protected void button1_Click(object sender, EventArgs e)
02     {
03       using (SqlConnection conn = new SqlConnection(ConnStr))
04       {
05         SqlCommand cmd = new SqlCommand();
06         cmd.Connection = conn;
07         cmd.CommandText = "Update StudentInfo Set deptname='" +
08         this.txtScore.Text.Trim() + "' Where gender=' 女 '";
09         try
10         {
11           conn.Open();
12           int iValue = cmd.ExecuteNonQuery();
13           if (iValue > 0)
14           {
15             cmd.CommandText = "Select * from StudentInfo";
16             SqlDataReader dr = cmd.ExecuteReader();
17             this.GridView1.Caption = " 加分后的学生信息表 ";
18             this.GridView1.DataSource = dr;
19             this.GridView1.DataBind();
20             Response.Write("<script>window.alert(' 加分成功！ ')</script>");
21           }
22         }
23         catch (SqlException sex)
```

```
24        {
25            throw sex;
26        }
27    }
28 }
```

提 示　这里的 using 语句与引用命名空间时使用的 using 语句的含义是不同的。

2. ExecuteReader 方法

ExecuteReader 方法提供了顺序读取数据库中数据的方法。该方法根据提供的 Select 语句，返回一个 SqlDataReader 对象，编程者可以使用 SqlDataReader 对象的 Read 方法，循环依次读取每条记录中各字段（列）的内容。

【范例 9-5】创建一个 ASP.NET 空网站，添加一个 Default.aspx 页面，在页面上添加一个 ListBox，在 ListBox 控件中显示 DepartName 表的编码对照表。

(1) 在 SQL Server 2008 中附加 Student 数据库。在 Visual Studio 2010 中，新建 ASP.NET 空网站，添加一个 Default.aspx 页面，然后切换到页面设计视图，向页面中添加一个 ListBox 控件，ID 修改为 lbxCodeDepartment。

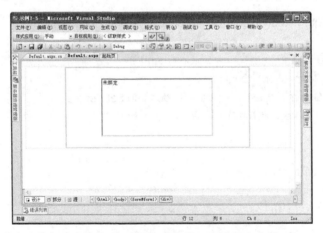

(2) 在代码编辑文件中，添加命名空间的引用代码和类一级的私有字段。

```
using System.data;
using System.Data.SqlClient;
// 添加类一级字段，即页面级变量
string ConnStr = "server=.\\sqlexpress; Integrated Security=SSPI;database=Student";
```

(3) 打开 Default.aspx.cs 文件，在 Page_Load 事件中添加程序执行代码（代码 9-5.txt）。

```
01    protected void Page_Load(object sender, EventArgs e)
```

```
02    {
03            using (SqlConnection conn = new SqlConnection(ConnStr))
04    {
05            SqlCommand cmd = new SqlCommand();
06            cmd.Connection = conn;
07            cmd.CommandText = "Select * from DepartName";
08        try
09        {
10          conn.Open();
11          SqlDataReader dr = cmd.ExecuteReader();
12          while (dr.Read())
13          {
14            this.lbxCodeDepartment.Items.
15                Add(string.Format("[{0}]\t{1}", dr[0], dr[1]));
16          }
17        }
18        catch (SqlException sex)
19        {
20          throw sex;
21        }
22      }
23    }
```

【运行结果】

按【F5】键调试并运行，结果如图所示。

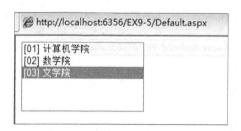

【范例分析】

本范例中，第 7、8、9 行是创建 SqlCommand 对象，设置连接、设置 Sql 查询语句，目的是将学生院系信息检索出来；第 13~19 行是使用 SqlDataReader 对象获取数据源，通过 while 循环将院系记录一条一条读取出来，使用 ListBox 控件显示出来。

提 示　除了通过使用 SqlDataReader 对象和索引方式获取每条记录中各列的值之外，还可以使用 SqlDataReader 对象的 GetValue 方法。此外，SqlDataReader 类中提供了针对获取每一种数据类型的值的方法，例如获取的值类型是字符串，则可使用 SqlDataReader 类提供的 GetString 方法。

3. ExecuteScaler 方法

ExecuteScaler 方法也是用于执行 Select 查询，得到的返回结果是检索数据的第 1 行、第 1 列的元素，即返回结果为一个值的情况。通常用来返回 Count、Sum 等系统函数的执行结果及仅需要返回一个值的情形。

【范例 9-6】创建一个 ASP.NET 空网站，在 ListBox 控件中显示 StudentInfo 表中成绩及格的学生人数和总分。

(1) 在 SQL Server 2008 中附加 Student 数据库。在 Visual Studio 2010 中，新建 ASP.NET 空网站，添加一个 Default.aspx 页面，然后切换到页面设计视图，向页面中添加一个 ListBox 控件。

(2) 在代码编辑文件中，添加命名空间的引用代码和类一级的私有字段。

```
using System.Data.SqlClient;
```

(3) 打开 Default.aspx.cs 文件，在 Page_Load 事件中添加程序执行代码。

```
01    protected void Page_Load(object sender, EventArgs e)
02    {
03      string ConnStr =
04         "server=.\\sqlexpress; Integrated Security=SSPI;database=Student" ;
05       using (SqlConnection conn = new SqlConnection(ConnStr))
06       {
07         SqlCommand cmd = new SqlCommand();
08         cmd.Connection = conn;
09         cmd.CommandText =
10         "Select Count(NO) from StudentInfo Where Score>=60";
11       conn.Open();
12       object oCount = cmd.ExecuteScaler();    // 获取及格学生的总人数
13       this.lbxCodeDepartment.Items.Add(" 人数 : " +oCount.ToString());
14       cmd.CommandText =
15       "Select Sum(Score) from StudentInfo Where Score>=60";
16       object oScore = cmd.ExecuteScaler();    // 获取及格学生的总分
17       this.lbxCodeDepartment.Items.Add(" 总分 : " + oScore.ToString());
18     }
19   }
```

【运行结果】

按【F5】键调试并运行，结果如图所示。

【范例分析】

本范例中，第 7、8、9、10 行是创建 SqlCommand 对象，设置连接、设置 Sql 检索语句，目的是将学生院系信息检索出来并统计出学生总人数；第 12、13 行是使用 ExecuteScaler 方法获取学生总人数，添加到 ListBox 控件中；第 14~17 行是重新设置 SqlCommand 对象的 CommandText 属性，来获取学生的总分并使用 ExecuteScaler 方法获取总分，最后添加到 ListBox 控件中。

9.3.3　使用 SqlDataAdapter 对象在无连接状态下操作数据

当需要进行大量的数据处理或者在动态的数据交互过程的场合时，可以使用 SqlDataAdapter 对象通过无连接的方式完成数据库和本机内存中 DataSet 之间的交互。该对象通过 Fill 方法将数据源中的数据填充到本机内存中的 DataSet 或者 DataTable 中，填充完成自动与数据库服务器断开连接，然后就可以在与数据服务器不保持连接的情况下，对 DataSet 中的数据表或对 DataTable 进行浏览、插入、修改、删除等操作。操作完成，如果需要更新数据库，则可再利用 SqlDataAdapter 类提供的 Update 方法把 DataSet 或者 DataTable 中处理的结果更新到数据库中。

使用无连接方式操作数据库的一般步骤如图所示。

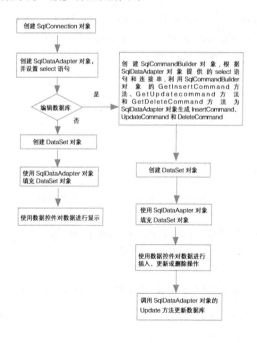

【范例 9-7】创建一个 ASP.NET Web 应用程序，使用 SqlDataAdapter 对象在无连接方式下对数据库 Student 中的 StudentInfo 表进行操作，添加新记录。

(1) 在 SQL Server 2008 中附加 Student 数据库。在 Visual Studio 2010 中，新建 ASP.NET 空网站，添加一个 Default.aspx 页面，然后切换到页面设计视图。页面设计如图所示。

(2) 在代码编辑文件中，添加命名空间的引用代码和类一级的私有字段。

```
using System.Data.SqlClient;
string ConnStr ="server=.\\sqlexpress; Integrated Security=SSPI;database=Student";
```

(3) 在 Page_Load 事件中添加程序执行代码。

```
01    protected void Page_Load(object sender, EventArgs e)
02    {
03        if (!Page.IsPostBack)
04        {
05            using (SqlConnection conn = new SqlConnection(ConnStr))
06            {
07                SqlDataAdapter ad = new SqlDataAdapter("Select * from StudentInfo", conn);
08                SqlCommandBuilder builder = new SqlCommandBuilder(ad);
09                DataTable dt = new DataTable();
10                ad.Fill(dt);
11                this.GridView1.DataSource = dt;
12                this.DataBind();
13            }
14        }
15    }
```

(4) 双击 Button 控件，编写 btnAddNew_Click 事件，完成添加新记录功能（代码 9-7.txt）。

```
01    protected void btnAddNew_Click(object sender, EventArgs e)
02    {
03        object oName;
04        using (SqlConnection conn = new SqlConnection(ConnStr))
05        {
```

```
06          SqlCommand cmd = new SqlCommand();
07          cmd.Connection = conn;
08          conn.Open();
09          cmd.CommandText = "Select ID from DepartName Where
10            DName='"+this.txtDepartment.Text.Trim()+"'";
11        oName = cmd.ExecuteScalar();    // 根据学院名称获取学院编码
12        }
13      using (SqlConnection conn = new SqlConnection(ConnStr))
14      {
15          SqlDataAdapter ad = new SqlDataAdapter
16            ("Select * from StudentInfo", conn);   // 创建 SqlDataAdapter 对象
17          SqlCommandBuilder builder = new SqlCommandBuilder(ad);
// 创建 SqlCommandBuilder 对象
18          // 通过 SqlCommandBuilder 对象为 SqlDataAdapter 对象生成 Insert 命令
19          ad.InsertCommand = builder.GetInsertCommand();
20          DataTable dt = new DataTable();
21          ad.Fill(dt);
22          this.txtNO.Focus();
23          DataRow row = dt.NewRow();    // 创建一条新记录
24          row[0] = this.txtNO.Text.Trim();    // 为学号字段赋值
25          row[1] = this.txtName.Text.Trim();    // 为姓名字段赋值
26          row[2] = this.txtSex.Text.Trim();    // 为性别字段赋值
27          row[3] = this.txtBirthday.Text.Trim();    // 为出生日期字段赋值
28          row[4] = oName;    // 为院系编码字段赋值
29          row[5] = this.txtScore.Text.Trim();    // 为分数字段赋值
30          dt.Rows.Add(row);    // 向表中添加新建的记录
31          ad.Update(dt);// 通过 SqlDataAdapter 对象的 Update 方法将内存中的表更新到数据库中
32          this.GridView1.DataSource = dt;
33          this.DataBind();    // 重新绑定数据源
34          Response.Write("<script>window.alert(' 添加成功！ ')</script>");
35      }
36  }
```

【运行结果】

按【F5】键调试并运行。

添加前的记录如图所示。

　　输入新的学生记录后单击【添加】按钮，将在上面的 GridView 控件中显示出新添加的学生信息，并将新记录更新到数据库中。添加后的运行结果如图所示。

　　数据库中的记录如图所示。

【范例分析】

　　本范例中，使用 SqlDataAdapter 对象来实现无连接方式操作数据库。第 4~12 行是根据用户输入的学院名称获取学院编码；第 15、16 行是创建 SqlDataAdapter 对象；第 17、18、19 行是创建 SqlCommandBuilder 对象，并由此对象为 SqlDataAdapter 对象生成 InsertCommand，用于向数据库中添加新记录；第 20 行是使用 SqlDataAdapter 对象将数据表填充 DataTable 对象；第 23~30 行是获取用户输入的新记录；第 31 行是调用 SqlDataAdapter 对象的 Update 方法更新数据库；第 32、33、34 行是重新将数据源绑定到 GridView 控件并显示出来。

9.3.4 使用 DataTable 对象操作数据

　　ADO.NET 有一个非常突出的特点，就是可以在与数据库断开连接的方式下通过 DataSet 或 DataTable 对象进行数据处理，当需要更新数据库时才重新和数据源进行连接，并更新数据源，更新完成后自动断开连接。

　　DataTable 对象表示保存在本机内存中的表，它提供了对表中数据的各种操作。与关系数据库中的表结构类似，DataTable 对象也包括行、列以及约束关系等属性。在 DataTable 对象中可以包含多个 DataRow 对象，每一个 DataRow 对象都表示每一行；同样在 DataTable 对象中也包含多个 DataColumn 对象，每一个 DataColumn 对象都表示一列，每列也都有一个固定的 DataType 属性，表示该列的数据类型。

　　程序员可以通过编写代码直接将数据从数据库填充到 DataTable 对象中，也可以将 DataTable 对象添加到现有的 DataSet 对象中。在断开连接的方式下，DataSet 对象提供了和关系数据库一样的关系数据模型，在代码中可以直接访问 DataSet 对象中的 DataTable 对象，也可以添加、删除 DataTable 对象。

　　1. 创建 DataTable 对象

　　一般情况下，可以通过以下两种方式创建 DataTable 对象。

　　(1) 使用 DataTable 类的构造函数来创建 DataTable 对象。

```
DataTable dt=new DataTable();
```

(2) 使用 DataSet 类的 Tables 属性提供的 Add 方法创建 DataTable 对象。

```
DataSet ds=new DataSet();
DataTable dt=ds.Tables.Add("tbName");
```

2. 在 DataTable 对象中添加列

由于 DataTable 对象的每一列都是一个 DataColumn 对象，因此，可以通过以下两种方式在 DataTable 对象中添加列。

(1) 使用 DataColumn 类的构造函数来创建 DataColumn 对象。

```
DataColumn column=new DataColumn();
```

(2) 使用 DataTable 类的 Columns 属性提供的 Add 方法创建 DataColumn 对象。

```
DataTable dt=new DataTable();
DataColumn column=dt.Columns.Add("colName",typeof(SqlTypes.TypeName));
```

3. 在 DataTable 对象中设置主键

关系数据库中的表都有一个主键，用来唯一标识一条记录。在程序中，可以通过 DataTable 类提供的 PrimaryKey 属性来设置 DataTable 对象的主键。需要注意的是：PrimaryKey 属性的返回值是一个 DataColumn 对象组成数组，因为表中的主键可以由多个键组成。例如：

```
DataColumn[] Key=new DataColumn[1];   // 创建字段数组，因为表的主键不一定只用一个字段标识
Key[0]=dt.Columns["ID"];   // 给数组中的元素赋值，且该数组中只有一个元素
dt.PrimaryKey=Key;   // 设置主键
```

4. 在 DataTable 对象中添加行

由于 DataTable 对象的每一行都是一个 DataRow 对象，所以创建行时可以先用 DataTable 对象的 NewRow 方法创建一个 DataRow 对象，并设置好新行中各列的数据，然后使用 DataTable 对象 Rows 属性提供的 Add 方法将 DataRow 对象添加到表中。例如：

```
DataTable dt=new DataTable();
DataRow Row=dt.NewRow();
Row["SName"]=" 张三 ";
Row[" 年龄 "]=20;
dt.Rows.Add(Row);
```

 注　意　由于在 SQL Server 数据库提供的数据类型中，有些数据类型与公共语言运行库（CLR）不相同，因此要将动态生成的表数据保存到数据库中，还需要使用 System.Data.SqlTypes 命名空间提供的 SQL Server 数据类型。

例如：

```
DataColumn Col=new DataColumn("ID",typeof(SqlTypes.SqlInt32));
DataColumn Col=new DataColumn("SName",typeof(SqlTypes.SqlString));
```

9.3.5 使用 DataSet 对象操作数据

与关系数据库中的数据库结构类似，DataSet 也是由表、关系和约束的集合组成的。就像可以将多个表保存到一个数据库中进行管理一样，也可以将多个表保存到一个 DataSet 对象中进行管理，此时 DataSet 对象中的每个表都是一个 DataTable 对象。当多个表之间具有约束关系或同时需要对多个表进行处理时，使用 DataSet 就显得异常重要。

1. 创建 DataSet 对象

可以通过 DataSet 类的构造函数创建 DataSet 对象，例如：

```
DataSet ds=new DataSet();
```

另外，还可以在【解决方案资源管理器】中利用向导来创建 DataSet 对象。具体步骤为：右击【解决方案资源管理器】中的项目 ➤ 选择【新建项】➤ 在【模板】中选择"数据集" ➤ 输入数据集的名称后单击【添加】按钮即可。

需要注意的是：利用向导生成的 DataSet 是一个强类型的 DataSet，以及一对或多对强类型的 DataTable 和 TableAdapter 的组合，其扩展名为 .xsd。类型化的 DataSet 是一个自动生成的类。同时，对于 DataSet 对象中的每个表，还生成了特定于该 DataSet 的专用类，而且每个类都为相关的表提供了特定的架构、属性和方法。这是在编译时检查相关语法和提供相关智能帮助的基础，为设计带来了很大的方便。在应用设计中，我们应尽可能地使用自动生成的强类型的 DataSet、DataTable 以及与 DataTabe 对应的 TableAdapter。

2. 填充 DataSet 对象

创建 DataSet 对象后，就可以使用 DataAdapter 对象把数据导入到 DataSet 对象中，使用方法是调用 DataAdapter 对象的 Fill 方法。例如：

```
SqlDataAdapter ad=new SqlDataAdapter("Select * from studentinfo",conn);
DataSet ds=new DataSet();
ad.Fill(ds, "StudentInfo");
```

9.3.6 数据访问接口

数据访问层是 3 层开发架构的最底层，专门负责与数据库进行交互操作，数据访问层与数据库之间就是数据访问接口。数据访问接口实际上起到了承上启下的作用，其主要功能如下。

(1) 向下：为数据库提供要进行操作的 SQL 命令和参数，供数据库底层进行操作、处理。

(2) 向上：为数据访问层提供数据库底层操作、处理后的结果。

说到数据访问接口，就不得不说一说 SQLHelper 类。SQLHelper 类作为数据库通用访问组件的基础类，是一个抽象类，本身不能实例化对象，可直接调用，主要用于对 SQL Server 数据库进行读写访问。作为一个数据访问接口，其功能不仅强大，而且属于开源代码类，其源代码对用户完全开放，用户可以根据自己的需要对 SQLHelper 类的功能进行修改、补充。

　　SQLHelper 类的源代码可参阅本书附带的素材（随书光盘 \Sample\ch07\ 素材 \SQLHelper.txt）。

提示　　SQLHelper 类是广大程序员智慧的结晶，SQLHelper 类功能的完善离不开广大使用者的修改、补充。以后大家在使用过程中发现 SQLHelper 类的哪些功能需要修改或补充，一定要公开你的源代码，否则 SQLHelper 类的功能就不能完善，技术就会停滞不前。

9.4 ASP.NET 数据控件

本节视频教学录像：14 分钟

　　本节介绍 ASP.NET 4.0 中数据控件的应用。

9.4.1 数据访问控件概述

　　在 ASP.NET 4.0 中可以看到以下几种数据控件：DataList、Repeater、GridView、ListView、DetailsView、FormView。这几种控件的区别如下。

　　(1) DataList、Repeater、GridView、ListView、DynamicControl 用于呈现多条记录；DetailsView、FormView 用于呈现单条数据明细，即常用的记录明细。

　　(2) GridView 和 DetailsView 控件的布局固定，自定义数据显示的布局功能有限，一般适合布局简单的数据呈现。

　　(3) DataList、Repeater 和 FormView 数据控件都有很强的自定义布局能力，如果数据呈现需要较为复杂的布局方案，这 3 个控件是首选。

　　(4) GridView 、DetailsView 和 FormView 等 3 个都是从 .net 2.0 新增的控件，内置了分页、排序等功能，同时支持多个主键字段提供了一些接口供用户自定义 UI(如关联主题、皮肤、样式表等)。

　　(5) DataList 和 Repeater 是从 1.1 版就提供的控件，内置功能较弱，需要自己实现分页、排序、数据事件等功能。

　　(6) 在现在的 Asp.net 平台上，如果从功能上来说，呈现单列数据时 DetailsView 和 FormView 相对应，DetailsView 布局固定，FormView 自定义布局。呈现多列数据时只有 GridView 来负责布局固定的数据。从功能上来说没有对应的控件与 GridView 相配。

　　(7) DataList 提供的数据功能与 GridView 相比，相对少了一些。与 GridView 几乎不需要编程就能担负数据呈现的重任相比，DataList 要求程序员必须自己写代码来实现想要的功能。

　　下面逐一讲解各个控件的用法。

9.4.2 GridView 控件

　　本节通过一个实例学习使用 GridView 控件，本例使用的是 Student 数据库中 Studentinfo 数据表。该例的功能是用 GridView 控件显示 student 数据库中 information 数据表中的数据。

　　工作流程如下：

　　(1) 用 GridView 控件显示数据；

(2) 自定义 GridView 控件的外观；

(3) 定制列元素；

(4) 排序；

(5) 分页浏览。

【范例 9-8】GridView 控件综合应用。

1. 使用 GridView 控件显示数据

(1) 新建一个名为 GridView 的 Asp.net 空网站，添加一个名为 GridView.aspx 的页面。

(2) 添加一个 SQLDataSource 控件，修改其 ID 为 SqlStudentDataSource。通过配置数据源，连接数据库服务器并选择要访问的数据库。

(3) 单击【确定】按钮返回配置界面，单击【下一步】按钮，提示是否保将连接字符串保存到配置文件中，单击【下一步】按钮，打开【配置 select 语句】界面。选择要检索的数据表。

此处【where】可以设置筛选条件；【ORDER BY】可以设置按照哪个字段进行排序；【高级】可以配置高级选项，单击后打开【高级 SQL 生成选项】，选中【生成 INSERT、UPDATE 和 DELETE 语句】。

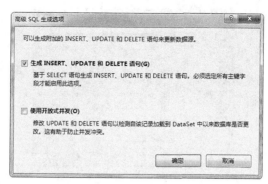

(4) 单击【下一步】按钮，打开【测试查询】界面，直接单击【完成】按钮即可。

(5) 从工具箱添加一个 GridView 控件到页面，在弹出的【GridView 任务】小窗口中将刚才配置的 SqlStudentDataSource 作为 GridView 控件的数据源。配置后 GridView 控件如图所示。

【运行结果】

按【F5】键运行，测试运行结果，如图所示。

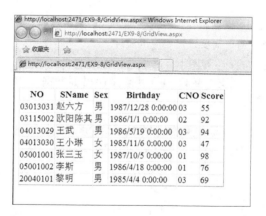

2. 自定义 GridView 控件外观

上图中 GridView 的外观比较简单，如果想格式化 GridView，要设置 GridView 的相关属性。最简单的方法是使用"自动套用格式"。

(1) 在 GridView.aspx 的"设计"视图中，选中 GridView 控件，单击 ▶ 打开【GridView 任务】面板。

(2) 单击【自动套用格式】，在弹出的【自动套用格式】窗口中选择一种方案，比如"专业型"。单击【确定】按钮。

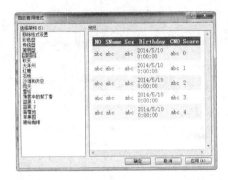

【运行结果】

按【F5】键运行，测试运行结果，如图所示。

3. 定制列元素

通过上面的运行结果我们可以看到，控件的列标题默认采用数据表的字段名称，可读性差，如果要自定义列标题以及要显示的内容，需要设置相应的属性。

(1) 在 GridView.aspx 的"设计"视图中，选中 GridView 控件，点击 [>] 打开【GridView 任务】面板。

(2) 单击【编辑列】，打开"字段"窗口。【可用字段 (A)】是数据表中的字段信息；【选定的字段 (S)】是 GridView 控件中绑定的字段。

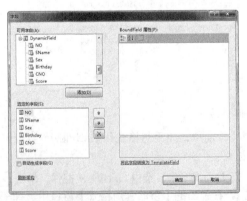

(3) 单击【选定的字段 (S)】中的某个字段，可以打开该绑定字段的属性窗口。比如，为了增加可读性，可以通过修改 HeaderText 属性，将学号字段的"NO"改为"学号"。

BindField 列常用属性如下表所示。

属性	说明
ShowHeader	绑定列是否显示标题
SortExpression	点击标题时按照哪个字段来排序
Visible	该绑定列绑在 GridView 控件中是否显示
DataField	该绑定列绑定的数据表字段
FooterText	绑定列页脚显示的内容；前提是要设置显示页脚
HeaderImageUrl	在标题中显示图像的路径
HeaderText	标题中显示的文本

(4) 用同样的方法，将其他字段改为相应的中文名称。

(5) 选中某个字段，单击 按钮，分别可以实现调整列的显示顺序和删除某个列的作用，单击【确定】按钮。

【运行结果】

按【F5】键运行，测试运行结果，如图所示。从图中我们可以看到，所有的列标题都改成了中文，增加了可读性，同时删除了【生日】列。

4.分页、排序、数据修改等高级应用

(1)在 GridView.aspx 的"设计"视图中，选中 GridView 控件，单击 ⟩ 打开【GridView 任务】面板。

(2) 选中【启用排序】、【启用编辑】、【启用删除】。即可实现点击标题文本进行排序，同时添加编辑按钮列和删除按钮列。轻松实现对该行数据的修改和删除。

(3) 选中【启动分页】即可使 GridView 控件每页显示 10 条数据。我们可以通过设置 GridView 控件的 PageSize 属性设置每页显示的数据行数。

【运行结果】

按【F5】键运行，测试运行结果，如图所示。

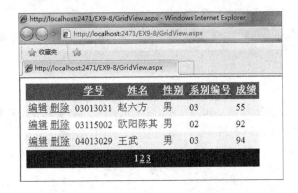

5.超级链接列

如果我们希望通过单击某个学生的姓名来查看某一个学生的详细内容，则需要将学生姓名列设为"超级链接列"。

(1) 在 GridView.aspx 的"设计"视图中，选中 GridView 控件，点击 ⟩ 打开【GridView 任务】面板。点击【添加新列】，打开"添加字段"窗口。

(2) 在"页眉文本"中输入："姓名"；列标题显示文本信息。在"超链接文本"中选择"从数据字段获取文本"：选择 SName，说明超链接的文本是从数据表字段获取的。在"超链接 URL"中选择"从数据字段获取 URL"：选择 NO，此处用来判断点击了哪条记录，一般此处选择数据表额主键。在"URL格式字符串"输入："StuDetail.aspx?id={0}"，是用来说明点击超链接要导向的页面以及向页面传递的参数值。单击【确定】按钮。如图所示。

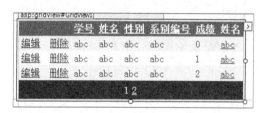

(3) 选中第一个姓名列，点击▷打开【GridView 任务】面板。点击【移除列】，删除该列。

(4) 选中超级链接的姓名列，点击▷打开【GridView 任务】面板。多次点击【左移列】，可以将该列移动到左侧，如图所示。

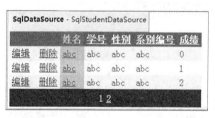

运行并浏览 GridView.aspx 页面，如图所示。

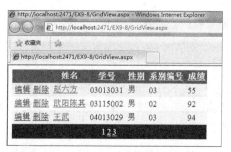

可以看到，姓名一列变成了超链接，但是单击会出现 HTTP 404 错误，原因是超链接是要链接到

StuDetail.aspx 页面，但是这个页面我们还没有添加。下面创建 StuDetail.aspx 页面。

(5) 添加一个名为 StuDetail.aspx 的页面，切换到设计视图并添加一个 GridView 控件。

(6) 单击 ▶ 打开【GridView 任务】面板。如图所示，选择【新建数据源】。

(7) 在打开的界面选择 SQL 数据库，单击【确定】按钮，在弹出的窗口中通过下拉箭头选择使用的链接，单击【下一步】按钮打开【配置 select 语句】窗口，在"希望如何从数据表中检索数据"中选择 StudentInfo 表。

(8) 单击【where(w)…】，打开"添加 where 子句"窗口，配置如图所示。最后单击【添加】按钮。

(9) 单击【确定】按钮，然后直接单击【下一步】按钮直至【完成】。

将 GridView.aspx 页面设置为起始页，按【F5】键运行，点击某个学生的姓名，即可打开 StuDetail.aspx 页面，并查看到该学生的详细信息。

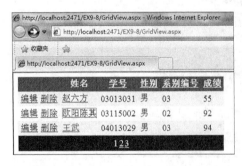
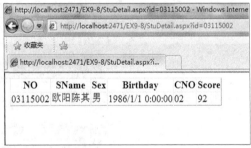

【范例分析】

本例我们通过 GridView 控件和 SqlDataSource 控件的绑定来显示、编辑数据。这种通过 SqlDataSource 访问数据的方式的确给我们带来了很大的方便，很适合初学者，但是不够灵活，有些高级应用还需要借助于程序编码来实现。

【范例 9-9】GridView 控件通过程序代码实现的高级应用。

1. 使用 GridView 控件显示数据

(1) 新建一个名为 GridViewGaoji 的 Asp.net 空网站，添加一个 Default.aspx 页面并切换到设计视图。

(2) 从【工具箱】中添加一个 GridView 控件，修改 ID 为 gvStudent。

(3) 双击页面或者按【F7】键切换到 Defaut.aspx.cs 页面，添加需要引入的命名空间和变量，代码如下：

```
using System.Data.SqlClient;
using System.Data;
// 添加类一级字段，即页面级变量
string ConnStr = "server=.\\sqlexpress; Integrated Security=SSPI;database=Student";
```

(4) 添加 gvBind() 方法，用于将数据绑定到 GridView 控件（代码 9-9.txt）。

```
01   protected void gvBind（）
02   {
03       SqlConnection conn = new SqlConnection(ConnStr);
04       SqlCommand cmd = new SqlCommand();
05       cmd.Connection = conn;
06       cmd.CommandText = "Select * from StudentInfo";
07       try
08       {
09       conn.Open();
10         SqlDataAdapter ada = new SqlDataAdapter(cmd);
11         DataSet ds = new DataSet();
12         ada.Fill(ds, "student");
13         this.gvStudent.DataSource = ds.Tables[0].DefaultView;
14          this.gvStudent.DataBind();
15     }
16     catch (SqlException sex)
17     {
18        throw sex;
19     }
20     finally
21     {
22        if (conn.State == ConnectionState.Open)
23        {
24            conn.Close();
25        }
26     }
27   }
```

(5) 在 Page_Load() 事件中添加对 gvBind 方法的调用。

至此，实现对 Studentinfo 数据表的访问，按【Ctrl+F5】组合键运行即可看到运行结果。

然后参照【范例 9-8】中的自定义 GridView 控件外观和定制列元素可以实现对 GridView 控件外观的调整和数据绑定的显示。此处不再说明。设置后如图所示。

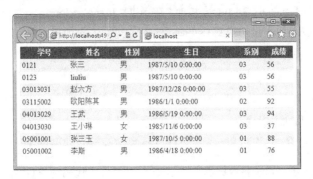

2. 实现对 GridView 的分页操作

(1) 选中 gvStudent 控件，调出【属性】窗口，设置 "AllowPaging" 为【True】; "PageSize" 属性默认为 10，代表一页有 10 行数据，因为数据库中数据较少，所以设置为 3，这样就可以显示分页。

(2) 选中 gvStudent 控件，调出【属性】窗口，切换到【事件】面板，如图所示。

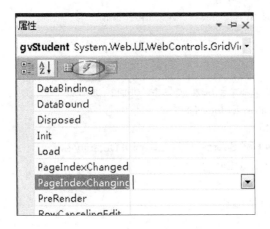

(3)在 PageIndexChanging 事件中双击，打开页面的 cs 代码，在 gvStudent_PageIndexChanging( )事件中输入以下代码：

```
01  protected void gvStudent_PageIndexChanging(object sender, GridViewPageEventArgs e)
02    {
03        gvStudent.PageIndex = e.NewPageIndex;
04        gvBind();
05    }
```

【运行结果】

按【Ctrl+F5】组合键运行，运行结果如图所示，点击页面数字即可实现换页。

3. 实现对 GridView 控件的排序操作

GridView 控件一个重要的特性是排序功能。要实现排序功能，需将 GridView 控件的 AllowSorting 属性设置为 True，并在其 Sorting 事件处理程序中编写代码。

当排序功能启动时，可排序的数据列的标题将显示为"可点击"的链接，用户可以通过单击标题将网格中的数据列进行排序。

(1) 选中 gvStudent 控件，调出【属性】窗口，设置"AllowSorting"为【True】，启用分页操作。

(2) 选中 gvStudent 控件，点击小箭头调出【GridView 任务】面板，点击【编辑列】，选中需要作为排序的字段，此处选中【学号】，如图所示。

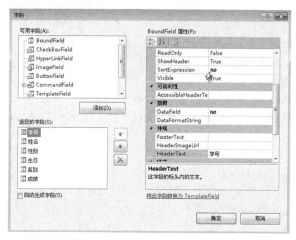

(3) 设置右侧的 SortExpression 为学号对应的数据库字段名称"no"。

(4) 选中 gvStudent 控件，调出【属性】窗口，切换到【事件】面板，双击 sorting 事件，打开页面的 cs 代码页面。

(5) 在 gvStudent_Sorting（）事件中输入以下代码：

```
01  protected void gvStudent_Sorting(object sender, GridViewSortEventArgs e)
02  {
03      string sPage = e.SortExpression;
04      if (ViewState["SortOrder"].ToString() == sPage)
05      {
06          if (ViewState["OrderDire"].ToString() == "Desc")
07              ViewState["OrderDire"] = "ASC";
08          else
09              ViewState["OrderDire"] = "Desc";
10      }
```

```
11      else
12      {
13          ViewState["SortOrder"] = e.SortExpression;
14      }
15      gvBind();
16  }
```

(6) 修改 gvBind() 方法代码为：

```
01  protected void gvBind()
02      {
03          SqlConnection conn = new SqlConnection(ConnStr);
04          SqlCommand cmd = new SqlCommand();
05          cmd.Connection = conn;
06          cmd.CommandText = "Select * from StudentInfo";
07          try
08          {
09           conn.Open();
10          SqlDataAdapter ada = new SqlDataAdapter(cmd);
11          DataSet ds = new DataSet();
12          ada.Fill(ds, "student");
13          DataView view = ds.Tables[0].DefaultView;
14          string sort = (string)ViewState["SortOrder"] + " " + (string)ViewState["OrderDire"];
15          view.Sort = sort;
16          this.gvStudent.DataSource = view;
17          this.gvStudent.DataBind();
18          }
19          catch (SqlException sex)
20          {
21              throw sex;
22          }
23          finally
24          {
25              if (conn.State == ConnectionState.Open)
26              {
27                  conn.Close();
28              }
29          }
30  }
```

(7) 修改 Page_Load() 代码为：

```
01  protected void Page_Load(object sender, EventArgs e)
02      {
```

```
03        if (!IsPostBack)
04        {
05            ViewState["SortOrder"] = "no";
06            ViewState["OrderDire"] = "ASC";
07            gvBind();
08        }
09    }
```

【运行结果】

按【F5】键运行，测试运行结果，学号字段标题变成超链接样式，点击即可实现按学号排序，如图所示。

【范例分析】

要想对 GridView 控件进行排序，需要设置 allowsorting 为 True，同时需要设置按哪个字段进行排序，即设置 SortExpression 属性。使用 ViewState 来保存排序的字段和排序方式。步骤 (6) 的 13~16 行实现的是根据 ViewState["SortDirection"] 的值生成排序后的 DataView 对象作为 GridView 控件的数据源。

4. 实现对 GridView 控件录入、更新、删除等操作

GridView 控件可以允许用户就地编辑网格行中的信息。为此，需要创建"编辑"、"更新"、"取消"列，并向 GridView 的 EditCommand、UpdateCommand 和 CancelCommand 事件添加代码。在运行时，此列显示一个标记为"编辑"的按钮。当用户单击此"编辑"按钮时，行数据在如文本框等的可编辑控件中显示，"编辑"按钮被替换为"更新"和"取消"按钮。单击"更新"按钮引发 UpdateCommand 事件，在该事件中添加代码以将数据更改传播回数据源。单击"取消"按钮引发 CancelCommand 事件，在该事件中添加代码以将原始数据重新绑定到 GridView。

为了允许对行进行编辑，GridView 支持整型 EditItemIndex 属性，该属性指示网格的哪一行应该是可编辑的。设置了该属性后，GridView 按该索引将行呈现为文本输入框。值"−1"（默认值）指示没有行是可编辑的。

将 GridView 的 DataKeyField 属性设为数据表中主键字段名，从而在 UpdateCommand 事件处理程序中可以从 GridView 的 DataKeys 集合检索键名，方法为 GridView1.DataKeys[e.Item.ItemIndex]。

在 GridView 上，将事件处理程序连接到 DeleteCommand，并从那里执行删除操作。同样使用 DataKeys 集合确定客户端选择的行。

录入操作步骤如下：

(1) 打开 Default.aspx 页面的设计视图，在页面原有基础上添加 6 个文本框和一个按钮，如图所示。

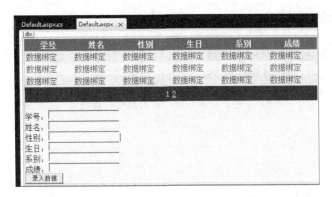

(2) 修改控件属性，同时修改 gvStudent 控件的 DataKeyNames 属性为"no"，用来指明数据源中的键值字段。如下表所示。

控件	属性	属性值
TextBox	ID	txtSno
TextBox	ID	txtName
TextBox	ID	txtSex
TextBox	ID	txtBirthday
TextBox	ID	txtCno
TextBox	ID	txtScore
Button	ID	btnInsert
	Text	录入数据
gvStudent	DataKeyNames	No

(3) 双击【录入数据】按钮，打开 cs 页面的 btnInsert_Click() 事件，输入以下代码，即可实现通过文本框向数据表录入数据。

```
01   protected void btnInsert_Click(object sender, EventArgs e)
02   {
03         string insertStr = "INSERT studentinfo VALUES ('" + txtSno.Text + "','" + txtSname.Text + "','"
+ txtSex.Text + "','"
04   + txtBirthday.Text + "','" + txtCno.Text + "','" + txtScore.Text + "','" + "" + "')";
05         SqlConnection conn = new SqlConnection(ConnStr);
06         SqlCommand cmd = new SqlCommand(insertStr,conn);
07         try
08         {
09           conn.Open();
10           cmd.ExecuteNonQuery();
```

```
11          Response.Write("<script>alert(' 录入成功 ')</script>");
12      }
13      catch
14      {
15          Response.Write("<script>alert(' 录入失败 ')</script>");
16      }
17      finally
18      {
19          conn.Close();
20      }
21      gvBind();
22  }
```

（4）选中 gvStudent 控件，点击小箭头调出【GridView 任务】面板，打开【字段】窗口，在可用字段处将 CommandField 前面的加号点开，如图所示。

（5）分别选中【编辑、更新、取消】和【删除】，点击【添加】按钮，然后点击【确定】按钮。添加后的 GridView 控件如图所示，增加了编辑和删除。

（6）要想实现对数据的编辑和删除，需要添加相应的事件代码才能实现。选中 gvStudent 控件，调出【属性】窗口，切换到【事件】面板，双击 RowEditing 事件，打开 cs 代码页面。输入以下代码：

```
01  protected void gvStudent_RowEditing(object sender, GridViewEditEventArgs e)
02  {
03      gvStudent.EditIndex = e.NewEditIndex;
04      gvBind();
05  }
```

(7) 重复步骤 (6)，双击 RowUpdating 事件，输入以下代码：

```
01   protected void gvStudent_RowUpdating(object sender, GridViewUpdateEventArgs e)
02   {
03     string updateStr = "";
04     updateStr +="no='" + ((TextBox)gvStudent.Rows[e.RowIndex].Cells[0].Controls[0]).Text + "'";
05     updateStr +=",sname='" + ((TextBox)gvStudent.Rows[e.RowIndex].Cells[1].Controls[0]).Text+ "'";
06     updateStr +=",sex='" + ((TextBox)gvStudent.Rows[e.RowIndex].Cells[2].Controls[0]).Text+ "'";
07     updateStr +=",birthday='" +((TextBox)gvStudent.Rows[e.RowIndex].Cells[3].Controls[0]).Text + "'";
08     updateStr +=",cno='" + ((TextBox)gvStudent.Rows[e.RowIndex].Cells[4].Controls[0]).Text + "'";
09     updateStr +=",score='" + ((TextBox)gvStudent.Rows[e.RowIndex].Cells[5].Controls[0]).Text + "'";
10     string updateCmd = "UPDATE studentinfo SET " + updateStr + " WHERE no= '"+ gvSt11 udent.DataKeys[e.RowIndex].Value.ToString() + "'";
12     SqlConnection conn = new SqlConnection(ConnStr);
13     SqlCommand myCommand = new SqlCommand(updateCmd,conn);
14     try
15       {
16       conn.Open();
17        myCommand.ExecuteNonQuery();
18        gvStudent.EditIndex = -1;
19       }
20     catch
21       {
22        Response.Write("<script>alert(' 更新失败！ ')</script>");
23       }
24     finally
25       {
26       conn.Close();
27       }
28     gvBind();
29   }
```

(8) 重复步骤 (6)，双击 RowCancelingEdit 事件，输入以下代码：

```
01   protected void gvStudent_RowCancelingEdit(object sender, GridViewCancelEditEventArgs e)
02     {
03        gvStudent.EditIndex = -1;
04        gvBind();
05     }
```

(9) 重复步骤 (6)，双击 RowDelting 事件，输入以下代码：

```
01   protected void gvStudent_RowDeleting(object sender, GridViewDeleteEventArgs e)
```

```
02      {
03          string delCmd = "DELETE FROM studentinfo WHERE no = '"+ gvSt04  udent.DataKeys[e.
RowIndex].Value.ToString() + "'";
05          SqlConnection conn = new SqlConnection(ConnStr);
06          SqlCommand myCommand = new SqlCommand(delCmd, conn);
07          try
08          {
09            conn.Open();
10            myCommand.ExecuteNonQuery();
11          }
12          catch
13          {
14            Response.Write("<script>alert(' 删除失败！ ')</script>");
15          }
16          finally
17          {
18            conn.Close();
19          }
20          gvBind();
21      }
```

【运行结果】

按【F5】键运行，测试运行结果，至此，可以实现对数据的录入、修改、删除操作。

【范例分析】

GridView 控件的 DataKeyNames 属性用来指明数据源的键值字段，这个属性非常重要，在对数据进行更新或删除操作时都需要使用它，gvStudent.DataKeys[e.RowIndex].Value.ToString() 即是对它的引用。

Row_Editing 事件中的 gvStudent.EditIndex = e.NewEditIndex 语句是指明 GridView 控件中的哪一行作为编辑行；gvStudent.EditIndex=−1 是指明取消编辑模式，回到浏览模式。

当 GridView 控件变成编辑模式后，我们会发现单元格中变成了文本框，gvStudent.Rows[e.RowIndex].Cells[0].Controls[0] 的作用就是获取 gvStudent 控件 RowIndex 行的第 0 个单元格中的第 0 个控件，但是这个返回的是对象类型，因此加上 (TextBox) 进行强制类型转换，然后获取内容信息。

9.4.3 DetailsView 控件

上一节介绍的 GridView 控件主要是以表格的形式一次呈现大量数据。但是，有些情况下仅仅需要呈现一条数据，例如在主 \ 从方式的应用程序中。这时，我们就可以借助 DetailsView 控件来完成这个功能。使用 DetailsView 控件可以在表格中显示来自数据源的单条记录的值，其中每个数据行表示该记录的一个字段，表格只包含两列，一列显示字段名，另一列则显示字段值。

DetailsView 控件支持以下一些功能。

(1) 绑定至数据源控件，如 SqlDataSource。

(2) 内置插入功能。

(3) 内置更新和删除功能。

(4) 内置分页功能。

(5) 以编程方式访问 DetailsView 对象模型，以动态设置属性、处理事件等。

(6) 可通过主题和样式自定义外观。

【范例 9-10】DetailsView 控件分页显示数据。

(1) 新建一个名为 DetailsView 的 Asp.net 空网站，然后在项目名称上单击右键，选择【添加新项】➢【web 窗体】，添加一个页面，默认为 Default.aspx。

(2) 打开页面的设计视图，添加一个 DetailsView 控件和一个 SqlDataSource 控件。通过配置数据源，连接数据库服务器并选择要访问的数据库 Student 及要访问的数据表 StudentInfo。如图所示（不选 Picture）。

(3) 点击【高级】按钮，在【高级 SQL 生成选项】窗口选中【生成 INSERT、UPDATE 和 DELETE 语句】。

(4) 设置 DetailsView1 的数据源为 SqlDAtaSource1，同时选中启用分页、启用插入、启用编辑和启用删除。

(5) 给 DetailsView 自动套用一种格式，本处选择【专业型】。

【运行结果】

按【Ctrl+F5】组合键运行，测试运行结果，如图所示。单击【编辑】可以实现对数据的编辑，单击【删除】可以实现对数据的删除，单击【新建】可以实现录入一条记录。

DetailsView 控件与 GridView 控件形成了很好的互补。将 DetailsView 连接到 GridView 可以更好地控制更新个别项目或插入新项目的方式和时机。

9.4.4 FormView 控件的属性

与 DetailsView 控件一样，FormView 通过其关联的数据源控件支持自动 Update、Insert 和 Delete 等操作。若要定义编辑或插入操作的输入 UI，可在定义 ItemTemplate 的同时定义 EditItemTemplate 或 InsertItemTemplate。在本模板中，您可以对输入控件（如 TextBox、CheckBox 或 DropDownList）进行数据绑定，以绑定到数据源的字段。但是，这些模板中的数据绑定使用双向数据绑定语法，从而允许 FormView 从模板中提取输入控件的值，以便传递到数据源。这些数据绑定使用新的 Bind(fieldname) 语法，而不是 Eval。

提示 使用 Bind 语法进行数据绑定的控件必须设置有 ID 属性。

　　FormView 支持使用 DefaultMode 属性指定要显示的默认模板，但在默认情况下，FormView 以 ReadOnly 模式启动并呈现 ItemTemplate。若要启用用于从 ReadOnly 模式转换为 Edit 或 Insert 模式的 UI，可以向模板中添加一个 Button 控件，并将其 CommandName 属性设置为 Edit 或 New。我们可以在 EditItemTemplate 内添加 CommandName，设置为 Update 或 Cancel 的按钮，以用于提交或中止更新操作。类似的，也可以添加 CommandName，设置为 Insert 或 Cancel 的按钮，以用于提交或中止插入操作。源代码如下。

```
01  <asp:FormView DataSourceID="ObjectDataSource1" DataKeyNames="PhotoID" runat="server">
02    <EditItemTemplate>
03      <asp:TextBox ID="CaptionTextBox" Text='<%# Bind("Caption") %>' runat="server"/>
04      <asp:Button Text="Update" CommandName="Update" runat="server"/>
05      <asp:Button Text="Cancel" CommandName="Cancel" runat="server"/>
06    </EditItemTemplate>
07    <ItemTemplate>
08      <asp:Label Text='<%# Eval("Caption") %>' runat="server" />
09      <asp:Button Text="Edit" CommandName="Edit" runat="server"/>
10    </ItemTemplate>
11  </asp:FormView>
```

9.4.5 FormView 控件的操作

　　FormView 和 DetailsView 控件很相似。该控件同样是绑定数据源中的一条记录。两者的区别在于 DetailsView 控件使用预定义的表格布局，而 FormView 控件没有指定显示记录的布局方式。正是 FormView 控件的这种特征拥有很强的自定义功能，因此可以创建一个包含控件的模板，以显示记录中的各个字段。

【范例 9-11】FormView 控件的使用。

　　第一步：实现数据的绑定

　　（1）新建一个名为 FormView 的 Asp.net 空网站，然后在项目名称上单击右键，选择【添加新项】➤【web 窗体】命令，添加一个页面，默认为 Default.aspx。

　　（2）打开页面的设计视图，添加一个 FormView 控件和一个 SqlDataSource 控件。通过配置数据源，连接数据库服务器并选择要访问的数据库 Student 及要访问的数据表 StudentInfo（查询时不选 Picture）。同时在【高级 SQL 生成选项】窗口选中【生成 INSERT、UPDATE 和 DELETE 语句】。

　　（3）设置 FormView 控件的数据源为 SqlDAtaSource1，同时选中启用分页。

　　（4）在【FormView 任务】面板上单击【编辑模板】并从【显示】框中选择【ItemTemplate】，进入 ItemTemplate 模板编辑模式后将英文标签改为中文，如图所示。

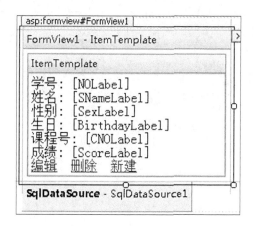

(5) 再从【FormView 任务】面板的【显示】框中选择【HeaderTemplate】，输入【学生信息】。

(6) 完成模板编辑后，在【FormView 任务】面板中点击【结束模板编辑】链接。

【运行结果】

按【Ctrl+F5】组合键运行，测试运行结果，如图所示。

第二步：给【删除】添加上【确认】对话框

(1) 选中 FormView 控件，调出【属性】窗口，切换到【事件】面板，双击 ItemCreated 事件，在打开的 cs 页面的 FormView1_ItemCreated 事件中输入下面的代码：

```
01  protected void FormView1_ItemCreated(object sender, EventArgs e)
02    {
03        ((LinkButton)FormView1.Row.FindControl("DeleteButton")).Attributes.Add("onClick", "return
confirm(' 确定要删除么 ');");
04    }
```

【运行结果】

按【Ctrl+F5】组合键运行，点击【删除】按钮会出现确认对话框，如图所示。

【范例分析】

同 GridView 控件访问内容控件一样，FormView1.Row.FindControl("DeleteButton") 的作用是找到 FormView 控件当前行中 ID 为 DeleteButton 的控件，并强制转换为 LinkButton 类型，并为其添加一个属性。

9.4.6 ListView 控件和 DataPager 控件

ListView 控件和 DataPager 控件相结合，可以实现分页显示数据的功能。ListView 控件用于显示数据，提供了编辑、删除、插入、分页等功能，分页功能是通过 DataPager 控件来实现的。DataPager 控件的 PagedControlID 属性用来指定进行分页的 ListView 控件的 ID。

【范例 9-12】ListView 控件和 DataPager 控件的使用。

(1) 新建一个名为 ListViewDataPager 的 Asp.net 空网站，然后在项目名称上单击右键，选择【添加新项】▶【web 窗体】命令，添加一个页面，默认为 Default.aspx。

(2) 打开页面的设计视图，添加一个 ListView 控件和一个 SqlDataSource 控件。通过配置数据源，连接数据库服务器并选择要访问的数据库 Student 及要访问的数据表 StudentInfo（查询时不选 Picture）。同时在【高级 SQL 生成选项】窗口选中【生成 INSERT、UPDATE 和 DELETE 语句】。

(3) 设置 ListView 控件的数据源为 SqlDAtaSource1。

(4) 在【ListView 任务】面板上单击【配置 ListView】，选择相应的布局方式和样式，启用编辑、删除和插入（不选择启用分页），如图所示。

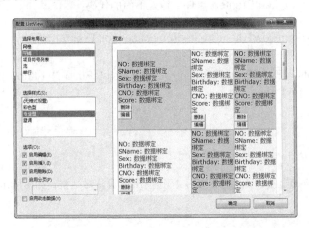

(5) 添加一个 DataPager 控件到页面中，设置 DataPager 控件的 PagedControlID 为 ListView1，PageSize 属性设置为 3。

【运行结果】

按【Ctrl+F5】组合键运行，测试运行结果，如图所示。

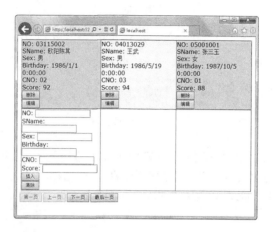

9.5 高手点拨

本节视频教学录像：3 分钟

1. GridView 控件中的 RowType

RowType 可以确定 GridView 中行的类型，RowType 是枚举变量 DataControlRowType 中的一个值。RowType 的取值可以包括 DataRow、Footer、Header、EmptyDataRow、Pager、Separator。很多时候，我们需要判断当前是否是数据行，通过如下代码来进行判断：if (e.Row.RowType == DataControlRowType.DataRow)，比如要实现鼠标放到数据行上高亮显示，就需要使用这个判断。

2. ADO.NET 中的事务控制

事务可以确保多个 SQL 语句被当作单个工作单元来处理，保证了数据的一致性和可恢复性。在 ADO.NET 中，可以使用 Connection 和 Transaction 对象来控制事务。调用 Connection 对象的 BeginTransaction 方法来标记事务的开始。调用 Transaction 对象的 Commit 方法来完成事务，或调用 Rollback 方法来取消事务。

9.6 实战练习

1. 使用 SQL Server2008 创建一个名称为 Person 的数据库，并在其中定义一个名称为 PersonelInfo 的表，表的结构如下。

字段名称	字段类型	字段含义
ID	Int、自增、主键	编号
XM	Nvarchar, 50	姓名
XB	Nvarchar, 1	性别
SR	DateTime	生日
LXDH	Nvarchar, 12	联系电话
LXDZ	Nvarchar, 200	联系方式
ZIP	Nvarchar, 6	邮政编码

  向表中添加 5~10 条记录。然后创建一个 ASP.NET Web 应用程序，编写代码，使用 GridView 控件显示表中所有年龄大于 18 岁的记录，并且显示时要按编号升序排序。

  2. 选中某行后，使用 DetailsView 控件显示该行的详细信息。

第 **10** 章

 本章视频教学录像：25 分钟

母版页及其主题

为了达到一致的感觉，每个网站都需要统一的风格和布局。为了满足这个需求，我们曾经大量使用过框架和用户控件，但 ASP 2.0 为我们提供了一个新的功能—母版页。利用它可以创建页面布局（母版页），从而对网站中选定页或所有页（内容页）使用该页面布局。母版页的功能极大地简化了为站点创建一致外观的工作。

本章要点（已掌握的在方框中打钩）

☐ 母版页的创建

☐ 使用母版页创建内容页

☐ 访问母版页中的控件

☐ 主题概述

☐ 创建并应用主题

☐ 动态切换主题

10.1 母版页

本节视频教学录像：11 分钟

从 ASP.NET2.0 开始提供了母版页功能。母版页由一个母版页和多个内容页构成，母版页的主要功能是为 ASP.NET 应用程序中的页面创建相同的布局和界面风格。

母版页的使用与普通页面类似，可以在其中放置文件或者图形、任何的 HTML 控件和 Web 控件、后置代码等。母版页的扩展名以 .master 结尾，不能被浏览器直接查看。母版页必须在被其他页面使用后才能进行显示。

母版页仅仅是一个页面模板，单独的母版页是不能被用户所访问的。单独的内容页也不能够使用。母版页和内容页有着严格的对应关系。母版页中包含多少个 ContentPlaceHolder 控件，那么内容页中也必须设置与其相对应的 Content 控件。当客户端浏览器向服务器发出请求，要求浏览某个内容页面时，引擎将同时执行内容页和母版页的代码，并将最终结果发送给客户端浏览器。

10.1.1 母版页的创建

母版页中包含的是多个页面的公共部分，因此，在创建母版页之前需要判断哪些是页面的公共部分，公共的部分由母版页负责创建。

创建母版页的具体步骤如下。

(1) 新建 ASP.NET 空网站，在菜单栏中选择【网站】菜单，或在项目名称上点击右键，在弹出的快捷菜单栏中选择【添加新项】命令。

(2) 打开【添加新项】对话框，如图所示。选择【母版页】，默认名为 MasterPage.master。单击【添加】按钮就可以创建一个新的母版页。

添加母版页后，母版页默认会包含一个 ContentPlaceHolder 控件。ContentPlaceHolder 控件可以被认为是一个"内容占位符"，用来容纳内容页。在母版页中嵌入内容页后，就可以看出母版页的功能所在了。

10.1.2 使用母版页创建内容页

创建完母版页后，接下来就要创建内容页，内容页的创建与母版页的创建类似。下面通过一个简单的例子来介绍内容页的创建并嵌入母版页。

【范例 10-1】创建一个母版页和一个内容页，并使内容页嵌入母版页中。

(1) 新建 ASP.NET 空网站，参照上一节内容创建母版页并命名为 MasterPage1。

(2) 在 ContentPlaceHolder 控件下方加上一个超链接，链接到新浪网，源代码 "<a href= "Http:// www.sina.com.cn" target=_blank> 新浪 </a>"，如图所示。

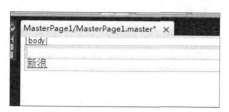

(3) 在项目名称上点击右键，点击【添加新项】，打开【添加新项】▷【Web 窗体】，同时选中【选择母版页】复选框，单击【添加】按钮，弹出如图所示的 "选择母版页" 对话框。

(4) 在该对话框中选择上步添加的母版页，单击【添加】按钮，就可以创建一个新的内容页。

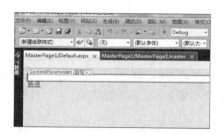

我们会发现，内容页和母版页很相似，不同的是内容页上只有 ContentPlaceHolder 可以编辑，我们可以做任何想做的操作，而其他区域都不可以编辑。新浪超链接同样可以链接到新浪网。

提示

添加内容页也可以通过其他方法实现，在母版页上点击右键，选择 "添加内容页"，也可以添加一个采用该母版页的内容页。

10.1.3　访问母版页的控件

很多情况下我们需要通过内容页去访问母版页中的对象。Page 对象具有一个公共属性 Master，该属性能够实现对相关母版页基类 MasterPage 的引用，母版页中的 MasterPage 相当于普通 ASP.NET 页面中的 Page 对象，因此，可以使用 MasterPage 对象实现对母版页中各个子对象的访问。我们借助

MasterPage 对象的 FindControl 方法实现。

【范例 10-2】实现访问母版页中的控件。

(1) 新建 ASP.NET 空网站，首先添加母版页，并将母版页命名为 MasterPage2.Master；然后添加一个页面，使用刚才创建的母版页，采用默认名。

(2) 分别在母版页和内容页上添加一个 Label 控件。母版页的 Label 控件的 ID 属性为 LabMaster，用来显示系统日期；内容页的 Label 控件的 ID 属性为 labContent，用来显示母版页中的 Label 控件值。

(3) 在 MasterPage2.Master 母版页的 Page_load 事件中，使母版页的 Label 控件显示当前的系统时间，代码如下。

```
01  protected void Page_Load(object sender, EventArgs e)
02  {
03    this.labMaster.Text = " 今天是 " + DateTime.Today.Year + " 年 " + DateTime.Today.Month + " 月 "
      + DateTime.Today.Day + " 日 ";
04  }
```

(4) 在 Default.aspx 内容页中的 Page_LoadComplete 事件中，使内容页的 Label 控件显示母版页中的控件值的代码如下：

```
01  protected void page_LoadComplete(object sender, EventArgs e)
02  {
03    Label MLable1 = (Label)this.Master.FindControl("labMaster");
04    this.labContent.Text = MLable1.Text;
05  }
```

【运行结果】

按【F5】键调试运行，或单击工具栏中的 ▶ 按钮，在弹出的对话框中选择【不进行调试直接运行】，单击【确定】按钮，即可在浏览器中显示如图所示的结果。

 读者需要注意的是，内容页 Page_Load 事件先于母版页的 Page_Load 事件引发。所以，这里我们使用 Page_LoadComplete 事件而不是 Page_Load() 事件。其中 Page_LoadComplete 事件是在生命周期内和网页加载结束时触发。

【范例分析】

DateTime.Today.Year 是为了获取当前时间的年份数据，与 DateTime.Now.Year.ToString() 的作用相同；同样 DateTime.Today.Month 也可以用 DateTime.Now.Month.ToString() 代替。

10.2　主题

本节视频教学录像：10 分钟

10.2.1　主题概述

主题由外观、级联样式表 (CSS)、图像和其他资源构成。主题至少应该包括外观。

外观：外观文件是主题的核心内容，用于定义页面中服务器控件的外观。它包含各个控件的属性设置。控件外观设置类似于控件标记本身，但只包含要作为主题的一部分来设置的属性。如下代码就是定义了 TextBox 控件的外观代码。

```
<asp:TextBox runat = "server" BackColor = "PowderBlue" ForeColor = "RosyBrown"/>
```

级联样式表 (CSS)：主题还可以包含级联样式表 (.css 文件)。将 .css 文件放在主题目录中时，样式表自动作为主题的一部分应用，使用文件扩展名为 .css 的文件在主题文件夹中定义样式表。主题中可以包含一个或多个级联样式表。

图像和其他资源：主题还可以包含其他图形和其他资源，例如脚本文件或视频文件等。通常，主题的资源文件与该主题的外观文件位于同一个文件夹中，但也可以在 Web 应用程序的其他地方 (不推荐)。

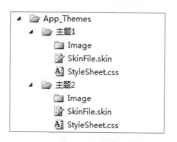

在 Web 应用程序中，主题文件需要存放在根目录的 App_Themes 文件夹下 (全局主题除外)，开发人员可手动或者使用 Visual Studio 2010 在网站的根目录以下创建该文件夹，如图所示。外观文件是主题的核心部分，每个文件夹下都可以包含一个或者多个外观文件。当主题较多，页面内容较复杂时，外观文件的组织就会出现问题。这就要求对主题文件进行有效的管理。通常根据 SkinID，控件类型及文件 3 种方式进行组织。

10.2.2　创建并应用主题

创建主题时，需要创建外观文件，还可以为主题添加 CSS 样式。外观文件分为"默认外观"和"已命名外观"两种类型。我们可以通过不设置 SkinID 属性来实现，此时，向页面应用主题，默认外观自动应用于同一类型的所有控件。已命名外观是设置了 SkinID 属性的控件，不会自动按类型应用于控件，而是通过设置控件的 SkinID 将已命名外观应用于控件。控件外观的属性可以是简单属性，也可以是复杂属性。简单属性是控件外观设置中最常见的类型，例如背景颜色、空间的宽度等。复杂性主要包括集合属性、模板属性等。

主题中的样式主要用于设置页面和普通的 HTML 空间的外观样式。

简单的应用主题只需要在每个页面的头部标签 <%@ Page%> 中设置 Theme 属性为主题名即可，

比较常用的是为单个页面和应用程序指定和禁用主题，为单个页面指定和禁用主题。

使用主题如下，需要注意的是如果页面单独使用 stylesheettheme 属性指定主题，那么内容页中定义的控件属性将覆盖 stylesheettheme 定义的控件属性。

```
<%@ Page Theme = "Theme"%>
```

或

```
<%@ Page StyleSheetTheme = "ThemeName"%>
```

禁用单个页面主题如下：

```
<%@ Page EnableTheming = "false"%>
```

为应用程序指定和禁用主题时，可以在 Web.Config 文件中的 <pages> 配置内容，禁用时，只需要将 <pages> 配置节中的 Theme 属性或者 StyleSheetTheme 实行设置为空即可。

配置主题代码如下：

```
<configuration>
    <system.web>
    <pages theme = "ThemeName"></pages>
    </system.web>
<connectionStrings/>
```

或

```
<configuration>
    <system.web>
    <pages StyleSheetTheme = "ThemeName"></pages>
    </system.web>
<connectionStrings/>
```

【范例 10-3】创建一个简单的主题并应用，外观如下图所示。

程序实现的主要步骤如下：

(1) 新建空网站，在根目录下创建 App_Themes 文件夹用于存放主题。右键单击并选择".NET 文件夹"/"主题"命令，取名为 TextBoxSkin.skin，在主题下新建外观文件，取名为 TextBoxSkin.skin，用来设置 TextBoxSkin.skin。源代码如下：

```
01   <asp:TextBox runat = "server" Text = "Hello World!" BackColor = "#FFE0C0" BorderColor = "#FFC080"
```

```
02   Font-Size = "12pt" ForeColor = "#C04000" Width = "149px"/>
03   <asp:TextBox SkinId = "textboxSkin" runat = "server" Text = "Hello World!" BackColor = "#FFFFC0"
04   BorderColor = "Olive" BorderStyle = "Dashed" Font-Size = "15px" Width = "224px"/>
```

(2) 在主题下添加一个样式表文件，默认名为 styleSheet.css，用来设置页面背景颜色、文本对齐方式及文本颜色。源代码如下：

```
01   body
02   {
03       text-align:center;
04       color:Yellow;
05       background-color:Green;
06   }
```

(3) 在网页的默认页中，添加两个 TextBox 控件，应用创建的主题，需要在 <%@ page%> 标签中设置 Theme 属性来应用主题。源代码如下：

```
01   <%@ Page Language="C#" AutoEventWireup="true"
02       CodeFile="Default.aspx.cs" Inherits="_Default" Theme = "TextBoxSkin"%>
03   <!DOCTYPE html PUBLIC"-//W3C//DTD XHTML 1.0 Transitional//EN"
04   "http://www.w3.org/TR/xhtml1/DTD/xhtml1-transitional.dtd">
05   <html xmlns="http://www.w3.org/1999/xhtml">
06   <head runat = "server">
07       <title> 创建并应用主题 </title>
08   </head>
09   <body>
10       <form id = "form1" runat = "server">
11       <div>
12         <table>
13           <tr>
14             <td style = "width: 100px">
15                默认外观: </td>
16             <td style = "width: 247px">
17              <asp:TextBox ID = "TextBox1" runat = "server"></asp:TextBox></td>
18           </tr>
19           <tr>
20             <td style = "width:100px">
21                命名外观: </td>
22             <td style = "width:247px">
23              <asp:TextBox ID="TextBox2"runat="server"SkinID="textboxSkin"></asp:TextBox></td>
24           </tr>
25         </table>
26       </div>
27       </form>
```

```
28  </body>
29  </html>
```

10.2.3 动态切换主题

除了在页面声明和配置文件中指定主题和外观首选项之外，还可以通过编程方式动态加载主题。

【范例10-4】动态加载主题界面如下图所示。

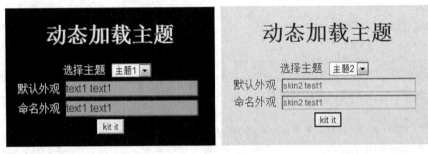

程序实现的主要步骤为：

(1) 新建一个空网站，添加两个主题，分别命名为 Theme1 和 Theme2，并且每个主题包含一个外观文件 (TextBoxSkin.skin) 和一个 CSS 文件 (StyleSheet.css) 用于设置页面的外观及控件外观。主题文件夹 Theme1 中的外观文件 TextBoxSkin.skin 的源代码如下：

```
01  <asp:TextBox runat="server" text="text1 text1" backcolor="#c0c0c0" bordercolor="#7f7f7f"
02  ForeColor="#004400" Font-Size="12pt" width="150pt" />
03  <asp:TextBox SkinID="textBoxSkin" runat="server" text="text2 text2" BackColor="red"
04  BorderColor="green" ForeColor="yellow" Font-Size="15pt" width="150pt" />
```

级联样式表文件 StyleSheet.css 的源代码如下：

```
01  body
02  {
03      text-align:center;
04      color:Yellow;
05      background-color:Navy;
06  }
07  A:link
08  {
09      color:White;
10      text-decoration:underline;
11  }
12  A:visited
13  {
14      color:White;
```

```
15    text-decoration:underline;
16  }
17  A:horver
18  {
19    color:Fuchsia;
20    text-decoration:underline;
21    font-style:italic;
22  }
23  input
24  {
25    border-color:Yellow;
26  }
```

主题文件夹 Theme2 中的外观文件 TextBoxSkin.skin 的源代码如下：

```
01 <asp:TextBox runat="server" Text="skin2 test1" BackColor="#FFe0c0" BorderColor="#FFc080"
02 Font-Size="8pt" ForeColor="#C04000" width="150pt" />
03 <asp:TextBox runat="server"  SkinID="textBoxSkin" text="skin2 test2" BackColor="#ffffc0"
04 bordercolor="olive" font-size="10pt"  borderstyle="dashed" width="150pt" />
```

级联样式表文件 StyleSheet.css 的源代码如下：

```
01 body
02 {
03    text-align:center;
04    color:#004000;
05    background-color:Aqua;
06 }
07 A:link
08 {
09    color:blue;
10    text-decoration:underline;
11 }
12 A:visited
13 {
14    color:blue;
15    text-decoration:underline;
16 }
17 A:horver
18 {
19    color:Silver;
20    text-decoration:underline;
21    font-style:italic;
22 }
```

```
23  input
24  {
25    border-color:#004040;
26  }
```

(2) 在网站的默认主页 Default.aspx 中添加一个 DropDownList 控件、两个 TextBox 控件和一个 HTML/Button 控件。

DropDownList 控件中包含两个选项, 一个是" Theme1", 另外一个是"Theme2"。当用户选择任何一个选项时, 都会触发 DropDownList 控件的 SelectedIndexChanged 事件, 在该事件下, 将选项的主题名存放在 URL 的 QueryString(即 theme) 中, 并重新加载页面。Default.aspx 的代码如下:

```
01 <%@ Page Language="C#" AutoEventWireup="true"  CodeFile="Default.aspx.cs" Inherits="_
Default" %>
02 <!DOCTYPE html PUBLIC "-//W3C//DTD XHTML 1.0 Transitional//EN"
03 "http://www.w3.org/TR/xhtml1/DTD/xhtml1-transitional.dtd">
04 <html xmlns="http://www.w3.org/1999/xhtml">
05 <head id="Head1" runat="server">
06   <title> 无标题 </title>
07 </head>
08 <body>
09   <form id="form1" runat="server">
10   <div>
11   <h1> 动态加载主题 </h1>
12   <span> 选择主题 </span>
13 {   <asp:DropDownList ID="dropdownlist1" runat="server"
14   onselectedindexchanged="dropdownlist1_SelectedIndexChanged" AutoPostBack="true">
15     <asp:ListItem Value="theme1"> 主题 1</asp:ListItem>
16     <asp:ListItem Value="theme2"> 主题 2</asp:ListItem>
17   </asp:DropDownList>
18   <br />
19   <span> 默认外观 </span>
20   <asp:TextBox ID="textBox1" runat="server"></asp:TextBox>
21   <br />
22   <span> 命名外观 </span>
23   <asp:TextBox ID="textBox2" runat="server"></asp:TextBox>
24   <br />
25   <asp:Button ID="button1" runat="server"  Text="kit it"/>
26   </div>
27   </form>
28 </body>
29 </html>
```

使用 Theme 属性指定页面的的主题, 只能在页面的 PreInit 事件发生过程中或者提前设置, 本事例在 PreInit 事件发生过程中修改 Page 对象 Theme 属性值。其代码如下：

```
01  public partial class _Default : System.Web.UI.Page
02  {
03    protected void Page_Load(object sender, EventArgs e)
04    {
05    }
06    protected void dropdownlist1_SelectedIndexChanged(object sender, EventArgs e)
07    {
08      string url = Request.Path + "?theme=" + dropdownlist1.SelectedItem.Value;
09      Response.Redirect(url);
10    }
11    void Page_PreInit(object sender, EventArgs e)
12    {
13      string theme = "theme1";
14      if (Request.QueryString["theme"] == null)
15      {
16        theme = "theme1";
17      }
18      else
19      {
20        theme = Request.QueryString["theme"];
21      }
22      Page.Theme = theme;
23      ListItem item = dropdownlist1.Items.FindByValue(theme);
24      if (item != null)
25      {
26        item.Selected = true;
27      }
28    }
29  }
```

▌10.3 高手点拨

🍪 本节视频教学录像：4 分钟

🪨 母版页怎么使用主题

母版页中不能直接使用主题，所以，要想在母版页中使用主题，需要在 Web.config 文件中的 Pages 节中进行配置，源代码如下：

```
01  <configuration>
02    <system.web>
03      <pages styleSheetTheme=" ThemeName" />
```

```
04   </system.web>
05   </configuration>
```

2. Skin 和 CSS 的区别

CSS 是用于控制所有 HTML 标记的外观。

Skin 是用于控制所有 ASP.NET 服务器调整的外观，并且可以通过属性 cssClass 定义它的 CSS 样式。

3. @Page 中 Theme 与 StylesheetTheme 的区别

在应用主题文件时，有两种方法：在 <%@Page Theme=" "%>> 中设置 Theme 和在 <%@Page StylesheetTheme="" %> 中设置 StylesheetTheme。

两者的主要区别在于调用的优先级不同：

当设置 Theme 时，先调用页面中的属性，再调用 theme 中的属性，如果有重复的属性定义，最终以 theme 中的为准。

当设置 StylesheetTheme 时，先调用 StylesheetTheme 中定义的属性，再使用页面中定义的属性，如果有重复属性定义，最终结果以页面中定义的属性为准。

▌ 10.4 实战练习

1. 创建一个母版页和一个内容页，母版页中有一个 TextBox 控件，内容页需要嵌套在母版页下，实现在内容页中访问母版页中的 TextBox 控件。

2. 创建一个主题文件，内容需要包括外观和级联样式表，并应用于 Default.aspx 上。

第11章

 本章视频教学录像：18 分钟

ASP.NET 缓存机制

缓存是系统或应用程序将频繁使用的数据保存到内存中，当系统或应用程序再次使用时，能够快速地获取数据。缓存技术是提高 Web 应用程序开发效率的最常用的技术。在 ASP.NET 中，有三种 Web 应用程序可以使用缓存技术，即页面输出缓存、页面部分缓存和页面数据缓存，本章将分别介绍这三种缓存技术。

本章要点（已掌握的在方框中打钩）

□ 了解 ASP.NET 缓存

□ 页面输出缓存

□ 页面部分缓存

□ 页面数据缓存

11.1 ASP.NET 缓存概述

 本节视频教学录像：3 分钟

缓存是 ASP.NET 中非常重要的一个特性，可以生成高效能的 Web 应用程序。生成高效能的 Web 应用程序最重要的因素之一，就是将那些频繁访问、而且不需要经常更新的数据存储在内存中，当客户端再一次访问这些数据时，可以避免重复获取满足先前请求的信息，实现快速显示请求的 Web 页面。

ASP.NET 4.0 中有 3 种 Web 应用程序可以使用缓存技术，即页面输出缓存、页面部分缓存和页面数据缓存。ASP.NET 4.0 的缓存功能具有以下优点：

1. 支持更为广泛和灵活的可开发特性

ASP.NET4.0 包含一些新增的缓存控件和 API。例如，自定义缓存依赖、Substitution 控件、页面输出缓存 API 等，这些特征能够明显改善开发人员对于缓存功能的控制。

2. 增强可管理性

使用 ASP.NET4.0 提供的配置和管理功能，可以更加轻松地管理缓存功能。

3. 提供更高的性能和可伸缩性

ASP.NET4.0 提供了一些新的功能，例如 SQL 数据缓存依赖等，这些功能帮助开发人员创建高性能、伸缩性强的 Web 应用程序。

当然除此之外，缓存功能也有自身的不足，比如显示的内容可能不是最新、最准确的，为此必须设置合适的缓存策略。又如，缓存增加了系统的复杂性并使其难于测试和调试，因此建议在没有缓存的情况下开发和测试应用程序，然后在性能优化阶段启用缓存选项。

如果不设置缓存，ASP.NET 会根据每个请求重复 n 次，这就增加了不必要的开销。所以，可能的情况下尽量使用缓存，从内存中返回数据的速度始终比去数据库查的速度快，因而可以大大提高应用程序的性能。毕竟现在内存非常便宜，用空间换取时间效率应该是非常划算的。尤其是对耗时比较长的、需要建立网络连接的数据库查询操作等。

11.2 页面缓存

 本节视频教学录像：11 分钟

本节介绍页面缓存的相关内容。

11.2.1 页面输出缓存

页面输出缓存是最为简单的缓存机制，该机制将整个 ASP.NET 页面内容保存在服务器内存中。当用户请求该页面时，系统从内存中输出相关数据，直到缓存数据过期。在这个过程中，缓存内容直接发送给用户，而不必再次经过页面处理生命周期。通常情况下，页面输出缓存对于那些包含不需要经常修改内容的，但需要大量处理才能编译完成的页面特别有用。需要读者注意的是，页面输出缓存是将页面全部内容都保存在内存中，并用于完成客户端请求。

页面输出缓存需要利用有效期来对缓存区中的页面进行管理。设置缓存的有效期可以使用 @OutputCache 指令。@OutputCache 指令如下：

```
<%@ OutputCache Duration="#ofseconds"
    Location="Any | Client | Downstream | Server | None | ServerAndClient "
    Shared="True | False"
    VaryByControl="controlname"
    VaryByCustom="browser | customstring"
    VaryByHeader="headers"
    VaryByParam="parametername"
%>
```

@OutputCache 指令中的各个属性的说明如下：

（1）Duration：页或用户控件进行缓存的时间（以秒计）。在页或用户控件上设置该属性为来自对象的 HTTP 响应建立了一个过期策略，并将自动缓存页或用户控件输出。该属性是必须的。

（2）Location：用于指定输出缓存项的位置。其属性值是 OutputCacheLocation 枚举值，它们是 Any、Client、Downstream、None、Server 和 ServerAndClient。默认值是 Any，表示输出缓存可用于所有请求，包括客户端浏览器、代理服务器或处理请求的服务器上。需要注意的是，包含在用户控件中的 @ OutputCache 指令不支持此属性。

（3）Shared：一个布尔值，确定用户控件输出是否可以由多个页共享。默认值为 False。

（4）VaryByControl：该属性使用一个分号分隔的字符串列表来更改用户控件的输出缓存。这些字符串代表在用户控件中声明的 ASP.NET 服务器控件的 ID 属性值。除非已经包含了 VaryByParam 属性，否则在 @ OutputCache 指令中，该属性是必需的。

（5）VaryByCustom：用于自定义输出缓存要求的任意文本。如果赋予该属性值是 browser，缓存将随浏览器名称和主要版本信息的不同而异。如果输入了自定义字符串，则必须在应用程序的 Global. asax 文件中重写 HttpApplication.GetVaryByCustomString 方法。

（6）VaryByHeader：该属性中包含由分号分隔的 HTTP 标头列表，用于使输出缓存发生变化。当将该属性设为多标头时，对于每个指定的标头，输出缓存都包含一个请求文档的不同版本。VaryByHeader 属性在所有 HTTP 1.1 缓存中启用缓存项，而不仅限于 ASP.NET 缓存。

（7）VaryByParam：该属性定义了一个分号分隔的字符串列表，用于使输出缓存发生变化。默认情况下，这些字符串与用 GET 方法属性发送的查询字符串值对应，或与用 POST 方法发送的参数对应。当将该属性设置为多参数时，对于每个指定的参数，输出缓存都包含一个请求文档的不同版本。可能的值包括"none"、"*"和任何有效的查询字符串或 POST 参数名称。

【范例 11-1】设置页面缓存的过期时间为当前时间加上 60 秒。

程序实现的主要步骤如下：

（1）新建 ASP.NET 空网站 PageOutputCache，添加页面并采用默认名称。

（2）将 Default.aspx 页面切换到 HTML 视图中，在 <%@ Page%> 指令的下方添加如下代码，实现页面缓存的过期时间为当前的时间加上 60 秒：

```
<%@ OutputCache Duration = "60" VaryByParam = "none" %>
```

（3）双击页面打开 Default.aspx.cs 页面，添加如下代码，输出当前的系统时间，用于比较程序在 60 秒内和 60 秒后的运行状态。

```
01  void Page_Load(object sender, EventArgs e)
02  {
03      Response.Write("页面缓存设置示例: <br> 设置缓存时间为 60 秒，当前时间为: " + DateTime.
Now.ToString());
04  }
```

【运行结果】

按【Ctrl+F5】组合键运行，测试运行结果，如图所示。程序运行 60 秒内刷新页面，页面中的数据不发生变化；60 秒后刷新页面，页面中的数据发生变化。

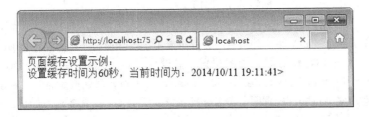

11.2.2 页面局部缓存

本节介绍页面局部缓存的相关内容。

1. 页面输出缓存概述

通常情况下，缓存整个页面是不合理的，因为页的某些部分在每一次请求都进行更改，这种情况下，只能缓存页的一部分即页面部分缓存。页面部分缓存是将页面的部分内容保存在内存中以便响应用户请求，而页面其他部分内容则为动态内容。页面部分缓存的信息包含在一个用户控件内，然后将该用户控件标记为可缓存的，以此来缓存页面输出的部分内容。片段缓存，也就是控件缓存，这一方式缓存了页面的特定内容，而没有缓存整个页面，因此，每次都需要重新创建整个页。而另外一种方式，替换后缓存与用户控件缓存正好相反。这种方式缓存整个页，但页中的各段都是动态的。

设置控件缓存的实质是对用户控件进行缓存配置。主要包括以下 3 种方法。

(1) 使用 @ OutputCache 指令以声明方式为用户控件设置缓存功能。

(2) 在代码隐藏文件中使用 PartialCachingAttribute 类设置用户控件缓存。

(3) 使用 ControlCachePolicy 类以编程方式指定用户控件缓存设置。

2. 使用 @ OutputCache 指令设置用户控件缓存功能

@ OutputCache 指令以声明方式为用户控件设置缓存功能，用户控件缓存与页面输出缓存的 @ OutputCache 指令设置方法基本相同，都在文件顶部设置 @ OutputCache 指令。不同点包括如下两个方面。

(1) 用户控件缓存功能的 @ OutputCache 指令设置在用户控件文件内，而页面输出缓存的 @ OutputCache 指令设置在普通 ASP.NET 文件中。

(2) 用户控件缓存的 @ OutputCache 指令只能设置 6 个属性，即 Duration、Shared、SqlDependency、VaryByControl、VaryByCustom 和 VaryByParam。而在页面缓存的 @ OutputCache 指令字符串设置的属性多达 10 个。

用户控件中的 @ OutputCache 指令设置源代码如下：

```
<%@ OutputCache Duration = "60" VaryByParam = "none" VaryByControl = "ControlID" %>
```

以上代码为用户控件中的服务器控件设置缓存，其中缓存时间为 60 秒，ControlID 是服务器控件 ID 属性值。

3. 使用 PartialCachingAttribute 类设置用户控件缓存功能

使用 PartialCachingAttribute 类可以在用户控件 (.ascx 文件) 中设置有关控件缓存的配置内容。PartialCachingAttribute 类包含六个常用属性和四个类构造函数，其中六个常用属性与 @ OutputCache 指令设置的六个属性完全相同，只是使用方式不同，这里不再赘述。下面重点介绍 PartialCachingAttribute 类中的构造函数，PartialCachingAttribute 类的四种构造函数如下：

(1) [PartialCaching(int duration)]。

这是最为常用的一种格式。其参数 duration 为整数类型，用于设置用户控件缓存有效期时间值。该参数与 @ OutputCache 指令中的 Duration 属性对应。

(2) [PartialCaching(int duration, string varyByParams, string varyByControls, string varyByCustom)]。

这种格式设置的内容较多。参数 duration 与上面说明的相同。参数 varyByParams 是一个由分号分隔的字符串列表，用于使输出缓存发生变化。该参数与 @OutputCache 指令中的 VaryByParam 属性对应。参数 varyByControls 是一个由分号分隔的字符串列表，用于使输出缓存发生变化，其与 @ OutputCache 指令中的 VaryByControl 属性对应。参数 varyByCustom 用于设置任何表示自定义输出缓存要求的文本，与 @OutputCache 指令中的 VaryByCustom 属性对应。

(3) [PartialCaching(int duration, string varyByParams, string varyByControls, string varyByCustom, bool shared)]。

这种格式中，参数 duration、varyByParams、varyByControls、varyByCustom 都与上面说明的参数相同。只有参数 shared 是新添加的。参数 shared 值是一个布尔值，用于确定用户控件输出缓存是否可以由多个页面共享。默认值为 false。当该参数设置为 true，表示用户控件输出缓存可以被多个页面共享，可以潜在节省大量内存。

(4) [PartialCaching(int duration, string varyByParams, string varyByControls, string varyByCustom, string sqlDependency, bool shared)]。

以上格式中添加了一个新参数 sqlDependency。用于设置用户控件缓存入口所使用 SQL Server 缓存依赖功能的数据库及表名。如果包含多个数据库及表名，则使用分号 (;) 分隔开来。当该属性值发生变化时，缓存入口将过期。另外，数据库名必须与 web.config 文件中的 < sqlcachedependency > 配置节的内容匹配。

以上介绍了 PartialCachingAttribute 类的六个属性和四种构造函数。下面通过一个典型示例说明该类的具体应用方法。

【范例 11-2】使用 PartialCachingAttribute 类实现设置用户控件缓存。

(1) 新建 ASP.NET 空网站命名为 PartialCachingAttribute，添加默认主页 Default.aspx，并在该页中添加一个 Label 控件用于显示当前系统时间。因此在 Default.aspx.cs 的 Page_Load() 事件中输入以下代码：

```
01  protected void Page_Load(object sender, EventArgs e)
```

```
02  {
03      this.Label1.Text = "Web 页中的系统时间: " + DateTime.Now.ToString();
04  }
```

(2) 在项目名称上点击右键，选择【添加新项】▶【web 用户控件】，默认名为 WebUserControl. ascx，并在该用户控件中添加一个 Label 控件用于显示当前的系统时间。

(3) 为了使用 PartialCachingAttribute 类设置用户控件 (WebUserControl.ascx 文件) 的缓存有效期为 20 秒，必须在用户控件类声明前设置 "[PartialCaching(20)]"。代码如下：

```
01  [PartialCaching(20)]
02  public partial class _Default : System.Web.UI.Page
03  {
04      protected void Page_Load(object sender, EventArgs e)
05      {
06          this.Label1.Text = " 用户控件中的系统时间: " + DateTime.Now.ToString();
07      }
08  }
```

【运行结果】

按【Ctrl+F5】组合键运行，示例运行结果如图所示，示例运行 20 秒内刷新，运行结果中用户控件中的系统时间不变，但是 Web 页中的系统时间仍然变化；运行 20 秒后刷新页面，用户控件和 Web 页中的系统时间都会发生变化。

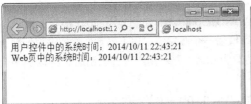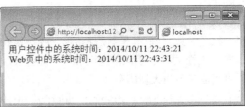

4. 使用 ControlCachePolicy

ControlCachePolicy 是 .NET Framework 2.0 中新增的类，主要用于提供对用户控件的输出缓存设置的编程访问。ControlCachePolicy 类包含 6 个属性，分别是 Cached、Dependency、Duration、SupportsCaching、VaryByControl 和 VaryByParams。

(1) Cached：用于获取或者设置一个布尔值，表示是否在用户控件中启用控件缓存功能。true 表示启用控件缓存功能，否则为 false。

（2）Dependency：用于获取或者设置一个 CacheDependency 实例对象，该对象与用户控件的输出缓存关联。默认值为 null。当 CacheDependency 实例对象失效时，用户控件的输出缓存将从缓存中移除。

（3）Duration：获取或者设置一个 TimeSpan 结构，表示用户控件输出缓存的有效时间。默认值为 Zero。

（4）SupportsCaching：该属性获取一个布尔值，用于表示用户控件是否支持缓存功能。如果属性值为 true，则表示该用户控件支持缓存；否则为 false。

（5）VaryByControl：用于获取或者设置一个由分号分隔的字符串列表，这些字符串包含在用户控件中声明的服务器控件 ID 属性值。用户控件可根据该属性值，使输出缓存发生变化。

（6）VaryByParams：用于获取或者设置一个由分号分隔的字符串列表。默认情况下，这些字符串与用 GET 方法属性发送的查询字符串值对应，或与用 POST 方法发送的参数对应。用户控件可根据该属性值，使输出缓存发生变化。

下面通过一个例子说明该类的具体应用方法。

【范例 11-3】使用 ControlCachePolicy 类实现设置用户控件缓存。

下面的示例主要演示如何在运行时动态加载用户控件，如何以编程方式设置用户控件缓存过期时间为 20 秒，以及如何使用绝对过期策略。

程序实现的主要步骤为：

（1）新建 ASP.NET 空网站并命名为 PartialCachingAttribute，添加默认主页 Default.aspx，并在该页中添加一个 Label 控件用于显示当前系统时间。

（2）在项目名称上单击右键，选中【添加新项】➤【web 用户控件】命令，默认名为 WebUserControl.ascx，并在该用户控件中添加一个 Label 控件用于显示当前的系统时间。

（3）使用 PartialCachingAttribute 类设置用户控件 (WebUserControl.ascx 文件) 的默认缓存有效期为 80 秒。代码如下：

```
01   [PartialCaching(80)]
02   public partial class WebUserControl : System.Web.UI.UserControl
03   {
04       protected void Page_Load(object sender, EventArgs e)
05       {
06           Label1.Text = " 用户控件中的系统时间: " + DateTime.Now.ToLongTimeString();
07       }
08   }
```

（4）在 Default.aspx 页面中的 Page_Init 事件下动态加载用户，并使用 SetSlidingExpitation 和 SetExpires 方法更改用户控件的缓存过期时间为 20 秒，Page_Init 事件的代码如下：

```
01   protected void Page_Init(Object sender, EventArgs e)
02   {
03       this.Label1.Text = "Web 页中的系统时间: " + DateTime.Now.ToLongTimeString();
04       PartialCachingControl pcc = LoadControl("WebUserControl.ascx") as PartialCachingControl;
05       if (pcc.CachePolicy.Duration > TimeSpan.FromSeconds(60))
```

```
06        {
07            pcc.CachePolicy.SetExpires(DateTime.Now.Add(TimeSpan.FromSeconds(20)));
08            pcc.CachePolicy.SetSlidingExpiration(false);
09        }
10        Controls.Add(pcc);
11    }
```

【运行结果】

按【Ctrl+F5】组合键运行，执行程序。示例运行结果如图所示，示例运行 10 秒后刷新页面，运行结果中用户控件中的系统时间不变，但是 Web 页中的系统时间仍然变化；运行 20 秒后刷新页面，用户控件和 Web 页中的系统时间都会发生变化。读者会发现整个过程中中间的用户控件中的系统时间保持不变，这是因为这个缓存有效期是由初次加载时的默认缓存有效期决定的，而初次加载时默认缓存有效期大于 20 秒，因此，20 秒内这个时间是不会有变化的。

示例运行初期：

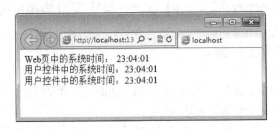

12 秒后刷新：

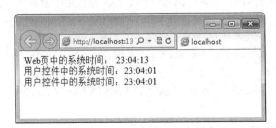

20 秒后刷新：

11.2.3 页面数据缓存

页面数据缓存即应用程序数据缓存，它提供了一种编程方式，可通过键／值将任意数据存储在内存中。使用应用程序缓存与使用应用程序状态类似，但是与应用程序状态不同的是，应用程序数据缓存中的数据是容易丢失的，即数据并不是在整个应用程序生命周期中都存储在内存中。应用程序数据缓存的优点是由 ASP.NET 管理缓存，它会在项过期、无效或内存不足时移除缓存中的项，还可以配置应用程序缓存，以便在移除项时通知应用程序。

　　ASP.NET 中提供了类似于 Session 的缓存机制，即页面数据缓存。利用页面数据缓存，可以在内存中存储各种与应用程序相关的对象。对于各个应用程序来说，数据缓存只是在应用程序内共享，并不能在应用程序间共享。Cache 类用于实现 Web 应用程序的缓存，在 Cache 中存储数据最简单的方法如下：

```
Cache[ "Key" ] = Value;
```

　　从缓存中取数据时，需要先判断一下缓存中是否有内容，另外需要注意的是从 Cache 中取出的是一个 Object 类型的对象，注意类型转换，其方法如下：

```
Value = (String)Cache[ "key" ];
If(Value != null)
{
    //do something;
}
```

　　Cache 类中有两个重要的方法，即 Add 和 Insert 方法，其语法格式如下：

```
public Object Add[Insert](
    string key,
    Object value,
    CacheDependency dependencies,
    DateTime absoluteExpiration,
    TimeSpan slidingExpiration,
    CacheItemPriority priority,
    CacheItemRemovedCallback onRemoveCallback
)
```

　　参数说明：
　　(1) key
　　类型：SystemString
　　用于引用该项的缓存键。
　　(2) value
　　类型：SystemObject
　　要添加到缓存的项。
　　(3) dependencies
　　类型：System.Web.CachingCacheDependency
　　该项的文件依赖项或缓存键依赖项。当任何依赖项更改时，该对象即无效，并从缓存中移除。如果没有依赖项，则此参数可以设置为 null。
　　(4) absoluteExpiration
　　类型：SystemDateTime

所添加对象将到期并被从缓存中移除的时间。 如果使用可调到期，则 absoluteExpiration 参数必须为 NoAbsoluteExpiration。

(5) slidingExpiration

类型：SystemTimeSpan

最后一次访问所添加对象时与该对象到期时之间的时间间隔。 如果该值等效于 20 分钟，则对象在最后一次被访问 20 分钟之后将到期并从缓存中移除。 如果使用绝对到期，则 slidingExpiration 参数必须为 NoSlidingExpiration。

(6) priority

类型：System.Web.CachingCacheItemPriority

对象的相对成本，由 CacheItemPriority 枚举表示。 缓存在退出对象时使用该值；具有较低成本的对象在具有较高成本的对象之前被从缓存中移除。

(7) onRemoveCallback

类型：System.Web.CachingCacheItemRemovedCallback

在从缓存中移除对象时所调用的委托（如果提供）。当从缓存中删除应用程序的对象时，可使用它来通知应用程序。

Insert 方法声明与 Add 方法类似，但 Insert 方法为可重载方法，其结构如表所示。

名称	说明
Insert(String，Object)	向 Cache 对象插入项，该项带有一个缓存键引用其位置，并使用 CacheItemPriority 枚举提供的默认值
Insert(String，Object，CacheDependency)	向 Cache 中插入具有文件依赖项或键依赖项的对象
Insert(String，Object，CacheDependency，DateTime，TimeSpan)	向 Cache 中插入具有依赖项和到期策略的对象
Insert(String，Object，CacheDependency，DateTime，TimeSpan，CacheItemUpdateCallback)	将对象与依赖项、到期策略以及可用于在从缓存中移除项之前通知应用程序的委托一起插入到 Cache 对象中
Insert(String，Object，CacheDependency，DateTime，TimeSpan，CacheItemPriority，CacheItemRemovedCallback)	向 Cache 对象中插入对象，后者具有依赖项、到期和优先级策略以及一个委托（可用于在从 Cache 移除插入项时通知应用程序）

在 Insert 方法中，CacheDependency 是指依赖关系，DateTime 是指有效时间，TimeSpan 是创建对象的时间间隔。

下面通过几个小示例，来讲解 Insert 方法的使用。

例如：将文件中的 XML 数据插入缓存，无需在以后请求时从文件中读取。CacheDependency 的作用是确保缓存在文件更改后立即到期，以便可以从文件中提取最新数据，重新进行缓存。如果缓存的数据来自若干个文件，还可以指定一个文件名的数组。代码如下：

```
Cache.Insert("key", myXMLFileData, new System.Web.Caching.CacheDependency
(Server.MapPath("user.xml")));
```

例如：插入键值为 key 的第二个数据块（取决于是否存在第一个数据块）。如果缓存中不存在名为 key 的键，或者与该键相关联的项已到期或被更新，那么 dependentkey 的缓存条目将到期，代码如下：

```
Cache.Insert("dependenctkey", myDependentData, new
System.Web.Caching.CacheDependency(new String[]{}, new Stirng[] {"key"}));
```

下面是一个绝对到期的示例，此示例将对受时间影响的数据缓存 1 分钟，1 分钟过后，缓存将到期。其中有一点需要注意，绝对到期和滑动到期不能一起使用。

```
Cache.Insert("key", myTimeSensitiveData, null,
DateTime.Now.AddMinutes(1), TimeSpan.Zero);
```

下面是一个滑动到期的示例，此示例将缓存一些频繁使用的数据。数据将在缓存中一直保存下去，除非数据未被引用的时间达到了 1 分钟。

```
Cache.Insert("key", myFrequentlyAccessedData, null,
System.Web.Caching.Cache.NoAbsoluteExpiration, TimeSpan.FromMinutes(1));
```

11.3 高手点拨

 本节视频教学录像：4 分钟

1. 通过 Response.Cache 以编程的方式设置网页输出缓存时间

设置网页输出缓存的持续时间，可以采用编程的方式通过 Response.Cache 方法来实现。其使用方法如下：

```
Response.Cache.SetExpires(DateTime.Now.AddMinutes(20));//20 秒后移除
Response.Cache.SetExpires(DateTime.Parse("4:00:00PM"));// 有效期到下午 4 点
Response.Cache.SetMaxAge(new TimeSpan(0,0,10,0));// 有效期为 10 分钟
```

2. 设置网页缓存的位置

网页缓存的位置可以根据缓存的内容来决定，比如，对于安全性要求比较高的网页，最好在 Web 服务器上进行缓存；对于普通网页，则可以允许在任何具有缓存功能的装置上缓存，以提高资源的使用率。

如果使用 @OutputCache 指令进行网页输出缓存位置的设置，可以使用 Location 属性。例如，设置网页只能缓存在服务器的代码如下：

```
<%@OutputCache Duration="60" VaryByParam="none" Location="Server" %>
```

11.4 实战练习

1. 创建 ASP.NET 网站，并设置页面缓存的过期时间为当前时间加上 60 秒。

2. 使用 11.2.2 小节中提供的任意一种方法设置用户控件缓存功能，并查看用户系统时间和 Web 页中的系统时间对比，理解缓存的概念和实现。

第12章

本章视频教学录像：20分钟

Web Service

Web Service 是一种新的 Web 应用程序分支，是自包含、自描述和模块化的应用，可以发布、定位和通过 Web 调用。

Web 服务的工作方式就像能够跨 Web 调用的组件。ASP.NET 允许创建 Web 服务。在本章中，主要讲解如何创建 Web 服务以及如何使用 Web 服务作为 Web 应用程序中的组件。

本章要点（已掌握的在方框中打钩）

☐ 了解 Web Service

☐ Web 服务代码隐藏文件

☐ 使用 Visual Studio 2010 创建 Web Service

☐ 调用 Web Service

12.1 Web Service 简介

 本节视频教学录像：4 分钟

Web Service 即 Web 服务。所谓服务就是系统提供一组接口，并通过接口使用系统提供的功能。与在 Windows 系统中的应用程序通过 API 接口函数使用系统提供的服务一样，在 Web 站点之间，如果使用其他站点的资源，就需要其他站点提供服务，这个服务就是 Web 服务。

Web 服务是建立可互操作的分布式应用程序的新平台，它是一套标准，定义了应用程序如何在 Web 上实现互操作。在这个新的平台上，开发人员可以使用任何语言，以及在任何操作系统平台上进行编程，只要保证遵循 Web 服务标准，就能够实现对服务进行查询和访问。Web 服务的服务器端和客户端都需要支持标准协议 HTTP、SOAP 和 XML。

网络是多样性的，要在 Web 的多样性中取得成功，Web 服务在涉及操作系统、对象模型和编程语言的选择时不能有任何倾向性。并且，要使 Web 服务像其他基于 Web 的技术一样被广泛采用，还必须满足以下特性。

(1) 服务器端和客户端的系统都是松耦合的。也就是说，Web 服务与服务器端和客户端所使用的操作系统和编程语言都无关。

(2) Web 服务的服务器端和客户端应用程序具有连接到 Internet 的能力。

(3) 用于进行通信的数据格式必须是开放式标准，而不是封闭通信方式。在采用自我描述的文本消息时，Web 服务及客户端无需知道每个基础系统的构成即可共享消息，这使得自治系统和不同的系统之间能够进行通信。Web 服务使用 XML 实现此功能。

Web Services 是指用于架构 Web service 的整体技术框架，而 Web Service 则是使用 Web Services 技术而创建的应用实例。在很多时候，Web Services 的含义也是具体的应用实例，只不过此时泛指。

在 ASP.NET 中创建一个 Web 服务与创建一个网页相似。但是 Web 服务没有用户界面，也没有可视化组件，并且 Web 服务仅包含方法。Web 服务可以在一个扩展名为 .asmx 的文件中编写代码，也可以放在代码隐藏文件中。在 Visual Studio 2010 中，.asmx 文件的隐藏文件创建在 App_Code 目录下。

Web 服务文件中包括一个 WebServices 指令，该指令必须应用在所有 Web 服务中。语法代码如下：

```
<%@ WebService Language="C#" CodeBehind=" ~ /App_Code/Service.cs" Class="Service" %>
```

其中，

Language 属性：指定在 Web services 使用的语言。可以为 .NET 支持的任何语言，包括 C#、Visual Basic 和 JScript。该属性是可选的，如果未设置该属性，编译器将根据类文件使用的扩展名推导出所使用的语言。

Class 属性：指定实现 Web services 的类名，该服务在更改后第一次访问 Web services 时被自动编译。该值可以是任何有效的类名。该属性指定的类既可以存储在单独的代码隐藏文件中，也可以存储在与 Web Service 指令相同的文件中。该属性是 Web services 必需的。

CodeBehind 属性：指定 Web services 类的源文件的名称。

Debug 属性：指示是否使用调试方式编译 Web services。如果启用调试方式编译 Web services，Debug 属性则为 true，否则为 false。默认为 false。在 Visual Studio 2010 中，Debug 属性是由 Web config 文件中的一个输入值决定的，所以开发 Web services 时，该属性会被忽略。

12.2 Web Service 服务代码隐藏文件

 本节视频教学录像：7 分钟

在代码隐藏文件中包含一个类，它是根据 Web 服务的文件名命名的。这个类有两个特性标签，Web Service 和 Web Service Binding。在该类中还有一个名为 Hello World 的模板方法，它将返回一个字符串。这个方法使用 Web Method 特性修饰，该特性表示方法对于 Web 服务使用程序可用。

1. Web Service 特性

对于将要发布和执行的 Web 服务来说，Web Service 特性是可选的。可以使用 Web Service 特性为 Web 服务指定不受公共语言运行库标识符规则限制的名称。

Web 服务在成为公共之前，应该更改其默认的 XML 命名空间。每个 XML Web services 都需要唯一的 XML 命名空间来标识它，以便客户端应用程序能够将它与网络上的其他服务区分开来。http://tempuri.org/ 可用于正在开发中的 Web 服务，已发布的 Web 服务应该使用更具永久性的命名空间。例如，可以将公司的 Internet 域名作为 XML 命名空间的一部分。虽然很多 Web 服务的 XML 命名空间与 URL 很相似，但是，它们无需指向 Web 上的某一实际资源（Web 服务的 XML 命名空间是 URI）。对于使用 ASP.NET 创建的 Web 服务，可以使用 Namespace 属性更改默认的 XML 命名空间。

例如：将 Web Service 特性的 XML 命名空间设置为 http://www.microsoft.com。代码如下：

```
using System;
using System.Web.Services;
[WebService(Namespace = "http:// www.microsoft. com /")]
public class Service : System.Web.Services.WebService
{
    public Service () {
    // 如果使用设计的组件，请取消注释以下行
    //InitializeComponent();
    }
    [WebMethod]
    public string HelloWorld() {
            return "Hello World";
    }
}
```

2. Web Service Binding 特性

按 Web 服务描述语言（WSDL）的定义，绑定类似于一个接口，原因是它定义一组具体的操作。每个 Web services 方法都是特定绑定中的一项操作。Web services 方法是 Web services 默认绑定的成员，或者是在应用于实现 Web services 的类的 Web Service Binding 特性中指定绑定的成员。Web 服务可以通过将多个 Web Service Binding 特性应用于 Web services 来实现多个绑定。

3. Web Method 特性

Web services 类包含一个或多个可在 Web 服务中公开的公共方法。这些 Web services 方法以 Web Method 特性开头。为使用 ASP.NET 创建的 Web 服务中的某个方法添加此 Web Method 特性后，

就可以从远程 Web 客户端调用该方法。

Web Method 特性包括一些属性，这些属性可以用于设置特定 Web 方法的行为，语法如下：

[Web Method(PropertyName=value)]

Web Method 特性提供以下属性。

Buffer Response 属性 :Buffer Response 属性启用对 Web services 方法响应的缓冲。当设置为 true 时，ASP.NET 在将响应从服务器向客户端发送之前，对整个响应进行缓冲。当设置为 false 时，ASP. NET 以 16KB 的块区缓冲响应。默认值为 true。

Cache Duration 属性 :Cache Duration 属性启用对 Web services 方法结果的缓存。ASP.NET 将缓存每个唯一参数集的结果。该属性的值指定 ASP.NET 应该对结果进行多少秒的缓存处理。值为 0 时，则禁用对结果进行缓存。默认值为 0。

Description 属性 :Description 属性提供 Web services 方法的说明字符串。当在浏览器上测试 Web 服务时，该说明将显示在 Web 服务帮助页上。默认值为空字符串。

Enable Session 属性 :Enable Session 属性设置为 true，启用 Web services 方法的会话状态。一旦启用，Web services 就可以从 HttpContext.Current.Session 中直接访问会话状态集合，如果它是从 Web Service 基类继承的，则可以使用 Web Service.Session 属性来访问会话状态集合。默认值为 false。

Message Name 属性 :Web 服务中禁止使用方法重载。但是，可以通过使用 Message Name 属性消除由多个相同名称的方法造成的无法识别问题。Message Name 属性使 Web 服务能够唯一确定使用别名的重载方法。默认值是方法名称。当指定 Message Name 时，结果 SOAP 消息将反映该名称，而不是实际的方法名称。

▎12.3 使用 Visual Studio 2010 创建 Web Service

本节视频教学录像：3 分钟

下面通过一个简单的例子介绍如何使用 Visual Studio 2010 创建 Web 服务。

【范例 12-1】创建简单的 Web 服务。

本示例将介绍如何创建一个简单的 Web 服务。程序实现的主要步骤如下。

(1) 打开 Visual Studio 2010 开发环境，依次选择【文件】➤【新建】➤【asp.net 空网站】命令，并将网站命名为 WebDemo1，在解决方案资源管理器中右键单击项目名称，依次点击【添加新项】➤【Web 服务】命令，这里直接使用默认的 web 服务文件名，默认名为 WebService.asmx 如下图所示。

(2) 单击"确定"按钮，将显示如图所示的页面。

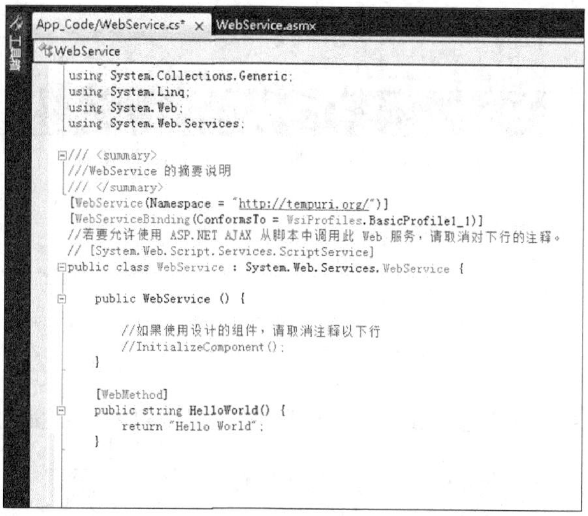

该页为 Web 服务的代码隐藏文件，它包含了自动生成的一个类，并生成一个名为 Hello World 的方法，返回一个字符串。

(3) 在代码中添加自定义的方法，包括 +、−、*、/ 四种运算，代码如下。

```
01  [WebMethod(Description ="求和的方法")]
02  public double addition(double i, double j)
03  {
04      return i + j;
05  }
06  [WebMethod(Description ="求差的方法")]
07  public double subtract(double i, double j)
08  {
09      return i - j;
10  }
11  [WebMethod(Description ="求积的方法")]
12  public double multiplication(double i, double j)
13  {
14      return i * j;
15  }
16  [WebMethod(Description ="求商的方法")]
17  public double division(double i, double j)
18  {
19    if (j != 0)
20      return i / j;
21    else
22      return 0;
23  }
24  }
```

(4) 按【F5】键调试运行，或单击工具栏中的 ▶ 按钮，即可在浏览器中显示如图所示的结果。

(5) 点击【Addition】并输入相应的数字，点击【调用】可得到 XML 格式的求和结果。

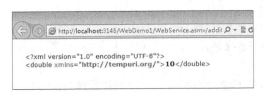

关于 −、*、/, 读者可自行调用并尝试，此处不再赘述。

12.4 调用 Web Service

 本节视频教学录像：4 分钟

上节内容只是简单地创建了 Web service，创建完 Web 服务，并且对 Internet 上的使用者开放，发现哪些方法可用，还要创建客户端代理，并将代理合并到客户端中。这样，客户端就可以如同调用本地服务一样使用 Web 服务。实际上，客户端应用程序通过代理实现本地方法调用，就好像它通过 Internet 直接调用 Web 服务一样。

下面将演示如何创建一个 Web 应用程序来调用 Web 服务。该示例将调用例 12−1 中创建的 Web 服务。

【范例 12−2】调用 Web 服务。

本实例将介绍如何使用已经存在的 Web 服务。执行程序，示例运行结果如图所示。

程序实现的主要步骤如下。

(1) 打开 Visual Studio 2010 开发环境，依次选择【文件】➤【新建】➤【asp.net 空网站】命令，并将网站命名为 WebDemo2。

(2) 在解决方案资源管理器中右键单击网站名，单击【添加 Web 引用】，出现如图所示的界面。

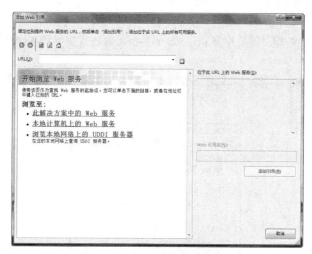

(3) 单击【本地计算机上的 Web 服务】，出现如图所示的界面。

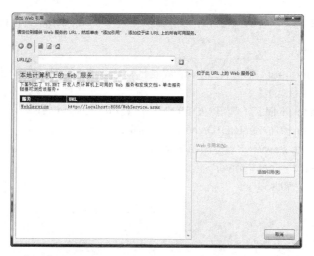

(4) 单击【WebService】，出现如图所示的界面。

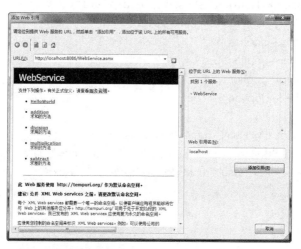

这里需要说明的是，本例主要实现调用本地计算机上的 Web 服务，所以单击【本地计算机上的

Web 服务】链接，将在【添加 Web 引用】对话框中显示在本地计算机上的可用的 Web 服务和发现文档，另外需要注意的是本程序的调用需要配置 IIS，IIS 配置不正确将直接导致本程序的失败，具体可参考本书 1.2.1 小节。

　　Web 引用默认名为 localhost，这里直接单击【添加引用】之后，解决方案资源管理器中出现如图所示的引用。

　　(5) 为 WebDemo2 添加一个 Web 窗体，使用默认名称 Default.aspx。切换到页面的源视图，代码如下。

```
01  <%@ Page Language="C#" AutoEventWireup="true" CodeFile="Default.aspx.cs" Inherits="_
Default" %>
02  <!DOCTYPE html PUBLIC "-//W3C//DTD XHTML 1.0 Transitional//EN"
03  "http://www.w3.org/TR/xhtml1/DTD/xhtml1-transitional.dtd">
04  <html xmlns="http://www.w3.org/1999/xhtml">
05  <head id="Head1" runat="server">
06    <title> 无标题 </title>
07  </head>
08  <body>
09    <form id="form1" runat="server">
10    <div>
11    <asp:TextBox ID="Num1" runat="server"></asp:TextBox>
12      <select id="selectOper" runat = "server">
13        <option>+</option>
14        <option>-</option>
15        <option>*</option>
16        <option>/</option>
17      </select>
18      <asp:TextBox ID="Num2" runat="server"></asp:TextBox>
19    <asp:Button ID="Button1" runat="server" Text="=" onclick="Button1_Click" />
20      <asp:TextBox ID="Result" runat="server"></asp:TextBox>
21    </div>
22    </form>
23  </body>
24  </html>
```

　　然后在后台写调用的代码，调用之前和使用其他的对象一样，要先实例化，实例化的方法是 localhost.WebService a = new localhost.WebService(); 然后就可以通过 a 来访问 WebService 里面提供的方法了。在这个例子里面，动态地创建了一个 button 控件来触发 WebService 的调用，后台代码如下。

```
01  public partial class _Default : System.Web.UI.Page
02  {
03      protected void Page_Load(object sender, EventArgs e)
04      {
05      }
06      protected void Button1_Click(object sender, EventArgs e)
07      {
08          string selectFlag = selectOper.Value;
09          localhost.WebService web = new localhost.WebService();
10          if (selectFlag.Equals("+"))
11          {
12              Result.Text = (web.addition(double.Parse(Num1.Text), doub13 le.Parse(Num2.Text))).
ToString();
14          }
15          else if (selectFlag.Equals("-"))
16          {
17              Result.Text = (web.subtract(double.Parse(Num1.Text), doub18le.Parse(Num2.Text))).
ToString();
19          }
20          else if (selectFlag.Equals("*"))
21          {
22          Result.Text=(web.multiplication(double.Parse(Num1.Text),double.Parse(Num2.Text))).
ToString();
23          }
24      else if (selectFlag.Equals("/"))
25          {
26      Result.Text = (web.division(double.Parse(Num1.Text), double.Parse(Num2.Text))).ToString();
27          }
28      }
29  }
```

【运行结果】

　　按【F5】键运行，输入相应的数值，选择相应的运算，单击 ＝ 按钮即可得到运算结果，如图所示。

12.5 高手点拨

 本节视频教学录像：2 分钟

WinForm 调用 Web Services

我们创建的 Web 服务，不但在 Web 项目中可以调用，对于 WinForm 应用程序也可以调用，调用的基本方法为：添加服务引用 ➤ 高级 ➤ 添加 Web 引用 ➤ 填写 url➤ 添加 Web 引用。具体视项目情况而定。

12.6 实战练习

创建一个简单的 Web 服务，要求输入一个字符串，返回反向字符串，并创建 Web 客户端程序调用此功能。

第13章

本章视频教学录像：55分钟

统一数据查询模式——LINQ

LINQ 是微软公司提供的一种统一查询模式，LINQ 可以对多种数据源和对象进行查询，如数据库、数据集、XML 文档甚至是数组，传统的查询语句是很难实现的，而使用 LINQ 可以仿真 SQL 语句的形式进行查询，极大地降低了难度。

本章要点（已掌握的在方框中打钩）

☐ LINQ 查询语法

☐ LINQ 的查询子句

☐ LINQ 简单查询

☐ LINQ 对数据库的增删改

☐ EntityDataSource 控件应用

13.1 LINQ 技术概述

 本节视频教学录像：6 分钟

LINQ 是 Language Integrated Query 的缩写，中文意思是"语言集成查询"，它引入了标准的、易学习的查询模式和更新模式，可以对其进行扩展以便支持几乎任何类型的数据存储。它让程序员不需要关心访问的是关系数据库还是 XML 数据或是远程对象，因为它都采用相同的访问方式。Visual Studio 2010 包含 LINQ 提供程序的程序集，这些程序集支持 LINQ 与 .NET Framework、SQL Server 数据库、ADO.NET 数据集以及 XML 文档一起使用。

LINQ 是一系列的技术，包括 LINQ、DLINQ 以及 XLINQ 等。其中 LINQ 到对象是对内存进行操作，LINQ 到 SQL 是对数据库进行操作，LINQ 到 XML 是对 XML 数据进行操作。

 提示 LINQ 是在 .NET 3.5 以后新增的，所以早期的版本是不能直接使用 LINQ 查询的，若要在以前的版本中使用 LINQ，首先要通过 Visual Studio 2010 将程序自动转换为 .NET 3.5 以后的版本。

简单来说，LINQ 包括五个部分的内容，如图所示。

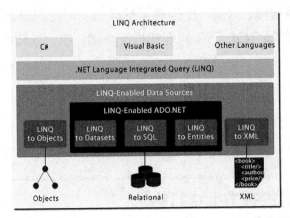

LINQ to Object：指直接对任意 IEnumerable 或 IEnumerable<T> 集合使用 LINQ 查询，无法使用中间 LINQ 提供程序或 API，如 LINQ to SQL 或 LINQ to XML。可以使用 LINQ 来查询任何可枚举的集合，如 List<T>、Array 或 Dictionary<Tkey,Tvalue>。该集合可以是用户自定义的集合，也可以是 .NET Framework API 返回的集合。

LINQ to DataSet：它将 LINQ 和 ADO.NEt 集成，通过 ADO.NET 获取数据，然后通过 LINQ 进行数据查询，从而实现对数据集进行非常复杂的查询。可以简单把它理解成通过 LINQ 对 DataSet 中保存的数据进行查询。

LINQ to SQL：它是基于关系数据的 .NET 语言集成查询，用于以对象形式管理关系数据，并提供了丰富的查询功能。其建立于公共语言类型系统中的基于 SQL 的模式定义的集成之上，当保持关系型模型表达能力和对底层存储的直接查询评测的性能时，这个集成的关系型数据只提供强类型。

LINQ to Entities：它使开发人员能够通过使用 LINQ 表达式和 LINQ 标准查询运算符，直接从开发环境中针对实体框架对象上下文创建灵活的强类型查询。

LINQ to XML：在 System.Xml.LINQ 命名空间下实现对 XML 的操作，采用高效、易用、内存中的 XML 工具在宿主编程语言中提供 XPath/XQuery 功能等。

13.2 LINQ 查询语法概述

 本节视频教学录像：4 分钟

在 LINQ 出现以前，如果要查询数据库，需要使用 SQL 查询语言；但如果要查询 XML 文档，就还需要学习 XQuery 查询语言或者 Xpath。但是 LINQ 的出现使这些复杂的查询化简成一个简单的查询语句。不仅如此，LINQ 还支持编程语言本有的特性进行高效的数据访问和筛选。虽然 LINQ 在语法上和 SQL 语句十分相似，但是 LINQ 语句在查询语法上和 SQL 语句还是有区别的。

LINQ 的查询包含三个不同的、独立的步骤。

(1) 获取数据源。

(2) 创建查询。

(3) 执行查询。

【范例 13-1】从数据源 firstexample 中查找以 "S" 开头的字符串，并按降序存储到 result 中。

(1) 在 Visual Studio 2010 中新建一个名为 LINQ_1 的 ASP.NET 空网站，添加一个 Default.aspx 的页面并切换到设计视图。

(2) 从工具箱【标准】控件中添加一个【Label】组件。

(3) 双击页面或者按【F7】键，打开 Default.aspx.cs，在 Page_Lord() 中输入以下代码。

```
01    protected void Page_Load(object sender, EventArgs e)
02    {
03       // 创建数据源
04       string[] firstexample = { "Sco", "ASP.NET", "LINQ", "XML", "SQL" };
05       // 创建查询
06       IEnumerable<string> result = from str in firstexample
07             where str.StartsWith("S")
08             orderby str descending
09             select str;
10       // 执行查询
11       foreach (string s in result) {
12          Label1.Text += s + "<br>";
13       }
14    }
```

【运行结果】

按【Ctrl+F5】组合键运行，运行结果如下图所示。

 提示　LINQ 查询语言与 SQL 语言只是相似，并不完全一样。最重要的不同就是 LINQ 查询语句中 select 是放在后边的，这是为了方便确定查询变量的数据类型。

13.3　LINQ 常用子句

 本节视频教学录像：16 分钟

LINQ 的基本格式如下所示：

var < 变量 > = from < 项目 > in < 数据源 > where < 表达式 > orderby < 表达式 >
group < 项目 > by < 表达式 > select < 项目 >

同 SQL 查询语句一样，LINQ 查询语句也提供 from、select、where、orderby、group 等关键字，这些关键字是 LINQ 中的常用子句，下面我们将一一介绍。

13.3.1　from 查询子句

from 子句是 LINQ 查询语句中最基本的，同时也是最重要的、必须的子句关键字。与 SQL 查询语句不同的是，from 关键字必须在 LINQ 查询语句的开始，后面跟随着项目名称和数据源，格式如下：

from < 项目 > in < 数据源 >

【范例 13-2】用 from 子句查询。

(1) 在 Visual Studio 2010 中创建一个名为 LINQFrom1 的 ASP.NET 空网站，添加一个 Default.aspx 页面并切换到设计视图。

(2) 从工具箱【标准】控件中添加一个【Label】控件。

(3) 添加一个 C# 类，命名为 "Student"，并输入以下代码。

```
01   using System;
02   using System.Collections.Generic;
03   using System.LINQ;
04   using System.Web;
05   public class Student
```

```
06  {
07      public string Name { get;set;  }
08      public int age { get; set; }
09  }
```

(4) 双击 Default.aspx 页面切换到 cs 代码页面，在 Page_Load 中输入以下代码。

```
01  protected void Page_Load(object sender, EventArgs e)
02  {
03      ArrayList at =new ArrayList();
04      at.Add(new Student
05          {
06              Name = "张三",
07              age =21,
08          });
09      at.Add(new Student
10      {
11        Name = "李四",
12        age = 22,
13      });
14      at.Add(new Student
15      {
16        Name = "王五",
17        age = 19,
18      });
19      var query = from Student s in at where s.age > 20 select s;
20      foreach (Student stu in query)
21      {
22          Label1.Text += stu.Name +" " + stu.age.ToString() + "<br>";
23      }
24  }
```

【运行结果】

按【Ctrl+F5】组合键运行，运行结果如下图所示。

【范例分析】

本例使用 ArrayList 来存储 Student 对象作为数据源，在新建 Student 对象时，需要分别为它的两个属性赋值。此外在用 ArrayList 时，需要引用 using System.Collections。

> from 子句的数据源类型必须为 IEnumerable、IEnumerable<T> 类型或者 IEnumerable、
> IEnumerable<T> 的派生类，否则不能够支持 LINQ 查询语句。

提示

除了简单查询以外，from 查询子句还支持嵌套查询。如果需要进行复杂的复合查询，可以使用 from 子句中嵌套另一个 from 子句来实现这样的复合查询。

【范例 13-3】from 子句的嵌套。

(1) 在 Visual Studio 2010 中创建一个名为 LINQFrom2 的 ASP.NET 空网站，添加一个 Default.aspx 的页面并切换到设计视图。

(2) 从工具箱【标准】控件中添加一个【Label】组件。

(3) 双击 Default.aspx 页面或者按 F7 键切换到 cs 代码页面，在 Page_Load 中输入以下代码。

```
01   protected void Page_Load(object sender, EventArgs e)
02   {
03     List<string> name =new List<string>();
04     name.Add("zhangwei");
05     name.Add("zhangsan");
06     name.Add("lisi");
07     name.Add("wangwu");
08     List<string> email=new List<string>();
09     email.Add("zhangwei@163.com");
10     email.Add("zhangsan@163.com");
11     email.Add("lisi@163.com");
12     email.Add("wangwu@163.com");
13     var result = from namedata in name
14     from emaildata in email
15     where emaildata.Contains(namedata)
16     select namedata;
17     foreach(var i in result)
18     {
19       Label1.Text += i.ToString() + "<br>";
20     }
21   }
```

【运行结果】

按【Ctrl+F5】组合键运行，运行结果如下图所示。

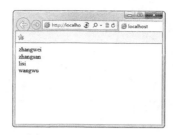

【范例分析】

在本例中，查询语句的意义为：从 email 中选出包含 name 中姓名的邮箱地址。这就是用 from 实现复合查询，即一个查询依赖于另一个查询的结果。

13.3.2　select 选择子句

同 from 子句一样，select 子句也是 LINQ 查询语句中必不可少的关键字。在 LINQ 查询子句中必须包含 select 子句，若不包含则系统会抛出异常（特殊情况除外）。select 子句制定了返回到集合变量中的元素是来自哪个数据源的。

【范例 13-4】select 子句的查询。

(1) 在 Visual Studio 2010 中创建一个名为 LINQSelect 的 ASP.NET 空网站，添加一个 Default.aspx 的页面并切换到设计视图。

(2) 从工具箱中添加一个 "Label" 组件。

(3) 双击 Default.aspx 页面切换到 cs 代码页面，在 Page_Load 中输入以下代码。

```
01   protected void Page_Load(object sender, EventArgs e)
02   {
03   List<string> name =new List<string>();
04     name.Add("zhangwei");
05     name.Add("zhangsan");
06     name.Add("lisi");
07     name.Add("wangwu");
08     List<string> email=new List<string>();
09     email.Add("zhangwei@163.com");
10     email.Add("zhangsan@163.com");
11     email.Add("lisi@163.com");
12     email.Add("wangwu@163.com");
13     var result = from namedata in name
14        from emaildata in email
15        where emaildata.Contains(namedata)
16        select emaildata;
17     foreach(var i in result)
18     {
19        Label1.Text += i.ToString() + "<br>";
```

```
20    }
21  }
```

【运行结果】

按【Ctrl+F5】组合键运行，如下图所示。

【范例分析】

在本例中，只是将查询语句中的 select namedata 改为 select emaildata，结果就完全不一样。这是因为 select 选择查询的数据来自 emaildata 而不再是来自 namedata。

提 示　LINQ 查询表达式必须以 select 子句或者 group 子句结束，否则会出错。

13.3.3　where 条件子句

同 SQL 语句一样，where 用于指定条件，用来筛选数据源中的数据。where 子句可以放在除第一个或最后一个子句以外的任何位置。where 子句可以出现在 group 子句的前面或者后面，具体情况取决于是必须在对数据元素进行分组之前还是之后来筛选元素。where 子句中还可以使用 && 和 ‖ 运算符，根据需要指定任意多个谓词。

【范例 13-5】where 子句的查询。

(1) 在 Visual Studio 2010 中创建一个名为 LINQWhere 的 ASP.NET 空网站，添加一个 Default.aspx 的页面并切换到设计视图。

(2) 从工具箱【标准】控件中添加一个【Label】组件。

(3) 双击 Default.aspx 页面切换到 cs 代码页面，在 Page_Load 中输入以下代码。

```
01  protected void Page_Load(object sender, EventArgs e)
02  {
03      string[] str = { "abc", "abcdef", "ab", "hhhhh", "hhhabc", "dhabc" };
04      var result = from data in str where data.Contains("abc") && data.Contains("d") select data;
05      foreach (var i in result)
06      {
```

```
07         Label1.Text += i.ToString() + "<br>";
08     }
09   }
```

【运行结果】

按【Ctrl+F5】组合键运行，运行结果如下图所示。

【范例分析】

在本例中，查询语句的意义为：从 str 中查找包含 "abc" 和 "d" 的字符串。因为 "abc" 和 "d" 的位置并不固定，所以不能直接用 "abcd" 一个条件来表示。

13.3.4 orderby 排序子句

Orderby 子句可以是返回的序列或者子序列按升序或者降序进行排序，可以指定一个或者多个键。默认的排序顺序是升序，也可以通过指定 descending 改为降序。

【范例 13-6】在查询语句中使用 orderby 子句进行排序。

(1) 在 Visual Studio 2010 中创建一个名为 LINQOrderby 的 ASP.NET 空网站，添加一个 Default. aspx 的页面并切换到设计视图。

(2) 从工具箱【标准】控件中添加一个【Label】组件。

(3) 双击 Default.aspx 页面切换到 cs 代码页面，在 Page_Load 中输入以下代码。

```
01   protected void Page_Load(object sender, EventArgs e)
02   {
03       int [] num = {46,47,48,49,50,51,52,53,54,};
04       var result = from data in num where data > 50 orderby data descending select data;
05       foreach(var i in result)
06       {
07           Label1.Text += i.ToString()+"<br>";
08       }
09   }
```

【运行结果】

按【Ctrl+F5】组合键运行，运行结果如下图所示。

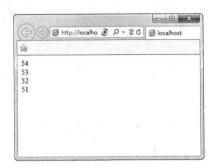

【范例分析】

在本例中，从 num 数组中查询大于 50 的数，且按降序输出。此时的 orderby 指定了排序顺序为降序，读者可以把 descending 去掉，变成升序。

13.3.5 group 分组子句

在 LINQ 查询语句中，group 子句对 from 语句执行的查询结果进行分组，并返回元素类型为 IGrouping<Tkey,TElement> 的对象序列。Group 子句支持将数据源中的数据进行分组。但进行分组前，数据源必须支持分组操作才可使用 group 语句进行分组处理。

【范例 13-7】在查询语句中运用 group 子句对查询结果进行分组。

(1) 在 Visual Studio 2010 中创建一个名为 LINQGroup 的 ASP.NET 空网站，添加一个 Default.aspx 的页面并切换到设计视图。

(2) 从工具箱【标准】控件中添加一个【Label】组件。

(3) 添加一个 C# 类，命名为 "Student"，并输入以下代码。

```
01   public class Student
02   {
03       public int age;
04       public string Name;
05       public Student(int age, string name)
06       {
07           this.age = age;
08           this.Name = name;
09       }
10   }
```

(4) 双击 Default.aspx 页面切换到 cs 代码页面，在 Page_Load 中输入以下代码。

```
01   protected void Page_Load(object sender, EventArgs e)
02   {
03       List<Student> person =new List<Student>();
```

```
04      person.Add(new Student(25," 张三 "));
05      person.Add(new Student(26," 张华 "));
06      person.Add(new Student(25," 小西 "));
07      person.Add(new Student(24," 张军 "));
08      person.Add(new Student(26," 张雨 "));
09      var result = from p in person
10          orderby p.age ascending
11          group p by p.age;
12      foreach(var element in result)
13      {
14          Label1.Text += element.Key + " 岁组的学生有：";
15          foreach(Student pa in element)
16          {
17           Label1.Text += pa.Name.ToString() + ",";
18          }
19          Label1.Text += "<br>";
20      }
21  }
```

【运行结果】

按【Ctrl+F5】组合键运行，运行结果如下图所示。

【范例分析】

本例中创建了五个 Student 对象作为数据源，把数据源中的学生按年龄分组，然后输出。

▌13.4 使用 LINQ 操作和访问数据库

 本节视频教学录像：27 分钟

LINQ to SQL 是 ASP.NET4.0 的关键组件，是 ADO.NET 和 LINQ 结合的产物。它是将关系型数据库模型映射到编程语言所表示的对象模型。开发人员通过使用对象模型来实现对数据库数据进行操作。在操作过程中，LINQ to SQL 会将模型中的语言集成查询转换为 SQL，然后将它们发送到数据库进行执行。当数据库返回结果时，LINQ to SQL 会将它们转换成相应的编程语言处理对象。

要想实现 LINQ to SQL，分为两大步：

首先必须根据现有关系型数据库的元数据创建对象模型。对象模型就是按照开发人员所用的编程语言来表示数据库。有了这个表示数据库的对象模型，才能创建增删改查的语句操作数据库。创建对象模型有以下 3 种方法。

(1) 使用对象关系设计器。对象关系设计器提供了从现有数据库创建对象模型的可视化操作，它被集成在 Visual Studio 2010 中，比较适用于小型或中型的数据库。

(2) 使用 SQLMetal 代码生成工具。这个工具适合大型的数据库开发。

(3) 直接编写创建对象的代码。

其次就是在创建了对象模型之后，在该模型中请求和操作数据库。使用对象模型的基本步骤如下。

(1) 创建查询，以便从数据库中检索出信息。

(2) 重写 insert、update 和 delete 的默认方法。

(3) 设置适当的选项，以便监测和报告可能发生的并发冲突。

(4) 建立继承层次结构。

(5) 提供合适的用户界面。

(6) 调试并测试应用程序。

这些只是使用对象模式的基本操作，其中的很多步骤都是可选和重复的。

这里我们展示如何使用对象关系设计器来创建 LINQ to SQL 实体类。

(1) 新建一个空网站，单击【视图】➢【服务器资源管理器】➢【数据连接】，单击右键，选择【添加连接】命令。如图所示。

(2) 数据源选择【Microsoft SQL Server 数据库文件】，单击【浏览】按钮，选择相应的数据库，确定后单击【测试连接】按钮，成功后单击【确定】按钮。如图所示。

(3)成功后将能在左边看到相应数据库，并可看到相应的表。如图所示。

(4)选择【添加新项】➤【LINQ to SQL 类】，如图所示。

(5)单击"添加"后，在出现的界面中把要用到的表拖到界面中，如图所示。

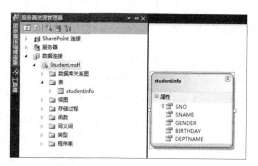

(6)保存后，右侧的【解决方案资源管理器】如下图所示。

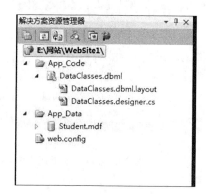

　　到此时为止，数据库添加完毕。在创建的 Web 窗体或是 C# 类中，就可以调用 DataClassesDataContext(继承自 DataContext) 创建对象，并对数据库中的数据进行操作。

提 示　在运行 Visual Studio 2010 时，要以管理员身份运行，否则可能会导致数据库应为权限原因而无法连接。

13.4.1 简单查询

　　对象关系设计器用于在应用程序中创建映射到数据库中的对象类型，同时，它还生成一个强类型 DataClassesDataContext 类，继承 DataContext。DataContext 类是 System.Data.LINQ 名称空间的一部分，其目的是把请求从 .NET 对象转换成 SQL 查询，然后将查询结果重组到对象中。自建一个强类型的 DataContext 非常简单，只需要创建一个继承自 DataContext 类的新类。例如：

```
01   public class Student : DataContext
02   {
03           Public student (string connection) : base (connection) {}
04         //table definitions
05   }
```

　　创建好 DataContext 类之后就可以使用其对数据库进行查询。DataContext 类提供了下表中的属性和方法。

　　DataContext 类的属性及说明如下表所示。

属性	说明
ChangeConflicts	返回调用 SubmitChanges 时导致并发冲突的集合
CommandTimeout	增加查询的超时期限，如果不增加则会在默认超时期限间出现超时
Connection	返回由框架使用的连接
DeferredLoadingEnable	指定是否延迟加载一对多关系或一对一关系
LoadOptions	获取或设置与此 DataContext 关联的 DataLoadOptions
Log	指定要写入 SQL 查询或命令的目标
Mapping	返回映射所基于的 MetaModel
ObjectTrackingEable	指示框架跟踪此 DataContext 的原始值和对象标识
Transaction	为 .NET 框架设置要用于访问数据库的本地事务

DataContext 类的方法及说明如下表所示。

方法	说明
CreateDatabase	在服务器上创建数据库
CreateMethodCallQuery	基础结构，执行与指定的 CLR 方法相关联的表值数据库函数
DatabaseExists	确定是否可以打开关联数据库
DeleteDataBase	删除关联数据库
ExcuteCommand	直接对数据库执行 SQL 命令
ExecuteDynamicDelete	在删除重写方法中调用，以向 LINQ to SQL 重新委托生成和执行删除操作的动态 SQL 的任务
ExecuteDynamicInsert	在插入重写方法中调用，以向 LINQ to SQL 重新委托生成和执行插入操作的动态 SQL 的任务
ExecuteDynamicUpdate	在更新重写方法中调用，以向 LINQ to SQL 重新委托生成和执行更新操作的动态 SQL 的任务
ExecuteMethodCall	基础结构，执行数据库存储过程或指定的 CLR 方法关联的标量函数
ExecuteQuery	已重载，直接对数据库执行 SQL 查询
GetChangeSet	提供对由 DataContext 跟踪的已修改对象的访问
GetCommond	提供有关由 LINQ to SQL 生成的 SQL 命令的信息
GetTable	已重载，返回表对象的集合
Refresh	已重载，使用数据库中的数据刷新对象状态
SubmitChanges	已重载，计算要插入、更新或删除的已修改对象的集合，并执行相应命令以实现对数据库的更改
Translate	已重载，将现有 DataReader 转换为对象

【范例 13-8】查询数据库。

(1) 在 Visual Studio 2010 中创建一个名为 LINQDataAccess 的 ASP.NET 空网站，添加一个 Default. aspx 页面并切换到设计视图。

(2) 从工具箱【数据】控件中添加一个【GridView】控件。

(3) 使用对象关系设计器添加数据库 Student。

(4) 双击 Default.aspx 页面切换到 cs 代码页面，在 Page_Lord 中添加以下代码。

```
01  protected void Page_Load(object sender, EventArgs e)
02  {
03      DataClassesDataContext db = new DataClassesDataContext();
04      var userQ = from s in db.studentinfo select s;
05      GridView1.DataSource = userQ;
```

```
06        GridView1.DataBind();
07    }
```

【运行结果】

按【Ctrl+F5】组合键运行，运行结果如下图所示。

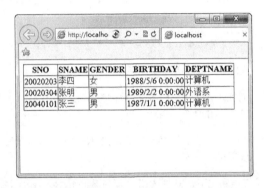

13.4.2 数据库的增删改查操作

除了查找之外，还可以进行插入、更新、删除等操作。

1. LINQ 插入操作

使用 LINQ 向数据库插入行的操作步骤如下。

(1) 创建一个要提交到数据库的新对象。

(2) 将这个新对象添加到与数据库中目标数据表关联的 LINQ to SQL Table 集合。

(3) 将更改提交到数据库。

【范例 13-9】向数据库中插入数据。

(1) 在 Visual Studio 2010 中创建一个名为 LINQInsert 的 ASP.NET 空网站，添加一个 Default.aspx 页面并切换到设计视图。

(2) 使用对象关系设计器添加数据库 Student。

(3) 从工具箱控件中添加五个文本框、一个 GridView 控件和一个 Button 按钮，如图所示。

(4) 修改控件属性，如表所示。

控件	属性	属性值
TextBox	ID	txtSno
TextBox	ID	txtName
TextBox	ID	txtGender
TextBox	ID	txtBirthday
TextBox	ID	txtDept
GridView	ID	gvStudent
Button	ID	btnInsert
	Text	录入信息

(5) 双击 Default.aspx 页面切换到 cs 代码页面，添加一个 gdBind() 方法。

```
01   protected void gvBind()
02   {
03       DataClassesDataContext db = new DataClassesDataContext();
04       var user = from s in db.studentinfo select s;
05       gvStudent.DataSource = user;
06       gvStudent.DataBind();
07   }
```

(6) 在 Page_Lord 中添加对 gvBind() 方法的调用。

```
01   protected void Page_Load(object sender, EventArgs e)
02   {
03       gdBind();
04   }
```

(7) 双击 btnInsert 按钮，打开 btnInsert_Click() 事件，添加以下代码：

```
01   protected void btnInsert_Click(object sender, EventArgs e)
02   {
03       DataClassesDataContext db = new DataClassesDataContext();
04       studentinfo stu = new studentinfo();
05       stu.SNO = txtSno.Text.Trim();
06       stu.SNAME = txtName.Text;
07       stu.GENDER = txtGender.Text;
08       stu.BIRTHDAY = Convert.ToDateTime(txtBirthday.Text);
09       stu.DEPTNAME = txtDept.Text;
10       db.studentinfo.InsertOnSubmit(stu);
```

```
11        db.SubmitChanges();
12        gvBind();
13    }
```

【运行结果】

按【Ctrl+F5】组合键运行，在相应的文本框中输入要录入的信息，如下图所示，点击【录入信息】按钮即可实现录入数据。

【范例分析】

在本例中，首先通过自定义的 gvBind() 方法借助 DataClassesDataContext 对象实现对数据库的查询；在录入按钮事件中创建一个 studentinfo 的对象，通过相应的文本框对其各个属性进行赋值，然后通过 DataClassesDataContext 的对象 db 把数据写到数据库。

2. LINQ 修改操作

使用 LINQ 修改数据库数据的操作步骤如下：

(1) 查询数据库中要更新的数据行。

(2) 更改 LINQ to SQL 对象中的成员值。

(3) 将更改后的数据提交到数据库。

【范例 13-10】修改数据库中的数据。

(1) 在 Visual Studio 2010 中创建一个名为 LINQUpdate 的 ASP.NET 空网站，添加一个 Default.aspx 页面并切换到设计视图。

(2) 使用对象关系设计器添加数据库 Student。

(3) 从工具箱控件中添加两个文本框、一个 GridView 控件和一个 Button 按钮，如图所示。

(4) 修改控件属性，如表所示。

控件	属性	属性值
TextBox	ID	txtSno
TextBox	ID	txtName
GridView	ID	gvStudent
Button	ID	btnInsert
	Text	更改姓名

(5) 双击 Default.aspx 页面切换到 cs 代码页面，添加一个 gdBind() 方法。

```
01   protected void gvBind()
02   {
03        DataClassesDataContext db = new DataClassesDataContext();
04        var user = from s in db.studentinfo select s;
05        gvStudent.DataSource = user;
06        gvStudent.DataBind();
07   }
```

(6) 在 Page_Lord 中添加对 gvBind() 方法的调用。

```
01   protected void Page_Load(object sender, EventArgs e)
02   {
03        gdBind();
04   }
```

(7) 双击 btnUpdate 按钮，打开 btnUpdate_Click 事件，添加以下代码。

```
01   protected void btnUpdate_Click(object sender, EventArgs e)
02   {
03        DataClassesDataContext db = new DataClassesDataContext();
04        var query = from stu in db.studentinfo where stu.SNO == txtSno.Text select stu;
05        foreach (studentinfo s in query)
06        {
07           s.SNAME = txtName.Text;
08        }
09        db.SubmitChanges();
10        gvBind();
11   }
```

【运行结果】

按【Ctrl+F5】组合键运行，输入相应的数据，点击【更改姓名】按钮即可实现数据更改。如下图所示。

【范例分析】

在本例中，通过输入的学号数据查找到相应的数据，然后把姓名字段改为输入的姓名。

3. LINQ 删除操作

可以通过将对应的 LINQ to SQL 对象从相关的集合中移除来实现删除数据库中的行。不过，LINQ to SQL 不支持且无法识别级联删除操作。如果要在对行有约束的表中删除数据，则必须符合以下条件之一。

(1) 在数据库的外键约束中设置 ON DELETE CASCADE 规则。

(2) 先删除约束表的级联关系。

删除数据库中的数据行的操作步骤如下。

(1) 查询数据库中要删除的行。

(2) 调用 DeleteOnSubmit 方法。

(3) 将更改后的数据提交到数据库。

【范例 13-11】删除数据库中的数据。

(1) 在 Visual Studio 2010 中创建一个名为 LINQDelete 的 ASP.NET 空网站，添加一个 Default.aspx 页面并切换到设计视图。

(2) 使用对象关系设计器添加数据库 Student。

(3) 从工具箱控件中添加一个文本框、一个 GridView 控件和一个 Button 按钮，如图所示。

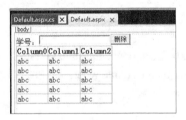

(4) 修改控件属性，如表所示。

控件	属性	属性值
TextBox	ID	txtSno
GridView	ID	gvStudent
Button	ID	btnInsert
	Text	更改姓名

(5) 双击 Default.aspx 页面切换到 cs 代码页面,添加一个 gdBind() 方法,用于绑定 gvStudent 控件。

```
01  protected void gvBind()
02  {
03      DataClassesDataContext db = new DataClassesDataContext();
04      var user = from s in db.studentinfo select s;
05      gvStudent.DataSource = user;
06      gvStudent.DataBind();
07  }
```

(6) 在 Page_Lord 中添加对 gvBind() 方法的调用。

```
01  protected void Page_Load(object sender, EventArgs e)
02  {
03      gdBind();
04  }
```

(7) 双击 btnDelete 按钮,打开 btnDelete_Click 事件,添加以下代码。

```
01  protected void btnDelete_Click(object sender, EventArgs e)
02  {
03      DataClassesDataContext db = new DataClassesDataContext();
04      var delstu = from stu in db.studentinfo where stu.SNAME == txtSno.Text select stu;
05      foreach (var s in delstu)
06      {
07          db.studentinfo.DeleteOnSubmit(s);
08      }
09      db.SubmitChanges();
10      var user = from s in db.studentinfo select s;
11  gvBind();
12  }
```

【运行结果】

按【Ctrl+F5】组合键运行,输入相应的数据,点击【删除】按钮即可实现删除操作。如下图所示。

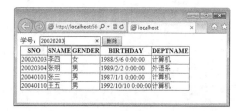

【范例分析】

在本例中,通过学号这个属性查找相应数据,并把相应学号的学生从数据库中删除。

13.4.3 EntityDataSource 控件

EntityDataSource 控件利用 ADO.NET Entity Framework 中的对象服务组件，将实体数据模型 (EDM) 定义的绑定数据简化为 ASP.NET Web 应用程序中的控件。这使得该控件可以撰写和执行对象查询，并将控件绑定到返回的对象，这些对象是在 EDM 中定义的实体类型的实例。也就是说，使用 EntityDataSource 时，不需要编写任何代码，甚至 EntityDataSource 要更进一步，不仅不需要编写 C# 代码，还可以略过编写查询和更新数据使用的 SQL 语句，直接修改数据库。本节将主要介绍使用 EntityDataSource 在应用程序中动态地改变数据库中数据。

【范例 13-12】用 EntityDataSource 修改数据库中的数据。

(1) 在 Visual Studio 2010 中创建一个名为 LINQEntityDataSource 的 ASP.NET 空网站，添加一个 Default.aspx 页面并切换到设计视图。

(2) 在项目名称上单击右键，选择【添加新项】➢【ADO.NET 实体数据模型】，单击【添加】，系统提示是否放到 App_Code 文件夹中，单击【是】。弹出【实体数据模型向导】窗口，点击【下一步】，打开【连接属性】窗口。此处数据源选择【Microsoft SQL Server 数据库文件】，通过【浏览】找到数据库文件。

(3) 单击【确定】按钮，然后依次单击【下一步】按钮，在【选择数据库对象】窗口选择【表】，单击【完成】按钮。

(4) 添加一个 Default.aspx 页面并切换到设计视图，从工具箱中添加一个 GridView 控件和一个 EntityDataSource 控件。选择 EntityDataSource，选择【配置数据源】，在"命名连接"的下拉框中选

择"StudentEntity"。在"EntitySetName"下拉框中选择"studentinfo"，select 框中选择"选择所有（实体值）"，同时选中"启用自动插入"、"启用自动跟新"和"启用自动删除"三个复选框。单击【完成】按钮，如图所示。

(5) 将 EntityDataSource 绑定到 GridView 上，选择"启用编辑"和"启用删除"两个复选框。

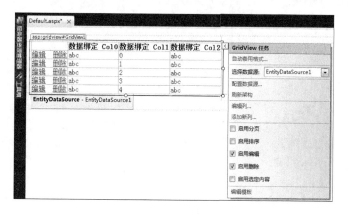

【运行结果】

按【Ctrl+F5】组合键运行，输入相应的数据，单击【删除】按钮即可实现删除操作。如下图所示。

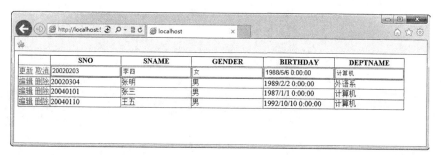

13.5 高手点拨

 本节视频教学录像：2 分钟

LINQ 可以防止 SQL 注入

SQL 注入攻击是 Web 应用程序中的一种安全漏洞，可以将不安全的数据提交给应用程序。使用该攻击可以很轻松地登录应用程序。如管理员的登录名为 Admin，SQL 语句为：select count(*) from userTable where Name='Admin'；如果在登录名文本框中输入"abc' or '1'='1"，单击登录按钮，此时 SQL 语句将会转换为：Select count(*) from userTable where name='abc' or '1'='1'；可以看出，这条语句将会查出表中的所有信息。而使用 LINQ 则可以防止该情况的出现。大家可以自行研究。

13.6 实战练习

1. 使用 LINQ 语句计算 studentinfo 中所有男同学的平均年龄。
2. 使用 LINQ 查询 Studentinfo 中的所有学生的信息，并用 GridView 控件显示。

第14章

 本章视频教学录像：42 分钟

GDI+ 图形图像

利用 .NET 框架所提供的 GDI+（Graphics Device Interface Plus）类库，可以很容易地绘制各种图形，包括绘制直线和形状，处理位图图像和各种图像文件，还可以显示各种风格的文字。

本章要点（已掌握的在方框中打钩）

□ 什么是 GDI+

□ Graphics 对象

□ Pen 对象

□ Brush 对象

□ Font 结构

□ Color 结构

□ Point 结构

□ 基本图形的绘制

14.1 GDI+ 概述

 本节视频教学录像：3 分钟

GDI+ 是以前版本 GDI 的后继者，它是一组通过 C++ 类实现的应用程序编程接口，主要负责在显示屏幕和打印设备输出有关信息。GDI+ 对以前的 Windows 版本中的 GDI 进行了优化，并添加了许多新的功能。建议在开发新应用程序的时候，使用 GDI+ 而不是 GDI（在满足图形输出需要的前提下）。

GDI+ 主要提供了以下三类服务：

（1）二维矢量图形：GDI+ 提供了存储图形基元自身信息的类（或结构体）、存储图形基元绘制方式信息的类以及实际进行绘制的类。

（2）图像处理：大多数图片都难以划定为直线和曲线的集合，无法使用二维矢量图形方式进行处理。因此，GDI+ 为我们提供了 Bitmap、Image 等类，它们可用于显示、操作和保存 BMP、JPG、GIF 等图像格式。

（3）文字显示：GDI+ 支持使用各种字体、字号和样式来显示文本。我们要进行图形编程，就必须先讲解 Graphics 类，同时我们还必须掌握 Pen、Brush 和 Rectangle 这几种类。

GDI+ 比 GDI 优越主要表现在两个方面。

● 通过提供新功能（例如：渐变画笔和 alpha 混合）扩展了 GDI 的功能。

● 修订了编程模型，使图形编程更加简易灵活。

14.2 GDI+ 常用绘图对象

 本节视频教学录像：16 分钟

本节主要介绍 GDI+ 中常用的绘图对象。

14.2.1 创建 Graphics 对象

一般来说，有 3 种基本类型的绘图界面，分别为 Windows 窗体上的控件、要发给打印机的页面和内存中的位图与图像，而 Graphic1s 类封装了一个 GDI+ 绘图界面，因此该类提供了可以在以上 3 种绘图界面上绘图的功能。另外，程序开发人员还可以使用该类绘制文本、线条、矩形、曲线、多边形、椭圆、圆弧和贝塞尔样条等。

用户可以通过编程操作 Graphics 对象，在屏幕上绘制图形，呈现文本或操作图像。创建 Graphics 对象一般有三种方法：

（1）利用窗体或控件的 Paint 事件。

（2）使用窗体或控件的 CreateGraphics 方法，用于对象已经存在的情况下。

（3）使用 Graphics 的静态方法 FromImage(Image image) 创建 Graphics 对象，用于在 C# 中对图像进行处理的场合。

有了一个 Graphics 的对象引用后，就可以利用该对象的成员进行各种各样图形的绘制，下表列出了 Graphics 类的常用方法成员。

方法名称	说明
BeginContainer	保存具有此 Graphics 当前状态的图形容器，然后打开并使用新的图形容器
Clear	清除整个绘图并指定背景色填充
Dispose	释放由 Graphics 使用的所有资源
DrawArc	绘制一段弧线，它表示由一对坐标、宽度和高度指定的椭圆部分
DrawBezier	绘制由 4 个 Point 结构定义的贝塞尔样条
DrawBeziers	用 Point 结构数组绘制一系列贝塞尔样条
DrawClosedCurve	绘制由 Point 结构的数组定义的闭合基数样条
DrawCurve	绘制经过一组指定的 Point 结构的基数样条
DrawEllipse	绘制一个由边框（该边框由一对坐标、高度和宽度指定）定义的椭圆
DrawIcon	在指定坐标处绘制由指定的 Icon 表示的图像
DrawImage	在指定位置并且按原始大小绘制指定的 Image
DrawLine	绘制一条连接由坐标对指定的两个点的线条
DrawLines	绘制一系列连接一组 Point 结构的线段
DrawPie	绘制一个扇形，该形状由一个坐标对、宽度、高度及两条射线所指定的椭圆定义
DrawPolygon	绘制由一组 Point 结构定义的多边形
DrawRectangle	绘制由坐标对、宽度和高度指定的矩形
DrawString	在指定位置并且用指定的 Brush 和 Font 对象绘制指定的文本字符串
FillRectangle	填充由一对坐标、一个宽度和一个高度指定的矩形的内部
Flush	强制执行所有挂起的图形操作并立即返回而不等待操作完成

【范例 14-1】创建 Graphics 对象。

(1) 打开 Visual Studio 2010，新建一个 ASP.NET 空网站，添加一个 Deafault.aspx 窗体并切换到设计视图。

(2) 双击页面打开 Default.aspx.cs 文件，引入命名空间：using System.Drawing ；

(3) 在 Page_Load() 事件中添加以下代码。

```
01  protected void  Page_Load(object sender, EventArgs e)
02  {
03      int width = 400, hight = 250;
04      Bitmap bitmap = new Bitmap(width, hight);
05      Graphics g = Graphics.FromImage(bitmap);
06      try
```

```
07      {
08          g.Clear(Color.YellowGreen);
09          Pen myPen = new Pen(Color.Blue);
10      g.DrawEllipse(myPen, 50, 60, 80, 80);
11      System.IO.MemoryStream ms = new System.IO.MemoryStream();
12      bitmap.Save(ms, System.Drawing.Imaging.ImageFormat.Gif);
13      Response.ClearContent();
14      Response.ContentType = ("image/Gif");
15      Response.BinaryWrite(ms.ToArray());
16      }
17      catch (Exception ms)
18      {
19          Response.Write(ms.Message);
20      }
21  }
```

【运行结果】

按【Ctrl+F5】组合键运行，如下图所示。

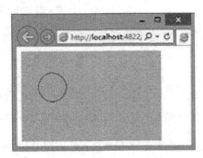

【范例分析】

本范例中，第 4~5 行创建 Graphics 对象，第 9 行创建 Pen 对象，第 10 行绘制椭圆，11~15 行获取图像的二进制流并输出图像的二进制流。

14.2.2 Pen 对象

画笔 Pen 可用于绘制指定宽度、颜色的直线和曲线。使用画笔时，需要先实例化一个画笔对象，主要有以下几种方法：

1. 用指定的颜色实例化一支画笔

Pen(Color color)

2. 用指定的颜色和宽度实例化一支画笔

Pen(Color color, float width)

3. 用指定的画刷实例化一支画笔

Pen(Brush brush)

4. 用指定的画刷和宽度实例化一支画笔

Pen(Brush brush, float width)

【范例 14-2】创建 Pen 对象。

(1) 打开 Visual Studio 2010，新建一个 ASP.NET 空网站，添加一个 Deafault.aspx 窗体并切换到设计视图。

(2) 双击页面打开 Default.aspx.cs 文件，引入命名空间：using System.Drawing；

(3) 在 Page_Load() 事件中添加以下代码。

```
01    protected void Page_Load(object sender, EventArgs e)
02    {
03        int width = 400, hight = 250;
04        Bitmap bitmap = new Bitmap(width, hight);
05        Graphics g = Graphics.FromImage(bitmap);
06        try
07        {
08            g.Clear(Color.YellowGreen);
09
10          Pen p1 = new Pen(Color.Blue);
11          Pen p2 = new Pen(Color.Yellow, 10);
12
13          SolidBrush brush1 = new SolidBrush(Color.Blue);
14          SolidBrush brush2 = new SolidBrush(Color.Yellow);
15          Pen p3 = new Pen(brush1);
16          Pen p4 = new Pen(brush2, 10);
17
18          g.DrawLine(p1, 10, 10, 200, 10);
19          g.DrawLine(p2, 10, 60, 200, 60);
20          g.DrawLine(p3, 10, 110, 200, 110);
21          g.DrawLine(p4, 10, 160, 200, 160);
22
23          System.IO.MemoryStream ms = new System.IO.MemoryStream();
24          bitmap.Save(ms, System.Drawing.Imaging.ImageFormat.Gif);
25          Response.ClearContent();
```

```
26          Response.ContentType = ("image/Gif");
27          Response.BinaryWrite(ms.ToArray());
28      }
29      catch (Exception ms)
30      {
31          Response.Write(ms.Message);
32      }
33  }
```

【运行结果】

按【Ctrl+F5】组合键运行，如下图所示。

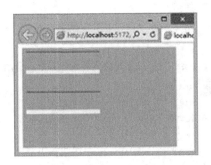

【范例分析】

本范例中，第 10~11 行、15~16 行分别创建了 Pen 对象，第 18~21 行分别使用创建的 Pen 对象绘制直线，23~27 行获取图像的二进制流并输出图像的二进制流。

14.2.3 Brush 对象

画刷与 Graphics 对象一起使用可以创建实心形状，以及呈现颜色与图案的对象。Brush 类是一个抽象的基类，因此它不能被实例化，我们总是用它的派生类进行实例化一个画刷对象。几种不同类型的画刷如下表所示。

Brush 的子类	说明
SolidBrush	定义单色画笔，用于填充图形形状
HatchBrush	类似于 SolidBrush，但允许从大量预设图案中选择绘制时使用的图案，而不是纯色
TextureBrush	使用纹理进行绘制
LinearGradientBrush	使用渐变混合的两种颜色进行绘制
PathGradientBrush	基于开发人员定义的唯一路径，使用复杂的混合色简便进行绘制

【范例 14-3】建立 Brush 派生类对象。

(1) 打开 Visual Studio 2010，新建一个 ASP.NET 空网站，添加一个 Deafault.aspx 窗体并切换到设计视图。

(2) 双击页面打开 Default.aspx.cs 文件，引入命名空间：using System.Drawing ；

(3) 在 Page_Load() 事件中添加以下代码。

```
01   protected void Page_Load(object sender, EventArgs e)
02   {
03       int width = 400, hight = 250;
04       Bitmap bitmap = new Bitmap(width, hight);
05       Graphics g = Graphics.FromImage(bitmap);
06       try
07       {
08          g.Clear(Color.YellowGreen);
09          Pen p1 = new Pen(Color.Black);
10         g.DrawRectangle(p1, 30, 30, 70, 50);
11       SolidBrush brush1 = new SolidBrush(Color.Black);
12       g.FillRectangle(brush1, 130, 30, 70, 50);
13
14       System.IO.MemoryStream ms = new System.IO.MemoryStream();
15       bitmap.Save(ms, System.Drawing.Imaging.ImageFormat.Gif);
16       Response.ClearContent();
17       Response.ContentType = ("image/Gif");
18       Response.BinaryWrite(ms.ToArray());
19       }
20     catch (Exception ms)
21     {
22         Response.Write(ms.Message);
23     }
24   }
```

【运行结果】

按【Ctrl+F5】组合键运行，运行结果如下图所示。

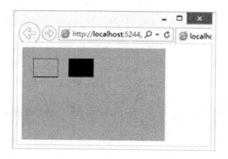

14.2.4 Font 结构

Font 定义特定文本格式，包括字体、字号和字形属性。Font 类的常用构造函数是 public Font (string familyName,float emSize,FontStyle style) 和 public Font(string familyName,float emSize)，其中 "familyName" 为 Font 的 FontFamily 的字符串表示形式。emSize 指示字体尺寸。字体尺寸用来指定字符所占区域的大小，通常用字符的高度来描述。字体尺寸可以用毫米或尺寸作为单位，但为了直观起见，也常常采用一种称为点的单位。在某些场合，点又称为磅。GDI+ 为用户提供了 Display(1/75 英寸)、Pixel(像素)、Point(点)、Inch(英寸)、Document(1/300 英寸)、Millimeter(毫米) 等字体尺寸单位。FontStyle 枚举定义了字体的风格：Regular(正常)、Bold(加粗)、Italic(斜体)、Underline(带下划线) 和 Strikeout (带删除线)。用户可以指定字体使用其中的某种风格，也可以使用 "I" 运算符为字体指定复合的风格。使用字体族 FontFamily 类可以获取一些字体在设计时的有用信息，如字形的详细规格。

```
FontFamily fontFamily = new FontFamily("Arial");
Font font = new Font(fontFamily,16,FontStyle.Regular);
```

FontFamily 类的常用成员和属性如下表所示。

方法	说明
FontFamily	构造函数。使用指定名称或字体族初始化的新 FontFamily
GetCellAscent	返回指定样式的 FontFamily 对象的单元格上升高度，采用字体设计单位
GetCellDescent	返回指定样式的 FontFamily 对象的单元格下降高度，采用字体设计单位
GetEmHeight	获取指定样式的 em 方形的高度，采用字体设计单位
GetFamilies	返回一个数组，该数组包含指定的图形上下文可用的所有 FontFamily 对象
GetLineSpacing	返回指定样式的 FontFamily 对象的行距，采用设计单位。行距是两个连续文本行的基线之间的垂直距离
GetName	用指定的语言返回此 FontFamily 对象的名称
Families	静态。返回一个数组，该数组包含与当前图形上下文相关的所有 FontFamily 对象
GenericMonospace	静态。获取一般 Monospace FontFamily 对象
GenericSansSerif	静态。获取 Sans Serif FontFamily 对象
GenericSerif	静态。获取一般 Serif FontFamily 对象
Name	获取此 FontFamily 对象的名称

字体常用属性如下表所示。

属性	说明
Bold	获取一个值，指示此 Font 对象是否为粗体
FontFamily	获取与此 Font 对象关联的 FontFamily 对象
Height	获取此字体的高度
Italic	获取一个值，指示此 Font 对象是否为斜体
Name	获取此 Font 对象的字体名称
Size	获取采用这个 Font 对象的单位测量出的、这个 Font 对象的全身大小
SizeInPoints	获取此 Font 对象的字号，以点为单位
Strikeout	获取一个值，指示此 Font 对象是否指定删除线
Style	获取此 Font 对象的风格信息
Underline	获取一个值，指示此 Font 对象是否有下划线
Unit	获取此 Font 对象的度量单位

【范例 14-4】创建一个 ASP.NET 网站，运行之后在浏览器中显示两条不同字体的字符串。

(1) 打开 Visual Studio 2010，新建一个 ASP.NET 空网站，添加一个 Deafault.aspx 窗体和 temp 文件夹。

(2) 切换到设计视图并添加一个 Image 控件。

(3) 双击页面打开 Default.aspx.cs 文件，引入命名空间 using System.Drawing。

(4) 在 Page_Load() 事件中添加以下代码。

```
01   protected void Page_Load(object sender, EventArgs e)
02   {
03       int width = 380, height = 200;
04       using (Bitmap image = new Bitmap(width, height))
05       {
06           using (Graphics g = Graphics.FromImage(image))
07           {
08               using (Brush brush = new SolidBrush(Color.Black))
09               {
10                   Font font = new Font("宋体", 12);
11                   Font font1 = new Font("Arial", 12);
12                   g.DrawString("宋体 12 号", font, brush, 20, 20);
13                   g.DrawString("Arial 12 号", font1, brush, 20, 25 + font.Height);
14                   image.Save(this.Server.MapPath("temp\\" + "String.Png"),
15                       System.Drawing.Imaging.ImageFormat.Png);
16                   Image1.ImageUrl = "temp\\String.Png";
```

```
17            }
18       }//end
19       }//end
20       }//end
```

【运行结果】

按【F5】键调试并运行，浏览器中的运行结果如图所示。

【范例分析】

本范例中，第 10~11 行声明并初始化两个 Font 变量，指明所用字体和字体大小。12~13 行在不同的位置用不同的字体分别绘制字符串"宋体 12 号"和"Arial 12 号"。

14.2.5 Color 结构

在自然界中，颜色大都由透明度（A）和三基色（R，G，B）组成。在 GDI+ 中，通过 Color 结构封装对颜色的定义，Color 结构中，除了提供（A，R，G，B）以外，还提供许多系统定义的颜色，如 Pink（粉颜色）。另外，还提供许多静态成员，用于对颜色进行操作。

Color 结构的基本属性如下表所示。

名称	说明
A	获取此 Color 结构的 alpha 分量值，取值（0~255）
B	获取此 Color 结构的蓝色分量值，取值（0~255）
G	获取此 Color 结构的绿色分量值，取值（0~255）
R	获取此 Color 结构的红色分量值，取值（0~255）
Name	获取此 Color 结构的名称，这将返回用户定义的颜色的名称或已知颜色的名称（如果该颜色是从某个名称创建的），对于自定义的颜色，将返回 RGB 值

Color 结构的基本（静态）方法如下表所示。

名称	说明
FromArgb	从四个 8 位 ARGB 分量（alpha、红色、绿色和蓝色）值创建 Color 结构
FromKnowColor	从指定的预定义颜色创建一个 Color 结构
FromName	从预定义颜色的指定名称创建一个 Color 结构

14.2.6　Point 结构

用指定坐标初始化 Point 类的新实例，其构造函数为 public　Point(　int　x，int　y) 其中 x 为该点的水平位置，y 为该点的垂直位置。

14.3　基本图形绘制

 本节视频教学录像：15 分钟

本节介绍直线、矩形、椭圆、弧线、扇形以及多边形基本图形等的绘制。

14.3.1　绘制直线和矩形

1. 绘制直线

绘制直线时，可以调用 Graphics 类中的 DrawLine 方法。该方法为可重载方法，它主要用来绘制一条连接由坐标对指定的两个点的线条，该方法常用格式有以下两种：

(1) 绘制一条连接两个 Point 结构的线。

```
Graphics g = this .CreateGraphics( );
g.DrawLine(Pen,Point pt1,Point pt2);
```

其中，画笔对象 MyPen 确定线条的颜色、宽度和样式。Pt1 是 Point 结构，表示要连接的一个点。Pt2 是 Point 结构，表示要连接的另一个点。

(2) 绘制一条由坐标对指定的两个点的线条。

```
Graphics g = this .CreateGraphics( );
g. DrawLine(Pen myPen,int x1,int y1,int x2,int y2);
```

DrawLine 方法中各参数及说明如下表所示：

参数	说明
Pen	确定线条的颜色、宽度和样式
x1	第一个点的 x 坐标
y1	第一个点的 y 坐标
x2	第二个点的 x 坐标
y2	第二个点的 y 坐标

【范例 14-5】创建一个 ASP.NET 网站，运行之后在浏览器中显示两条平行的线。

(1) 打开 Visual Studio 2010，新建一个 ASP.NET 空网站，添加一个 Deafault.aspx 窗体和 temp 文件夹。

(2) 切换到设计视图并添加一个 Image 标签。

(3) 双击页面打开 Default.aspx.cs 文件，引入命名空间：using System.Drawing。

(4) 在 Page_Load() 事件中添加以下代码。

```
01    protected void Page_Load(object sender, EventArgs e)
02    {
03      int width = 400, hight = 150;
04      using (Bitmap image = new Bitmap(width, hight))
05      {
06        using (Graphics g = Graphics.FromImage(image))
07        {
08          Point point1 = new Point(20, 20);
09          Point point2 = new Point(300, 20);
10        using (Pen pen1 = new Pen(Color.Blue))
11        {
12          g.Clear(Color.White);
13          g.DrawLine(pen1, point1, point2);
14          g.DrawLine(pen1, 20, 30, 300, 30);
15          image.Save(this.Server.MapPath("temp\\" + "Lines.Png"),
16            System.Drawing.Imaging.ImageFormat.Png);
17          Image1.ImageUrl= "temp\\Lines.Png";
18        }
19      }
20    }
21    }//end
```

【运行结果】

按【F5】键调试并运行，浏览器中的运行结果如图所示。

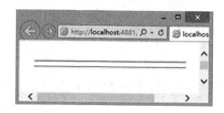

【范例分析】

第 8~9 行声明并初始化两个 Point 变量分别表示坐标为（20，20）、（300，20）点。13~14 行使用 DrawLine 方法绘制两条直线。

2. 绘制矩形

调用 Grphics 类中的 DrawRectangle 方法可绘制矩形。该方法为可重载方法，由坐标对、宽度和高度指定矩形，其常用格式有以下两种。

(1) 绘制由 Rectangle 结构指定的矩形。

```
Graphics g = this .CreateGraphics( );
g.DrawRectangle(Pen myPen,Rectangle rect);
```

其中，myPen 为笔 Pen 的对象，它确定矩形的颜色、宽度和样式。rect 表示要绘制矩形的 Rectangle 结构。

(2) 绘制由坐标对、宽度和高度指定的矩形。

```
Graphics g = this .CreateGraphics( );
g.DrawRectangle（Pen myPen，int x,int y,int width, int height);
```

DrawRectangle 方法中各参数及说明如下表所示：

参数	说明
myPen	笔 Pen 的对象，确定矩形的颜色、宽度和样式
X	要绘制矩形的左上角的 x 坐标
Y	要绘制矩形的左上角的 y 坐标
Width	要绘制矩形的宽度
Height	要绘制矩形的高度

【范例 14-6】创建一个 ASP.NET 网站，在浏览器中显示两个矩形。

(1) 打开 Visual Studio 2010，新建一个 ASP.NET 空网站，添加一个 Deafault.aspx 窗体和 temp 文件夹。

(2) 切换到设计视图并添加一个 Image 标签。

(3) 双击页面打开 Default.aspx.cs 文件，引入命名空间 using System.Drawing。

(4) 在 Page_Load() 事件中添加以下代码。

```
01      protected void Page_Load(object sender, EventArgs e)
02      {
03        int width = 400, hight = 250;
04        using (Bitmap image = new Bitmap(width, hight))
05        {
06          using (Graphics g = Graphics.FromImage(image))
07          {
08            Rectangle rect = new Rectangle(0, 0, 100, 100);
09            using (Pen pen1 = new Pen(Color.Blue))
10          {
11              g.Clear(Color.White);
12              g.DrawRectangle(pen1, rect);
13              g.DrawRectangle(pen1, 110, 0, 100, 100);
14              image.Save(this.Server.MapPath("temp\\" + "Rectangles.Png"),
15                System.Drawing.Imaging.ImageFormat.Png);
16              Image1.ImageUrl= "temp\\Rectangles.Png";
17          }
18        }
19      }
20  }//end
```

【运行结果】

按【F5】键调试并运行，浏览器中的运行结果如图所示。

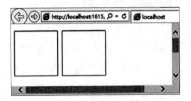

【范例分析】

第8行声明并初始化了一个 Rectangle 类型的变量 rect，第 12~13 行绘制两个矩形。

14.3.2 绘制椭圆、弧线和扇形

1. 绘制椭圆

调用 Graphics 类中的 DrawEllipse 方法可绘制椭圆，该方法为可重载方法。椭圆绘制边界由
Rectangle 结构指定，其常用格式有以下两种：

(1) 绘制边界由 Rectangle 结构指定的椭圆。

Graphics g = this.CreateGraphics();

```
g.DrawEllipse(Pen myPen,Rectangle rect);
```

其中，myPen 为笔 Pen 的对象，它确定曲线的颜色、宽度和样式。rect 表示要绘制矩形的 Rectangle 结构。

(2) 绘制一个由边框（该边框由一对坐标、高度和宽度指定）指定的椭圆。

```
Grapics g = this.CreateGraphics();
g.DrawEllipse(Pen myPen,int x,int y,int width,int height);
```

DrawEllipse 方法中各参数及说明如下表所示。

参数	说明
myPen	确定曲线的颜色、宽度和样式
X	边框左上角的 x 坐标，该边框定义扇形所属的椭圆
Y	边框左上角的 y 坐标，该边框定义扇形所属的椭圆
width	边框的宽度，该边框定义扇形所属的椭圆
height	边框的高度，该边框定义扇形所属的椭圆

【范例 14-7】创建一个 ASP.NET 网站，在浏览器中显示两个椭圆。

(1) 打开 Visual Studio 2010，新建一个 ASP.NET 空网站，添加一个 Deafault.aspx 窗体和 temp 文件夹。

(2) 切换到设计视图并添加一个 Image 标签。

(3) 双击页面打开 Default.aspx.cs 文件，引入命名空间 using System.Drawing；

(4) 在 Page_Load() 事件中添加以下代码。

```
01   protected void Page_Load(object sender, EventArgs e)
02   {
03     int width = 300, hight = 250;
04     using (Bitmap image = new Bitmap(width, hight))
05     {
06       using (Graphics g = Graphics.FromImage(image))
07       {
08         Rectangle rect = new Rectangle(0, 0, 80, 50);
09         int x1 = 90, y1 = 0, w = 80, h = 50;
10       using (Pen pen1 = new Pen(Color.Blue))
11       {
12         g.Clear(Color.White);
13         g.DrawEllipse(pen1, rect);
14         g.DrawEllipse(pen1, x1, y1, w, h);
15         image.Save(this.Server.MapPath("temp\\" + "Ellipses.Png"),
16           System.Drawing.Imaging.ImageFormat.Png);
```

```
17              Image1.ImageUrl = "temp\\Ellipses.Png";
18          }
19      }
20    }
21  }//end
```

【运行结果】

按【F5】键调试并运行，浏览器中的运行结果如图所示。

【范例分析】

第 8 行声明并初始化了一个 Rectangle 类型的变量 rect，13~14 行使用 DrawEllipse 方法绘制两个椭圆。

2. 绘制弧线

调用 Graphics 类中的 DrawArc 方法可绘制圆弧，该方法为可重载方法。绘制一段弧线，其常用格式有以下两种：

(1) 由 Rectangle 结构指定的椭圆的一部分绘制一段弧线。

```
Graphics g = this.CreateGraphics();
g.DrawArc(Pen myPen,Rectangle rect,int startAngle,int sweeoAngle);
```

其中，myPen 为笔 Pen 的对象，它确定矩形的颜色、宽度和样式。rect 表示要绘制矩形的 Rectangle 结构。

(2) 由一对坐标、宽度和高度指定的椭圆部分绘制一段弧线。

```
Graphics g = this.CreateGraphics();
g.DrawArc(Pen myPen,int x,int y,int width,int height,int startAngle,int sweepAngle);
```

DrawArc 方法中各参数及说明如下表所示。

参数	说明
myPen	确定弧线的颜色、宽度和样式
rect	Rectangle 结构，它定义椭圆的边界
X	边框左上角的 x 坐标，该边框定义扇形所属的椭圆
Y	边框左上角的 y 坐标，该边框定义扇形所属的椭圆
width	边框的宽度，该边框定义扇形所属的椭圆
height	边框的高度，该边框定义扇形所属的椭圆
startAngle	从 x 轴到弧线的起始点，沿顺时针方向度量的角（以度为单位）
sweepAngle	从 startAngle 参数到弧线的结束点，沿顺时针方向度量的角（以度为单位）

【范例 14-8】创建一个 ASP.NET 网站，在浏览器中显示两条弧线。

(1) 打开 Visual Studio 2010，新建一个 ASP.NET 空网站，添加一个 Deafault.aspx 窗体和 temp 文件夹。

(2) 切换到设计视图并添加一个 Image 标签。

(3) 双击页面打开 Default.aspx.cs 文件，引入命名空间 using System.Drawing。

(4) 在 Page_Load() 事件中添加以下代码。

```
01   protected void Page_Load(object sender, EventArgs e)
02   {
03       int width = 300, height = 250;
04       int x = 0, y = 10;
05       int R_width = 150, R_height = 100;
06       int startAngle = 30, sweepAngle = 120;
07
08       Rectangle rect = new Rectangle(0, 0, R_width, R_height);
09       using (Bitmap bmp = new Bitmap(width, height))
10       {
11        using (Graphics g = Graphics.FromImage(bmp))
12        {
13           g.Clear(Color.White);
14           using (Pen pen = new Pen(Color.Blue, 5))
15           {
16              g.DrawArc(pen, rect, startAngle, sweepAngle);
17              g.DrawArc(pen, x, y, R_width, R_height, startAngle, sweepAngle);
18              bmp.Save(this.Server.MapPath("temp\\" + "Arcs.Png"),
19                 System.Drawing.Imaging.ImageFormat.Png);
20              Image1.ImageUrl = "temp\\Arcs.Png";
21           }
```

```
22        }
23     }
24 }//end
```

【运行结果】

按【F5】键调试并运行，浏览器中的运行结果如图所示。

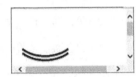

【范例分析】

第8行声明并初始化了一个Rectangle类型的变量rect，16~17行使用DrawArc方法绘制两个弧线。

3. 绘制扇形

调用 Graphics 类中的 DrawPie 方法可绘制扇形，该方法为可重载方法。绘制扇形，其常用格式有以下两种：

(1) 由一个 Rectangle 结构和两条射线所指定的椭圆指定的扇形

```
G7raphics g = new this.CreateGraphics();
DrawPie(Pen pen, Rectangle rect, float startAngle, float sweepAngle);
```

(2) 由一个坐标对、宽度和高度以及两条射线所指定的椭圆指定的扇形

```
Graphics g = this.CreateGraphics();
DrawPie(Pen pen, int x, int y, int width, int height, int startAngle, int sweepAngle);
```

DrawPie 方法中各参数及说明如下表所示。

参数	说明
myPen	确定扇形的颜色、宽度和样式
rect	定义该扇形所属椭圆的边框
X	边框左上角的 x 坐标，该边框定义扇形所属的椭圆
Y	边框左上角的 y 坐标，该边框定义扇形所属的椭圆
width	边框的宽度，该边框定义扇形所属的椭圆
height	边框的高度，该边框定义扇形所属的椭圆
startAngle	从 x 轴到扇形的第一条边沿顺时针方向度量的角（以度为单位）
sweepAngle	从 startAngle 参数到扇形的第二条边沿顺时针方向度量的角（以度为单位）

【范例 14-9】创建一个 ASP.NET 网站，在浏览器中显示两个扇形。

(1) 打开 Visual Studio 2010，新建一个 ASP.NET 空网站，添加一个 Deafault.aspx 窗体和 temp 文件夹。

(2) 切换到设计视图并添加一个 Image 标签。

(3) 双击页面打开 Default.aspx.cs 文件，引入命名空间 using System.Drawing ；

(4) 在 Page_Load() 事件中添加以下代码。

```
01   protected void Page_Load(object sender, EventArgs e)
02   {
03       int width = 300, height = 250;
04       int x = 0, y = 10;
05       int R_width = 150, R_height = 100;
06       int startAngle = 30, sweepAngle = 120;
07
08       Rectangle rect = new Rectangle(0, 0, R_width, R_height);
09       using (Bitmap bmp = new Bitmap(width, height))
10   {
11        using (Graphics g = Graphics.FromImage(bmp))
12        {
13          g.Clear(Color.White);
14          using (Pen pen = new Pen(Color.Blue, 5))
15          {
16            g.DrawPie(pen, rect, startAngle, sweepAngle);
17            g.DrawPie(pen, x, y, R_width, R_height, startAngle, sweepAngle);
18            bmp.Save(this.Server.MapPath("temp\\" + "Pies.Png"),
19              System.Drawing.Imaging.ImageFormat.Png);
20            Image1.ImageUrl="temp\\Pies.png";
21          }
22    }//end
23    }//end
24   }//end
```

【运行结果】

按【F5】键调试并运行，浏览器中的运行结果如图所示。

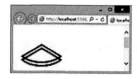

【范例分析】

第 8 行声明并初始化了一个 Rectangle 类型的变量 rect，16~17 行使用 DrawPie 方法绘制两个扇形。

14.3.3 绘制多边形

绘制多边形需要 Graphics 对象、Pen 对象和 Point 或 PointF（对象数组）。Graphics 对象提供 DrawPolygon 方法绘制多边形；Pen 对象存储用于呈现多边形的线条属性，如宽度和颜色等；Point 存储多边形的各个顶点。Pen 对象和 Point 或 PointF 作为参数传递给 DrawPolygon 方法。其中，数组中每对相邻的两个点指定多边形的一条边。另外，如果数组的最后一个点和第一个点不重合，则这两个指定多边形的最后一条边，其常用格式有以下两种。

(1) 绘制由一组 Point 结构定义的多边形。

```
Graphics g = this.CreateGraphics();
g.DrawPolygon(Pen myPen,Point[] points);
```

(2) 绘制由一组 PointF 结构定义的多边形。

```
Graphics g = this.CreateGraphics();
g.DrawPolygon(Pen mypen, PointF[] points);
```

【范例 14-10】创建一个 ASP.NET 网站，在浏览器中显示两个多边形。

(1) 打开 Visual Studio 2010，新建一个 ASP.NET 空网站，添加一个 Deafault.aspx 窗体和 temp 文件夹。

(2) 切换到设计视图并添加一个 Image 标签。

(3) 双击页面打开 Default.aspx.cs 文件，引入命名空间 using System.Drawing；

(4) 在 Page_Load() 事件中添加以下代码。

```
01   protected void Page_Load(object sender, EventArgs e)
02   {
03       int width = 300, height = 250;
04       Point p1 = new Point(30, 30); PointF pf1 = new PointF(130.0f, 30.0f);
05       Point p2 = new Point(60, 10); PointF pf2 = new PointF(160.0f, 10.0f);
06       Point p3 = new Point(100, 60); PointF pf3 = new PointF(200.0f,60.0f);
07       Point p4 = new Point(60, 120); PointF pf4 = new PointF(160.0f, 120.0f);
08
09       Point[] points = { p1,p2,p3,p4};
10     PointF[] pointFs = { pf1,pf2,pf3,pf4};
11
12     using (Bitmap bmp = new Bitmap(width, height))
13     {
14        using (Graphics g = Graphics.FromImage(bmp))
15        {
16           g.Clear(Color.White);
17           using (Pen pen = new Pen(Color.Blue, 5))
18           {
```

```
19          g.DrawPolygon(pen, points);
20          g.DrawPolygon(pen, pointFs);
21          bmp.Save(this.Server.MapPath("temp\\" + "Polygons.Png"),
22              System.Drawing.Imaging.ImageFormat.Png);
23           Image1.ImageUrl= "temp\\Polygons.png";
24      }
25   }//end
26   }//end
27   }//end
```

【运行结果】

按【F5】键调试并运行，浏览器中的运行结果如图所示。

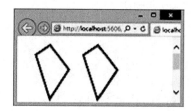

【范例分析】

本范例中，第 4~7 行声明并初始化了 Point 类型和 PointF 类型的变量各 4 个。第 9~10 行声明并初始化了 Point 和 PointF 类型的数组。第 16 行创建了一个蓝色、宽度为 5 的 Pen 对象。第 19~20 行使用 Graphics 对象 g 的 DrawPolygon 方法绘制多边形。

■ 14.4　综合应用

 本节视频教学录像：6 分钟

本节通过一个实例介绍 GDI+ 的应用。

【范例 14-11】建立创建一个 ASP.NET 网站，在浏览器中显示验证码。

(1) 打开 Visual Studio 2010，新建一个 ASP.NET 空网站，添加一个 Deafault.aspx 窗体、一个 Success.aspx 窗体和 Handler.ashx 一般处理程序。

(2) 在资源浏览器中双击 Handler.ashx 打开 Handler.ashx，在该文件中引入以下命名空间。

```
01   using System.Drawing;
02   using System.Text;
03   using System.Web.SessionState;
04   using System.Drawing.Imaging;
```

(3) 编辑类 Handler，具体代码如下所示。

```
01   public class Handler : IHttpHandler,IRequiresSessionState {
02
03     public void ProcessRequest (HttpContext context) {
04         context.Response.ContentType = "image/gif";
05         // 建立对象，绘图
06         Bitmap basemap = new Bitmap(200, 60);
07         Graphics graph = Graphics.FromImage(basemap);
08         graph.FillRectangle(new SolidBrush(Color.White), 0, 0, 200, 60);
09         Font font = new Font(FontFamily.GenericSerif, 48, FontStyle.Bold, GraphicsUnit.Pixel);
10       Random r = new Random();
11       string letters = "ABCDEFGHIJKLMNPQRSTUVWXYZ1234567890";
12       string letter;
13       StringBuilder s = new StringBuilder();
14
15       // 添加随机的五个字母
16       for (int x = 0; x < 5; x++)
17       {
18           letter = letters.Substring(r.Next(0, letters.Length - 1), 1);
19           s.Append(letter);
20           graph.DrawString(letter, font, new SolidBrush(Color.Black), x * 38, r.Next(0, 15));
21       }
22       // 混淆背景
23       Pen linePen = new Pen(new SolidBrush(Color.Black), 2);
24       for (int x = 0; x < 6; x++)
25           graph.DrawLine(linePen, new Point(r.Next(0, 199), r.Next(0, 59)), new Point(r.Next(0, 199),
r.Next(0, 59))) ;
26       // 将图片保存到输出流中
27       basemap.Save(context.Response.OutputStream, ImageFormat.Gif);
28       context.Session["CheckCode"] = s.ToString();
29   // 如果没有 IRequiresSessionState，则这里会出错，也无法生成图片
30       context.Response.End();
31   }
32   public bool IsReusable {
33       get {
34           return true;
35       }
36   }
37 }
```

（4）在解决方案资源管理器中双击"Default.aspx"并切换到设计视图，向页面添加一个 HTML 类型的 Table 控件，三个标准类型的 TextBox 控件，一个 Image 控件和一个标准类型的 Button 控件，最终页面布局以及属性设置如下图所示。Image 控件的 ImageUrl 属性设置为"~/Handler.ashx"。

(5) 双击"确认"按钮打开 Default.aspx.cs 文件，在 Button1_Click（ ）事件中添加以下代码。

```
01      protected void Button1_Click(object sender, EventArgs e)
02      {
03          String str = (String) this.Session["CheckCode"];
04          if (!str.Equals(TextBox3.Text))
05          {
06              this.Response.Redirect("Default.aspx");
07          }
08          else
09          {
10              this.Session["YanZhengMa"] = " 输的验证码正确！ ";
11              this.Response.Redirect("Success.aspx");
12          }
13      }
```

(6) 在解决方案资源管理器中双击"Success.aspx.cs"打开 Success.aspx.cs 文件，在 Page_Load() 事件中添加以下代码。

```
01      protected void Page_Load(object sender, EventArgs e)
02      {
03          if (this.Session["YanZhengMa"] != null)
04          {
05              this.Response.Write(String.Format(this.Session["YanZhengMa"].ToString()));
06          }
07      }
```

【运行结果】

按【F5】键调试并运行，浏览器中的运行结果如图所示。

在对应的文本框中输入验证码。

单击"确定"按钮。

如果输入的验证码不正确，则跳转到原页面（不过生成的验证码发生了变化）。

【范例分析】

步骤(3)中第 6~7 行创建 Graphics 对象，声明并初始化了一个 Rectangle 类型的变量 rect，第 8 行绘制一个内部由白色画刷填充的矩形，第 9 行声明并初始化了一个字体变量 font，第 10、18 两行代码的作用是从字符串 letters 中随机得到一个长度为 1 的子串，第 20 行绘制指定样式的字符串，第 24~26 行在指定在一定平面内随机绘制六条线段。

步骤(4)中的 Image 控件用来显示 Handler.ashx 生成的验证码图片，因此其 ImageUrl 的写法为 ImageUrl="~/Handler.ashx"。

步骤(5)中的第 3 行通过强制类型转换从 Session 中得到下标为"CheckCode"的元素即生成的验证码字符串；第 4~12 行指定如果输入的验证码不正确则跳转到页面 Default.aspx 即原页面，如果正确则将一个字符串存入 Session 中，并跳转到 Success.aspx 页面。

步骤(6)中第 3~6 行输出步骤(5)中第 10 行中存入 Session 的字符串。

▎ 14.5　高手点拨

 本节视频教学录像：2 分钟

绘制的图片失真的原因

当图片显示在页面中时，若出现失真现象，不是因为绘图时出现了问题，而是保存图片格式时出现了问题，例如：

```
Bit.Save(ms,System.Drawing.Imaging.ImageFormat.Gif);
Response.ContentType="image/Gif";
```

这时显示的图片就有可能失真，将 Gif 格式改为 Jpeg 格式即可。

▎ 14.6　实战练习

设计一个网站，实现在浏览器中绘制各种图形。

第 15 章

 本章视频教学录像：34 分钟

错误在所难免——调试与错误处理

在编程中，难免会出现各种各样的错误。出现错误并不可怕，只要我们掌握了查找、调试、处理错误的方法，任何错误都可以被纠正。

本章要点（已掌握的在方框中打钩）

☐ 错误的类型及产生原因

☐ 查找错误

☐ 捕捉和处理错误

☐ 使用日志文件记录错误

☐ 减少错误的秘诀

15.1 错误的产生原因及类型

 本节视频教学录像：4 分钟

我们在程序的编写过程中，不可避免地会出现一些错误，这些错误可能会导致程序的编译失败，也可能会导致程序在运行过程中异常的产生。当错误出现的时候，你一定很想知道它到底是从哪里来的？又是如何产生的？

15.1.1 错误的产生

错误产生的原因很多，不良的编程习惯和编码方式，以及编程中的一些疏忽都会导致错误的产生，甚至由于一些外界因素的作用也会使错误产生。

(1) 手误导致错误。例如，将关键字 return 写成了 retrun。

(2) 语法错误。例如，将 string[] name 写成了 string name[]。

(3) 执行一些非法操作导致错误。例如 10/0，被除数为零。

(4) 数据库连接异常。

(5) Web 服务器崩溃或配置不当导致错误等。

提 示　错误和异常是什么关系？

其实错误是因，异常是果。正因为产生了错误，所以程序才会出现异常。当然，我们更多的时候对错误和异常是不做区分的。

15.1.2 错误的类型

错误产生之后，我们还要分辨出错误是属于什么类型的。只有弄清楚错误的类型，才能更好地对不同的错误采取不同的对策。错误的类型主要包括以下两种。

(1) 不能被捕捉处理的错误。对由于程序的逻辑错误造成的语义错误，编译器也是无能为力的，因此也是无法被捕捉到的。

(2) 可以被捕捉处理的错误。这种错误指的是如上一小节所提到的语法错误、非法操作等，编译器会自动地把错误找出来，并在出现错误的代码下面用波浪线标识出来。

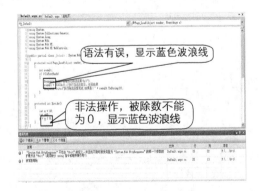

注意

在可以被捕捉处理的错误中，有些错误可能在编译过程中并不能被检测出来，只有在运行过程中才能出现（比如说数据类型的转换错误），这就需要我们利用异常处理机制来进行捕捉处理。

15.2 查找错误

本节视频教学录像：8 分钟

要想弄清楚错误的来源，需要我们一步一步地来查找错误。那么如何在错误出现之后，能尽快地找到错误的根源呢？

15.2.1 设置断点

追踪错误，就像刑侦人员侦破案件一样，根据罪犯留下的蛛丝马迹，层层深入，抽丝剥茧，最终找到真凶。办案的过程中，一定少不了蹲点守候，现场设伏。我们查找错误，同样也需要在可能出现错误的地方设置断点。当程序执行到断点处的时候会停下来，这时我们就可以用【调试】菜单中的命令，来对代码进行逐语句或者逐过程的执行，从而找到出错的地方。

设置断点的方法有以下三种。

(1) 在需要设置断点的代码行的左边缘处单击，在编辑窗口的左边缘会出现一个红色的圆点，表示该行代码设有断点。

(2) 在设置断点的代码行右击，选择【断点】➤【插入断点】命令。

(3) 将光标落在要设置断点的代码行，选择【调试】➤【切换断点】命令。

设置断点的原则是：在可能出现错误的地方设置断点，当程序执行到该处时会自动处于中断状态，然后就可以从该断点处开始一步一步地调试，顺藤摸瓜找到错误的藏身之处。

断点使用完毕后，当然需要删除。删除断点的方法有以下 4 种。

(1) 单击断点处的红色圆点。

(2) 右键单击断点处的红色圆点，选择【删除断点】命令。

(3) 右键单击设置断点的代码行，选择【断点】➤【删除断点】命令。

(4) 将光标落在要设置断点的代码行，选择【调试】➤【切换断点】命令。

15.2.2 启动调试

当程序通过编译后，即可进入调试阶段。选择【调试】/【启动调试】命令或者【调试】➤【逐语句】、【逐过程】命令执行程序并调试，也可以按【F5】键启动调试。如果程序中设有断点，程序则会一直运行到该断点处停住，此刻程序处于中断状态。如图所示。

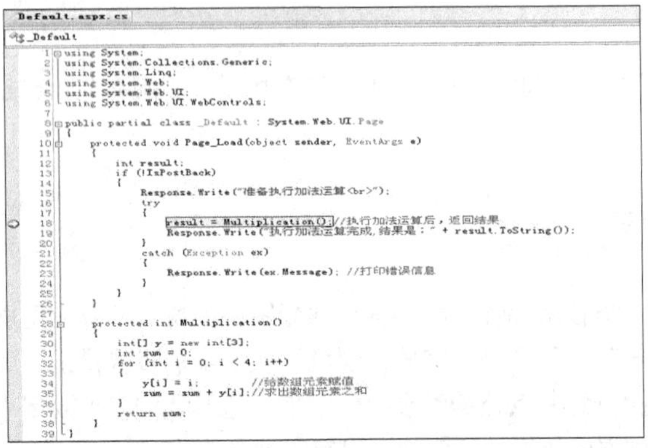

> **提示**
> 什么是中断状态？
> 当程序在运行过程中遇到断点或者是错误的时候，程序会暂停运行，让我们来处理接下来的事情：或者让程序继续运行，或者让程序结束运行。

15.2.3 逐语句调试

逐语句调试是指在调试过程中，单击【调试】➤【逐语句】命令或按【F11】键，这时会发现有一个黄色的小箭头开始逐条语句地向下移动，这就是单步执行代码，即一次执行一行代码。当遇到函数调用时，黄色小箭头就会跟踪到函数内部单步执行，函数执行完后箭头会跳出该函数，跳回到函数调用的位置，继续向下一条语句执行。

15.2.4 逐过程调试

逐过程调试是指在调试过程中，单击【调试】➤【逐过程】命令或按【F10】键，就可以单步执行代码，即一次执行一行代码，在遇到函数调用之前的执行效果和逐语句调试完全一样。当遇到函数调用时，黄色小箭头不会进入到函数内部执行，而是直接执行函数，函数执行完之后则指向下一条语句，继续下一条语句的执行。

15.2.5 跳出

跳出是指在函数内部执行逐语句调试的过程中，单击【调试】➤【跳出】命令或按【Shift+F11】组合键，黄色箭头就可以从函数内部跳出，直接执行该函数之后的语句。

15.2.6　停止调试

停止调试则意味着程序彻底退出调试会话，结束运行。要想结束调试，可以单击【调试】➤【停止调试】命令，也可以按【Shift+F5】组合键完成。

15.3　捕捉和处理错误

 本节视频教学录像: 7 分钟

知道了怎样查找错误，还需要掌握捕捉错误的方法。在捕捉到了错误之后，下一步当然就是要把错误处理掉。语法上的错误我们可以改正，可是还有很多错误是我们无法预料的，比如逻辑错误、网络连接错误等。当这些无法预料的错误出现了，该怎么办？是任由程序非正常结束，还是想办法把这些错误及时地处理掉，以保证程序的正常运行？

15.3.1　捕捉错误

捕捉错误的诀窍就是未雨绸缪。猎人捕捉猎物，需要在猎物的必经之路上设下圈套，等到猎物落入圈套。捕捉错误就像猎人打猎一样，要在可能出现错误的地方事先设下埋伏，等到错误出现的时候，就可以及时地捕捉到错误。

我们可以用异常处理机制来捕捉错误，常见的异常处理语句语法形式有以下 3 种。

1. try-catch 形式

例如:

```
try
{
    SqlConnection sqlConn=new SqlConnection("Data Source=.;
    Initial Catalog=student;Integrated Security=True");
    sqlConn.Open() ;                    // 可能出现异常的语句
    Response.Write("数据库连接成功");
}
catch(Exception ex)
{
    Response.Write(ex.Message);         // 异常处理语句
}
```

该形式主要由 try 块来捕捉可能出现异常的代码，由 catch 块来捕获并处理错误。这里的代码块主要用于测试与数据库的连接，当与数据库的连接出现异常情况的时候，将会由 catch 块来捕捉和处理数据库连接的异常信息。

2. try-catch-finally 形式

例如：

```
try
{
        SqlConnection sqlConn=new SqlConnection（"Data Source=.;
        Initial Catalog=student;Integrated Security=True"）；
        sqlConn.Open() ;                // 可能出现异常的语句
        Response.Write（"数据库连接成功"）；
}
catch(Exception ex)
{
  Response.Write(ex.Message); // 异常处理语句
}
finally
{
        // 一定会被执行的语句
  if (sqlConn.State != ConnectionState.Closed)
{
     sqlConn.Close();              // 关闭连接
}
}
```

该形式主要由 try 块来捕捉可能出现异常的代码，由 catch 块来捕获并处理错误，最后由 finally 块来进行一些必须要进行的操作。这里的代码块主要用于测试与数据库的连接，当与数据库的连接出现异常情况的时候，将会由 catch 块来捕捉和处理数据库连接的异常信息，而后由 finally 块进行关闭数据库连接的操作。

3. try–finally 形式

例如：

```
try
{
    SqlConnection sqlConn=new SqlConnection（"Data Source=.;
    Initial Catalog=student;Integrated Security=True"）；
       sqlConn.Open() ;   // 可能出现异常的语句
       Response.Write（"数据库连接成功"）；
}
finally
{
       // 一定会被执行的语句
       if (sqlConn.State != ConnectionState.Closed)
{
    sqlConn.Close();   // 关闭连接
}
```

}

该形式主要由 try 块来捕捉可能出现异常的代码，而后由 finally 块来进行一些必须要进行的操作。这里的代码块主要用于测试与数据库的连接，当与数据库的连接出现异常情况的时候，并不做任何异常处理和显示，只由 finally 块进行关闭数据库连接的操作。

在以上 3 种形式的异常处理语句中，一个 try 块可以有如下几种情况。

(1) 有一个 finally 块，没有 catch 块。

(2) 有一个或者多个 catch 块，没有 finally 块。

(3) 有一个或者多个 catch 块，同时有一个 finally 块。

如果有多个 catch 语句，则用于捕捉不同类型的错误，如数据库访问异常、数组越界异常等。finally 语句则更多被用于程序中的清理善后工作，如关闭数据库连接、释放对象所占用的内存资源等。

提示　Exception 是什么？
System.Exception 类是所有异常类的基类，用它可以捕捉到所有的异常类型，而异常信息可以通过 ex.Message() 方法来获得。本章中的大部分程序都是简单的控制台程序。

15.3.2　处理错误

捕捉到了错误之后，接下来就是如何来处理这些错误。正如前一小节所说，由 catch 块语句来进行错误的捕捉处理。一般情况下，直接在页面或者控制台区域输出错误信息即可。

下面我们来完成一个错误的处理，介绍如何运用异常处理机制来捕捉和处理错误信息，并将错误信息显示出来。

【范例 15-1】 求一个数组中各个元素相加的总和，并使用异常处理语句来捕捉和处理错误信息。

(1) 在 Visual Studio 2010 中，新建一个名为 "ExceptionTest" 的 ASP.NET 空网站。

(2) 添加一个 Default.aspx 页面，然后在 Default.aspx.cs 文件中添加如下代码。

```
01   protected void Page_Load(object sender, EventArgs e)
02   {
03       int result = 0;
04       if (!IsPostBack)
05       {
06           Response.Write(" 准备执行加法运算 <br>");
07           result = Multiplication();        // 执行加法运算后，返回结果
08           Response.Write(" 执行加法运算完成 , 结果是： " + result.ToString());
09       }
10   }
11
12   protected int Multiplication()
13   {
14       int[] y=new int[3];
```

```
15        int sum = 0;
16        for (int i = 0; i < 4; i++)
17        {
18           y[i] = i;    // 给数组元素赋值
19           sum = sum + y[i];    // 求出数组元素之和
20        }
21        return sum;
22    }
```

(3) 项目运行后，结果如图所示。

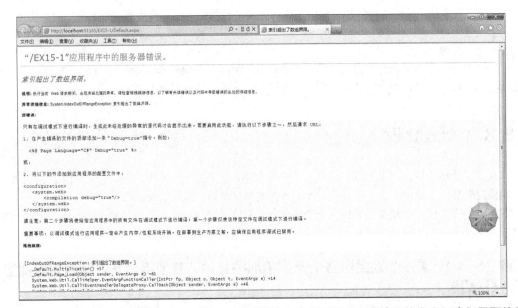

很明显，程序出现了异常情况，不得已只得强制退出。为了避免这种情况的发生，我们需要使用异常处理机制来捕捉和处理异常情况。

(4) 在原有代码的基础上修改代码如下。

```
01    protected void Page_Load(object sender, EventArgs e)
02    {
03        int result = 0;
04        if (!IsPostBack)
05        {
06           Response.Write(" 准备执行加法运算 <br>");
07           try
08           {
09              result = Multiplication();    // 执行加法运算后，返回结果
10              Response.Write(" 执行加法运算完成，结果是: " + result.ToString());
11           }
12           catch(Exception ex)
13           {
```

```
14              Response.Write(ex.Message);    // 打印错误信息
15          }
16      }
17  }
18
19  protected int Multiplication()
20  {
21      int[] y=new int[3];
22      int sum = 0;
23      for (int i = 0; i < 4; i++)
24      {
25          y[i] = i;    // 给数组元素赋值
26          sum = sum + y[i];    // 求出数组元素之和
27      }
28      return sum;
29  }
```

【运行结果】

按【F5】键调试运行，结果如图所示。

从结果中可以看出，加入了异常处理语句之后，程序不仅打印出了异常信息，而且还能够正常运行。

【范例分析】

在这个程序中，为什么会产生异常呢？就是因为 Multiplication() 方法中的整型数组 y 的长度为 3，而在 for 循环中则循环了 4 次来对数组中的元素赋值，结果导致数组越界异常的产生。为了防止程序产生异常后非正常终止，使用了 try、catch 语句来捕捉异常。

提示

输出在页面上的错误信息如果是给程序员看的，那么将系统提示的错误信息直接打印出来即可。如果错误信息是给用户看的，那么就需要打印出比较友好的错误提示信息。

15.4 使用日志文件记录错误

 本节视频教学录像：6 分钟

错误产生之后，如果想把这些错误的详细信息以文本的形式记录下来，以便后期进行错误分析和处理，应该怎样做呢？

log4net 是 apache 组织开发的日志组件，可以从 http://logging.apache.org/log4net/download_log4net.cgi 下载 log4net 1.2.13-bin- newkey.zip 这个文件，然后在其 src 目录下找到 log4net.dll 这个文件。用户如果要在自己的程序里加入日志功能，只需将 log4net.dll 引入工程即可。

提 示 log4net 是一个开源项目，可以以插件的形式应用在系统中。

本节继续使用前一个错误处理的示例，介绍如何运用 log4net 将错误信息写入日志文件中。

【范例 15-2】在 ASP.NET 中使用 log4net 生成错误日志。

(1) 打开【ExceptionTest】网站，在【解决方案资源管理器】窗口中选择项目名，单击右键，在弹出的快捷菜单中选择【添加引用】菜单项，弹出【添加引用】对话框，在【浏览】选项卡中找到"log4net.dll"，单击【确定】按钮，将该文件引用到项目当中。

(2) 单击【确定】按钮后，可以看到 log4net.dll 文件已经被引用到项目当中。

(3) 在 web.config 根节点 configuration 中加入如下代码。

```
01 <configSections>
02     <section name="log4net" type="log4net.Config.Log4NetConfigurationSectionHandler, log4net" />
03 </configSections>
```

(4) 在 web.config 根节点 configuration 中加入如下代码。

```
01  <log4net>
02    <logger name="logerror">
03      <level value="ERROR" />
04      <appender-ref ref="ErrorAppender" />
05    </logger>
06    <appender name="ErrorAppender" type="log4net.Appender.FileAppender">
07      <param name="File" value="Log\\ myError.log" />
08      <param name="AppendToFile" value="true" />
09      <param name="MaxSizeRollBackups" value="100" />
10      <param name="MaxFileSize" value="10240" />
11      <param name=  "StaticLogFileName" value="false" />
12      <param name="DatePattern" value="yyyyMMdd&quot;.htm&quot;" />
13      <param name="RollingStyle" value="Date" />
14      <layout type="log4net.Layout.PatternLayout">
15        <param name="ConversionPattern" value=" 异常时间: %d %n 异常级别: %-5p %n %m %n"
/>
16      </layout>
17    </appender>
18  </log4net>
```

(5) 在 Default.aspx.cs 中的类代码外加入如下代码。

```
[assembly: log4net.Config.XmlConfigurator(Watch = true)]
```

(6) 在 Page_Load 方法中的 catch 语句中加入如下两行代码。

```
log4net.ILog log = log4net.LogManager.GetLogger("logerror");
log.Error(" 生成错误日志成功 !");
```

【运行结果】

单击工具栏中的【启用调试】按钮 ，即可在项目文件夹中的 Log 目录下生成 myError.log 文件。

Bin　　　Log　　　Default.as　　Default.as　　web.confi
　　　　　　　　　　px　　　　　px.cs　　　　　g

打开 myError.log 文件，内容如下。

异常时间: 2014-05-03 08:31:17,005
异常级别: ERROR
生成错误日志成功！

【范例分析】

在这个程序中，为什么会在程序的根目录下生成 Log 文件夹，并在该文件夹下产生 myError.log 文件呢？因为在"appender"节点中"type"属性指定为"FileAppender"（文本文件输出格式），并指定了目标文本文件所在位置以及日志文件名称 (value="Log\\ myError.log")。日志文件的内容是由 log.Error 方法来决定的，而日志的格式则是由"layout"标签下"param"标签的"value"属性来指定的。

【代码详解】

步骤(5)中的 [assembly: log4net.Config.XmlConfigurator(Watch = true)]，指的是程序在运行过程中，加载 Web.config 中 log4net 的配置项。

步骤(6)中的 log4net.LogManager.GetLogger("logerror") 中的"logerror"与 Web.config 文件中的标签 <log4net>\<logger> 的 name 属性的值相对应，通过该值，得到写入日志的等级、文件类型、路径和文件名等。

▋ 15.5 减少错误的秘诀

 本节视频教学录像: 7 分钟

在前几节中，我们已了解了错误的来源、类型，以及怎样捕捉、处理这些错误，并且知道了错误可能会导致程序的编译失败，也会导致程序在运行过程中异常的产生。那么错误是不是真的不可避免呢？我们如何避免错误出现呢？本节将为你揭晓答案。

15.5.1 好的编程习惯

要减少错误，首先要养成良好的编程习惯，主要包括以下几点。

(1) 出现错误时，要知道如何处理，才能让你编写的程序运行顺畅，不会中途抛锚。

(2) 尽量采用简短的语句，提高执行的效率。越简短的语句越不容易出现错误，同时还能提高执行的效率。

(3) 懂得复用写好的代码，提高工作的效率。就好比一部机器，缺少了一个零件，只要能找到同等型号的零件，就可以组装上来，使其很快地重新运转起来。

提　示　这些都是在实际工作中总结出来的经验，能够帮助我们节省大量的时间和精力。

15.5.2　好的编码方式

有了良好的编程习惯，同样还需要有好的编码方式。好的编码方式可以使你的程序看起来整洁、美观、井井有条、可读性强，更能减少错误出现的几率。主要包括以下几点。

1. 标识符要符合命名规范

编码过程当中变量名、函数名、类名等的命名方式要符合一定的命名规范，这样才能使整个程序看起来标识清楚、意思明确。

(1) 标识符最好采用英文单词或其组合，也可以用大家基本可以理解的缩写，便于记忆和阅读。例如，不要把 CurrentValue 写成 NowValue。

(2) 标识符的长度一般以不超过 15 个字符为宜。例如，变量名 maxval 就比 maxValueUntilOverflow 好用。

(3) 变量的名字应当使用"名词"或者"形容词 + 名词"。例如：

```
double  value;   // 名词
double  oldValue;      // 形容词 + 名词
```

(4) 函数的名字应当使用"动词 + 名词"（动宾词组）。例如：

```
DrawLine();   // 动词 + 名词
```

2. 编写的代码要符合代码编写规范

代码中的运算符、复合表达式、选择语句、循环语句等都要按照代码编写规范来写，从而使程序简洁、明了、运行效率高。

(1) 如果代码行中的运算符比较多，应当用括号确定表达式的操作顺序，避免使用默认的优先级。例如：

```
if ((a | b) && (a & c))
```

(2) 不要编写太复杂的复合表达式。例如：

```
i = a >= b && c < d && c + f <= g + h;   // 复合表达式过于复杂
```

(3) 对 if 语句来说，程序中有时会遇到 if/else/return 的组合，应该将其中不良风格的程序改为良好的风格。以下为不良风格的程序。

```
if (condition)
```

```
    return x;
else
    return y;
```

以下为良好风格的程序。

```
if (condition)
{
    return x;
}
else
{
    return y;
}
```

3. 代码中的注释同样必不可少

代码中的注释就像古文中的注解一样，能够让别人很快读懂你写的代码。那么在调用自己或别人所写的代码时，就能极大地降低出错的几率。当然，注释也并非随意添加的，比如注释的写法、格式、位置等都需要符合一定的注释规范。

ASP.NET 中 C# 语言的注释方式主要有以下两种。

(1) 单行注释：用于注释单行代码或注释为一行内容。使用格式如下。

```
// 注释一行
```

(2) 多行注释：用于注释多行代码或注释文字为多行。使用格式如下。

```
/*
* 注释
* 注释
* 注释
* 注释
*/
```

注释要注意以下几个问题。

(1) 如果代码本来就很容易理解，则不必加注释，否则多此一举，令人厌烦。例如：

```
i++;    // i 加 1，多余的注释
```

(2) 注释的位置应与被描述的代码相邻，可以放在代码的上方或右方，不可放在下方。例如：

```
sum=sum+i;    // 求和
```

或

```
// 求和
```

```
sum=sum+i;
```

以上两种方式都是正确的。

```
sum=sum+i;
// 求和
```

以上这种注释方式是错误的。

(3) 当代码比较长，特别是有多重嵌套时，应当在一些段落的结束处加注释，这样便于阅读。例如：

```
if (…)
{
    ……
while(…)
{
}    //while 结束
    ……
}    // if 结束
```

(4) 在每个源文件的头部要有必要的注释信息，包括文件名、版本号、作者、生成日期、模块功能描述（如功能、主要算法、内部各部分之间的关系、该文件与其他文件的关系等）、主要函数或过程清单及本文件历史修改记录等。例如：

```
/*
 * 文件名: File.cs
 * 作者: ×××
 * 版本号: 1.02
 * 生成日期: 2009-11-10
 * 功能描述: 执行打开文件，读取文件操作。
 * ××× 于 2009-11-30 进行修改
 * 修改内容: 增加了写入文件功能。
 */
```

(5) 在每个函数或过程的前面要有必要的注释信息，包括函数或过程名称、功能描述，输入、输出及返回值说明，调用关系及被调用关系说明等。例如：

```
/*
 * 函数介绍:
 * 输入参数:
 * 输出参数:
 * 返回值:
 */
void Function(double x, double y, double z)
{
    ……
```

```
}
```

15.6 高手点拨

 本节视频教学录像：2 分钟

1. 什么时候需要用到 try/catch 语句？

当你写的一段代码在运行中可能出现异常时，就需要用到 try/catch 语句将这段代码包括起来。否则，运行时异常就会导致程序崩溃从而退出。而加上 try/catch 语句后，如果出现异常程序则会执行 catch 中的语句，而不至于导致程序崩溃。

2. 什么样的错误容易导致异常？

语法错误不会导致异常，编译器在编译的时候就会报错而编译不通过。只有逻辑错误才会导致异常，这是编译器无法检测到的错误，需要编程人员根据经验判断和避免，如果有些异常无法避免则需要异常处理机制。

3. 断点调试技巧

在断点调试的过程中，应尽量使用快捷键进行操作；按 Ctrl+F10 组合键可以使调试直接跳到光标处；只有当程序满足了开发人员预设的条件后，条件断点才会被触发，调试器中断；可以通过局部变量窗口，查看各个变量的状态和当前值。

15.7 实战练习

在 ASP.NET 中编写一个程序，要求实现以下功能：

(1) 从页面上输入两个任意的数，能够进行加法运算；

(2) 要求进行错误的捕捉和处理；

(3) 当出现异常时，能够将异常信息写入到后台日志中。

第 **16** 章

 本章视频教学录像：29 分钟

报表是如何生成的——水晶报表

水晶报表是内置于 Visual Studio.NET 开发环境中的报表设计工具，它能够帮助程序员在 .NET 平台上创建复杂且能够互动的报表，还有显示图表等多种功能。

本章要点（已掌握的在方框中打钩）

☐ 水晶报表基本知识

☐ 水晶报表的数据交换

☐ 水晶报表的相关操作

16.1 水晶报表简介

 本节视频教学录像：10 分钟

当你需要用报表、图表时，你首先想到的应该就是用 Excel 去绘制，但是如何在 web 中显示报表或者是图表呢？答案将在本章揭晓。

16.1.1 什么是水晶报表

水晶报表（Crystal Reports）是一款商务智能（BI）软件，主要用于设计及产生报表。水晶报表是最专业、功能最强的报表系统，它除了强大的报表功能外，还可以绘制不同行业的图形（如流程图、工程图），其最大的优势是实现了与绝大多数流行开发工具的集成和接口。

水晶报表几乎可以从任何数据源生成所需要的报表。内置报表专家在生成报表和完成一般的报表任务过程中，会一步一步地指导操作。报表专家通过公式、交叉表、子报表和设置条件格式等帮助表现数据的实际意义，揭示可能被隐藏掉的重要关系。如果文字和数字确实不够充分，则用地理地图和图形进行形象的信息交流。

水晶报表支持几乎所有的常用数据库，如 IBM DB2, Microsoft Access, Microsoft SQL Server, MySQL, 还有数据表如 Microsoft Excel，文本文件 HTML XML 文件。通过网络服务 ODBC, JDBC 或者 OLAP 可访问的任意数据源。

16.1.2 水晶报表的分类

水晶报表按分发方式分为嵌入式和非嵌入式。

嵌入式报表具有与 .rpt 文件对应的同名包装类，直接通过代码与包装类进行交互，而不是与原始报表文件本身进行交互。非嵌入式报表则单独以 .rpt 文件形式存在报表，该报表不包含在项目内，也没有对应的报表包装类。

对于嵌入式报表，系统对项目进行编译时，与其他项目资源一样，报表和其包装类都会被自动嵌入到程序集中，用户看不到被包装后的 .rpt 文件。对于非嵌入式报表，如果是 ASP.NET 网站，要求该 .rpt 文件保存在网站根目录下，如果是 Windows 应用程序则要求分发后 .rpt 文件保存在和 .exe 文件相同的目录下。

对于嵌入式报表，如果修改了报表内容，必须重新编译整个项目。非嵌入式报表修改了报表内容，无需重新编译整个项目。

在嵌入式水晶报表设计器内，可以直接通过拖放方式将一个报表对象（如数据库字段或文本对象）拖动到设计器上，然后使用"属性"窗口或快捷菜单格式化该对象；可以定义该表的数据源，选择要使用的数据记录并对其进行分组，设置报表对象的格式及布局。

16.1.3 报表节

对于一张新建的 Crystal 报表，报表设计区主要分为 5 部分，分别为报表头、页眉、详细资料、报表尾和页脚，如图所示。

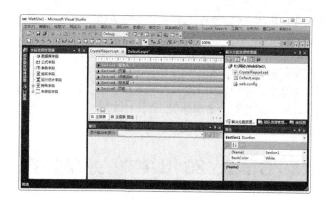

1. 报表头

(1) 该区域中的信息和对象只在报表的开头显示一次。

(2) 该区域通常包含 Crystal 报表的标题和其他只在 Crystal 报表开始位置出现的信息。

(3) 放在该区域中的图标和交叉表包含整个 Crystal 报表的数据。

(4) 放在该区域中的公式只在 Crystal 报表开始进行一次求值。

2. 页眉

(1) 该区域中的信息和对象显示在每个新页的开始位置。

(2) 该区域通常包含只出现在每页顶部的信息，例如文本字段和字段标题等。

(3) 图表或交叉表不能放在该区域。

(4) 放在该区域中的公式在每个新页的开始进行一次求值。

3. 详细资料

(1) 该区域中的信息和对象随每条新记录显示。

(2) 该区域包含 Crystal 报表正文数据，例如批量报表数据通常出现在该区域。

(3) 图标或交叉表不能放置在该区域中。

(4) 放在该区域中的公式对每条记录进行一次求值。

4. 报表尾

(1) 该区域中的信息和对象只在 Crystal 报表的结束位置显示一次，如统计信息。

(2) 该区域的图表和交叉表包含整个 Crystal 的数据。

(3) 该区域中的公式只在 Crystal 报表的结束位置进行一次求值。

5. 页脚

(1) 该区域中的信息和对象显示在每页的底部。

(2) 该区域通常包含页码和任何希望出现在每页底部的信息。

(3) 放在该节中的公式，在每页结束位置进行一次求值。

(4) 如果将组、摘要或小计添加到 Crystal 中，则程序会自动创建组页眉和组页脚两个区域。

6. 组页眉

(1) 放在该区域中的对象显示在每个新组的开始位置。

(2) 该区域通常保存组名字段，可以用来显示包括特定数据的图表或交叉表。

(3) 放在该区域的图标和交叉表仅包含本组数据。

(4) 放在该区域的公式在每组的开始位置对本组进行一次求值。

7. 组页脚

(1) 放在该区域中的对象显示在每个新组的结束位置。

(2) 该区域通常保存汇总数据，也可以用来显示图表或交叉表。

(3) 放在该区域的图标和交叉表仅包含本组数据。

(4) 放在该区域的公式在每组的结束位置对本组进行一次求值。

16.1.4 在 Visual Studio 2010 中安装水晶报表

Crystal Report 自 1993 年以来就已成为 Visual Studio 的一部分，在 Visual Studio2010 之前都是默认包含水晶报表的，但在 Visual Studio 2010 中默认不包含水晶报表。所以我们在此简单介绍一下水晶报表的安装。

首先是在 SAP 官方网站上下载 Crystal Report for Visual Studio 2010 安装文件，地址如下：http://downloads.businessobjects.com/akdlm/cr4vs2010/CRforVS_13_0.exe。

下载完成，按照默认的设置安装，重启 Visual Studio 2010。

提 示 安装完成以后，左侧的工具栏中可能没有添加上 CrystalReportViewer 控件，这时需要将项目的目标框架由 ".NET Framework 4 Client Profile" 修改为 ".NET Framework 4"，该操作可以通过选中项目，右键单击并选择属性的方式修改。

16.2 水晶报表的数据交换

 本节视频教学录像：6 分钟

Crystal 水晶报表通过数据驱动程序与数据库进行连接，用户可以选择下列数据源中的数据进行报表设计：

(1) 使用 ODBC 驱动程序的任何数据库（RDO）。

(2) 使用 OLEDB 驱动程序的任何数据库（ADO）。

(3) Microsoft Access 数据库或 Excel 工作簿（DAO）。

(4) ADO.NET 记录集。

16.2.1 水晶报表对象模型

对象模型是指构成编程模型的核心类及周围类，主要有以下三个。

1. CrystalReportViewer 对象模型

CrystalReportViewer 控件包含可用于控制该控件如何显示报表的属性和方法，以及少量的与绑定到该控件的报表进行交互的属性和方法。这些属性和方法构成了一个功能有限的 CrystalReportViewer 对象模型。

CrystalReportViewer 控件仅用于控制报表显示的形式，比如控制显示缩放比例等。而要与报表内部进行交互，则应该使用封装后的其他对象模型。即尽量不要使用 CrystalReportViewer 对象提供的属性与方法与报表内部进行交互。

2. ReportDocument 对象模型

ReportDocument 对象模型比 CrystalReportViewer 功能多、范围广。该对象模型提供了在代码中处理报表的各种功能。它起到通道的作用，是通向 Engine 命名空间的一组类，这些类为通过编程方式对报表进行操作提供了更多工具。

在对象模型的下一个级别，将在把报表赋给该控件之前，使用 ReportDocument 对象模型将报表封装到一个 ReportDocument 实例内。这样就可以访问 ReportDocument 中提供的更为复杂和强大的对象模型了。

3. ReportClientDocument 对象模型

ReportClientDocument 对象模型由跨多个命名空间的许多类组成。每个命名空间的前缀均为 CrystalDecisions.ReportAppServer。此对象模型在 SDK 中提供整个报表结构，使用户能够通过编程方式在运行时创建和修改报表的每个方面，并保存所做的更改。

在 Crystal Reports 10 中，ReportDocument 和 ReportClientDocument 对象模型已经不再是彻底分开的。通过重写 ReportDocument 对象模型以作为 ReportClientDocument 对象模型中功能的代理（子集），已经实现了这一点。ReportDocument 对象模型的类提供的属性和方法签名与以前相同，但其基础功能已更改为将每个属性和方法重定向到功能更强大的 ReportClientDocument 对象模型的属性和方法。

16.2.2　Crystal 报表数据源和数据访问模式

水晶报表最常用的两种报表数据源访问模式是提取模式（Pull Model）和推入模式（Push Model），本节将介绍这两种访问模式。

1. 提取模式

提取模式是指驱动程序自动连接至数据库并视需要来提取数据。当采用提取模式时，水晶报表本身将自行连接数据库并执行用来提取数据的 SQL 命令，开发人员不需要另外编写代码。若采用提取模式，则只能访问 ODBC、OLEDB 与 Access/Excel 数据源。

【范例 16-1】提取模式使用 SQL Server 数据库。

(1) 创建一个 ASP.NET 空网站，在【解决资源管理器】上单击，选择【添加新项】，选择【Crystal Reports】。在随后出现的对话框中单击【确认】按钮。

(2) 在【标准报表创建向导】对话框中选择【OLEDB（ADO）】。

(3) 在出现的【OLE DB（ADO）】窗口中选择【SQL Native Client 10.0】，单击【下一步】按钮。

(4) 在出现的【连接信息】对话框中，输入相应的数据，单击【下一步】按钮，然后点击【完成】按钮。

(5) 把相应的表添加进去，单击【下一步】按钮。

(6) 在【字段】对话框中，把要显示的字段加入进去。

(7) 单击【下一步】按钮直到出现【分组】对话框，根据需要可对数据进行分组。再单击【下一步】按钮直到出现【记录选定】字段，可以进行筛选。再次单击【下一步】按钮直到出现【报表样式】对话框，选择相应样式，单击【完成】按钮。

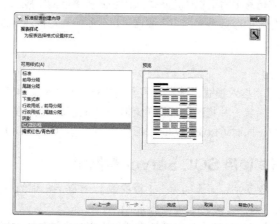

(8) 添加一个 Default.aspx 的页面并切换到设计视图，在视图中添加一个 CrystalReportViewer 控件，单击右上角的按钮，对报表源进行配置。

【运行结果】

按【Ctrl+F5】组合键运行，如下图所示。

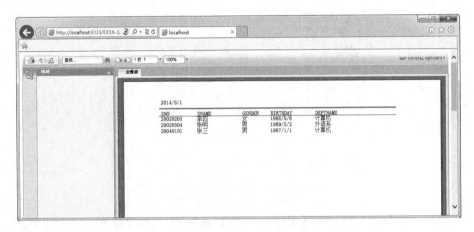

【范例分析】

在本范例中，在【连接信息】对话框中应该填入的是本机器上的相应信息。例如服务器，它应该是本地机器上 SQL Server 2008 的服务器，用户名和密码也分别是本地机器 SQL Server 2008 上已经存在的用户名和密码。

2. 推入模式

相对于提取模式，若采用推入模式，开发人员必须自行编写代码来连接到数据库，通过执行 SQL 命令来创建数据集或数据记录集，并将该对象传递给报表。采用推入模式的好处就是开发人员对数据库拥有更大的自主权与控制权，同时可以使用 ADO.NET、CDO、DAO 与 RDO 来访问各种类型的数据源。

【范例 16-2】推入模式使用 SQL Server 数据库

(1) 创建一个 ASP.NET 空网站，新添加一个【数据集】。在随后出现的对话框中单击【确认】按钮，在出现的页面上单击右键，【添加】▶【TableAdapter】。

(2) 单击新建连接，在【添加链接】的对话框中选择【更改】按钮，在出现的【更改数据源】对话框中选择【Microsoft SQL Server】选项。单击【确认】按钮，回到【添加链接】对话框，输入相应的服务器名称和用户名、密码、要连接到的数据库等信息，连接成功后，单击【确定】按钮。

(3) 在出现的【选择命令类型】对话框中选择【使用 SQL 语句】，单击【下一步】按钮。

(4) 在【输入 SQL 语句】对话框中，单击【查询生成器】按钮，在出现的框体中添加相应的表，然后选择要显示的列。单击【确认】按钮，回到【输入 SQL 语句】对话框，将看到自动生成的 SQL 语句，然后单击【完成】按钮。

(5) 新添加一个水晶报表。按例 16-1 进行配置。配置完成后在右侧的【字段资源管理器】中【数据库字段】上单击右键,选择【数据库专家】。在弹出的对话框中,选择【项目数据】▷【ADO.NET 数据集】▷【DataSet1】▷【studentinfo】。单击【确认】按钮。

(6) 在 Default.aspx 页面中添加一个 CrystalReportViewer 控件,并在 Page_Lord 中添加以下代码。

```
01  protected void Page_Load(object sender, EventArgs e)
02      {
03          string s = "Server=FSS-PC;DataBase=Student;Uid=sa;PWD=sa";
04          SqlConnection con = new SqlConnection(s);
05          con.Open();
06          string strsql = "select * from studentinfo";
07          SqlDataAdapter adapter = new SqlDataAdapter(strsql, con);
08          DataSet1 ds = new DataSet1();
09          adapter.Fill(ds, "studentinfo");
10          ReportDocument studentReport = new ReportDocument();
11          studentReport.Load(Server.MapPath("CrystalReport.rpt"));
12          studentReport.SetDataSource(ds);
13          this.CrystalReportViewer1.ReportSource = studentReport;
14      }
```

【运行结果】

按【Ctrl+F5】组合键运行,如下图所示。

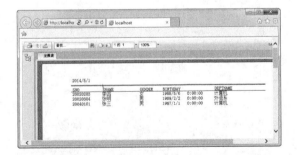

【范例分析】

在本范例中，通过直接在 Page_Load（）中添加代码的形式把数据源绑定到了 CrystalReportViewer 上，从而不必再在页面为 CrystalReportViewerusing 配置数据源。另外此段代码中需要引入 System. Data.SqlClient，using CrystalDecisions.CrystalReports.Engine。

■ 16.3 Crystal 报表数据相关操作

 本节视频教学录像：10 分钟

本节介绍 Crystal 报表数据的相关操作。

16.3.1 水晶报表中的数据分组与排序

水晶报表中升序和降序的排序规则如下：

(1)"文本"升序排序。

空白；标点符号；0–9；A–Z（相同字母的，大写排序在前，小写排序在后）；中文字符按其拼音字母 A–Z 的顺序来排。

(2)"日期 / 时间"升序排序。

空日期排在最前，较早的日期其次，较晚的日期最后。

(3)"数字 / 货币"升序排序。

较小的数值排列在前，较大的数值排列在后。

(4)"布尔值"升序排序。

true 在前，false 在后。

【范例 16-3】水晶报表中数据分组与排序的应用。

(1) 创建一个 ASP.NET 空网站，添加一个水晶报表。按照例 16–1 配置水晶报表。

(2) 在水晶报表空白处单击右键，选择【报表】➢【组专家】。在弹出的对话框中，从左边可用字段中选择相应的字段，单击【确定】按钮。

(3) 在水晶报表空白处单击右键，选择【报表】➢【记录排序专家】，在弹出的对话框中，从左边可用字段中选择相应的字段和排序方式，单击【确定】按钮。

(4) 添加一个 Default.aspx 的页面并切换到设计视图，添加一个 CrystalReportViewer 控件，配置报表源。

【运行结果】

按【Ctrl+F5】组合键运行，如下图所示。

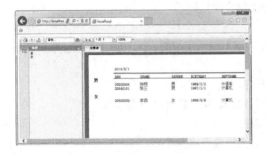

16.3.2 水晶报表中数据的筛选

默认情况下，数据源中的所有记录都将显示在报表上，但在实际应用中，可能仅仅需要显示符合条件的记录，这时就需要对记录进行筛选。一般情况下，可以用以下两种方法来筛选记录。

1. 利用内嵌的"选择专家"筛选记录

【范例 16-4】利用内嵌的"选择专家"进行记录的筛选。

(1) 创建一个 ASP.NET 空网站，添加一个水晶报表。按照例 16-1 配置水晶报表。

(2) 在水晶报表空白处，单击右键，选择【报表】➤【选定公式】➤【记录】。在弹出的对话框中输入相应的公式，检查无误后，单击【保存并关闭】按钮。

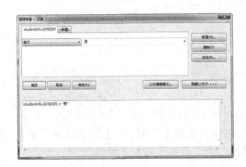

(3) 添加一个 Default.aspx 页面并切换到设计视图，添加一个 CrystalReportViewer 控件，配置报表源。

【运行结果】

按【Ctrl+F5】组合键运行，如下图所示。

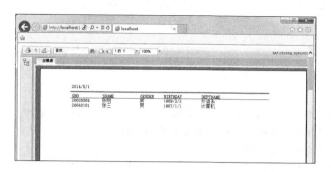

2. 开发人员自定义公式筛选记录

在报表设计环境空白处单击右键，选择【报表】➢【选择专家】➢【记录】，在弹出的对话框中输入有限制条件的公式，检查无误后保存并关闭，完成记录的筛选工作。

提示　公式的返回值必须是 boolean 类型的，即"true"或"false"。

【范例 16-5】利用选择专家进行记录的筛选。

(1) 创建一个 ASP.NET 空网站，添加一个水晶报表。按照例 16-1 配置水晶报表。

(2) 在水晶报表空白处单击右键，选择【报表】➢【选择专家】➢【记录】。在弹出的对话框中选择相应的条件，单击【确认】按钮。

(3) 添加一个 Default.aspx 页面并切换到设计视图，添加一个 CrystalReportViewer 控件，配置报表源。

【运行结果】

按【Ctrl+F5】组合键运行，如下图所示。

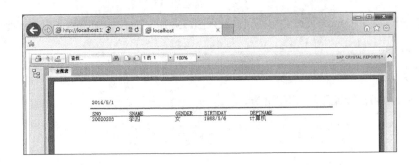

【范例分析】

在本范例中，我们通过编辑选择姓"李"的记录，这只是非常简单的例子，读者还可以通过下面的一些公式模板，编辑更复杂的选择公式来选择所需要的记录。

常用的一些公式模板如下表所示。

使用数字选择记录	
{文件.字段}>5	选择{文件.字段}的值大于5的记录
{文件.字段}<5	选择{文件.字段}的值小于5的记录
{文件.字段}=<5 and {文件.字段}>=0	选择{文件.字段}大于等于0小于等于5的记录
使用字符串选择记录	
{文件.字段} startswith "a"	选择{文件.字段}的值以"a"开始的记录
not {文件.字段} startswith "a"	选择{文件.字段}的值不以"a"开始的记录
"b" in {文件.字段}[i to j]	选择{文件.字段}的值从第i位到第j位值为"b"的记录
"b" in{文件.字段}	选择{文件.字段}的值包含"b"的记录
使用日期选择记录	
Year({文件.日期})>2010	选择{文件.日期}的年值大于2010的记录
Year({文件.日期})>2010 and Year({文件.日期})<2014	选择{文件.日期}的年值大于2010而且小于2014的记录
Month({文件.日期}) in 1 to 3	选择{文件.日期}字段中月份为一年中前三个月的记录
Month({文件.日期}) in [1,3]	选择{文件.日期}字段中月份为一年中一月份和三月份的记录（不含二月份）

16.3.3 创建和使用水晶图表

图表的使用可以使说明变得简单、易懂，水晶报表作为一个应用于各个领域的强大的商务智能软件，理所当然地包含了图表的使用。

【范例 16-6】在水晶报表中使用图表。

(1) 创建一个 ASP.NET 空网站，添加一个水晶报表。按照例 16-1 配置水晶报表。

(2) 在水晶报表空白处单击右键，选择【插入】➤【图表】，选择摆放的位置后弹出【图表专家】对话框。在类型中选择图标的种类。

(3) 切换至【数据】选项卡，在【变更主体】中添加相应的可用字段（相当于确定横轴），在【显示值】中添加相应的选项（相当于纵轴）。最后根据需要去改变【文本】等其他选项。

(4) 添加一个 Default.aspx 页面并切换到设计视图，添加一个 CrystalReportViewer 控件，配置报表源。

【运行结果】

按【Ctrl+F5】组合键运行，如下图所示。

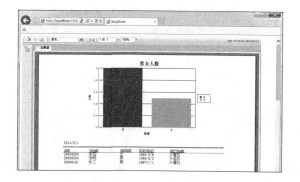

【范例分析】

在本范例中，比较容易混淆的是图标的横纵坐标的确定，所以在自己编写时要特别注意。

16.3.4 创建和使用子报表

子报表是指内含于报表中的报表，内含子报表的报表称为主报表（或父报表）。在这种报表中，主报表和子报表之间会彼此相连，这样子报表就仅能显示与主报表有关的数据记录。子报表除了可以直接内嵌于主报表之外，还可以通过超链接的方式打开。

1. 内嵌型的子报表

【范例 16-7】在水晶报表中使用子报表。

(1) 创建一个 ASP.NET 空网站，添加一个水晶报表。按照例 16-1 配置水晶报表。

(2) 在水晶报表空白处单击右键，选择【插入】➢【子报表】，选择摆放的位置后弹出【插入子报表】对话框，在【新建报表名称】处输入报表名。

(3) 然后单击【报表向导】，新建一个报表，把相应的数据源加到新建的报表上。切换至【链接】，选择链接用的字段。

(4) 添加一个 Default.aspx 页面并切换到设计视图，添加一个 CrystalReportViewer 控件，配置报表源。

【运行结果】

按【Ctrl+F5】组合键运行，如下图所示。

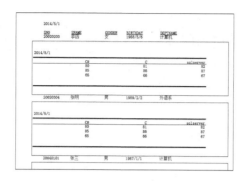

2. 仅显示子报表

在以上例子的结果中，报表会显得比较繁杂，为了使报表显示更清晰明了，通常使用明细报表的形式，这就需要在主报表中使用连接的方式让用户选择，以便动态打开子报表。

【范例 16-8】在水晶报表中仅显示子报表。

(1) 创建一个 ASP.NET 空网站，添加一个水晶报表。按照例 16-1 用 studentinfo 表作为数据源，完成水晶报表配置。新建一个名为"CrystalReports2"的水晶报表，按照例 16-1 用 grade 表作为数据源配置水晶报表。

(2) 在 CrystalReports 水晶报表空白处单击右键，选择【插入】➤【子报表】，选择摆放的位置后弹出【插入子报表】对话框，选中【在项目中选择Crystal报表】，在下拉框中选择"CrystalReports2"报表。

(3) 切换至【链接】，选择链接用的字段。

（4）添加一个 Default.aspx 的页面并切换到设计视图，添加一个 CrystalReportViewer 控件，配置报表源。

【运行结果】

按【Ctrl+F5】组合键运行，如下图所示。

▌ 16.4 高手点拨

本节视频教学录像：3 分钟

1. 如何动态修改水晶报表中的文本值

在 Push 模式下，可以通过如下代码动态修改水晶报表中的文本值：

```
ReportDocument ReprotDoc=new ReportDocument();
ReportDoc.Load(Server.MapPath(Crystal));
TextObject tb=(TextObject)ReportDoc.ReprotDefinition.ReportObjects［"Text1"］;
Tb.text="修改后的内容";
```

2. 其他报表组件

水晶报表是我们经常用到的报表组件，除了水晶报表，还有一个报表也是我们经常用到的。就是微软自带的 ReportViewer，ReportViewer 完全免费，使用简单，非常容易上手。所见即所得，支持数据导出为 Excel 文件和 PDF 文件。

Stimulsoft Reports.Net 是一款基于 .NET 的报表生成器，能够创建基于多种数据源的报表，创建的报表在 Windows 窗体和 Asp.Net 中都是可用的。已创建的报表可以导出为 PDF、XML、HTML、Excel、RTF，以及 TIFF 等 20 多种格式的文件。

ReportViewer 控件提供了很多报表的基本功能，但对稍微复杂点的报表运作效率就比较低，部署麻烦。如果要开发复杂的 C# 报表，建议用收费的 Stimulsoft Reports.Net 报表。

▌ 16.5 实战练习

创建一个网站，添加一个页面，在该页面实现可以通过选择性别来分别生成男女生的信息报表。

第 **17** 章

 本章视频教学录像：33 分钟

新型 Web 开发技术——ASP.NET Ajax

可以将 Ajax 技术形象地称为无页面刷新技术。ASP.NET Ajax 属于 Ajax 技术的一种，使用 ASP.NET Ajax 可以很方便地开发基于 Ajax 技术的 Web 应用程序。本章从 Ajax 技术出发，介绍 ASP.NET Ajax 技术，继而介绍 ASP.NET Ajax 常用的控件，通过这些控件可以快速地开发出高效的 Web 应用程序。

本章要点（已掌握的在方框中打钩）

□ 什么是 ASP.NET Ajax

□ 安装 ASP.NET Ajax

□ ScriptManager 控件

□ UpdatePanel 控件

□ UpdateProgress 控件

□ Timer 控件

□ Ajax Control ToolKit 扩展控件

17.1 ASP.NET Ajax 入门

 本节视频教学录像：10 分钟

一般情况下，ASP.NET 网站应用程序每提交一个服务器操作，整个页面将被重新装载、刷新。如果页面中需要从服务器下载大量的数据，而执行的服务器操作与这些数据无关，每次都重新装载页面会导致程序运行不流畅。但是通过 ASP.NET Ajax 服务器控件，就可以使页面局部刷新，使其运行自然、流畅。

17.1.1 什么是 ASP.NET Ajax

ASP.NET Ajax 是指基于 Ajax 技术的 ASP.NET 编程模型，使用 ASP.NET Ajax 创建的 Web 应用程序能够彻底解决 ASP.NET 编程模型所带来的刷新问题。除此之外，使用 ASP.NET Ajax 编程模型，既可以继续使用服务器端代码实现 Web 应用程序的功能，又可以实现类似于 Windows 应用程序的客户端效果，给用户带来更好的感受和更强大的人机交互能力，同时还可以提升浏览器的独立性。

1. Ajax

要想了解什么是 ASP.NET Ajax，首先需要了解什么是 Ajax。Ajax 是由 Jesse James Garrett 创造的，它是"Asynchronous JavaScript and XML"的简写，是综合异步通信、JavaScript 以及 XML 等多种网络技术的新的编程技术。如果从用户看到的实际运行效果来看，通常也可以形象地称其为无页面刷新技术。

提 示　无论"Ajax"还是"AJAX"，都是"Asynchronous JavaScript and XML"的简写，但是一般的资料都是以"Ajax"冠名，而在 ASP.NET 中则全部是大写字母"AJAX"。无论是大写字母还是小写字母，其本质都是一样的，仅是 Microsoft 公司为了和其他的"Ajax"技术相区分而已。

Ajax 主要包括以下几个内容。

(1) 使用 XHTML+CSS 来表示信息。

(2) 使用 JavaScript 操作 DOM（文件对象模型，Document Object Model，简称 DOM）。

(3) 使用 XML 和 XSLT（Extensible Stylesheet Language Transformations）进行数据交换及相关操作。

(4) 使用 XmlHttpRequest 对象与 Web 服务器进行异步数据交换。

(5) 使用 JavaScript 将各部分内容绑定在一起。

Ajax 的核心就是 JavaScript 对象即 XmlHttpRequest 对象。该对象在 IE5.0 中首次引入，它是一种支持异步请求的技术。简而言之，XmlHttpRequest 对象使 Web 应用程序开发者可以使用 JavaScript 向服务器提出异步请求并处理服务器端的响应，同时又不让用户等待而出现白页，即在服务器处理请求的同时用户还可以进行其他操作，而不是出现空白页。

Ajax 实现的基本原理是，当用户与浏览器中的页面进行交互时，会触发页面元素对象的相应事件，客户端捕获相应的事件后，如果需要将交互动作引起的逻辑实现提交给服务器进行处理，客户端就将要处理的数据（包括状态描述等）转换为 XML 格式的字符串，再利用异步传送方式将这些数据提交给服务器；服务器进行处理后，同样利用 XML 格式和异步传送方式将处理结果返回给客户端；客户端再从返回结果中提取需要的部分，并将提取的部分利用 JavaScript 对网页进行"悄无声息"的局部更新，而不是刷新整个页面。

除此之外，客户端还可以直接使用 JavaScript 代码处理不需要提交给服务器端处理的行为。这样就可以免去重新从服务器加载页面而导致的延时，减少了用户等待的时间。

 传统的 Web 应用程序允许用户填写表单，当提交表单时就向 Web 服务器发送一个请求。服务器接收并处理传来的表单，然后返回一个新的网页。这种做法浪费了许多带宽，因为在前后两个页面中的大部分 HTML 代码往往是相同的。由于每次应用的交互都需要向服务器发送请求，应用程序的响应时间就依赖于服务器的响应时间，这导致了用户界面的响应比本地应用慢得多。

2. ASP.NET Ajax

ASP.NET Ajax 技术是 Ajax 技术中的一种，它以 Ajax 的技术框架为依托，在 Web 浏览器和服务器之间建立起通信的桥梁。其优点如下。

(1) 通过 ASP.NET Ajax 客户端的 JavaScript 脚本库，可以让 Web 应用程序直接与服务器端的 ASP.NET 控件进行交互。

(2) 通过 ASP.NET Ajax 技术，可以让客户端的脚本直接调用 ASP.NET 服务器端的资源。

(3) 通过 ASP.NET Ajax 技术，可以使 Ajax 技术在 ASP.NET 开发平台上发挥更大的优势，例如更佳的性能、局部刷新的特性、异步页面回调、跨浏览器特性等优势。

ASP.NET Ajax 技术架构主要分为客户端脚本库和服务器端组件两大部分。其中客户端脚本库主要负责通过 Web 服务接口，调用 Web 服务器端的 Web 服务以及应用程序。而服务器端组件主要是在客户端脚本库的基础上封装的便于开发和使用的组件，通过这些组件，开发人员可以像使用 ASP.NET 的基本服务器端控件一样方便。

17.1.2 ASP.NET Ajax 开发环境介绍

本小节介绍 ASP.NET Ajax 的开发环境，如图所示。

1. ASP.NET Ajax 控件工具箱

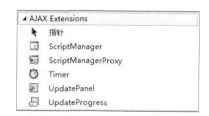

ASP.NET Ajax 常用控件如下。

(1) ScriptManager 控件：ScriptManager 控件的作用是负责管理页面中的所有脚本资源，在 ASP. NET Ajax Web 页面中必须包含此控件，且必须存在于其他 Ajax 控件之前。它是 ASP.NET Ajax 的核心控件之一。

(2) ScriptManagerProxy 控件：ScriptManagerProxy 控件是 ScriptManager 控件的代理，主要用于有母版页的情况，在母版页和内容页面中引入不同的脚本资源时，在内容页面中使用。

(3) UpdatePanel 控件：UpdatePanel 控件的作用是实现页面的局部更新，也就是通常所说的无刷新页面技术。它是 ASP.NET Ajax 的核心控件之一。

(4) UpdateProgress 控件：UpdateProgress 控件的作用是在 UpdatePanel 控件的模板内容进行异步更新处理的过程中给用户提供显示信息。UpdateProgress 控件是 ASP.NET Ajax 的重要控件之一。

(5) Timer 控件：Timer 控件在异步更新处理过程中充当计时器的角色。Timer 控件也是 ASP.NET Ajax 的重要控件之一。

2. 其他环境

ASP.NET Ajax Web 应用程序的开发环境与 ASP.NET Web 应用程序的开发环境一样。因在前面已经介绍过，这里不再赘述。

17.1.3 第 1 个 ASP.NET Ajax 应用程序

由于 ASP.NET Ajax 与 ASP.NET 结合得非常紧密，且 ASP.NET Ajax 技术已经封装在 Visual Studio 2010 开发环境中，所以创建 ASP.NET Ajax 应用程序不再像 ASP.NET 2.0 中那样，需要单独添加 Ajax 网站模板，而是直接创建 ASP.NET Web 应用程序，同时自动加载所有的 Ajax 程序集。

【范例 17-1】创建一个简单的 ASP.NET 网站，熟悉 ASP.NET Ajax 开发环境。程序的功能是单击 LinkButton，显示欢迎页面，实现无刷新效果。

(1) 新建一个 ASP.NET 空网站 ajaxShowMessage，并添加一个 Web 窗体，向页面中添加一个 ScriptManager 控件和一个 UpdatePanel 控件。并向 UpdatePanel 控件中添加一个 LinkButton 控件，ID 命名为 lbtnWelcome。效果如图所示。

(2) 双击 LinkButton 控件，在 Default.aspx.cs 文件中的 lbtnWelcome_ Click 事件中输入以下代码。

```
01    protected void lbtnWelcome_Click(object sender, EventArgs e)
02    {
03        lbtnWelcome.Text = "Wlcome to use ASP.NET AJAX application";
04    }
```

【运行结果】

按【F5】键调试并运行，结果如图所示。

单击"Click Me"，显示如图所示的效果。可以看出单击前进、后退箭头时颜色没发生变化，也就是实现了无刷新的效果。

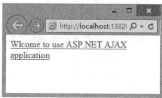

【范例分析】

本范例中向 Default.aspx 页面中添加了一个 ScriptManager 控件，该控件的功能就是控制客户端的所有脚本资源（这些脚本资源都已经编写好，封装在 ASP.NET Ajax 中，只有在调试过程中出现错误时才能看到）在一个页面中。该控件只能有一个。

添加的 UpdatePanel 控件的功能是实现局部更新，即无刷新页面技术；因此要想实现局部更新，就必须添加该控件，且一个页面中可以有多个 UpdatePanel 控件；局部更新的控件必须要放到 UpdatePanel 控件的 <ContentTemplate/> 节中。

▌ 17.2 ASP.NET Ajax 常用控件

 本节视频教学录像：11 分钟

本节介绍几款常用的、重要的 Ajax 服务器控件，包括 ScriptManager 控件、UpdatePanel 控件、UpdateProgress 控件和 Timer 控件等。

17.2.1 ScriptManager 控件

ScriptManager 控件负责管理 Page 页面中所有的 Ajax 服务器控件，是 Ajax 的核心。有了 ScriptManager 控件才能对客户端脚本程序进行自动管理，才能实现页面的局部更新功能。因此要开发 ASP.NET Ajax 网站，每个页面上都必须有 ScriptManager 控件。

一般情况下，直接将 ScriptManager 控件拖放到页面中，不需要进行任何设置（即各个属性取默认值），就可以实现自动管理客户端脚本的功能。

【范例 17-2】设计一个程序，通过设置 ScriptManager 控件，在客户端调用自定义的 WebServices 中的方法，显示欢迎用户信息。

第 1 步：自定义一个 WebServices。

(1) 打开 Visual Studio 2010，新建一个 ASP.NET 空网站，添加一个 Deafault.aspx 页面。

(2) 在【解决方案资源管理器】中右击项目名称，在弹出的快捷菜单中选择【添加新项】菜单项单击，弹出【添加新项】对话框。在【添加新项】对话框中选择【Web 服务】，在【名称】中输入 WebService1.asmx，单击【添加】按钮，即可添加一个名称为 WebService1.asmx 的 Web 服务。

(3) 双击【WebService1.cs】，进入 WebService1 的代码编辑窗口，在此添加代码来编辑 WebService。在本范例中，我们自定义了一个 Welcome() 方法，供客户端调用，该方法用于判断用户的类型。源代码如下。

```
01   using System;
02   using System.Collections.Generic;
03   using System.Linq;
04   using System.Web;
05   using System.Web.Services;
06
07   [WebService(Namespace = "http://tempuri.org/")]
08   [WebServiceBinding(ConformsTo = WsiProfiles.BasicProfile1_1)]
09   // 若要允许使用 ASP.NET Ajax 从脚本中调用此 Web 服务，请取消对以下行的注释
10   [System.Web.Script.Services.ScriptService]
11   public class WebService1 : System.Web.Services.WebService
12   {
13     public WebService1()
14     {
15       // 如果使用设计的组件，请取消注释以下行
16       //InitializeComponent();
17     }
18     [WebMethod]
19     public string Welcome(string User)
20     {
21       string UserName = "";
22       if (User == string.Empty)
23       {
24         UserName = " 游客 ";
25       }
26       else
27       {
28         UserName = User;
29       }
30       string strMsg = " 谢谢 [" + UserName + "] 选择 ASP.NET 3.5 入门到精通 ";
31       return strMsg;
32     }
33   }
```

第 2 步：设计 Default .aspx 页面。

（1）切换到【源】视图，向 Default .aspx 页面添加一个 ScriptManager 控件、一个 HTML 文本框和一个 HTML 按钮。具体设计源码如下。界面如图所示。

控件属性设置如下表所示。

控件类型	属性	属性值	控件类型	属性	属性值
Input（Text）	ID	txtUserName	Input（Submit）	ID	btnSubmit
	Value	""		Value	提交

（2）在 Default .aspx 页面的 <title/> 标签对后添加客户端执行脚本，源代码如下。

```
01  <script type="text/javascript" language="javascript">
02    function OnbtOk_Click() {
03      var userName = document.getElementById("txtUserName").value;
04      var ws = new WebService1();
05      ws.Welcome(userName, ShowMsg);
06    }
07    function ShowMsg(result) {
08      var strResult = result.toString();
09      document.getElementById("divMsg").innerHTML = strResult;
10    }
11  </script>
```

【运行结果】

按【F5】键调试并运行，结果如图所示。若用户不做任何输入，直接单击【确定】按钮，则显示【游客】。当用户输入了名字，单击【确定】按钮，则直接显示输入的姓名。并且实现了无刷新页面技术。

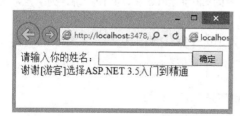
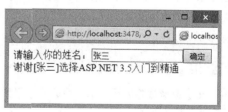

【范例分析】

在本范例中，我们使用了 ScriptManager 控件在客户端调用 Web 服务。其中，要想使用 ASP.NET Ajax 从脚本中调用此 Web 服务，必须要使用步骤 3 中的第 10 行代码，否则无法在客户端调用 Web 服务；第 18~32 行在 Web 服务中自定义了一个方法，用于检验用户是否是游客，该方法功能简单，不再介绍；第 37~41 行向 Default.aspx 页面中添加了一个 ScriptManager 控件，其中第 38、39、40 行表示通过 ScriptManager 对 WebService1 进行引用；第 52~56 行定义了一个响应【确定】按钮的单击事件，该事件主要用于调用 WebService1 提供的 Welcome 方法，其中第 53 行用于获取用户输入的用户名，第 54 行用于创建 WebService1 的对象，第 55 行代码用于调用 WebService1 的 Welcome 方法；第 57~60 行定义了一个检验成功后调用的方法，用于显示欢迎信息，其中第 59 行将信息显示在客户端。

17.2.2　UpdatePanel 控件

UpdatePanel 控件也是 ASP.NET Ajax Extensions 中很重要的一个服务器控件，它的主要功能是在 Web 应用程序中实现局部更新。

有了 UpdatePanel 控件，开发者不需要编写任何客户端脚本，只需要在页面上添加 ScriptManager 控件和 UpdatePanel 控件，就可以实现页面的局部自动更新功能。

开发人员只需要将 ASP.NET 服务器控件拖放到 UpdatePanel 控件的 <ContentTemplate/> 标签中（即设置 UpdatePanel 控件的 ContentTemplate 属性），就可以使原本不具有 Ajax 功能的 ASP.NET 服务器控件具有异步功能。

【范例 17-3】设计一个程序，浏览学生的基本信息，在程序中使用 UpdatePanel 控件来实现无条件、无刷新页面效果。

(1) 在 SQL Server 2008 中附加 Student 数据库（随书光盘）。

(2) 创建一个 ASP.NET 空网站 ajaxGridView，并添加一个 Web 窗体 Default.aspx，在页面中添加一个 ScriptManager 控件和 UpdatePanel 控件；并向 UpdatePanel 控件中添加一个 GridView 控件和 SqlDataSource 控件。用户界面（Default.aspx 页面设计）如图所示。

(3) 使用 SqlDataSource 访问 Student 数据库中的 StudentInfo 表，并使用绑定列绑定数据库中的学号、姓名、性别和生日字段。

(4) 修改 GridView1 控件的属性 AllowPaging 为 True；PageSize 为 2。

【运行结果】

按【F5】键调试并运行，单击页码的效果如图所示。

从运行结果可以看到：在单击页码链接后，页面并不是整体刷新，而是只有 UpdatePanel 控件包含的 GridView 控件本身刷新，即局部刷新（通过观察浏览器的后退按钮为不可用状态可以判断）。

【范例分析】

在本范例中，使用了 UpdatePanel 控件实现无条件局部更新效果。要想局部更新，必须将需要局部更新的控件放置在 UpdatePanel 控件的 ContentTemplate 中，可以查看页面【源】视图。在本范例中，我们使用了数据源组件 SqlDataSource 组件来提供数据源，使用 GridView 控件来显示数据。

在使用 UpdatePanel 控件的时候，可以将 UpdatePanel 控件的 UpdateMode 属性设定为 Always 模式或者 Conditional 模式，以区别采用何种方式获取服务器端的资源。当启用 Conditional 模式的时候，需要指定 UpdatePanel 控件的 Trigger 属性来指明触发更新控件的 ID 和事件名称，以实现有条件的局部更新。下面用一个范例来演示如何使用 UpdatePanel 控件的 Trigger 属性。

【范例 17-4】设计一个程序，实现简单日历功能，在程序中使用 UpdatePanel 控件实现有条件无刷新页面效果。

（1）新建一个 ASP.NET 空网站 ajaxUpdatePanelTrigger，并添加一个 Web 窗体。在页面中添加一个 ScriptManager 控件、一个 UpdatePanel 控件和两个 Button 控件；向 UpdatePanel 控件中添加一个 Label 控件用于显示日期、一个 Calendar 控件供用户选择日期。各控件的属性设计见下面的 HTML 源代码。

```
01  <body>
02    <form id="form1" runat="server">
03    <div>
04      <asp:ScriptManager ID="ScriptManager1" runat="server">
05      </asp:ScriptManager>
06      <asp:UpdatePanel ID="UpdatePanel1" runat="server" UpdateMode="Conditional">
07        <ContentTemplate>
08          <asp:Label ID="lblDate" runat="server"></asp:Label>
09          <asp:Calendar ID="Calendar1" runat="server">
10          </asp:Calendar>
11        </ContentTemplate>
12        <Triggers>
13          <asp:AsyncPostBackTrigger ControlID="btnSelectCalendar" EventName="Click" />
14        </Triggers>
15      </asp:UpdatePanel>
16      <asp:Button ID="btnSelectCalendar" runat="server" Text="选 择 日 期 （ 无 刷 新 ）"
OnClick="btnSelectCalendar_Click" />
17      <asp:Button ID="btnSelectCalendarRefresh" runat="server" Text="选 择 日 期 （ 刷 新 ）"
```

OnClick="btnSelectCalendar_Click" />

```
18    </div>
19    </form>
20    </body>
```

(2) 双击"选择日期（无刷新）"Button 控件，编写 btnSelectCalender_Click 事件。

```
01    protected void btnSelectCalendar_Click(object sender, EventArgs e)
02    {
03        string[] Week = new string[] { "星期日","星期一","星期二","星期三","星期四","星期五","星期六" };
04        StringBuilder sbDate = new StringBuilder();
05        sbDate.Append("您选择的日期是 ");
06        sbDate.Append(Calendar1.SelectedDate.Year+"年");
07        sbDate.Append(Calendar1.SelectedDate.Month + "月");
08        sbDate.Append(Calendar1.SelectedDate.Day + "日 ");
09        sbDate.Append(Week[(int)Calendar1.SelectedDate.DayOfWeek]);
10        lblDate.Text = sbDate.ToString();
11    }
```

【运行结果】

按【F5】键调试并运行，单击【选择日期】按钮，查看运行结果。

在 Calendar 中选择日期 2010-4-9 后分别单击刷新和无刷新按钮查看显示效果。

提示　Label 控件、Calendar 控件都要放在 UpdatePanel 控件的 ContentTemplate 模板上，否则不会呈现出效果，且在 Label 控件上显示不出日期效果。Button 控件需要放在 UpdatePanel 控件外面才能绑定事件到 UpdatePanel 控件的 Triggers 属性来触发有条件更新。

【范例分析】

在本范例中，我们使用了 UpdatePanel 控件实现有条件局部更新效果。要想局部更新，必须将需要局部更新的控件置放在 UpdatePanel 控件的 ContentTemplate 中，第 7~11 行中将 Label 控件、Calendar 控件放置在其中，其中 Label 控件和 Calendar 控件需要局部更新。第 12~14 行代码设置了局部更新的条件是 Button 控件的 Click 事件，Button 控件起到激活局部更新的条件作用。第 21~31 行是 Button 控件的 Click 事件，其中第 30 行是将日期及其对应的星期在 Label 控件中显示出来。本例中将两个 Button 控件的事件绑定到一个 btnSelectCalender_Click 事件方法上。

17.2.3　UpdateProgress 控件

UpdateProgress 控件是 ASP.NET Ajax Extensions 中一个重要的服务器控件，该控件通常与 UpdatePanel 控件联合使用，即在 UpdatePanel 控件的模板内容进行异步更新处理的过程中显示提示信息。这些提示信息可以是一段文字提示，也可以是传统的进度条提示，还可以是各种动画提示。当异步更新完成时，提示信息会自动消失。如果 UpdatePanel 控件的模板内容更新处理时间太长，还可以让用户选择取消页面更新。

【范例 17-5】使用 UpdateProgress 控件实现进度条页面效果。

（1）新建一个 ASP.NET 空网站 ajaxUpdateProgress 并添加一个 Web 窗体。在页面中添加一个 ScriptManager 控件、一个 UpdatePanel 控件和一个 UpdateProgress 控件；向 UpdatePanel 控件中添加一个 Label 控件用于显示消息和一个 Button 控件。各控件的属性设置见下面的 HTML 源代码所示。

```
01  <body>
02    <form id="form1" runat="server">
03    <asp:ScriptManager ID="ScriptManager1" runat="server">
04    </asp:ScriptManager>
05    <div>
06
07      <asp:UpdatePanel ID="UpdatePanel1" runat="server">
08        <ContentTemplate>
09            <asp:Label ID="lblMsg" runat="server" Text="UpdateProgress 控件演示效果 "></asp:Label>
10          <br />
11          <asp:Button ID="btnFileUpload" runat="server" Text=" 提交 "
12            onclick="btnFileUpload_Click" />
13        </ContentTemplate>
14      </asp:UpdatePanel>
15      <asp:UpdateProgress ID="UpdateProgress1" runat="server"
16        AssociatedUpdatePanelID="UpdatePanel1">
17        <ProgressTemplate>
18        <asp:Image ID="Image1" runat="server" ImageUrl="images/Progress.gif" />
19        </ProgressTemplate>
20      </asp:UpdateProgress>
21    </div>
22    </form>
23  </body>
```

设置好后，对应的用户界面如图所示。

(2) 向该项目中添加一个名为 images 的文件夹。在【解决方案资源管理器】中右键单击项目名称，在弹出的快捷菜单中选择【新建文件夹】菜单项单击，将该文件夹的名字命名为 images。选择该文件夹右键单击，在弹出的快捷菜单中选择【添加现有项】单击，弹出一个【添加现有项】窗口，找到 Progress.gif 图片单击，再单击【添加】按钮。

(3) 双击 Button 控件编辑 btnFileUpload_Click 事件。

```
01    protected void btnFileUpload_Click(object sender, EventArgs e)
02    {
03        System.Threading.Thread.Sleep(5000);
04    }
```

【运行结果】

按【F5】键调试并运行，单击【提交】按钮。单击前的效果如左图所示，单击后的效果如右图所示。

UpdateProgress 控件也可以放在 UpdatePanel 内部使用，效果与在外部一样。

提 示

【范例分析】

本范例中，我们使用了 UpdateProgress 控件来实现局部更新过程中的进度提示。其中 UpdateProgress 控件和 UpdatePanel 控件需要相互关联起来，当然在页面中只有一个 UpdatePanel 控件时可以省略，但如果有多个 UpdatePanel 控件，则必须将 UpdateProgress 控件和某个 UpdatePanel 控件关联起来，否则其中一个 UpdatePanel 控件发生局部更新，就会导致所有的 UpdateProgress 控件运行并显示其中的内容，导致显示信息混乱。第 26 行是让系统线程休眠 5 秒，目的是体现出进度提示效果持续 5 秒钟。

17.2.4 Timer 控件

Timer 控件也是 ASP.NET Ajax Extensions 中另外一个重要的服务器控件，用于实现按照预定时间对页面进行同步或异步更新的功能。使用 Timer 控件不但可以在预定的时间内对整个页面实现更新，也可以将它置于一个 UpdatePanel 控件中实现局部页面更新，还可以放在 UpdatePanel 控件外触发多个 UpdatePanel 控件的更新。

Timer 控件是通过设置其 Interval 属性，编写 Tick 事件来实现其功能的。

【范例 17-6】使用 Timer 控件实现无刷新倒计时效果。

(1) 创建一个 ASP.NET 空网站并添加一个 Web 窗体，在页面中添加一个 ScriptManager 控件、一个 UpdatePanel 控件和一个 Timer 控件；向 UpdatePanel 控件的 ContentTemplate 中添加一个 Label 控件用于显示倒计时时间。各控件的属性设计见下面的 HTML 源代码。

```
01  <body>
02    <form id="form1" runat="server">
03    <div>
04
05      <asp:ScriptManager ID="ScriptManager1" runat="server">
06      </asp:ScriptManager>
07      <asp:UpdatePanel ID="UpdatePanel1" runat="server" UpdateMode="Conditional">
08        <ContentTemplate>
09          <asp:Label ID="lblTime" runat="server" Text="60"></asp:Label>
10        </ContentTemplate>
11        <Triggers>
12          <asp:AsyncPostBackTrigger ControlID="Timer1" EventName="Tick" />
13        </Triggers>
14      </asp:UpdatePanel>
15
16    </div>
17    <asp:Timer ID="Timer1" runat="server" Interval="1000" ontick="Timer1_Tick">
18    </asp:Timer>
19    </form>
20  </body>
```

设计好后，对应的用户页面如图所示。

(2) 定义一个全局私有静态变量，用于初始化时间。

```
static int InitialTime = 60;
```

(3) 双击 Timer 控件，编写 Timer1_Tick 事件。

```
01   protected void Timer1_Tick(object sender, EventArgs e)
02   {
03      if (InitialTime > 0)
04      {
05         InitialTime = InitialTime - 1;
06         this.lblTime.Text = InitialTime.ToString();
07      }
08   }
```

【运行结果】

按【F5】键调试并运行，结果如图所示。

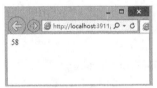 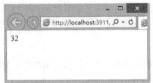

【范例分析】

在本范例中，我们使用了 Timer 控件来实现无刷新倒计时提示，是有条件无刷新倒计时，其条件就是 Timer 控件的 Tick 事件，在源代码的第 11、12、13 行有设置。第 21 行代码用于设置初始化时间，定义为 60 秒；第 22~29 行代码就是 Tick 事件，用于实现倒计时，程序简单，此外不再解释。

▌ 17.3 ASP.NET Ajax 应用实例

 本节视频教学录像：5 分钟

本节通过两个实例介绍 ASP.NET Ajax 编程。

17.3.1 登录实例

本实例主要介绍如何使用 ASP.NET Ajax 来实现登录，如果用户登录成功，则跳转到 http://www.hao123.com，否则提示登录失败。

【范例 17-7】使用 ASP.NET Ajax 实现登录效果。

(1) 新建一个 ASP.NET 网站 ajaxLogin，并向项目中添加两个 Web 窗体：Login.aspx 和

CheckUserName.aspx。其中 Login.aspx 页面用于向用户提供交互界面，CheckUserName.aspx 用于实现登录操作。界面如图所示。

控件属性设置如下表所示。

控件类型	属性	属性值	控件类型	属性	属性值
TextBox	ID	txtName	TextBox	ID	TxtPwd
	Value	""		Value	""
Input（button）	ID	btnLogin	Input（button）	ID	btnCancel
				Value	"取消"
	Value	"登录"	DIV	ID	Message

(2) 切换到 Login.aspx 页面的源视图，拖曳项目中 Scripts 文件夹中的 jquery-1.4.1.js 到页面的 <head></head> 区域，会自动添加如下代码：

```
<script src="Scripts/jquery-1.4.1.js" type="text/javascript"></script>
```

(3) 同样，在 Login.aspx 页面的 <head></head> 区域添加以下代码：

```
01  <script type="text/javascript">
02      function checkUserName() {
03          var username = $("#txtName").val();
04          var userpwd = $("#txtPwd").val();
05          $.get("CheckUserName.aspx?username=" + username+"&userpwd="+userpwd, null,
callb06  ack);
07      }
08      function callback(data) {
09          $("#message").html(data);
10      }
11  </script>
```

(4) 在 CheckUserName.aspx.cs 页面中编写 Page_Load 事件，代码如下：

```
01  protected void Page_Load(object sender, EventArgs e)
02  {
03      string userName = Request["username"].ToString();
04      string userPwd=Request["userpwd"].ToString();
```

```
05        string ConnStr ="server=.\\sqlexpress;database=student;User ID=sa;Password=123";
06        using (SqlConnection conn = new SqlConnection(ConnStr))
07          {
08            conn.Open();
09            SqlCommand cmd = new SqlCommand();
10            cmd.Connection = conn;
11              cmd.CommandText = "Select * from users where UserName='" + userName + "'and
UserPwd='" + userPwd + "'";
12            SqlDataReader dr = cmd.ExecuteReader();
13            if (dr.Read())
14            {
15              dr.Close();
16              Response.Redirect("Default.aspx");
17            }
18          else
19          {
20            Response.Write(" 用户名或密码错误！ ");
21          }
22        }
23    }
```

【运行结果】

按【F5】键调试并运行，结果如图所示。

随意输入【用户名】和【密码】，单击【登录】按钮会提示出错信息，如图所示。

从演示效果可以看出，在检验用户登录时实现了无刷新页面技术。

输入用户名：123，密码：123，则登录成功，跳转至 Default.aspx 主页。

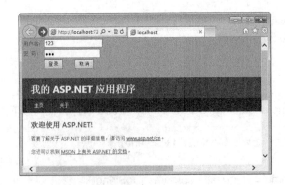

【范例分析】

在本范例中，我们采用通过 JQuery 来实现登录校验，实现无刷新登录技术。当然，还可以通过其他方法实现，比如使用 ScriptManager 控件、UpdatePanel 控件和基本的服务器端控件来实现无刷新登录校验。本范例中代码较多，在此仅对核心代码进行分析。

其中，Function CheckUserName() 脚本函数的功能就是采用无刷新页面技术将客户端用户输入的数据发送到服务器端的 CheckUserName.aspx 页面，CheckUserName.aspx 页面接收并处理服务器端传过来的数据，用于判断用户校验是否成功。

17.3.2 无刷新操作数据实例

本示例主要简单介绍如何使用 ASP.NET Ajax 技术实现无刷新操作数据功能。本实例针对 Student 数据库中的 StudentInfo 表进行检索、更新成绩和删除操作。

【范例 17-8】使用 ASP.NET Ajax 实现无刷新综合操作数据实例。

第 1 步：在 SQL Server 2008 中附加 Student 数据库（随书光盘）。

第 2 步：在 Visual Studio 2010 中创建 ASP.NET 空网站。

（1）新建一个 ASP.NET 空网站 ajaxDataBase，并向程序中添加一个 Web 窗体 Default.aspx。向 Default.aspx 页面上添加一个 ScriptManager 控件、一个 UpdatePanel 控件、一个 GridView 控件和一个 SqlDataSource 组件。因为要实现无刷新页面技术，因此要将 GridView 控件和 SqlDataSource 组件放在 UpdatePanel 控件中。其他控件的属性设置见下面的 HTML 源代码。

```
01    <body>
02      <form id="form1" runat="server">
03      <asp:ScriptManager ID="ScriptManager1" runat="server">
04      </asp:ScriptManager>
05      <div>
06        <asp:UpdatePanel ID="UpdatePanel1" runat="server">
07          <ContentTemplate>
08            <asp:SqlDataSource ID="SqlDataSource1" runat="server" ConnectionString=" <%$
ConnectionStrings:StudentConnectionString %>"
09              SelectCommand="SELECT [SNO], [SNAME], [GENDER], [BIRTHDAY],[SCORE] ,
[DEPTNAME] FROM [studentinfo]"
10              UpdateCommand="UPDATE [StudentInfo] SET [SCORE] = @SCORE WHERE [SNO] =
@SNO"
11              DeleteCommand="DELETE FROM [StudentInfo] WHERE [SNO] = @SNO">
12            <UpdateParameters>
13              <asp:Parameter Name="SNAME" Type="String" />
14              <asp:Parameter Name="GENDER" Type="String" />
15              <asp:Parameter Name="BIRTHDAY" Type="DateTime" />
16              <asp:Parameter Name="SCORE" Type="Int32" />
17              <asp:Parameter Name="SNO" Type="String" />
18            </UpdateParameters>
```

```
19              <DeleteParameters>
20                <asp:Parameter Name="SNO" Type="String" />
21              </DeleteParameters>
22            </asp:SqlDataSource>
23            <asp:GridView ID="GridView1" runat="server" AutoGenerateColumns="False"
24              DataSourceID="SqlDataSource1" DataKeyNames="SNO">
25              <Columns>
26            <asp:CommandField ShowDeleteButton="True" ShowEditButton="True" />
27            <asp:BoundField DataField="SNO" HeaderText=" 学号 " ReadOnly="True" />
28            <asp:BoundField DataField="SNAME" HeaderText=" 姓名 " ReadOnly="True" />
29            <asp:BoundField DataField="GENDER" HeaderText=" 性别 " ReadOnly="True" />
30            <asp:BoundField DataField="BIRTHDAY" HeaderText=" 出生日期 "
31              DataFormatString="{0:yyyy-MM-dd}" ReadOnly="True" />
32            <asp:BoundField DataField="DEPTNAME" HeaderText=" 院系名称 " ReadOnly ="True" />
33              <asp:BoundField DataField="SCORE" HeaderText=" 分数 " />
34              </Columns>
35            </asp:GridView>
36          </ContentTemplate>
37        </asp:UpdatePanel>
38      </div>
39      </form>
40  </body>
```

设置好的页面如图所示。

（2）由于在 GridView 控件中显示数据并启用了编辑、更新和删除按钮，因此需要设置 SqlDataSource 组件的 SelectCommand 属性、UpdateCommand 属性和 DeleteCommand 属性，具体请参看第一步中的 08~22 行代码。

（3）在 web.config 文件的 <system.web/> 标签对后添加 <connectionStrings/> 标签对。在 <connection Strings/> 标签对中添加连接字符串。

```
<add name="ch17DataBase" connectionString="Data Source=localhost;Initial Catalog=Student;User ID=sa;Password=123456"/>
```

【运行结果】

按【F5】键调试并运行。未操作前的运行结果如图所示。

单击姓名为李四的记录前面的【编辑】按钮，将他的分数改为 75 分。修改完成后单击【更新】按钮。

要删除某一个记录，单击该记录前面的【删除】按钮，即可删除该记录。

【范例分析】

在本范例中，我们采用无刷新页面技术（局部更新）来实现综合操作数据的功能，本范例中主要实现数据源组件即 SqlDataSource 组件来完成选择、更新、删除等操作；当然还可以实现插入操作，我们将其作为练习供读者上机操作。本例没有编写服务器端代码，仅在客户端对数据源组件的一些属性进行设置，其中第 8 行获取与数据库的连接字符串；第 9~21 行是对数据操作的 SQL 语句，这些语句由数据源组件自动调用、自动执行，来完成操作数据的功能。最后补充一句：要实现局部更新（无刷新页面）技术，当然不能少了 ScriptManager 控件和 UpdatePanel 控件，且需要局部更新的控件要放置在 UpdatePanel 控件的 <ContentTemplate/> 中；需要更新条件的，要设置 UpdatePanel 控件的 UpdateMode 属性值为 Conditional。

17.4 Ajax Control Toolkit 控件的引入与使用

本节视频教学录像：6 分钟

ASP.NET Ajax Control Toolkit 是基于 ASP.NET Ajax 构建的一个免费的、开源的 ASP.NET 服务器端控件包，其中包含几十个服务器端扩展控件。

访问网站 Http://ajax.asp.net，下载 AjaxControlToolkit.Binary.NET40.zip 文件，解压缩后可以看到有一个 AjaxControlToolkit.dll 文件。后面需要添加对该 dll 文件的引用。

17.4.1 将 Ajax Control Toolkit 扩展控件添加到 ToolBox 中

将扩展控件添加到工具箱的具体步骤如下。

(1) 新建一个 ASP.NET 网站，调出工具箱，在工具箱的某个选项卡上单击右键，在弹出的快捷菜单中选择【添加选项卡】命令，如图所示。

(2) 将选项卡命名为 Ajax Control Toolkit，然后右键单击该选项卡，在弹出的快捷菜单中选择【选择项】命令，打开【选择工具箱】对话框，如图所示。

(3) 单击【浏览】按钮查找到 Ajax Control Toolkit.dll 程序集，然后单击【确定】按钮将控件引入工具箱，引入后如图所示。

17.4.2 使用 Ajax Control ToolKit 扩展控件

经常会看到一些网页对注册的密码强度有很高的要求，当用户输入密码的同时，会显示密码的强度，用来检测用户设定密码的安全级别。使用 Ajax Control Toolkit 中的 PasswordStrength 控件可以为输入密码的 TextBox 控件添加即时的密码强度检测功能。

下面通过一个例子来看 PassWordStrength（智能密码强度提示）控件的使用方法。

【范例 17-9】智能检测密码强度。

（1）新建一个 ASP.NET 空网站，添加一个默认主页 Default.aspx。

（2）切换到 Default.aspx 页面设计视图，从 Ajax Control Toolkitb 中添加一个 ToolkitScriptManager 控件；添加一个 TextBox 控件，ID 为 TextBox1，用于输入密码；添加一个标签 Label，ID 为 TextBox_HelpLabel，用于显示强度信息；界面如图所示。

（3）打开 Default.aspx 页面【源视图】，在 <asp:TextBox> 下边添加如下代码。

```
01  <asp:PasswordStrength ID="TextBox1_PasswordStrength" runat="server"
02        Enabled="True" TargetControlID="TextBox1"
03        DisplayPosition="RightSide"
04        StrengthIndicatorType="Text"
05        PreferredPasswordLength="10"
06        PrefixText=" 强度 :"
07        HelpStatusLabelID="TextBox1_HelpLabel"
08        TextStrengthDescriptions=" 很差 ; 弱 ; 一般 ; 好 ; 非常好 "
09        MinimumNumericCharacters="0"
10        MinimumSymbolCharacters="0"
11  RequiresUpperAndLowerCaseCharacters="false"></asp:PasswordStrength>
```

【运行结果】

按【F5】键运行，输入密码，测试结果如图所示。

【范例分析】

PasswordStrength 控件的 TargetControlID 设定为 TextBox1；HelpStatusLabelID 设定为

TextBox1_HelpLabel, 用于显示提示信息；DisplayPosition 用于设置密码强度信息显示在文本框的右侧；StrengthIndicatorType 用于设置以文本方式显示密码强度；PreferredPasswordLength 用于设置密码长度至少为 10 位；PrefixText 用于指示密码强度的前缀文字；TextStrengthDescriptions 用分号连接，用于设置强度的描述文字；MinimumNumericCharacters 用于指示最少的数字字符数。

提示　Ajax Control ToolKit 下载文件中有一个 AjaxControlToolkitSampleSite.zip 文件，包含了所有 Ajax Control ToolKit 扩展控件的实例，可以查看学习。

▌ 17.5 高手点拨

 本节视频教学录像：1 分钟

scriptmanager 和 scriptmanagerproxy 的区别

scriptmanager 是管理客户端脚本资源的，一个页面中只能有一个，所以当母版页里面有一个 scriptmanager 的时候，内容页的 aspx 里面就不能再出现。这时候，如果内容页里面要引用 scriptmanager 的话，可以放一个 scriptmanagerproxy，那么就可以通过它访问母版页的 scriptmanager 了。

▌ 17.6 实战练习

1. 设计一个程序实现无刷新操作数据，如插入、更新、删除等功能。
2. 使用 Ajax Control Toolkit，练习其提供的控件的使用，比如 NumericUpDown、PopupControl 等。

第 **18** 章

 本章视频教学录像：24 分钟

给我的程序加把锁——ASP.NET 安全策略

由于网络上的资源是开放的，所以面对不同的用户，保护自己的资源不被盗用和破坏是在程序设计过程中必须要考虑的问题，也是程序员最关注的问题之一。本章介绍 ASP.NET 中的身份验证机制和登录控件的使用。

本章要点（已掌握的在方框中打钩）

- ☐ ASP.NET 安全机制综述

- ☐ ASP.NET Forms 身份验证机制

- ☐ ASP.NET Windows 身份验证机制

- ☐ ASP.NET Passport 身份验证机制

- ☐ ASP.NET 现有登录控件配置及使用

18.1 ASP.NET 安全机制综述

 本节视频教学录像：4 分钟

我们开发的程序不仅要实现预定的功能，更要有安全保证机制。如果一个财务程序涉及真金白银的增删改查操作，而安全机制不过关，后果可想而知。可以说，如果没有完善的安全机制作保证，功能再强大的程序都是徒劳，甚至可以不客气地说：没有安全保障，很多系统还不如不开发。安全问题由来已久，系统在开发前首先要定好的就是安全认证机制及其详细的权限设定。

身份验证是一个验证客户端身份的过程，通常采用指定的第三方授权方式。客户端可能是最终用户、计算机、应用程序或服务。客户端的标识称为安全原则。为了使用服务器应用程序进行验证，客户端提供某种形式的凭据来允许服务器验证客户端的标识。确认了客户端的标识后，应用程序可以授予进行操作和访问资源的原则。

ASP.NET 提供有 3 种类型的权限认证方式，即 Forms、Passport 和 Windows，如图所示。在 Visual Studio 2008 中新建了一个 Website，默认是使用 Windows 认证方式。

如果应用程序使用 Active Directory 用户存储，则应该使用集成 Windows 身份验证。ASP.NET 应用程序使用集成 Windows 身份验证时，最好的方法是使用 ASP.NET 的 Windows 身份验证提供程序附带的 Internet 信息服务 (IIS) 身份验证方法。使用该方法，将自动创建一个 WindowsPrincipal 对象（封装一个 WindowsIdentity 对象）来表示经过身份验证的用户，您无需编写任何身份验证特定的代码。

ASP.NET 还支持使用 Windows 身份验证的自定义解决方案（避开了 IIS 身份验证）。例如，可以编写一个根据 Active Directory 检查用户凭据的自定义 ISAPI 筛选器。使用该方法，必须手动创建一个 WindowsPrincipal 对象。

3 种不同的认证方式以及 ASP.NET 请求响应处理流程如图所示。

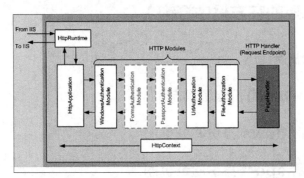

IIS 向 ASP.NET 传递代表经过身份验证的用户或匿名用户帐户的令牌，该令牌在一个包含在 IPrincipal 对象中的 IIdentity 对象中维护，IPrincipal 对象进而附加到当前 Web 请求线程。可以通过 HttpContext.User 属性访问 IPrincipal 和 IIdentity 对象，这些对象和该属性由身份验证模块设置，这些模块作为 HTTP 模块实现并作为 ASP.NET 管道的一个标准部分进行调用，如上图所示。

ASP.NET 管道模型包含一个 HttpApplication 对象、多个 HTTP 模块对象，以及一个 HTTP 处理程序对象及其相关的工厂对象。HttpRuntime 对象用于处理序列的开头。在整个请求生命周期，HttpContext 对象用于传递有关请求和响应的详细信息。

18.2 ASP.NET 身份验证机制

 本节视频教学录像:9 分钟

本节学习 ASP.NET 提供的 3 种类型的权限认证机制:Forms 身份验证机制、Passport 身份验证机制和 Windows 身份验证机制。

18.2.1 ASP.NET Forms 身份验证机制

当某一个用户使用用户名成功登录网站时,FormsAuthentication(窗体身份验证机制,下面统一使用英文术语)将会创建一个 authentication ticket(身份验证票),通过这个 ticket 就可以在网站上全程跟踪这个用户了。Form authentication ticket 通常被包含在一个 Cookie 里面,但是 Asp.net 也支持不使用 Cookie 的 FormsAuthentication,这个时候 ticket 就需要通过 Query string 传递。

当一个用户登录某个网站时,需要提供身份验证才能进入网站。如果他还没有输入验证信息(通常是用户名和密码),则此用户将会被重定向到一个登录页面。用户可以在登录页面输入验证信息,然后这些信息被发送到服务器与某一个存储用户身份信息的介质(例如 Sql Server 或者某个文件)进行信息对比。在 ASP.Net 中,可以通过 MemberShip Proivder 来访问存储在诸如 Sqlserver 的信息(Provider 模式有很多优点,稍后会详细说明)。当用户信息通过验证后,此用户将获得允许,访问他所期望的页面。

FormsAuthentication 通过 FormsAuthenticationModule 这个类来执行,这个类是 ASP.net 页面运行周期的一部分。下面来解释 FormsAuthentication 在 ASP.net 中是如何工作的。

ASP.NET 验证分为以下两步。

(1) IIS 验证当前用户访问网站所使用的 windows 账号是否有权限。如果 IIS 访问被配置为 anonymous,则任何用户都能访问页面。

(2) IIS 验证完毕,ASP.net 开始执行自身的验证。验证模式可以在 web.config 文件中配置,只要在 config 文件中写上 <authentication mode="Forms" />,那么 ASP.net 就知道使用 FormsAuthenticationModule 类进行验证。

开发 ASP.NET 项目的过程中,我们最常用的就是 Forms 认证,也叫表单认证。

下面的实例介绍如何使用 ASP.NET 中的 Forms 验证对用户输入数据进行检查,判断证件资料是否正确,也就是身份验证的过程。

【范例 18-1】使用 ASP.NET Forms 身份验证机制。

(1) 在 Visual Studio 2010 中,创建名为 "HelloForms" 的 ASP.NET 空网站,并添加一个 Login.aspx 页面。在页面中添加两个 TextBox 和一个 Button 控件,分别用于输入用户名和密码以及执行登录操作,如图所示。

控件属性如下。

控件类型	属性	属性值
TextBox	ID	txtUserName
	ID	TxtPwd
Button	ID	btnLogin
	Text	登录

(2) 添加一个 Main.aspx 页面，当用户输入正确信息时导向该页面。

(3) 打开应用程序 HelloForms 的 web.config 文件，把文件中的配置节 "authentication" 修改为 Froms 验证方法。并在 <authentication> 节的 <forms> 节中配置要使用 Cookie 名称和登录的 URL；在 < authorization> 节的 <deny> 中设置为拒绝匿名用户访问资源。程序代码如下。

```
01 <authentication mode="Forms">
02 <forms name="authCookie" loginUrl="Login.aspx"/>
03 </authentication>
04 <authorization>
05  <deny users="?"/>
06 </authorization>
```

(4) 在登录按钮的单击事件中输入以下代码：

```
01  protected void btnLogin_Click(object sender, EventArgs e)
02  {
03      if (txtUserName.Text == "admin" && txtPwd.Text == "123")
04      {
05         FormsAuthentication.SetAuthCookie(txtUserName.Text, false);
06         Response.Redirect("Main.aspx");
07      }
08      else
09      {
10         Response.Write("<script>alert(' 输入有误，请重新输入！ ');</script>");
11      }
12  }
```

【运行结果】

按【F5】键运行，测试运行结果，如图所示，输入正确的用户和密码导向主页面；输入错误提示重新输入。如果直接运行 Main.aspx 页面，也会自动导向 Login.aspx 页面。

【范例分析】

<deny> 节设置的作用是拒绝匿名访问，因此直接访问 Main.aspx 页面就会导向 Login.aspx 页面；FormAuthentication 对象的 SetAuthCookie 方法用来创建存储用户信息的 Cookie。

18.2.2　ASP.NET Windows 身份验证机制

Window 身份验证方式，是与 IIS 配合在一起的一种认证方式。在 IIS 中已经提供了匿名身份验证、Windows 集成的 (NTLM) 身份验证、Windows 集成的 (Kerberos) 身份验证、基本（base64 编码）身份验证、摘要式身份验证以及基于客户端证书的身份验证。

WindowsAuthenticationModule 类负责创建 WindowsPrincipal 和 WindowsIdentity 对象来表示经过身份验证的用户，并且负责将这些对象附加到当前的 Web 请求。

对于 Windows 身份验证，应遵循以下步骤。

(1) WindowsAuthenticationModule 使用从 IIS 传递到 ASP.NET 的 Windows 访问令牌创建一个 WindowsPrincipal 对象，该令牌包装在 HttpContext 类的 WorkerRequest 属性中。引发 AuthenticateRequest 事件时，WindowsAuthenticationModule 从 HttpContext 类检索该令牌并创建 WindowsPrincipal 对象。HttpContext.User 用该 WindowsPrincipal 对象进行设置，它表示所有经过身份验证的模块和 ASP.NET 页的经过身份验证的用户的安全上下文。

(2) WindowsAuthenticationModule 类使用 P/Invoke 调用 Win32 函数，并获得该用户所属的 Windows 组的列表，这些组用于填充 WindowsPrincipal 角色列表。

(3) WindowsAuthenticationModule 类将 WindowsPrincipal 对象存储在 HttpContext.User 属性中，随后，授权模块用它对经过身份验证的用户授权。

DefaultAuthenticationModule 类（也是 ASP.NET 管道的一部分）将 Thread.CurrentPrincipal 属性设置为与 HttpContext.User 属性相同的值，它在处理 AuthenticateRequest 事件之后进行此操作。

【范例 18-2】使用 ASP.NET Windows 身份验证机制输出当前计算机名称和账户。

(1) 在 Visual Studio 2010 中，创建名为 "HelloWindowsAuthorization" 的 ASP.NET 空网站，并添加 Default.aspx 页面。

(2) 打开应用程序 HelloWindowsAuthorization 的 web.config 文件，把文件中的配置节 "authentication" 修改为 Windows 验证方法。程序代码如下。

```
<authentication mode="Windows">
```

(3) 打开 Default.aspx 文件的源视图，在 form 标签对之间添加如下代码。

```
01    <form id="Form2" method="post" runat="server">
02    欢迎您，<%=User.Identity.Name%>！
03    </form>
```

【运行结果】

按【F5】键调试运行，即可在浏览器中输出当前计算机的名称和账户，如图所示。

18.2.3 Passport 验证

Passport 验证是微软公司提供的一种集中式验证服务，它能够用来验证访问网站或应用程序的用户是否为合法用户。如果用户没有登录或者不是合法用户，Passport 验证会提供集中验证方式验证用户的合法性。使用 Passport 验证时，用户将被重定向到 Passport 登录网页，该页面提供了一个简单的窗体让用户填写资料信息，该窗体将通过微软公司的 Passport 服务类检查用户的信息，以确定用户的身份是否有效。

使用 Passport 验证必须要下载 .Net Passport SDK 工具包，并进行应用程序的配置，而且必须是微软公司的 Passport 服务的成员才能使用该服务。这里我们不做过多介绍。

▌18.3 ASP.NET 登录控件全解

 本节视频教学录像：8 分钟

从 ASP.NET 开始，用户管理、权限管理等成为一个入门级程序员也可以接触的技术，在大大简化入门门槛的同时，也为使用这套机制的各个站点的安全性提高了一个层次。本节介绍相关各个控件的使用。

18.3.1 ASP.NET 登录机制概述

通过之前的操作，已经基本具备了一个网站的结构，但还不是一个动态网站，因为还没有加入动态数据的支持。本节将介绍 ASP.NET 上的另一组功能强大的控件——登录控件。在 ASP.NET 平台上，已经自动集成了一套用于进行登录、权限控制的方法，使用这些方法，一个初学者可以轻松地设计一个安全完备的登录验证系统。下面具体介绍这些控件的使用方法。

18.3.2 查看登录控件默认使用的数据库

在管理用户等网站的动态数据前，需要先配置后台数据库，具体操作步骤如下。

（1）启动 Microsoft Visual Studio 2010，打开随书光盘中的"Sample\ch18\范例 18-3\LoginTemplate"网站，选择【网站】➤【ASP.NET 配置】菜单命令，打开网站配置窗口。

(2) 选择【安全】选项卡，单击左下角的【选择身份验证类型】按钮，在打开的窗口中选中【通过Internet】单选按钮，然后单击右下角的【完成】按钮。

(3) 返回【安全】选项卡，进行用户设置的选项已被激活，允许创建和管理用户。单击左侧的【创建用户】链接，根据系统提示创建一个名为"admin"、密码为"admin_123"的用户（密码中需包含"_"、"!"或"@"等符号中的一个）。

(4) 关闭该窗口，返回开发环境，单击【解决方案资源管理器】中的![]按钮，刷新资源列表，可以看到 App_Data 节点下增加了一个节点 ASPNETDB.MDF，根据其文件扩展名及图标可以看出，这是一个系统自动添加的数据库，而且是在配置了网站用户之后添加的。

(5) 双击节点 ASPNETDB.MDF，系统自动打开【服务器资源管理器】面板，展开节点"表"，其中已经有了很多表。

(6) 右键单击"表"节点下的 aspnet_Users，在弹出的快捷菜单中选择【显示表数据】菜单项，可以显示该表中的数据，即前面注册的用户信息。

由以上操作可知，可以选择【网站】➢【ASP.NET 配置】命令，根据验证类型及提供程序等的配置在默认目录 App_Data 下建立一个数据库，此数据库用于保存所有的账户信息（包括用户名、密码、角色、权限等所有登录控件需要使用的动态配置信息），但这些配置也可以手动更改。

18.3.3 手动更改 Visual Studio 2010 的默认网站配置

手动更改 Visual Studio 2010 的默认网站配置的具体步骤如下。

第 1 步：创建数据库

(1) 打开目录 "C:\Windows\Microsoft.NET\ Framework\v4.0.30319。

(2) 运行此目录下的文件 aspnet_regsql. exe，弹出【ASP.NET SQL Server 安装向导】的欢迎界面。

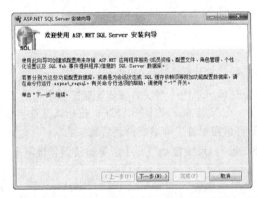

(3) 单击【下一步】按钮，设置安装选项，选中【为应用程序服务配置 SQL Server】单选按钮。

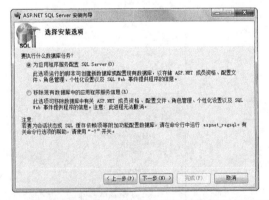

(4) 单击【下一步】按钮，设置服务器和数据库，这里只设置服务器而不选择数据库。在【服务器】文本框中输入本地计算机名称，在【数据库】下拉列表中选择默认的【＜默认＞】选项。

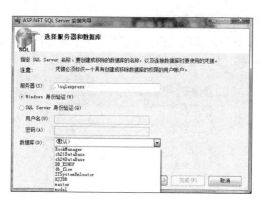

(5) 单击【下一步】按钮，系统提示要安装的服务器名称，以及要安装的数据库名称 aspnetdb，这与前面使用的自动生成的数据库同名。

(6) 单击【下一步】按钮，稍等片刻，显示成功信息后单击【完成】按钮。

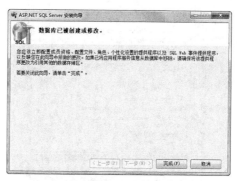

(7) 启动 SQL Server 2008，在【对象资源管理器】的【数据库】文件夹下，查看是否已有此数据库。

第 2 步：配置 ASP.NET 全局数据库信息

(1) 返回 Visual Studio 2010 开发环境，选择【工具】➤【连接到数据库】命令，弹出【添加连接】对话框，选择刚才设置的服务器，然后设置数据库为 "aspnetdb"。

(2) 单击【高级】按钮，弹出【高级属性】对话框，复制底部 TextBox 中的字符，然后单击【取消】按钮，关闭该对话框。

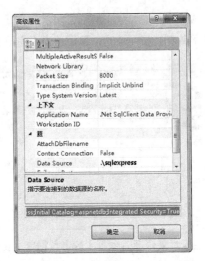

(3) 打开【Internet 信息服务】窗口，选中 IIS 服务器名。

(4) 在右侧的操作区单击 "更改 .NET FrameWork 版本"，确定 ASP.NET 的版本为 v4.0。

（5）单击【编辑全局配置】按钮，打开【ASP.NET 配置设置】对话框，在【常规】选项卡中选中【连接字符串管理器】中的 LocalSqlServer。

（6）单击【编辑】按钮，弹出【编辑 / 添加连接字符串】对话框，将刚才复制的字符串粘贴到【连接参数】文本框中，单击【确定】按钮。

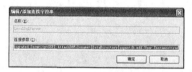

这样的数据库配置会导致以下两个问题。

（1）所有网站的默认权限管理功能都在数据库服务器中指定的一个库中，会导致网站之间的权限管理比较混乱。

（2）不同的网站建设会使用不同类型的数据库管理系统，如 Oracle、MySQL 等，甚至一个站点会有多个数据库管理系统，这样的统一配置肯定是不合适的。

那么，是不是我们只能接受让系统统一配置成网站指定名称附加在项目中，或统一在数据库中，或者统一使用 SQL Server 数据库呢？

不是。我们可以在 Web.config 文件中进行如下配置：

```
01   <remove name="LocalSqlServer" />
02    <add name="LocalSqlServer" connection String="Data Source=DatabaseServerName;Initial
Catalog=DatabaseName;Integrated Security=True"
03   providerName="System.Data.SqlClient" />
```

第 1 行的意思是删除 .NET 平台默认指定的 ConnectionString，第 2 行的意思是建立一个符合自己实际情况的数据库。配置好此字符串后，再运行【ASP.NET 网站配置】工具，会在 Web.config 中指定的数据库位置创建相关的表和逻辑。

18.3.4　使用登录控件

本小节讲解登录控件的具体使用方法。登录控件全部放置在工具箱的【登录】标签下，使用 ASP.NET 的登录控件可以轻松地实现以下功能。

（1）注册新用户。

（2）登录。

（3）找回密码。

（4）显示客户端用户状况。

(5) 根据角色管理用户的访问权限。

第 1 步：准备工作

(1) 启动 Microsoft Visual Studio 2008，打开随书光盘中的"Final\ch18\ 范例 18–3\Login Template"网站，选择【网站】➤【ASP.NET 配置】菜单命令，使用 ASP.NET 配置工具，创建 3 个用户，即 Admin、User、Guest。

(2) 在【解决方案资源管理器】窗口中的 Logins 文件夹下添加两个使用母版页的 Web 窗体，分别为 Change Password.aspx 和 PasswordRecovery.aspx。

第 2 步：在母版页中使用 LoginView 控件

由于用户注册、登录时需要显示当前访客的用户状态，因此开始使用登录、注册控件之前，先介绍访客状态显示的 LoginView 控件。

(1) 在【解决方案资源管理器】窗口中双击 MasterPage.master 文件，切换到设计视图，将 table1 的第 2 列第 1 个单元格的高度设置为 75，第 2 个单元格的高度设置为 25，并将此单元格的对齐方式设置为【居右】。

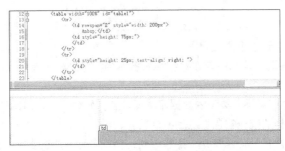

(2) 在 table1 的第 2 列第 2 个单元格中添加一个 LoginView 控件。

(3) 打开 LoginView 任务列表，可以看到 Login View 有两种视图，即 AnonymousTemplate 和 LoggedInTemplate。其中，前者是用户未登录，匿名用户时的视图；后者是用户登录后的视图。

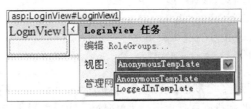

(4) 切换到 AnonymousTemplate 视图，在其中插入一个 HyperLink 控件，将其 Text 属性设置为"注册"，NavigateUrl 属性设置为"~/Logins/Register.aspx"。

(5) 切换到 LoggedInTemplate 视图，在其中输入"欢迎您"，然后在逗号后面插入一个 LoginName 控件，在此控件后面输入一个句号。

(6) 将光标置于 LoginView 控件之后，输入两个空格，然后在空格之后插入一个 Login Status 控件。

(7) 将 LoginView1 切换到 Anonymous Template 视图，插入一个 HyperLink 控件，将其 Text 属性设置为"找回密码"，NavigateUrl 属性设置为"~/Logins/ Password Recovery. aspx"。

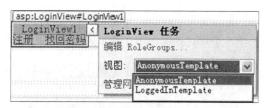

(8) 将 LoginView 切换到 LoggedInTemplate 视图，插入一个 HyperLink 控件，Text 属性设置为"修改密码"，将其 NavigateUrl 属性设置为"~/Logins/ChangePassword. aspx"。

(9) 按【F5】快捷键运行调试，确认网站可以运行。

从图中可以看到，网站的布局已经发生了变化，这时就需要用前面学过的网站美化技术来解决这一问题。由于篇幅原因，在此不再讲述，读者可以将前面学过的知识在此灵活运用。

第 3 步：设计登录界面

(1) 打开 Login.aspx 的设计视图，在 pageContent 中插入一个 Login 控件。

(2) 将其 PasswordLableText 属性设置为"密码:"，将其 DestinationPageUrl 属性设置为"~/Default.aspx"。

第4步：设计注册界面

(1) 打开 Register.aspx 的设计视图，在 pageContent 中插入一个 CreateUserWizard 控件。

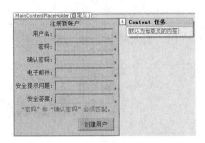

(2) 将其 ContinueButtonText 属性设置为"返回首页"，ContinueDestinationPageUrl 属性设置为"~/Default.aspx"。

第5步：设计找回密码界面

打开 PasswordRecovery.aspx 的设计视图，在 pageContent 中插入一个 Password Recovery 控件。

第6步：设计修改密码界面

(1) 打开 ChangePassword.aspx 的设计视图，在 pageContent 中插入一个 Change Password 控件。

(2) 将 PasswordLableText 属性设置为"原密码"，ConfirmNewPasswordLableText 属性设置为"请确认"，再将 CancelDestina– tionPageUrl 属性设置为"~/Default.aspx"。

【运行结果】

设置 Default.aspx 页面为起始页，按【F5】快捷键运行网站。单击【登录】超链接，显示登录窗体。

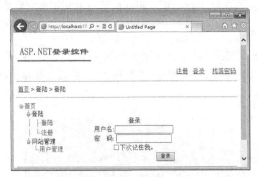

单击【注册】超级链接，显示注册窗体。

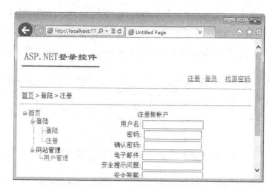

单击【找回密码】超级链接，显示找回密码窗体。

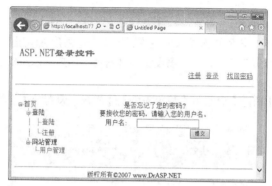

至此，未编写任何代码，通过拖曳就完成了一个功能完备而简单的登录、注册管理模块。但是有的时候网站还需要设置访问权限，因此下面讲解 ASP.NET 提供的权限管理模块。

18.3.5　使用权限管理模块

权限管理模块允许用户基于角色进行管理，也可以直接对单个用户进行管理，这些设置全部存储在数据库中，或者也可以在 Web.Config 中简单添加。

(1) 选择【网站】➤【ASP.NET 配置】菜单命令，在弹出的对话框中选择【安全】选项卡。

(2) 单击【启用角色】按钮，此时系统会在 Web.config 中增加一部分代码。

```
<roleManager enabled="true" />
```

如果前面在【ASP.NET 配置设置】对话框中，选中【角色】选项区中的【启用角色管理】复选框，则在 ASP.NET 配置窗口中的【安全】选项卡中，角色默认被启用，因此没有【启用角色】按钮，只有【禁用角色】按钮。

单击【禁用角色】按钮，Web.config 中会增加一部分代码。

```
<roleManager enabled="false" />
```

因此，ASP.NET 服务器允许全局配置，也允许网站有自己的配置信息，并且以网站自己的配置信息为主。

所有的全局配置都可以在网站的 Web.config 中重新配置，且配置方法相同。

（3）单击【创建或管理角色】，由于此时系统中没有任何角色，系统首先提示是否创建一个新角色，在【新角色名称】文本框中输入"网站管理员"，然后单击【添加角色】按钮，即可看到新增的角色。

（4）再添加两个角色，分别为"普通用户"和"禁用账户"，最终结果如图所示。

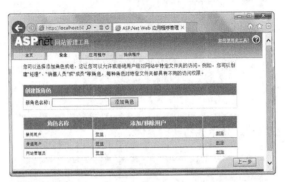

（5）选择【安全】选项卡，返回该选项卡的主界面，单击【创建访问规则】，左侧的树形目录列出了所有的文件夹，选择某个目录节点后，在右侧设置某种角色、用户的访问权限，权限有【允许】和【拒绝】两种。

（6）选中节点 Logins，【角色】设置为【禁用账户】，【权限】设置为【拒绝】，单击【确定】按钮。

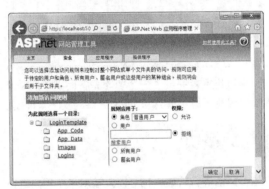

（7）返回【安全】选项卡的主界面，单击【管理访问规则】按钮。

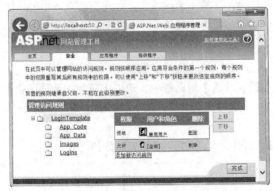

（8）返回【安全】选项卡的主界面，单击【管理用户】，系统列出所有用户名，可以通过【搜索用户】选项区查找所有用户。

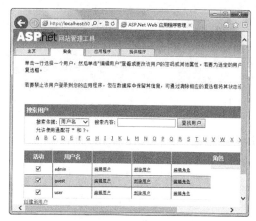

(9) 单击【guest】用户行后面的【编辑角色】，后面显示【角色】选项，只需选中某个角色，即可赋予此账户该角色，此处选中【禁用账户】复选框。另外，如果撤选【活动】下的某个复选框，就可以禁用某个账户。

【运行结果】

按【F5】快捷键运行 Login.aspx 页面，使用 guest 登录后，单击【修改密码】，看是否可以打开修改密码窗口，系统会自动跳转至登录窗口，因此有必要在登录窗口上给用户一些提示。

(1) 打开 Login.aspx 窗体，将光标置于 Login 控件前，按回车键换行。将光标置于第 1 行，在此处插入一个 LoginView 控件。

(2) 切换到 LoggedInTemplate 视图，在其中输入"您可能没有权限访问指定页面，可以尝试使用其他账户登录此界面"。

(3) 按【F5】快捷键运行该网页，使用 admin 登录后，单击【修改密码】按钮，查看效果。

▌18.4 高手点拨

 本节视频教学录像：3 分钟

<authentication mode="Forms"> 详细介绍

```
01  <authentication mode="Forms">
02    <forms loginUrl="Login.aspx"
03        protection="All"
04        timeout="30"
05        name=".ASPXAUTH"
06        path="/"
07        slidingExpiration="true"
08        defaultUrl="default.aspx"
09        cookieless="UseDeviceProfile"/>
10    </authentication>
11  </system.web>
```

loginUrl 指向应用程序的自定义登录页。当 ASP.NET 判断出该用户请求的资源不允许匿名访问，而该用户未登录时，ASP.NET 会自动跳转到 LoginUrl 所指向的页面，当登录成功后，则跳转回原来请求的页面。

DefaultUrl 指向默认页面。

protection 设置为 All，以指定窗体身份验证票的保密性和完整性。

timeout 用于指定窗体身份验证会话的有限生存期。默认值为 30 分钟。

name 和 path 设置为应用程序的配置文件中定义的值。

requireSSL 设置为 false。该配置意味着身份验证 Cookie 可通过未经 SSL 加密的信道进行传输。如果担心会话被窃取，应考虑将 requireSSL 设置为 true。

slidingExpiration 设置为 true 以执行变化的会话生存期。这意味着只要用户在站点上处于活动状态，会话超时就会定期重置。

cookieless 设置为 UseDeviceProfile，以指定应用程序对所有支持 Cookie 的浏览器都使用 Cookie。如果不支持 Cookie 的浏览器访问该站点，窗体身份验证在 URL 上打包身份验证票。

enableCrossAppRedirects 设置为 false，以指明窗体身份验证不支持自动处理在应用程序之间传递的查询字符串上的票证以及作为某个窗体 POST 的一部分传递的票证。

▌ 18.5 实战练习

使用 Forms 身份验证模式新建一个站点，结合登录控件，完成以下工作：

(1) 注册几个用户，并分派不同的角色；

(2) 在新建页面 Users.aspx 上用列表显示出所有用户的用户名列表。

第 19 章

本章视频教学录像：38 分钟

基于 XML 的新型 Web 开发模式

XML（扩展标记语言）是一种简单的数据存储语言，使用一系列简单的标记描述数据，最常见的就是 RSS 新闻订阅功能。XML 与 HTML 的区别是：XML 是用来存储数据的，重在数据本身；而 HTML 是用来定义数据的，重在数据的显示模式。

本章要点（已掌握的在方框中打钩）

☐ 传统开发模式与基于 XML 的新型开发模式的对比

☐ XML 基本语法

☐ ASP.NET 中读写 XML 数据

☐ XSL 技术

19.1 传统开发模式与基于 XML 的新型开发模式的对比

本节视频教学录像：17 分钟

要学习 XML，我们不得不先了解 XML 的重要性。为什么必学呢？从最早的混乱模式的 Web 开发，到后来流行全行业的 3 层架构，Web 开发技术得到了长足全面的发展。但是自 Ajax 技术流行之后，Web 开发开始了一轮新的变革，Web 2.0、Web 3.0 等概念不断推出并得到全面推广。了解新技术，了解新 Web 开发技术方向，已经成为我们不得不面对的。所有的新技术相当重要的一个基点便是基于 XML+CSS+JavaScript 的全面应用。

传统的津津乐道的 3 层网络架构在 XML+CSS+JavaScript 三位一体的新型 4 层架构的冲击下，很快显得有点落后了。XML 作为其中的一个关键点，不精通 XML 技术就谈不上精通 Web 开发。

19.1.1 传统的 Web 开发模式

我们此处讲的传统架构，是指分为表现层、业务逻辑层、数据存取层的 Web 开发模式，在此之前的混乱模式不具代表性，此处不讨论。

在介绍 3 层关系的文字描述前，先看看 3 层逻辑关系，如图所示。

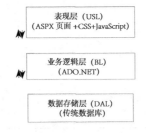

表现层（USL）
（ASPX 页面 +CSS+JavaScript）

业务逻辑层（BL）
（ADO.NET）

数据存储层（DAL）
（传统数据库）

1. 表现层

表现层，英文的意思是 User Show Lay，简称 USL 层，置于 3 层架构的最顶端，是客户端用户能够见到的东西，一般来讲本层就是由 ASPX 或 HTML 页面、CSS、JavaScript 组成的。

2. 业务逻辑层

业务逻辑层，英文含义是 Business Lay，简称 BL 层，置于表现层和数据存取层之间，用于读取数据存取层能提供的数据，并包装成表现层需要的数据后交给表现层，或者将表现层对数据的修改，经过整理后提交给数据存取层，因此本层主要是利用 ADO.NET 对数据进行一些操作。

3. 数据存取层

数据存取层，英文叫做 Data Access Lay，简称 DAL，字面意思就是对数据的存取层，本层会针对各种数据库如 MSSQL、XML、Oracle、MySQL、Access 等进行操作。

在 3 层架构之前，是 BL 和 DAL 混为一层，对业务改变的应变能力极差，数据库增删一个字段，修改一下字段类型等微小的操作，都可能对系统造成很大的影响，尤其是切换一种数据库时，几乎程序要全部被废掉。等将两层分开之后，虽然解决了数据库切换、数据库改动等紧耦合问题，但是还不能治本，此外存储在数据库中的数据需要分别添加相应的页面应用才能应用在 Web 页面上。到此处，读者不仅要问了，难道不换页面就能进行新 Web 页面的开发？带着这个问题，我们进入下一小节。

19.1.2　基于 XML 的 Web 开发模式

从不分层到 3 层架构，再到如今，已经变成基于 XML 的 4 层架构了，这 4 层分别是表现层、XML 解析层、逻辑处理层、数据存取层。层数越来越多，是不是 Web 开发门槛越来越高了呢？不是的。Web 层数增多，是时代发展、技术突飞猛进的结果。下面介绍基于 XML 的 4 层架构的细节及其优点。

基于 XML 的 4 层架构的逻辑关系如图所示。

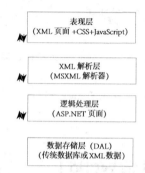

在讲解 4 层架构的具体含义前，我们先对比上一小节 3 层架构的图，讲解一下区别。

(1) 表现层：不再是 ASPX 页面，而是 XML 页面。

(2) 多了一个全新的 XML 解析层。

(3) 业务逻辑层：由 ASPX 页面组成，而不再仅仅是原来的与页面无关的逻辑层。

(4) 数据存取层：多了 XML 数据。但事实上在此种架构下，基本都要用 XML 数据。

那么两者架构的根本区别在哪里？首先从 4 层的含义说起。

1. 表现层

上面提到，本层与老架构的最大区别便是采用 XML 来控制页面显示内容。大家知道，HTML 从格式上看，其实也是一种 XML，而 HTML 请求格式繁杂，冗余信息太多，经常为了一个小小的请求动辄提交整个庞大的页面到服务器，性能很差，用户体验也差。而 XML 请求却不同，只需提交需要的请求，简单轻巧，XML 响应也简单，因此，客户端的显示内容用 XML，显示格式由 CSS 控制，客户端操作还是用 JavaScript 控制，依然是比较完善的 Web 应用。

2. XML 解析层

表现层要想显示 XML 数据，就不得不将 XML 数据解析成客户端需要的样子，因此 XML 解析层就需要一个 XML 解析器来进行此工作。目前的 .NET 开发一般都使用 MSXML 解析器 7.0，已经内置在 VS 系统中，不必单独安装。

3. 逻辑处理层

本层称为逻辑处理层，可能是读者出乎意料的事。一个 Web 开发，页面不是最前面一层，却只称为一个逻辑处理层，当然有点出乎意料。这一层的作用是什么？本层的主要工作是响应 XML 解析层的请求，从后台数据层获取数据，然后加工，再通过 XML 解析层以 XML、XSL、XSLT 等形式返回客户端。本层主要是担当数据处理、逻辑控制的作用。

4. 数据存取层

本层和老 3 层架构的区别在于对 XML 的作用的突出。XML 有像关系型数据库一样完善的查询语言

（XQL）、数据库模式设计（DTD 或 Schemas）、数据处理工具（SAX 或 DOM），因此在某些应用中，XML 可以代替关系数据库来独当一面。

 提示 XML 作为一种相对完善的数据处理工具，相对于关系型数据库还是有很多缺陷，比如性能不高，本身不具备安全性、数据完整性、触发器、事务处理机制等。但是 XML 作为跨平台的完美解决方案，与关系型数据库相辅相成地使用，能取得很好的效果。

19.1.3 我的第 1 个 XML 应用

在讲解繁杂又简单的 XML 语法前，我们先用 Visual Studio 体验一下 XML 编辑方式。本范例将完成以下工作：

(1) 新建一个站点"HelloXMLWorld"，并添加 XML 架构；

(2) 通过 XML 设计器，创建关系表；

(3) 使用 XML 编辑器生成并编辑 XML。

【范例 19-1】编写 Hello，XML World！

(1) 打开 Visual Studio 2010，新建一个 ASP.NET 空网站。

(2) 添加一个 XML 架构。在该项目名称上右键单击，在弹出的快捷菜单中选择【添加新项】菜单项，打开【添加新项】对话框，选择 XML 架构，然后单击【添加】按钮。

 技 巧 有 3 种 XML 可供建立，但是我们先建立一个 XML 架构。它就像在数据库中新建一个表一样，在架构的基础上再建立 XML 文件并插入数据。

(3) 由于从 Visual Studio 2008 开始，不再集成 XML Schema Editor，我们不得不用另一种方式编辑以下这个 XML 架构文件。在【解决方案资源管理器】中，右键单击 XMLSchema.xsd 文件，在弹出的快捷菜单中选择【打开方式】菜单项单击，打开【打开方式】对话框。

(4) 选择【数据集编辑器】，单击【确定】按钮，会弹出一个警告窗体。

(5) 单击【确定】按钮，XMLSchema.xsd 文件下面会多出来一个文件 "XML Schema.xss"，并打开一个熟悉的编辑界面，同时工具栏被激活，并加载上了 DataSet 编辑工具，如图所示。

> **提示**　从 Visual Studio 2005 开始，DataSet 便不再只是内存里的东西，有了自己的实体，存放 DataSet 的文件格式叫做 XSD，组织方式也使用 XML 语法，因此它们其实是一家子，是 XML 的典型应用。从此处我们不难理解 XML 架构是什么了，XML 架构就像是数据库，定义了各种表以及表之间的关系。

(6) 从工具栏中拖曳一个 DataTable 元件到编辑面板，默认名称为 "DataTable1"，单击此标题，编辑名称，改为 "HelloXMLTable"。

(7) 在 HelloXMLTable 上单击右键，在弹出的快捷菜单中选择【添加】▶【列】菜单项。

(8) 编辑面板会在 DataTable 元件下面新增一个默认名称为 DataColumn1 的列。将此名称改为 "Id"，

用同样的方法再添加两个列，名字分别为 Name、Age 并保存，如图所示。

(9) 在【解决方案资源管理器】选择 XMLSchema.xsd 右键单击，选中打开方式，在弹出的窗口中选择【源代码（文本）编辑器】，代码如下：

```
01  <?xml version="1.0" encoding="utf-8"?>
02  <xs:schema id="XMLSchema" targetNamespace="http://tempuri.org/XMLSchema.xsd"
xmlns:mstns="http://tempuri.org/XMLSchema.xsd" xmlns="http://tempuri.org/XMLSchema.xsd"
xmlns:xs="http://www.w3.org/2001/XMLSchema" xmlns:msdata="urn:schemas-microsoft-com:xml-msdata"
attributeFormDefault="qualified" elementFormDefault="qualified">
03  <xs:annotation>
04  <xs:appinfo source="urn:schemas-microsoft-com:xml-msdatasource">
05      <DataSource DefaultConnectionIndex="0" FunctionsComponentName=
"QueriesTableAdapter" Modifier="AutoLayout, AnsiClass, Class, Public" SchemaSerializationMode=
"IncludeSchema" xmlns="urn:schemas-microsoft-com:xml-msdatasource">
06      <Connections />
07      <Tables />
08      <Sources />
09      </DataSource>
10  </xs:appinfo>
11  </xs:annotation>
12  <xs:element name="XMLSchema" msdata:IsDataSet="true" msdata:UseCurrentLocale="true">
13  <xs:complexType>
14    <xs:choice minOccurs="0" maxOccurs="unbounded">
15    <xs:element name="HelloXMLTable">
16    <xs:complexType>
17      <xs:sequence>
18      <xs:element name="Id" type="xs:string" minOccurs="0" />
19      <xs:element name="Name" type="xs:string" minOccurs="0" />
20      <xs:element name="Score" type="xs:string" minOccurs="0" />
21      </xs:sequence>
22    </xs:complexType>
23    </xs:element>
24    </xs:choice>
25  </xs:complexType>
26  </xs:element>
27  </xs:schema>
```

在学习 XML 语法之前，我们还没法看懂这么复杂的格式，但是只要关注一下我们刚才定义的 Table 和列分别在这个文档中的位置就应该明白了。

将光标放入定义 Age 的行最后，单击回车键，新起一行，输入 "<xs:"，可以看到在输入过程中一直有智能提示跟随，在手工状态下输入一个新字段，最后效果如下。

```
<xs:element name="Score" type="xs:int" minOccurs="0"/>
```

本小节我们学到了以下几点内容。

(1) Visual Studio 2010 支持 3 种 XML 文件，我们建立了一个 XML 架构文件。

(2) 利用 DataSet 编辑器编辑了此 XML 架构，并初步了解了 XML 的其中一个应用——实体化 DataSet。

(3) XML 智能输入功能。

19.2 XML 基本语法

 本节视频教学录像：12 分钟

通过上一节的介绍，我们对 XML 有了初步的了解。本节学习 XML 的基本语法组成。

19.2.1 XML 快速入门

什么是 XML？ XML 的全称是 Extensible Markup Language，可扩展标记语言。一看到这个全称，有的读者可能会想到 HTML，超文本标记语言。这么说来，它们都是标记语言了吧？两者是不是差不多呢？读者暂时可以这么理解，即把 XML 想象成 HTML 的姐妹语言。两者的区别也可以在名称上看出来，那就是可扩展的概念。在 HTML 中，标记都是预先定义好的，比如 <table></table> 表示表格，<form></form> 表示表单，等等。而在 XML 中，这种标记是自定义的，没有人规定你非要用什么标记表示什么东西。比如，可以用 < 表格 ></ 表格 > 来表示表格，也可以用 <Email></Email> 来表示电子邮件，真可谓是 "随心所欲"，这种特性就是可扩展性，随着用户的需求随心所欲地扩展标记。到了这里，读者一定想见识一下 XML 的真面目了吧？好，下面就看一个 XML 文件的例子，让读者有个感性认识。

```
<?xml version="1.0" encoding="utf-8"?>
< 雇员信息 >
< 编号 >1</ 编号 >
< 姓名 > 张三 </ 姓名 >
< 年龄 >20</ 年龄 >
< 性别 > 男 </ 性别 >
< 部门 > 市场部 </ 部门 >
< 电话 >134xxxxxxxx</ 电话 >
</ 雇员信息 >
```

第 1 行是声明，是必不可少的，表示这个文件是一个 XML 文件。version 代表版本号，这里 version="1.0" 表示 XML 的版本是 1.0。encoding 代表编码方式，这里 utf–8 表示编码方式是 Unicode。

我们是不是在 HTML 里面见过 GB2312 编码？后面的 <雇员信息>、<编号> 等标记都是自定义的标记，这些标记比 HTML 里面的标记更加灵活易读。

是不是看到这个例子有点像前面讲的数据库表，没错，前面介绍数据库的时候，讲过一个雇员信息表的例子，这里的标记都是表里的信息。实际上，可以把数据库里的表转换成 XML 文件，也可以把 XML 文件转换成表，很神奇吧？XML 强大的功能远不止这些。在以后的学习中，读者会慢慢体会到。到这里读者应该可以仿照上面的例子，自己写一个 XML 文件了。

说得这么好，那 XML 究竟有哪些好处呢？既然已经有了 HTML，为什么还要 XML？XML 会不会取代 HTML？

(1) XML 的好处如下。

① 可扩展，使用灵活。

② 与平台无关，兼容性强。

③ 数据与显示分离，各种数据都可以转换成 XML 文件。

④ 数据更容易被不同软件分享，可避免因数据库种类不同而导致不同软件无法分享数据。

⑤ 数据使用灵活。在数据库中，每条记录必须包含全部字段，而在 XML 中就不必如此。

⑥ 可以基于标记搜索数据。

⑦ XML 是基于文本的文件，便于在网上传输。

还有许多其他的好处，读者以后会逐渐体会到。

(2) HTML 有许多限制，因此需要 XML。

HTML 很适合显示网页上的内容。HTML 设计之初的目的是对基于文本的文档提供访问能力，而不是多种不同的文件格式。虽然现在网站上几乎所有的文档都以 HTML 的形式来存储，但是 HTML 现在正在越来越暴露出它本身的限制。HTML 无法实现以下功能：

① 以多种方式，在不同软件或者显示设备间共享大量数据；

② 对不同类型的数据进行结构化和灵活的描述；

③ 控制数据的显示方式。

这些都是 XML 可以做到的。不仅如此，不同用户可能使用不同的终端设备，使用不同的浏览器。在 Internet Explorer 上面显示良好的一个 HTML 页面到了 Netscape Navigator 里面，可能就会大不一样。要为一个使用 Mac PC 的人和使用 Windows PC 的人提供相同的数据，就要分别设计不同的页面。但是有了 XML，就可以做到统一。

(3) XML 不会取代 HTML。

XML 是作为 HTML 的补充，而不是它的替代品。XML 和 HTML 是两种不同用途的语言。XML 是被设计用来描述数据的，重点是什么是数据以及如何存放数据。HTML 是被设计用来显示数据的，重点是显示数据以及如何更好地显示数据。HTML 是与显示信息相关的，XML 则是与描述信息相关的。

到这里，读者应该对 XML 有了一个初步的了解。那么接着看后面的内容。

19.2.2 XML 的概念

到此我们已经对 XML 有了一些感性认识，知道它是一种功能强大的可扩展的标记语言，可以将显示和数据分开，可以跨平台，可以支持在不同软件之间共享数据，等等。下面深入介绍 XML 的一些概念，以便读者对 XML 有更深入的认识。

1. 可扩展

在本章开头，我们已经简单介绍了这个概念。扩展这个词简单理解就是增加，可扩展就是可以增加。XML 的标记是自定义的，可以在需要的时候随意增加，无限扩展，这正是成就 XML 强大功能的因素之一。在 HTML 里面，标记是有限的，每个标记有什么作用也是固定的。我们在学习 HTML 的时候，不是要一个一个学习这些标记有什么用吗？幸运的是，在 XML 里面，我们不必学习它们怎么用，因为它们是我们自己创造的，因此就要听我们的。只要符合 XML 的语法，我们想怎么用就怎么用，可以充分发挥想象力。

2. 标记

XML 中标记的概念类似于 HTML 中的标记。标记的作用在于让文档结构化，更便于阅读。标记仅仅是用来识别信息，它本身并不传达信息。XML 标记描述了文档内容的结构和语义，而不是内容的格式。格式是在另外的样式单中描述的。文档本身只说明文档包括什么标记，而不是说明文档看起来是什么样的。

3. 结构化

XML 使得文档以某种格式存放，这就是结构化。结构化是通过标记的层级排列表现出来的。下面仍然以前面的那个例子来说明。

```
<?xml version="1.0" encoding="utf-8"?>
< 雇员信息 >
< 编号 >1</ 编号 >
< 姓名 > 张三 </ 姓名 >
< 年龄 >20</ 年龄 >
< 性别 > 男 </ 性别 >
< 部门 > 市场部 </ 部门 >
< 电话 >134xxxxxxxx</ 电话 >
</ 雇员信息 >
```

在这个 XML 文件中，我们可以看到它清晰的格式。这里的结构有两层，通过标记来表现。最外面一层是 < 雇员信息 >，里面一层有 6 个标记。

4. 显示

XML 并不完成什么功能，只是结构化文档。也就是说，它不能像 HTML 那样显示数据，因为数据和显示是分离的。但是可以用 CSS 或者 XSL 显示 XML 文件。

5. CSS

CSS 的全称是层叠样式表，这是 HTML 里面一个大家很熟悉的概念。在 XML 中，它被用来显示 XML 文件。

6. XSL

XSL 的全称是可扩展样式语言，是设计 XML 文件显示样式的文件。还可以将 XML 文件转换成 HTML 文件，以使其在低版本的浏览器中兼容。

7. DOM

DOM 的全称是文档对象模型。如果把文件看做对象，DOM 就是用 XML 对这个对象进行操作的标准，它通过编程来读取、操纵和修改 XML 文档。在 XML 中，网页被看做是对象，XML 对这些对象进行操作和控制。XML 创建标记，DOM 告诉脚本如何在浏览器中显示这些标记。

19.2.3 XML 的术语

1. 声明

还记得 14.2.1 小节中那个 XML 文件的例子吗？它的第 1 行就是声明，表示这个文件是 XML 文件，而且表明了使用的 XML 规范的版本，以及文件的编码方式。

2. 元素

元素是组成 XML 文件的最小单位，它由一对标记来定义，包括其中的内容。例如，< 姓名 > 张三 </ 姓名 > 就是一个元素。

3. 标记

标记用来定义元素，必须成对出现，中间包含数据。例如，在 < 姓名 > 张三 </ 姓名 > 里面，< 姓名 > 就是标记。标记是用户自己创建的。

4. 属性

属性是对标记的描述，一个标记可以有多个属性。例如，在 < 姓名 性别 =" 男 "> 张三 </ 姓名 > 里面，其中性别 =" 男 " 就是属性。这个和 HTML 中标记的属性是一样的。

5. DTD

DTD 的全称是文档类型定义，用来定义 XML 中的标记、元素和属性的关系。DTD 用于检测 XML 文档结构的正确性。

19.2.4 XML 的实现

在越来越多的商业解决方案中，XML 成为了关键的部分。XML 具有和已有系统兼容的能力。它的跨平台特性和良好的兼容性使得数据共享变得更加容易。

XML 非常灵活，它可以替代 HTML 和服务器端脚本完成一些任务。开发者不必选择特定的软件或者操作系统，不必选择特定的浏览器，不必为显示样式而烦恼。相同的 XML 还可以在不同的显示设备上自动调整，因此不必针对特定设备对 XML 的结构进行调整。

XML 主要有以下一些实现方式。

1. 存储 HTML 中的数据

我们可以把 HTML 中的数据存放在 XML 中，这样可以让开发者集中于 HTML 的显示，以做到数据的显示和存储分离。

2. 交换数据

可以使用 XML 在不同的系统间交换数据。不同的系统、不同的数据库之间的数据格式多种多样，把它们转换成 XML 以后，就可以被不同的系统软件读取。

3. 跨平台共享数据

XML 以纯文本的格式存储，具有平台无关性，可以做到跨平台共享数据。

4. 存储数据

XML 可以用来存储大量的数据。用户可以把数据库中的数据转换成 XML 文件，也可以把 XML 文件转换成其他类型的数据，被不同的设备使用。

19.2.5　XML 的实例分析

本小节通过一个实例来分析 XML 文件。

XML 新闻使得新闻工作者和浏览者可以在不同的平台上对新闻进行操作。下面是一个非常简单的 XML 新闻的例子。

```
01  <?xml version="1.0"?>
02  <nitf>
03   <head>
04    <title>36 个大中城市经济适用房价格下跌 </title>
05   </head>
06   <body>
07    <body.head>
08     <headline>
09      <hl1>6 个大中城市经济适用房价格下跌 </hl1>
10     </headline>
11     <byline>
12      <bytag> 来源：京华时报 </bytag>
13     </byline>
14     <dateline>
15      <location> 中国 </location>
16      <story.date>2007-9-10</story.date>
17     </dateline>
18    </body.head>
19    <body.content>
20     <p>
21      8 月 28 日，据建设部统计，截至 2006 年底我国经济适用房竣工面积累计超过 13 亿平方米。
22     </p>
23     <p>
24      国家发改委价格司公布数据称，受一些城市加大经济适用房政策落实力度影响，8 月 36 个大中城市经济适用房住宅平均价格较上月下降 1.2%，这是今年以来首次出现房价下跌。
25     </p>
26     <p>
27      在普通商品房方面，36 个大中城市一、二、三类地段的普通商品房住宅均价较上月分别上涨 0.7%、1.7% 和 0.6%。据 40 个重点城市信息系统数据显示，各地新审批、新开工住房中，90 平方米以下普通商品住房供应逐月增加。在批准的预售商品住房供应中，90 平方米以下的住房套数占比由 2006 年的 34.39%，提高到今年 1-7 月的 39.26%。
28     </p>
29    </body.content>
30   </body>
```

31 </nitf>

这是一个有 5 层标记的 XML 新闻。我们可以通过标记清晰地看到它的结构，理解它的内容。

(1) 第 1 行是声明。声明此文件是一个 XML 文件，XML 版本是 1.0。

(2) 每个 XML 必须包含一个根元素，<nitf> 标记就是根元素，其他所有元素都包含在根元素内部。

(3) 在 <body> 元素内部，还有 <body.head> 和 <body.content> 子元素。

(4) 新闻的标题、发生时间、地点、采访记者等内容都包含在相应的标记中，通过标记名清晰地展现在使用者面前，无需过多解释。这就是 XML 的优点之一。

(5) 新闻的实质内容放在 <body.contnet> 中，用 <p> 标记来区分段落。

很简单吧？读者现在可以自己写一个 XML 新闻了。XML 就是这样简单！

19.2.6 XML 与 HTML 的区别

我们已经知道了 XML 相对于 HTML 的优缺点，本小节介绍 XML 和 HTML 的区别。

1. XML 是可扩展的，HTML 不是

XML 与 HTML 的这个区别从它们的名字上就可以看出来。HTML 里面的标记都是预定义好的，数量也是固定的。使用的时候只能先了解每个标记有什么作用，它们的属性是什么。而在 XML 中，标记都是使用者自定义的，可以根据自己的需要随意定制标记。

2. HTML 主要用于显示数据，而 XML 则主要用于定义数据的结构

HTML 主要用来在浏览器上显示数据，依赖于浏览器的兼容性。在不同的浏览器上，可能会显示出不同的结果。而 XML 则主要用于数据的定义，不同的浏览器对它没有影响。

3. 在 XML 中数据和显示是分离的，而 HTML 中则是在一起的

在 HTML 中，数据和显示是在一起的，而在 XML 里面则是分开的。可以用 XML 存放 HTML 里面的数据，然后用 HTML 来显示这些数据。

4. HTML 语句结构松散，而 XML 语句结构严格

HTML 语句结构松散，有的标记并不要求成对出现，容易出现显示或兼容性问题。而 XML 语句有着严格的格式要求，标记是成对出现的，不会出现显示或兼容性问题。

5. 可以将其他类型的数据转换成 XML 文件

可以将很多不同类型的数据转换成 XML 文件，以便在不同设备、不同软件之间传输和共享数据，这是 XML 的一大优势。

6. XML 是与平台无关的，而 HTML 则不是

XML 是与平台无关的，因此可以跨平台传输和共享数据，而 HTML 则依赖于不同的平台。

19.3 在 ASP.NET 中读写 XML 数据

 本节视频教学录像：4 分钟

前面介绍过，DOM 用于表示 XML 文件。有了 DOM，.NET 就可以用编程的方式读取和操作 XML 文件。操作 XML 文档的类在 System.Xml 名字空间中。

19.3.1 读取 XML 文件

下面将实现一个 XML 读取功能。

【范例 19-2】读取 XML 文件。

(1) 打开 Visual Studio 2010，新建一个 ASP.NET 空网站。

(2) 在【解决方案资源管理器】中右击根节点，在弹出的快捷菜单中选择【添加新项】菜单项单击，弹出【添加新项】对话框，从中选择【XML 文件】，创建一个名为"Data.xml"的 XML 文件，并输入以下内容。

```
01  <?xml version="1.0" encoding="utf-8" ?>
02  <People>
03  <Person FirstName="Joe" LastName="Suits" Age="35">
04   <Address Street="1800 Success Way" City="Redmond" State="WA" ZipCode="98052">
05   </Address>
06   <Job Title="CEO" Description="Wears the nice suit">
07   </Job>
08  </Person>
09  <Person FirstName="Linda" LastName="Sue" Age="25">
10   <Address Street="1302 American St." City="Paso Robles" State="CA" ZipCode="93447">
11   </Address>
12   <Job Title="Attorney" Description="Stands up for justice">
13   </Job>
14  </Person>
15  <Person FirstName="Jeremy" LastName="Boards" Age="30">
16   <Address Street="34 Palm Avenue" City="Waikiki" State="HI" ZipCode="98073">
17   </Address>
18   <Job Title="Pro Surfer" Description="Rides the big waves">
19   </Job>
20  </Person>
21  </People>
```

(3) 添加一个 Web 窗体并命名为 ReadXML.aspx，对此页面上默认的 DIV 做如下改造。

```
01  <div id="divData" runat="server">
02
03  </div>
```

(4) 打开 ReadXML.aspx.cs，引用"System.Xml"命名空间。

```
using System.Xml;
```

(5) 在 ReadXML.aspx.cs 中的 Page_Load 中添加以下代码。

```
01    protected void Page_Load(object sender, EventArgs e)
```

```
02      {
03          XmlDocument xmldoc = new XmlDocument();
04          string filename = Server.MapPath("Data.xml");
05          xmldoc.Load(filename);
06          divData.InnerText = xmldoc.InnerXml;
07      }
```

【运行结果】

将 ReadXML.aspx 设为起始页，单击工具栏中的【启用调试】按钮 ▶，运行结果如图所示。

【范例分析】

这里的 XMLDocument 是操作 XML 文件的类。这个程序第(5)步中的第3行创建了这个类的一个对象 xmldoc，然后调用这个对象的 Load 方法打开 filename 文件。在第6行用 XMLDocument 的 InnerXml 属性输出 XML 文件的内容。

19.3.2 写入 XML 文件

本小节将实现一个 XML 的写入功能，并调用上一小节的代码展示数据。

【范例19-3】写入 XML 文件。

(1) 在【范例14-2】网站的基础上，添加一个名为 "WriteXML.aspx" 的 Web 窗体并将此页面设为起始页，编辑此页面，最终效果如图所示。

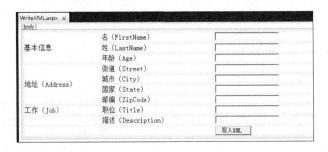

控件属性设置如下：

控件类型	属性	属性值	控件类型	属性	属性值
TextBox	ID	txFiresttName	TextBox	ID	txLastName
TextBox	ID	txtAge	TextBox	ID	txtStreet
TextBox	ID	txtCity	TextBox	ID	txtState
TextBox	ID	txtZipCode	TextBox	ID	txtTitle
TextBox	ID	txtDescription	Button	ID	btnSave
				Text	写入 XML

(2) 双击按钮，产生按钮事件，在事件中加入以下代码。

```
01      protected void btnSave_Click(object sender, EventArgs e)
02      {
03   XmlTextWriter writer = new XmlTextWriter(Server.MapPath("Data.xml"), Encoding.UTF8);
04        writer.WriteStartDocument();
05        writer.WriteStartElement("People");
06        writer.WriteStartElement("Person");
07        writer.WriteAttributeString("FirstName", txtFirstName.Text);
08        writer.WriteAttributeString("LastName", txtLastName.Text);
09        writer.WriteAttributeString("Age", txtAge.Text);
10        writer.WriteStartElement("Address");
11        writer.WriteAttributeString("Street", txtStreet.Text);
12        writer.WriteAttributeString("City", txtCity.Text);
13        writer.WriteAttributeString("State", txtState.Text);
14        writer.WriteAttributeString("ZipCode", txtZipCode.Text);
15        writer.WriteEndElement();//End Address
16        writer.WriteStartElement("Job");
17        writer.WriteAttributeString("Title", txtTitle.Text);
18        writer.WriteAttributeString("Description", txtDescription.Text);
19        writer.WriteEndElement();        //End Job
20        writer.WriteEndElement();        //End Person
21        writer.WriteEndElement();        //End People
22        writer.WriteEndDocument();
23        writer.Close();
24        Response.Redirect("ReadXML.aspx");
25   }
```

【运行结果】

按【F5】键运行，浏览器中的运行结果如图所示。输入内容，单击【写入 XML】按钮 写入XML ，
即可输出这些内容。

 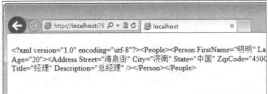

19.4 XSL 技术

 本节视频教学录像：4 分钟

　　XSL，英文名为 Extensible Stylesheet Language，即可扩展样式表语言。这种语言标准介于 CSS 和 SGML 的 DSSSL 之间，而 XML 是介于 HTML 和 SGML 之间。我们知道 CSS 是用来控制 HTML 显示格式的，那么谁来控制 XML 的显示格式呢？是 XSL。但是它提供的功能要远远大于 CSS。由上一小节的例子不难看出，它不但可以定义简单元素的显示数据，还可以将高度复杂的 XML 数据按照 XSL 定义的任意样式进行显示。

　　XSL 是根据 XML 语法规范定义的，并按照定义的这套规范将 XML 数据转换成 HTML 或其他格式的 XML。XSL 还提供有多种脚本语言通道以满足更复杂的要求。由于转换的规则完全公开，所以程序员可以自由发挥，充分体现 HTML 和脚本语言的优势。XSL 凭借其先天的高扩展性可以充分地以各种方式控制各种标签。

　　比起长篇大论的讲述，没有比从一个实例入手更容易直观感性地学习一门新技术了。下面看一个最简单的 XSL 应用的例子。

【范例 19-4】用 XSLT 展示 XML 数据。

　　(1) 打开 Visual Studio 2010，新建一个 ASP.NET 空网站，在此站点中添加一个 XML 文件，命名为 "HelloXSLTWorld.xml"，然后输入如图所示的内容。

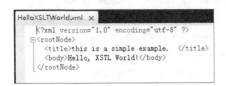

　　(2) 新建一个 XSLT 文件，使用默认名称 "XSLTFile.xslt"，单击【添加】按钮后，打开下面所示的默认格式文件。

```
01  <?xml version="1.0" encoding="utf-8"?>
02  <xsl:stylesheet version="1.0" xmlns:xsl="http://www.w3.org/1999/XSL/Transform"
03      xmlns:msxsl="urn:schemas-microsoft-com:xslt" exclude-result-prefixes="msxsl"
04  >
05  <xsl:output method="xml" indent="yes"/>
06
07  <xsl:template match="@* | node()">
08      <xsl:copy>
09          <xsl:apply-templates select="@* | node()"/>
```

```
10        </xsl:copy>
11      </xsl:template>
12    </xsl:stylesheet>
```

(3) 将 xsl:output 中的 method 属性值由 "xml" 改成 "html"。

(4) 将 xsl:template 的 match 属性值由 "@*I node()" 改成 "rootNode"。

(5) 删除 <xsl:copy> 标签对，至此文件内容如下。

```
01    <?xml version="1.0" encoding="utf-8"?>
02    <xsl:stylesheet version="1.0" xmlns:xsl="http://www.w3.org/1999/XSL/Transform"
03      xmlns:msxsl="urn:schemas-microsoft-com:xslt" exclude-result-prefixes="msxsl"
04    >
05      <xsl:output method="html" indent="yes"/>
06      <xsl:template match="rootNode">
07      </xsl:template>
08    </xsl:stylesheet>
```

(6) 在 <xsl:template> 标签对中继续输入内容，最终结果如下。

```
01    <?xml version="1.0" encoding="utf-8"?>
02    <xsl:stylesheet version="1.0" xmlns:xsl="http://www.w3.org/1999/XSL/Transform"
03      xmlns:msxsl="urn:schemas-microsoft-com:xslt" exclude-result-prefixes="msxsl"
04    >
05      <xsl:output method="html" indent="yes"/>
06
07      <xsl:template match="rootNode">
08        <html>
09          <head>
10            <title>
11              <xsl:value-of select="title"/>
12            </title>
13          </head>
14          <body>
15            <h2>
16              <xsl:value-of select="body"/>
17            </h2>
18          </body>
19        </html>
20      </xsl:template>
21    </xsl:stylesheet>
```

【运行结果】

在 Visual Studio 2010 中，在【解决方案资源管理器】中双击【HelloXSLTWorld.xml】，菜单栏中会

出现【XML】菜单项，选择【XML】➤【开始调试 XSLT（S）Alt+F5】菜单命令，如下图所示。

在弹出的对话框中选择【XSLTFile.xslt】样式表文件后，会在 Visual Studio 2010 编辑窗口中显示如图所示的结果。

在这个结果页面空白处单击右键，在弹出的快捷菜单中选择【查看源】菜单项，可以看到【源文件】如图所示。

OK，通过一个简单的例子，看到了一个效果：我们通过 XSLT 文件，轻松地将 XML 数据转成了我们想要的 Html 输出。利用 XSLT 可以输出任意格式的 HTML，这就为本章开头讲的 4 层架构的实现提供了基础。

19.5 高手点拨

 本节视频教学录像：1 分钟

Asp.net 读取 XML 的四种方法

方法一：使用 XML 控件；

方法二：使用 DOM 技术；

方法三：使用 DataSet 对象；

方法四：按文本读取。

19.6 实战练习

1. 写一个 XML 文件，在 IE 中打开。

2. 写一个 XML 新闻，用 XML 控件在网页中显示出来。

第 3 篇

应用开发

　　破茧成蝶，从菜鸟向程序员转变。本篇介绍银行在线支付系统、在线投票统计系统、邮件发送系统、网站流量统计系统、用户验证系统、广告生成系统以及文件批量上传系统等，通过这些小系统的开发来了解 ASP.NET 网站系统的开发流程。

第20章

银行在线支付系统

目前，由于电子商务的普及，越来越多的生意人和消费者通过网络进行交易。由于网上支付存在诸多不安全因素，所以支付宝诞生了。支付宝是个交易中介，人们可以通过它进行安全交易。

本章要点（已掌握的在方框中打钩）

□ 了解用户验证的原理

□ 了解银行支付的原理

□ 实现一个简单的支付功能

20.1 系统分析

 本节视频教学录像：5 分钟

最完美的在线支付莫过于直接从银行或客户的账户那里取得想要支付的金额，但是安全性是各个小站点的软肋。由于各种网络欺诈行为的存在，银行默认各个小站点的网站支付系统是不安全的，转而认证一些第三方作为安全的支付中介，比较流行的支付中介有支付宝、财付通等。其实从银行直接转账和从支付宝进行转账的原理是一样的，我们可通过支付中介完成一次次支付功能。

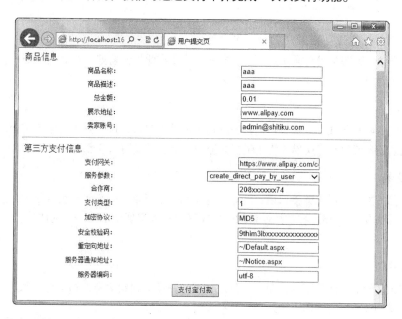

20.1.1 系统目标

本系统需要实现的目标有以下两点。

(1) 了解支付宝在线支付机制。

(2) 实现一次在线支付功能。

20.1.2 系统原理

在线支付分为买家直接从银行或账户付款和从第三方（如支付宝）付款两种情况。其中，第一种情况不具通用性，因为各家银行有各种五花八门的支付机制，我们没有必要去研究，我们只需要研究第三方支付中最具普遍性、代表性的支付方式——支付宝即可。

买家要想通过支付宝交易，必须是支付宝的注册用户，这样所有的交易将有据可查；而卖家要想和支付宝做接口，也要注册支付宝，只不过除了注册用户外，还需要开通"商家服务"，这样支付宝就知道买家付的款该支付到哪里，用什么协议为商家服务等。

下图为卖家开通支付宝支付功能时的入口界面。注册成功后，将获取此卖家唯一的商家 Id、交易安全码、集成文档等，以备将来开发网站支付功能。

注意：在申请商家服务时会要求选择支付方式，需要在此处设置好，过后无法修改。支付宝的3种支付方式及其区别如下。

1. 标准双接口

商家在自己的网站集成完该接口后，买家在商家网站下订单，提交到支付宝收银台后，由买家选择是使用担保交易还是即时到账交易（优化了交易流程，有利于缩短商家资金周转周期）。

2. 担保交易

商家在自己的网站集成完该接口后，买家在商家网站下订单，提交到支付宝收银台后，买家只能选择担保交易进行交易。 交易流程：买家付款→卖家发货→买家确认收货→交易成功。 由支付宝提供中介担保服务。

3. 即时到账

商家集成该功能后，买家下完订单，付款成功后，款项立刻到达商家的支付宝账户。不需要买家确认收货、卖家发货环节，主要用于虚拟物品交易类型。

进行根网站的集成前，可以先在上图中单击【合同列表】➤【操作】➤【下载集成文档】，打开下面所示页面，根据不同的页面提供的主题，定制适合自己网站的支付功能。

本章将采用官方论坛提供的集成示例代码，简单改造之后进行讲解。读者可以下载上面页面中的【标准双接口开发文档及其代码实例】➤【.net(GBK)(2.0) 实物标准代码实例】。

20.1.3 技术要点

支付宝通过带参数的 URL 获取商家的支付信息，根据卖家网站的 URL 链接中提供的信息进行支付后，再反馈给卖家和买家相关的信息。因此，支付的要点便是卖家的网站要提供完整的带参数的 URL 到支付宝，然后等支付宝返回支付结果即可。为此，我们先封装一个生产 URL 的类。

在 App_Code 下面有个类，叫做 Alipay.cs，此文件是支付功能的核心组件，其代码如下（代码 15-1.txt）。

```
01  using System;
02  using System.Data;
03  using System.Configuration;
04  using System.Web;
05  using System.Web.Security;
06  using System.Web.UI;
07  using System.Web.UI.WebControls;
08  using System.Web.UI.WebControls.WebParts;
09  using System.Web.UI.HtmlControls;
10  using System.Text;
11  using System.Security.Cryptography;
12  namespace Gateway
13  {
14      public class AliPay
15      {
16          /// <summary>
17          /// 与 ASP 兼容的 MD5 加密算法
18          /// </summary>
19          public static string GetMD5(string s, string _input_charset)
20          {
21              MD5 md5 = new MD5CryptoServiceProvider();
22              byte[] t = md5.ComputeHash(Encoding.GetEncoding(_input_charset).GetBytes(s));
23              StringBuilder sb = new StringBuilder(32);
24              for (int i = 0; i < t.Length; i++)
25              {
26                  sb.Append(t[i].ToString("x").PadLeft(2, '0'));
27              }
28              return sb.ToString();
29          }
30          /// <summary>
31          /// 冒泡排序法
32          /// </summary>
33          public static string[] BubbleSort(string[] r)
34          {
```

```
35        int i, j;    // 交换标志
36        string temp;
37        bool exchange;
38        for (i = 0; i < r.Length; i++)    // 最多做 R.Length-1 趟排序
39        {
40           exchange = false;    // 本趟排序开始前，交换标志应为假
41           for (j = r.Length - 2; j >= i; j--)
42           {
43              if (System.String.CompareOrdinal(r[j + 1], r[j]) < 0)    // 交换条件
44              {
45                 temp = r[j + 1];
46                 r[j + 1] = r[j];
47                 r[j] = temp;
48                 exchange = true;    // 发生了交换，故将交换标志置为真
49              }
50           }
51           if (!exchange)    // 本趟排序未发生交换，提前终止算法
52           {
53              break;
54           }
55        }
56        return r;
57     }
58     /// <summary>
59     /// CreatUrl
60     /// </summary>
61     public string CreatUrl(
62        string gateway, string service, string partner, string sign_type,
63        string out_trade_no, string subject, string body, string payment_type,
64        string total_fee, string show_url, string seller_email, string key,
65        string return_url, string _input_charset, string notify_url
66        )
67     {
68        int i;
69
70           //构造数组;
71           string[] Oristr ={
72           "service="+service,
73           "partner=" + partner,
74           "subject=" + subject,
75           "body=" + body,
76           "out_trade_no=" + out_trade_no,
77           "price=" + total_fee,
```

```
78              "show_url=" + show_url,
79              "payment_type=" + payment_type,
80              "seller_email=" + seller_email,
81              "notify_url=" + notify_url,
82              "_input_charset="+_input_charset,
83              "return_url=" + return_url,
84              "discount=-0.01",
85              "quantity=1",
86              "logistics_type=EXPRESS",
87              "logistics_fee=0" ,
88              "logistics_payment=BUYER_PAY",
89              "logistics_type_1=POST",
90              "logistics_fee_1=0",
91              "logistics_payment_1=BUYER_PAY"
92              };
93
94         // 进行排序
95         string[] Sortedstr = BubbleSort(Oristr);
96         // 构造待 md5 摘要字符串
97         StringBuilder prestr = new StringBuilder();
98         for (i = 0; i < Sortedstr.Length; i++)
99         {
100             if (i == Sortedstr.Length - 1)
101             {
102                 prestr.Append(Sortedstr[i]);
103             }
104             else
105             {
106                 prestr.Append(Sortedstr[i] + "&");
107             }
108         }
109         prestr.Append(key);
110         // 生成 Md5 摘要
111         string sign = GetMD5(prestr.ToString(), _input_charset);
112         // 构造支付 Url
113         char[] delimiterChars = { '='};
114         StringBuilder parameter = new StringBuilder();
115         parameter.Append(gateway);
116         for (i = 0; i < Sortedstr.Length; i++)
117         {
118                 parameter.Append(Sortedstr[i].Split(delimiterChars)[0] + "=" + HttpUtility.
UrlEncode(Sortedstr[i].Split(delimiterChars)[1]) + "&");
119         }
```

```
120              parameter.Append("sign=" + sign + "&sign_type=" + sign_type);
121
122              // 返回支付 Url
123              return parameter.ToString();
124         }
125    }
```

【代码详解】

构造 URL 的方法虽然很长，但是没有什么技术含量，就是一个简单的支付宝接口字符串的拼接。

20.2 系统设计

 本节视频教学录像：7 分钟

本节我们来了解支付宝系统功能的实现。

20.2.1 设计订单提交功能

我们先来设计系统的页面"SubmitPage.aspx"，如图所示。

页面说明如下。

(1) 页面上方是商品支付时需要的信息，其中最关键的两个参数是"总金额"和"卖家账号"。

(2) 页面下方是支付宝商家相关参数，其中"服务参数"中有 3 个选项，其含义如表所示。

参数值	参数含义
create_direct_pay_by_user	快速付款（即时到账接口）
trade_create_by_buyer	标准实物双接口（标准双接口）
create_partner_trade_by_buyer	纯担保交易接口（担保接口）

(3) 本页面通过获取用户数据，并调用上一节制作的 Alipay.cs 中的核心方法 CreateURL，来生成支

付宝的链接，并将调用此链接。此页面的完整后台代码如下（代码 15-2.txt）。

```
01  using System;
02  using System.Data;
03  using System.Configuration;
04  using System.Collections;
05  using System.Web;
06  using System.Web.Security;
07  using System.Web.UI;
08  using System.Web.UI.WebControls;
09  using System.Web.UI.WebControls.WebParts;
10  using System.Web.UI.HtmlControls;
11  using Gateway;
12  public partial class SubmitPage : System.Web.UI.Page
13  {
14      protected void Page_Load(object sender, EventArgs e)
15      {
16      }
17      protected void Button1_Click(object sender, EventArgs e)
18      {
19          // 按时构造订单号
20          System.DateTime currentTime = new System.DateTime();
21          currentTime = System.DateTime.Now;
22          // 获取适合使用习惯的日期，例如 2006-09-13 14：20
23          string out_trade_no = currentTime.ToString("g");
24          // 替换日期中的特殊字符
25          out_trade_no = out_trade_no.Replace("-", "");
26          out_trade_no = out_trade_no.Replace(":", "");
27          out_trade_no = out_trade_no.Replace(" ", "");
28          // 业务参数赋值
29          // 支付接口
30          string gateway = T_gateway.Text;
31          // 服务接口名称，此处采用测试默认值
32          string service = T_service.Text;
33          // 合作伙伴 ID。注册为支付宝用户后获取
34          string partner = T_partner.Text;
35          // 加密类型
36          string sign_type = T_sign_type.Text;
37          // 商品名称
38          string subject = T_subject.Text;
39          // 商品描述
40          string body = T_body.Text;
41          // 支付类型 此处默认为商品购买，具体类型可参考下载的文档
```

```
42        string payment_type = T_payment_type.Text;
43            // 总金额 0.01 ~ 50000.00
44        string total_fee = T_total_fee.Text;
45            // 商品的展示地址
46        string show_url = T_show_url.Text;
47            // 卖家账号
48        string seller_email = T_seller_email.Text;
49            //partner 账户的支付宝安全校验码
50        string key = T_key.Text;
51            // 服务器返回接口
52        string return_url = T_return_url.Text;
53            // 服务器通知返回接口
54        string notify_url = T_notify_url.Text;
55            // 编码格式
56        string _input_charset = T_inputchatset.Text;
57            // 生成一个支付对象
58        AliPay ap = new AliPay();
59            // 根据网关校验，并返回完成地址
60        string aliay_url = ap.CreatUrl(
61            gateway,      service,      partner,
62            sign_type,      out_trade_no, subject,
63            body,           payment_type, total_fee,
64            show_url,      seller_email, key,
65            return_url,    _input_charset,notify_url );
66            // 导航到支付宝交付页面
67        Response.Redirect(aliay_url);
68      }
69  }
```

当支付宝链接创建并被导航之后，所有的支付过程操作都与本站无关，所有的操作交由支付宝处理。现在我们需要异步地等待支付的结果，并将结果在特定的页面上显示给用户。为此可建立一个页面，叫做 Notice.aspx。

根据上面封装的方法，支付成功后会打开 return_url(本例即 Default.aspx)，否则提示通知显示在另一个页面 notify_url（本例即 Notice.aspx）上。

下面分别建立两个页面，叫作 Default.aspx 和 Notice.aspx，分别作为 Return_url 和 Notify_url 来处理相关反馈。

20.2.2 支付成功后的处理页面

打开 Default.aspx.cs 页面，所有代码如下（代码 15–3.txt）。

```
01  public partial class _Default : System.Web.UI.Page
02  {
```

```
03      protected void Page_Load(object sender, EventArgs e)
04      {
05          // 支付宝的网关
06          string alipayNotifyURL = "https://www.alipay.com/cooperate/gateway.do?";
07          // 用户注册支付宝时生成的校验码（必须填写自己的）
08          string key = "xxxxxxx";
09          // 页面编码格式
10          string _input_charset = "utf-8";
11          // 用户注册支付宝时生成的合作伙伴 id（必须填写自己的）
12          string partner = "xxxxxx";
13          alipayNotifyURL = alipayNotifyURL + "service=create_digital_goods_trade_p" + "&partner="
+ partner + "&notify_id=" + Request.QueryString["notify_id"];
14
15          // 获取支付宝 ATN 返回结果，true 是正确的订单信息，false 是无效的
16          string responseTxt = Get_Http(alipayNotifyURL, 120000);
17          int i;
18          NameValueCollection coll;
19          // 在集合中装载返回信息
20          coll = Request.QueryString;
21          // 将所有的键值保存在数组中
22          String[] requestarr = coll.AllKeys;
23          // 进行排序
24          string[] Sortedstr = BubbleSort(requestarr);
25          for (i = 0; i < Sortedstr.Length; i++)
26          {
27              Response.Write("Form: " + Sortedstr[i] + "=" + Request.QueryString[Sortedstr[i]] +
"<br>");
28          }
29          // 构造待 md5 摘要字符串
30          StringBuilder prestr = new StringBuilder();
31          for (i = 0; i < Sortedstr.Length; i++)
32          {
33          if (Request.Form[Sortedstr[i]] != "" && Sortedstr[i] != "sign" && Sortedstr[i] != "sign_type")
34            {
35              if (i == Sortedstr.Length - 1)
36              {
37                  prestr.Append(Sortedstr[i] + "=" + Request.QueryString[Sortedstr[i]]);
38              }
39              else
40              {
41                  prestr.Append(Sortedstr[i] + "=" + Request.QueryString[Sortedstr[i]] + "&");
42              }
43            }
```

```
44        }
45        prestr.Append(key);
46          // 生成 Md5 摘要
47        string mysign = GetMD5(prestr.ToString(), _input_charset);
48        string sign = Request.QueryString["sign"];
49          // 测试返回的结果
50        Response.Write(prestr.ToString());
51          // 验证支付发过来的消息，签名是否正确
52        if (mysign == sign && responseTxt == "true")
53        {
54            // 此时可以更新网站的数据，比如商品的减少，等等
55            Response.Write("success");    // 返回给支付宝消息，成功
56        }
57        else
58        {
59            // Response.Write("--------------------------------------");
60            // Response.Write("<br>Result:responseTxt=" + responseTxt);
61            // Response.Write("<br>Result:mysign=" + mysign);
62            // Response.Write("<br>Result:sign=" + sign);
63            Response.Write("fail");
64        }
65     }
66     public static string GetMD5(string s, string _input_charset)
67     {
68        /// <summary>
69        /// 与 ASP 兼容的 MD5 加密算法
70        /// </summary>
71        MD5 md5 = new MD5CryptoServiceProvider();
72        byte[] t = md5.ComputeHash(Encoding.GetEncoding(_input_charset).GetBytes(s));
73        StringBuilder sb = new StringBuilder(32);
74        for (int i = 0; i < t.Length; i++)
75        {
76            sb.Append(t[i].ToString("x").PadLeft(2, '0'));
77        }
78        return sb.ToString();
79     }
80     public static string[] BubbleSort(string[] r)
81     {
82        /// <summary>
83        /// 冒泡排序法
84        /// </summary>
85          // 交换标志
86        int i, j;
```

```
87          string temp;
88          bool exchange;
89            // 最多做 R.Length-1 趟排序
90          for (i = 0; i < r.Length; i++)
91          {
92              // 本趟排序开始前，交换标志应为假
93              exchange = false;
94              for (j = r.Length - 2; j >= i; j--)
95              {
96                  // 交换条件
97                  if (System.String.CompareOrdinal(r[j + 1], r[j]) < 0)
98                  {
99                      temp = r[j + 1];
100                     r[j + 1] = r[j];
101                     r[j] = temp;
102                        // 发生了交换，故将交换标志置为真
103                     exchange = true;
104                 }
105             }
106                 // 本趟排序未发生交换，提前终止算法
107             if (!exchange)
108             {
109                 break;
110             }
111         }
112         return r;
113     }
114         // 获取远程服务器 ATN 结果
115     public String Get_Http(String a_strUrl, int timeout)
116     {
117         string strResult;
118         try
119         {
120             // 创建访问页面
121             HttpWebRequest myReq = (HttpWebRequest)HttpWebRequest.Create(a_strUrl);
122             myReq.Timeout = timeout;
123             HttpWebResponse HttpWResp = (HttpWebResponse)myReq.GetResponse();
124                 // 获取页面返回数据流
125             Stream myStream = HttpWResp.GetResponseStream();
126             StreamReader sr = new StreamReader(myStream, Encoding.Default);
127             StringBuilder strBuilder = new StringBuilder();
128                 // 获取内容
129             while (-1 != sr.Peek())
```

```
130              {
131                  strBuilder.Append(sr.ReadLine());
132              }
133              strResult = strBuilder.ToString();
134          }
135          catch (Exception exp)
136          {
137              strResult = " 错误: " + exp.Message;
138          }
139          return strResult;
140      }
141  }
```

20.2.3 支付返回通知提示的处理页面

本页面是专门用于处理支付不成功的页面，其处理数据的方式和 Default.aspx 基本一致，但稍有不同。复制 Default.aspx 页面，将其重命名为 Notice.aspx 页面，对 Page_Load 方法稍作修改即可，其余代码不动。

Page_Load 方法所有的代码如下（代码 15-4.txt）。

```
01      protected void Page_Load(object sender, EventArgs e)
02      {
03          string alipayNotifyURL = "https://www.alipay.com/cooperate/gateway.do?";
04              //partner 合作伙伴 id（必须填写）
05          string partner = "xxxxxxxxxx";
06              //partner 的对应交易安全校验码（必须填写）
07          string key = "xxxxxxxx";
08          alipayNotifyURL = alipayNotifyURL + "service=create_digital_goods_trade_p" + "&partner="
                + partner + "&notify_id=" + Request.Form["notify_id"];
09              // 获取支付宝 ATN 返回结果，true 是正确的订单信息，false 是无效的
10          string responseTxt = Get_Http(alipayNotifyURL, 120000);
11          int i;
12          NameValueCollection coll;
13              // 在集合中装载返回信息
14          coll = Request.Form;
15              // 将所有的键值保存在数组中
16          String[] requestarr = coll.AllKeys;
17              // 进行排序
18          string[] Sortedstr = BubbleSort(requestarr);
19              // 构造待 md5 摘要字符串
20          string prestr = "";
21          for (i = 0; i < Sortedstr.Length; i++)
```

```
22          {
23              if (Request.Form[Sortedstr[i]] != "" && Sortedstr[i] != "sign" && Sortedstr[i] != "sign_type")
24              {
25                  if (i == Sortedstr.Length - 1)
26                  {
27                      prestr = prestr + Sortedstr[i] + "=" + Request.Form[Sortedstr[i]];
28                  }
29                  else
30                  {
31                      prestr = prestr + Sortedstr[i] + "=" + Request.Form[Sortedstr[i]] + "&";
32                  }
33              }
34          }
35          prestr = prestr + key;
36          string mysign = GetMD5(prestr);
37          string sign = Request.Form["sign"];
38              // 验证支付发过来的消息，签名是否正确
39          if (mysign == sign && responseTxt == "true")
40          {
41              // 判断支付状态
42              if (Request.Form["trade_status"] == "WAIT_SELLER_SEND_GOODS")
43              {
44                  // 更新自己数据库的订单语句
45                  // 返回给支付宝消息，成功
46                  Response.Write("success");
47              }
48              else
49              {
50                  Response.Write("fail");
51              }
52          }
53      }
```

20.2.4 关闭数据库连接

在系统开始统计时要连接数据库，在统计结束时要关闭此连接。在 20.1.3 小节中的代码后面输入以下代码，用于连接和关闭数据库（代码 15-5.txt）。

```
01      private void OpenConnection()
02      {
03          if (conn == null)
04              conn = new SqlConnection(strConn);
```

```
05        if (conn.State == ConnectionState.Closed)
06            conn.Open();
07    }
08    private void CloseConnection()
09    {
10        if (conn.State != ConnectionState.Closed)
11            conn.Close();
12    }
13 }
```

20.3 运行系统

 本节视频教学录像：2 分钟

系统设计好了，下面来看系统运行的效果。

(1) 将 SubmitPage.aspx 设置为本站的起始页。

(2) 按【F5】键开始执行程序，先检查 SubmitPage 页面上的"合作商"和"安全校验码"是否正确。

　　(3) 检查完毕，在【服务参数】下拉列表中选择【create_partner_trade_by_buyer】，单击【支付宝付款】按钮，打开如图所示的链接页面。

　　(4) 确认信息后，会看到支付选项：直接到银行支付还是登录支付宝再支付。用户可以根据自己的需要选择。此处选择通过支付宝支付，输入用户名、密码，然后单击【确认购买】按钮，会显示如图所示界面。

（5）【确认】地址后，来到支付环节，读者可以根据自己的实际情况选择支付方式。我们选择通过【网上银行付款】，界面如图所示。

（6）输入支付密码并【确认无误，付款】后，会提示支付成功，并立即返回商户提供的 Return URL，如果支付失败，会返回失败页面。此处的界面显示如图所示，说明支付成功。

（7）用卖家账户登录支付宝可以查看到交易状态，如图所示。

（8）在交易列表中单击【发货】，可以看到交易详细信息，如图所示。

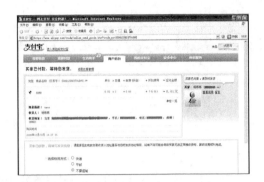

20.4 在我的网站中运用本系统

 本节视频教学录像：1分钟

根据上一节运行的系统，我们得到一个正确的返回值，但是还有一种支付可能，就是用户单击【确认无误，付款】后，服务器端扣款成功，但却掉线了，此时卖家得不到支付反馈信息，怎么办？我们还有一个 Notice 页面没有测试，它的作用便是处理支付宝和卖家服务器之间的支付后事。支付宝会在 24 小时之内分 6~10 次将订单信息返回客户指定的这个 URL，直到支付宝捕获 success。

用户不要使用支付宝余额支付，根据自己的情况选择某种银行卡支付，等银行卡支付成功后便结束过程，故意使支付结果未反馈给服务器，查看结果。

 注 意　要进行此操作，不可以是本次服务器的调试，需要将写的代码发布到一个公网服务器上。

20.5 开发过程中的常见问题及解决方式

 本节视频教学录像：2分钟

1. 哪里可以下载到官方开发文档及官方实例代码？

官方开发文档入口：登录支付宝，依次选择【商家服务】➤【合同列表】➤【下载集成文档】。打开此页面可以下载以下文件。

(1) 快速付款接口文档及实例；

(2) 担保交易接口文档及实例；

(3) 双接口交易文档及实例。

2. 测试支付时是用真金白银进行测试的，很花钱，怎么办？

测试网站时可以使用 0.01 元来测试，系统会自动去掉一分钱折扣，这样就可以做到不用付款。但是往往需要设置成 0.02 元，这对于测试真实的交易是有益的。

3. 测试链接到支付宝时总是出现各种报错，怎么办？

首先不要怀疑是支付宝的错误，因为支付宝作为安全而稳定的支付中介广为使用，一般来说都是自己页面参数的设置有问题。为此，建议出错时仔细阅读接口文档。

第21章

 本章视频教学录像：16分钟

在线投票统计系统

信息时代，了解用户的需求信息是商业活动必不可少的措施之一。我们经常见到各大网站举行一些投票活动来了解用户信息。本章介绍如何使用 OWC11 绘图控件来编写在线投票统计系统。

本章要点（已掌握的在方框中打钩）

☐ 了解投票统计原理

☐ 安装并使用 OWC11 绘图控件

☐ 创建数据库和数据表

☐ 设计系统前台页面

☐ 设计投票统计代码

☐ 将在线投票统计系统添加至已有网站中

21.1 系统分析

本节视频教学录像：2分钟

信息统计调查是当今社会必不可少的手段，很多网站为了了解用户的需求都会做一些调查统计。那么如何得到统计的信息并显示给用户参考呢？在线投票系统很好地解决了这个问题。

本章使用 ASP.NET 和 SQL Server 2008 来创建一个在线投票统计系统。

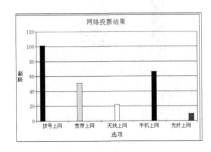

21.1.1 系统目标

本系统需要实现的目标有以下 3 点。

(1) 完成对调查信息的统计。

(2) 根据统计信息绘制统计图。

(3) 在页面上显示统计图。

21.1.2 系统原理

当用户通过网络访问该网站时，可以显示该投票信息。用户如果参与投票调查，选择相应的信息并提交结果，该投票结果将保存到数据库中，并提示用户操作结果信息。用户可以选择查看投票信息了解调查结果，该结果会以图形的方式直观地显示给用户。

21.1.3 技术要点

提示

如何将投票信息制作成图表？

该系统使用 Office 组件 OWC11 来完成图形的绘制。OWC11 提供了一系列的图形绘制功能，使用该组件可以很方便地绘制出柱状图、饼状图、折线图等一系列的图形。本示例使用柱状图显示结果，其余的图形读者可自行参考相关文档实现。

由于我们使用了外部组件来完成绘图功能，所以在程序中首先要引用 OWC11.DLL，读者可从微软网站上下载 Office 组件安装程序或者使用光盘中提供的 owc11.exe 安装文件。安装完毕，可以在 "C:\Program Files (x86)\Common Files\microsoft shared\Web Components\11" 目录中找到 OWC11.DLL，如图所示。

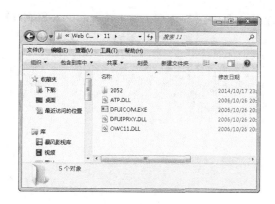

具体引用步骤如下。

(1) 在 ASP.NET 项目名称上右击，在弹出的快捷菜单中选择【添加引用】菜单项。

(2) 在弹出的【添加引用】对话框中选择【浏览】选项卡，选择指定的 "OWC11.DLL" 文件，然后单击【确定】按钮即可。

引用 OWC11.DLL 文件后，通过使用 "Microsoft.Office.Interop.Owc11" 命名空间，就可以使用该组件来完成绘图功能，具体代码将在 21.3.8 小节中完成。

21.2 数据库分析及设计

 本节视频教学录像：2 分钟

根据分析，本系统需要用到数据库来存储以及统计所记录的数据，所以在系统开发之前，首先要进行数据库的设计。

21.2.1 数据库分析

在在线投票统计系统中，需要统计访问用户的选择信息。为了更好地统计和管理这些数据，我们选择 SQL Server 2008 数据库来满足系统的需求。在数据库中需要有一张数据表来存储投票的内容和投票的统计信息数据，所以这个数据表中需要包含编号、投票内容以及票数等字段。

21.2.2 创建数据库

在 SQL Server 2008 中创建数据库的具体步骤如下。

(1) 选择【开始】▷【所有程序】▷【SQL Server Management Studio】，以【Windows 身份验证】模式登录。

(2) 在【对象资源管理器】窗口中的【数据库】节点上右击，在弹出的快捷菜单中选择【新建数据库】菜单项，弹出【新建数据库】对话框。

(3) 在【数据库名称】文本框中输入"ch21DataBase"，在【数据库文件】列表框中使用默认设置"ch21DataBase"和"ch21DataBase_log"文件的路径，单击【确定】按钮即可完成 ch21DataBase 数据库的创建。

21.2.3 创建数据表

本实例中需要一张记录投票内容和投票结果信息的表，下面来创建数据表。

(1) 在【对象资源管理器】中展开 ch21DataBase 节点，右击【表】节点，在弹出的快捷菜单中选择【新建表】菜单项。

(2) 在打开的表编辑窗口中，按照下图所示输入。

(3) 在【dbo.Table_1*】选项卡上右击，在弹出的快捷菜单中选择【保存】菜单项，弹出【选择名称】对话框，在【输入表名称】文本框中输入"tabVoteResult"，然后单击【确定】按钮，即可完成表的创建。

21.3 系统设计

本节视频教学录像：8 分钟

在 21.1.1 小节中，我们已经分析了在线投票统计系统需要实现的 3 个目标，所以在系统设计时需要设计 3 个模块来实现各个目标。

21.3.1 系统页面设计

首先，设计系统的页面，页面中需要有系统的标题、投票调查的内容、投票的提交按钮以及查看结果按钮等内容。如图所示。

(1) 在 Visual Studio 2010 中，新建【语言】为【Visual C#】的 ASP.NET 空网站，添加一个 Default.aspx 页面。

(2) 在 Default.aspx 页面的设计视图中，如图所示设计系统界面。所用控件及属性设置如表所示。

控件类型	ID	设置属性值	功能
标准 Label 控件	lblTitle	Text=" 上网方式在线调查 "ForeColor=" Red "	显示标题文字
标准 RadioButtonList 控件	lisRbtnVoteContent		显示投票内容
标准 LinkButton 控件	lbtnVote	Text=" 投票 "OnClick="lbtnVote_Click "	提交投票结果
标准 LinkButton 控件	lbtnVoteResult	Text=" 查看结果 "OnClick="lbtnVoteResult_Click "	查看投票结果

（3）在网站中添加一个名为"VoteResult.aspx"的 Web 页面，在页面的设计视图中添加 1 个标准 Image 控件，用于显示投票结果，将其 ID 属性设置为"imgVoteResult"。

21.3.2 配置网站的 Web.config

数据库和系统页面都设计好了，如何将它们连接起来呢？这就需要通过配置系统的 Web.config 文件来连接数据库。

在【解决方案资源管理器】中双击 Web.config 文件，打开 Web.config 的代码窗口，然后在 <connectionStrings> 和 </connectionStrings> 之间添加以下代码。

```
<addname="ch21DataBase" connectionString="DataSource=.\sqlexpress;InitialCatalog=ch21Data
Base; User ID=sa;Password=123"/>
```

【代码详解】

此段代码的作用是添加一个数据库的连接字符串 ".\sqlexpress"，表示要连接当前本机的数据库，读者也可设定为数据库所在服务器的 IP 地址。数据库的名称为"ch21DataBase"。

21.3.3 数据库连接代码设计

在系统保存投票信息时要连接数据库，在保存结束时要关闭此连接。所有的相关数据操作使用一个公共数据类来实现。

新建一个类文件，命名为"DataClass.cs"，添加 GetSqlServerConn 方法，用于获得数据库连接（代码 21–1.txt）。

```
01   private SqlConnection GetSqlServerConn()
```

```
02   {
03      SqlConnection sqlConn;   //定义 SQl Server 连接对象
04        string strConn = WebConfigurationManager.ConnectionStrings["ch21DataBase "].
ConnectionString;   //读取 web.config 配置文件的 ConnectionString 节点获取连接字符串
05      sqlConn = new SqlConnection(strConn);   // 生成数据库连接对象
06      sqlConn.Open();   // 打开数据库连接
07      return sqlConn;   // 返回数据库连接对象以供调用
08   }
```

继续添加 CloseSqlServerConn 方法，用于关闭数据库连接（代码 21-2.txt）。

```
01   private void CloseSqlServerConn(SqlConnection sqlConn)
02   {
03      if (sqlConn.State == ConnectionState.Open)   // 如果数据库连接处于关闭状态，则打开此连接
04      {
05        sqlConn.Close();
06      }
07   }
```

21.3.4　获取投票内容代码设计

有了数据库连接，我们就可以通过它访问数据信息，得到需要在线投票的内容信息，用户可以根据此内容做出自己的选择。在公共类中继续添加 GetVoteContent 方法获取投票的内容（代码 21-3.txt）。

```
01   public DataTable GetVoteContent()
02   {
03      SqlConnection sqlConn;   //SQL Server 连接对象
04      SqlDataAdapter sqlAdpt;   //SQL 适配器对象
05      DataTable dtVoteResult;   // 数据表保存投票内容数据
06        string strComm = "select VoteId,VoteContent from tabVoteResult";   //SQL 语 句，从
tabVoteResult 表中读取数据
07      try
08      {
09        sqlConn = GetSqlServerConn();   // 获得 SQL Server 连接对象
10          sqlAdpt = new SqlDataAdapter(strComm, sqlConn);         // 指定适配器对象要执行的 SQL 语
句和连接的数据库
11        dtVoteResult = new DataTable();
12        sqlAdpt.Fill(dtVoteResult);   // 将读取到的数据存放到数据表对象中
13        return dtVoteResult;
14      }
15      catch (Exception ex)
16      {
17        throw ex;
```

```
18    }
19  }
```

21.3.5 显示投票内容代码设计

通过数据库获取到投票信息之后，还需要在页面上显示该信息，用户才能根据看到的内容作出选择。在 Default.aspx.cs 中添加 Page_Load 事件方法显示投票内容（代码 21-4.txt）。

```
01  protected void Page_Load(object sender, EventArgs e)
02  {
03    if (!IsPostBack)
04    {
05      try
06      {
07        DataClass dc = new DataClass();
08        DataTable dt = dc.GetVoteContent();    // 调用公共类方法获取投票内容信息
09        this.lisRbtnVoteContent.DataSource = dt;    // 指定 RadioButtonList 控件的数据源
10        this.lisRbtnVoteContent.DataValueField = "VoteId";        // 将投票编号绑定到控件的 Value 属性
11        this.lisRbtnVoteContent.DataTextField = "VoteContent";        // 将投票内容绑定到控件的 Text 属性
12        this.lisRbtnVoteContent.DataBind();// 执行数据绑定
13        this.lisRbtnVoteContent.SelectedIndex = 0;        // 设置第 1 条数据被选定
14      }
15      catch (Exception ex)
21      {
17        Response.Write(ex.Message);
18      }
19    }
20  }
```

21.3.6 保存投票信息代码设计

用户在登录网站后进入投票页面，选择对应的信息后单击投票按钮即可保存此次的投票结果。在公共类中继续添加 SaveVoteResult 方法将用户选择的信息保存到数据库中（代码 21-5.txt）。

```
01  public bool SaveVoteResult(int voteId)
02  {
03    SqlConnection sqlConn;
04    SqlCommand sqlComm;    //SQL 命令对象
05    string strComm = "update tabVoteResult set VoteCount=VoteCount + 1 where VoteId=@VoteId";
    // 指定带参数的更新语句
```

```
06    sqlConn = GetSqlServerConn();
07    try
08    {
09        sqlComm = new SqlCommand(strComm, sqlConn);        // 指定 SQL 命令对象要执行的 SQL 语
句和连接的数据库
10        sqlComm.Parameters.AddWithValue("@VoteId", voteId);    // 为对应的参数赋值
11        sqlComm.ExecuteNonQuery();    // 执行对应的 SQL 语句
12        return true;
13    }
14    catch (Exception ex)
15    {
21        CloseSqlServerConn(sqlConn);    // 调用关闭数据库连接方法
17        return false;
18    }
19 }
```

21.3.7　在线投票统计结果代码设计

用户投票之后，所有的统计结果均被保存在数据库中，通过访问数据库的对应信息，就可以得到想要的统计结果。可在公共类中添加 GetVoteResult 方法获得投票结果（代码 21-6.txt）。

```
01    public DataTable GetVoteResult()
02    {
03      SqlConnection sqlConn;
04      SqlDataAdapter sqlAdpt;
05      DataTable dtVoteResult;
06      string strComm = "select VoteId,VoteContent,VoteCount from tabVoteResult";
07      try
08      {
09        sqlConn = GetSqlServerConn();
10        sqlAdpt = new SqlDataAdapter(strComm, sqlConn);
11        dtVoteResult = new DataTable();
12        sqlAdpt.Fill(dtVoteResult);
13        return dtVoteResult;
14      }
15      catch (Exception ex)
21      {
17        throw ex;
18      }
19    }
```

21.3.8 在线投票结果图形代码设计

　　如果系统只是在后台进行统计，而不显示结果，用户也不知道哪项内容最受欢迎，所以最后一步是将统计的结果显示出来。本系统将最后统计的信息以柱状图的方式显示。

　　新建一个 VoteImageClass.cs 类，添加 ChartTypeColumn 方法绘制柱形图显示投票统计结果（代码 21-7.txt）。

```
01   public void ChartTypeColumn(DataTable dtVoteResult)
02   {
03       ChartSpace chartSpaceColumn = new ChartSpace();            // 创建一个图表空间，用于显示图表内容
04       ChChart objChart = chartSpaceColumn.Charts.Add(0);        // 在图表空间内添加一个图表对象
05       objChart.Type = ChartChartTypeEnum.chChartTypeColumnClustered;// 设置图表类型为柱状图
06       objChart.HasLegend = true;        // 设置图表是否显示图例
07       objChart.HasTitle = true;         // 设置图表是否显示主题
08       objChart.Title.Caption = " 网络投票结果 ";                  // 设置图表显示标题内容
09       objChart.Title.Font.Color = "Red"; // 设置图表显示标题颜色
10       objChart.Axes[0].HasTitle = true; // 设置 x 坐标内容
11       objChart.Axes[0].Title.Caption = " 选项 ";
12       objChart.Axes[1].HasTitle = true; // 设置 Y 坐标内容
13       objChart.Axes[1].Title.Caption = " 票数 ";
14       for (int i = 0; i < dtVoteResult.Rows.Count; i++)         // 根据统计内容添加图表中的柱状图个数
15       {
21           objChart.SeriesCollection.Add(0);
17       }
18       for (int i = 0; i < dtVoteResult.Rows.Count; i++)         // 设置图表对象的属性
19       {
20           objChart.SeriesCollection[i].Caption = dtVoteResult.Rows[i]["VoteContent"].ToString(); // 设置图表对象标题
21           objChart.SeriesCollection[i].SetData(ChartDimensionsEnum.chDimCategories, (int)
ChartSpecialDataSourcesEnum.chDataLiteral, dtVoteResult.Rows[i]["VoteContent"].ToString());        // 设置图表对象 X 坐标的值属性
22           objChart.SeriesCollection[i].SetData(ChartDimensionsEnum.chDimValues, (int)
ChartSpecialDataSourcesEnum.chDataLiteral, int.Parse(dtVoteResult.Rows[i]["VoteCount"].ToString()));
// 设置图表对象 y 坐标的值属性
23       }
24           chartSpaceColumn.ExportPicture(System.Web.HttpContext.Current.Server.MapPath(" ~/
VoteResultImage") + "/imgVote.jpg", "jpg", 500, 450);    // 生成图片
25   }
```

21.3.9　在线投票结果显示代码设计

生成柱状图后我们需要把图形结果显示给用户，所以还需要一个页面来显示该结果。新建一个 Web 页面 VoteResult.aspx，从工具箱添加一个标准 Image 控件，设置 ID 属性为 imgVoteResult。

```
<asp:Image ID="imgVoteResult" runat="server" />
```

在 VoteResult.aspx 页面空白处双击，添加 Page_Load 事件方法，输入以下代码（代码 21-8.txt ）。

```
01   protected void Page_Load(object sender, EventArgs e)
02   {
03       DataClass dc = new DataClass();
04       VoteImageClass vic = new VoteImageClass();
05       vic.ChartTypeColumn(dc.GetVoteResult());   // 调用方法生成投票统计图例
06       imgVoteResult.ImageUrl = Server.MapPath("~/VoteResultImage") + "/imgVote.jpg"; // 图例将用
             指定的 Image 控件显示
07   }
```

21.4　运行系统

 本节视频教学录像：2 分钟

系统设计好了，下面来看系统运行的效果。

(1) 按快捷键【F5 】或【 Ctrl+F5 】，在浏览器中运行该程序，页面中将显示要投票统计的内容、投票按钮和查看结果按钮。

(2) 用户选择相应的投票内容并提交结果时，系统将保存该结果并显示提示信息。

(3) 用户选择查看结果时，系统将以图形（柱形图 ）的方式显示投票统计结果。

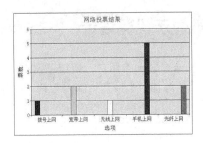

21.5 在我的网站中应用本系统

 本节视频教学录像：1 分钟

　　将 Default.aspx 页面中相关的代码拷贝至一个已存在页面作为部分代码，或者将该页面改名后作为一个链接添加至已有的页面中即可。其余相关代码文件无需改动，拷贝至已有网站对应的位置就可以运行。对数据库表，也应该根据具体情况修改，这里不再赘述。

21.6 开发过程中的常见问题及解决方式

 本节视频教学录像：1 分钟

　　开发过程中应该注意以下 3 点。

　　(1) 关于 OWC11 控件的使用。需要下载 OWC11 组件安装程序，在项目中应该引用 OWC11.DLL 文件，只有引用该文件，才能在项目中使用该组件进行图形的绘制。

　　(2) 关于 Server.MapPath() 的使用。我们在使用 Server.MapPath() 方法获取网站运行路径的时候，通常是在 Web 页面的代码中使用，在类中需要导入 System.Web 命名空间，然后使用 HttpContext.Current.Server.MapPath() 方法获取路径信息。

　　(3) 在设计数据库的时候，投票统计的结果字段 VoteCount 应该设置默认值为 0，即没有输入数据的时候该值自动保存为 0，这样在保存投票结果的时候直接更新该字段的值即可。

第22章

本章视频教学录像：13 分钟

邮件收发系统

通过邮件客户端，不需要登录邮箱网站就能直接收发邮件。

本章要点（已掌握的在方框中打钩）

□ 了解 SMTP 邮件发送原理

□ 了解 POP3 邮件接收原理

□ 实现 SMTP 邮件发送

□ 实现 POP3 邮件接收

□ 实现 POP3 常见邮件接收方法

22.1 系统分析

 本节视频教学录像：3 分钟

邮件收发是各个网站几乎必备的功能，在用户注册、邮箱确认、邮箱客服、找回密码等环节有典型应用。但是在上述例子中，基本都是用的邮件发送的功能，而邮件接收并管理的功能应用得相对较少。而且 .NET 平台目前内置的完善的邮件接收的方法还是个空白。

本章使用一个邮箱服务器挂靠在 163.com 上，域名为 163.com 的邮箱，实现邮件的收发。

22.1.1 系统目标

本系统需要实现的目标有以下 5 点。

(1) 实现邮件发送。

(2) 实现邮件接收。

(3) 实现对 SSL 的支持。

(4) 实现对附件的收发。

(5) 实现同时收发多个地址。

22.1.2 SMTP 邮件发送原理

邮件的收发，需要相应的邮件收发服务器。目前流行的邮件收发基本都基于 SMTP/POP3 协议。

在 .NET 中发送邮件非常简单，只需要将账户信息、SMTP 服务器信息、邮件信息通过 MailMessage 类实例和 SmtpClient 实例设置好，并调用 SmtpClient 实例的 Send 方法即可完成。

22.1.3 POP3 邮件接收原理

 提示

发送和接收最大的区别在哪里？

发送一个邮件。发送完之后就不再负责页面维护、增删改查等工作了，可以说发送邮件仅仅实现了邮件的增加，任务非常单一。可是邮件的删、增、查是通过什么完成的呢？

接收一个邮件。接收邮件时需要明确接收全部、最新的，还是垃圾箱、草稿箱中的？接收到客户端之后，对邮件修改甚至删除后，服务器端如何同步呢？这些都需要 POP3 服务器完成。

要想使用 POP3 服务器，首先是登录服务器，获得认可，然后再调用各种 API 对邮件进行处理。而对邮件的所有操作，则需要在客户端手动执行 QUIT 时再执行。

POP3 常见的操作命令如表所示。

命令	参数	状态	描述
USER	username	认可	此命令与下面的 pass 命令若成功，将导致状态转换
PASS	password	认可	——
APOP	Name,Digest	认可	Digest 是 MD5 消息摘要
STAT	None	处理	请求服务器发回关于邮箱的统计资料，如邮件总数和总字节数
UIDL	[Msg#]	处理	返回邮件的唯一标识符，POP3 会话的每个标识符都将是唯一的
LIST	[Msg#]	处理	返回邮件数量和每个邮件的大小
RETR	[Msg#]	处理	返回由参数标识的邮件的全部文本
DELE	[Msg#]	处理	服务器将由参数标识的邮件标记为删除，由 quit 命令执行
RSET	None	处理	服务器将重置所有标记为删除的邮件，用于撤消 DELE 命令
TOP	[Msg#]	处理	服务器将返回由参数标识的邮件前 n 行内容，n 必须是正整数
NOOP	None	处理	服务器返回一个肯定的响应
QUIT	None	更新	a. 客户机希望结束这次会话 b. 如果服务器处于"处理"状态，那么将进入"更新"状态以删除任何标记为删除的邮件 c. 导致由"处理"状态到"更新"状态，又重返"认可"状态的转变 d. 如果这个命令发出时服务器处于"认可"状态，则结束会话，不进行"更新"状态

POP3 服务器端命令的执行方式是：命令名 + 空格 + 参数 + 回车换行符 (\r\n)。

22.2 系统设计

 本节视频教学录像：5 分钟

本节根据系统分析来逐一实现这些功能。

22.2.1 系统页面设计

本章重点讲解邮件收发的机制，界面只要求一个测试收发的页面，具体设计请参阅附带光盘中的源码文件。

页面效果如图所示。

22.2.2 定义基本信息类

建立一个 MailFactory 类，在里面封装以下 3 个基本类。

(1) MailAccount：用于存放用户的账户信息，如用户名和密码等；

(2) MailHost：用于存储 SMTP 或 POP3 服务器的详细设置，如服务器地址、端口、是否启用 SSL 等；

(3) MailContent：是一个自定义的邮件类，用于结构化存储从 POP3 服务器获取到的零散数据。

MailFactory.cs 代码如下。

```
01  using System;
02  using System.Web;
03  // 为实现相关功能引入的命名空间
04  using System.Text;
05  using System.Net.Mail;
06  using System.Net.Sockets;
07  using System.IO;
08  namespace MailFactory
09  {
10  /// <summary>
11  /// 账户登录基本信息
12  /// </summary>
13  public class MailAccount
14  {
15      public string AccountName { get; set; }
16      public string UserName { get; set; }
17      public string Password { get; set; }
18  }
19  /// <summary>
20  /// 收发服务器设置
21  /// </summary>
22  public class MailHost
23  {
```

```
24      public string Name { get; set; }
25      public int Port { get; set; }
26      public bool EnableSsl { get; set; }
27    }
28    /// <summary>
29    /// 用于显示记录一条邮件的详细信息
30    /// </summary>
31    public class MailContent
32    {
33        public int No { get; set; }          // 编号
34        public string Date { get; set; }     // 信件的发送日期
35        public string From { get; set; }     // 发件人
36        public string To { get; set; }       // 收件人
37        public string ContentType { get; set; }   // 内容类型
38        public string Subject { get; set; }        // 标题
39        public string Body { get; set; }     // 内容
40
41    }
42  }
```

22.2.3 建立发送邮件类

邮件发送是整个邮件操作中最简单的地方，只需简单调用 .NET 方法即可实现，没有技术壁垒。代码如下。

```
01  using System;
02  using System.Collections.Generic;
03  using System.Linq;
04  using System.Web;
05  using System.Text;
06  using System.Net.Mail;              邮件发送必须要引用的类
07  using System.Net.Sockets;
08  using System.IO;
09  using System.Net.Security;
10  namespace MailFactory
11  {
12    /// <summary>
13    /// Summary description for SendMail
14    /// </summary>
15    public class SendMail
16    {
22        public MailAccount Account { get; private set; }
18        public MailHost SendHost { get; private set; }
19        /// <summary>
20        /// 初始化账户基本信息
```

```
21          /// </summary>
22          /// <param name="account"></param>
23          /// <param name="sendHost"></param>
24          /// <param name="receiveHost"></param>
25          public SendMail(MailAccount account, MailHost sendHost)
26          {
27              this.Account = account;
28              this.SendHost = sendHost;
29          } // 通过此方法生成一个 MailMessage 对象，待发送时直接调用
30          public MailMessage GetMailMessage(string fromMail, string toMail, string ccMail, string
   subject, string body, bool ishtml, MailPriority priority, params string[] filenames)
31          {
32              MailMessage msg = new MailMessage();
33              msg.From = new MailAddress(fromMail);
34              // 获取多个地址
35              string[] toMails = toMail.Split(';');
36              foreach (string s in toMails)
37              {
38                  if (s != "" && s != null)
39                  {
40                      msg.To.Add(s.Trim());
41                  }
42              }
43              // 添加 CC 地址
44              string[] ccMails = ccMail.Split(';');
45              foreach (string s in ccMails)
46              {
47                  if (s != "" && s != null)
48                  {
49                      msg.CC.Add(s.Trim());
50                  }
51              }
52              msg.Subject = subject;
53              msg.Body = body;
54              msg.BodyEncoding = Encoding.UTF8;
55              msg.Priority = priority;
56              msg.IsBodyHtml = ishtml;
57              if (filenames != null)
58              {
59                  foreach (string s in filenames)
60                      if (s != "" && s != null)
61                      {
62                          msg.Attachments.Add(new Attachment(s));
63                      }
64              }
65              return msg;
```

```
66        }
67      /// <summary>
68      /// 发送邮件
69      /// </summary>
70      public string Send(MailMessage msg)
71      {
72          System.Net.Mail.SmtpClient sc = new SmtpClient(this.SendHost.Name, this.SendHost.
Port);
73          sc.EnableSsl = this.SendHost.EnableSsl;
74           sc.Timeout = 3600000;
75          sc.UseDefaultCredentials = false;
76            sc.Credentials = new System.Net.NetworkCredential(this.Account.UserName, this.
Account.Password);
77          sc.DeliveryMethod = SmtpDeliveryMethod.Network;
78          try
79          {
80            sc.Send(msg);
81            return "发送成功 !";
82          }
83          catch (Exception ex)
84          {
85            return "发送失败，原因如下 : " + ex.Message;
86          }
87        }
88      }
89    }
```

22.2.4 建立接收邮件类

本章的核心功能点便在此小节，原因有以下几点。

(1) 由于 .NET 没有内置此方法，所以导致了代码工作量加大，难度加大。

(2) POP3 有一组不同于 SMTP 的奇怪而复杂的参数传递方式，是以往的应用中不常见的，读者需要有一个适应的过程。

(3) 为了实现 POP3，还使用了 Socket、Stream、SSL 等新技术，可以说能让大家受益匪浅，但又颇费工夫。

为了实现邮件的接收，需要用以下 3 步来完成。

(1) 封装一组方法，可以叫做 "POP3 服务器基层操作"，直接负责执行特定命令。

(2) 封装一组方法，用来连接服务器、断开服务器，获取 Stream、StreamReader 等对象。

(3) 封装各种 POP3 特定命令，并对各个命令的返回值进行深加工，以达到面向对象开发的要求。

所有的这些封装，全部在一个类中即可，因为为了完成 POP3 操作，需要大量地使用全局变量。

1. POP3 服务器基层操作

```
01      #region POP3 服务器基层操作
```

```
02        /// <summary>
03        /// 向服务器发送一个 4 个字母的字符串命令加在 CRLF 之后
04        /// 提交服务器执行，然后将响应结果存储在 response 中
05        /// </summary>
06        /// <param name="command">command to be sent to server</param>
07        /// <param name="response">answer from server</param>
08        /// <returns>false: server sent negative acknowledge, i.e. server could not execute
command</returns>
09        private bool executeCommand(string command, out string response)
10        {
11          //send command to server
12          byte[] commandBytes = System.Text.Encoding.ASCII.GetBytes((command + CRLF).
ToCharArray());
13          //bool isSupressThrow = false;
14          try
15          {
16            stream.Write(commandBytes, 0, commandBytes.Length);
17          }
18          catch (IOException ex)
19          {
20            throw;
21          }
22          stream.Flush();
23          //read response from server
24          response = null;
25          try
26          {
27      // sr/sw/ss 等都是全局变量，调用 ExecuteCommand 之后便可以在任意方法中调用，以获取更
详尽的服务器响应
28            response = sr.ReadLine();
29          }
30          catch (IOException ex)
31          {
32            throw;
33          }
34          if (response == null)
35          {
36            throw new Exception("Server " + this.Pop3Server.Name + " has not responded, timeout
has occured.");
37          }
38          return (response.Length > 0 && response[0] == '+');
39        }
40        /// <summary>
41        /// 使用 RETR 命令（retrieve）获取一个指定 Id 的邮件的信息
42        /// 返回的第 1 行信息是邮件的大小，其后内容可以通过 StreamReader 循环获取
43        /// </summary>
```

```
44          /// <param name="MessageNo">ID of message required</param>
45          /// <returns>false: negative server respond, message not delivered</returns>
46          protected bool SendRetrCommand(int MessageNo)
47          {
48              EnsureState(Pop3ConnectionStateEnum.Connected);
49              // retrieve mail with message number
50              string response;
51              if (!executeCommand("RETR " + MessageNo.ToString(), out response))
52              {
53                  throw new Exception(" 获取第 " + MessageNo + " 条邮件的属性信息出错。");
54              }
55              return true;
56          }
57          /// <summary>
58          /// 从 POP3 服务器获得一行响应，本方法主要用于判断服务器是否正常。返回 "+ok..." 说明
     正常，否则返回 false
59          /// <example> 响应格式为：+OK asdfkjahsf</example>
60          /// </summary>
61          /// <param name="response">response from POP3 server</param>
62          /// <returns>true: positive response</returns>
63          protected bool readSingleLine(out string response)
64          {
65              response = null;
66              try
67              {
68                  response = sr.ReadLine();
69              }
70              catch (Exception ex)
71              {
72                  string s = ex.Message;
73              }
74              if (response == null)
75              {
76                  throw new Exception("Server " + this.Pop3Server.Name + " has not responded, timeout
     has occured.");
77              }
78              //CallTrace("Rx '{0}'", response);
79              return (response.Length > 0 && response[0] == '+');
80          }
81          /// <summary>
82          /// 以多行模式获取邮件的其中一行数据，如果此返回数据不是以 "." 开头的，说明读到最后
     一行了
83          /// 如果返回 false，说明已经读了邮件的最后一行了。此方法返回数据前，将所有 response 开
     头的 "." 都去掉了
84          /// 调用此方法前，一般先调用了 executeCommand 方法，服务器已经准备数据待取
85          /// </summary>
```

```
86        /// <param name="response"> 返回的当前行的数据。此值首先被置空，然后再被赋值 </
param>
87        /// <returns> 如果返回 false，说明已经读了邮件的最后一行了 </returns>。
88        /// <returns></returns>
89        protected bool readMultiLine(out string response)
90        {
91
92          response = null;
93          response = sr.ReadLine();
94          if (response == null)
95          {
96            throw new Exception("服务器 " + this.Pop3Server.Name + " 无反应，可能是由于超时。");
97          }
98            //除最后一行以外，其余的行都以 "."开头
99          if (response.Length > 0 && response[0] == '.')
100          {
101            if (response == ".")
102            {
103              //closing line found
104              return false;
105            }
106            //remove the first '.'
107            response = response.Substring(1, response.Length - 1);
108          }
109          return true;
110        }
111      #endregion
```

2. 连接到 POP3 服务器

之所以将此块作为基层操作之上的内容，原因是 POP3 连接可以是 SSL 的，也可以不是。同时 POP3 为实现连接服务器还调用了上面代码块的内容。

```
01      #region 连接到 POP3 服务器
02      /// <summary>
03      /// 连接到 POP3 服务器。此方法是整个接收服务器的关键
04      /// </summary>
05      public void Connect()
06      {
07        //establish TCP connection
08        try
09        {
10          server = new TcpClient(this.Pop3Server.Name, this.Pop3Server.Port);
11        }
12        catch (Exception ex)
13        {
14          throw new Exception("Connection to server " + this.Pop3Server.Name + ", port " + this.
```

```
Pop3Server.Port + " failed.\nRuntime Error: " + ex.ToString());
15              }
16              if (this.Pop3Server.EnableSsl)          // 增加对 SSL 功能的支持
17              {
18                  //get SSL stream
19                  try
20                  {
21                      stream = new SslStream(server.GetStream(), false);
22                  }
23                  catch (Exception ex)
24                  {
25                      throw new Exception("Server " + this.Pop3Server.Name + " found, but cannot get
SSL data stream.\nRuntime Error: " + ex.ToString());
26                  }
27                  //perform SSL authentication
28                  try
29                  {
30                      ((SslStream)stream).AuthenticateAsClient(this.Pop3Server.Name);
31                  }
32                  catch (Exception ex)
33                  {
34                      throw new Exception("Server " + this.Pop3Server.Name + " found, but problem with
SSL Authentication.\nRuntime Error: " + ex.ToString());
35                  }
36              }
37              else
38              {
39                  //create a stream to POP3 server without using SSL
40                  try
41                  {
42                      stream = server.GetStream();
43                  }
44                  catch (Exception ex)
45                  {
46                      throw new Exception("Server " + this.Pop3Server.Name + " found, but cannot get
data stream (without SSL).\nRuntime Error: " + ex.ToString());
47                  }
48              }
49              try
50              {
51                  sr = new StreamReader(stream, Encoding.Default);
52              }
53              catch (Exception ex)
54              {
55                  if (this.Pop3Server.EnableSsl)
56                  {
```

```
57              throw new Exception("Server " + this.Pop3Server.Name + " found, but cannot read
from SSL stream.\nRuntime Error: " + ex.ToString());
58              }
59          else
60          {
61              throw new Exception("Server " + this.Pop3Server.Name + " found, but cannot read
from stream (without SSL).\nRuntime Error: " + ex.ToString());
62          }
63      }
64      //ready for authorisation
65      string response;
66      if (!readSingleLine(out response))
67      {
68          throw new Exception("Server " + this.Pop3Server.Name + " not ready to start
AUTHORIZATION.\nMessage: " + response);
69      }
70      setPop3ConnectionState(Pop3ConnectionStateEnum.Authorization);
71
72      //send user name
73      if (!executeCommand("USER " + this.UserAccount.UserName, out response))
74      {
75          throw new Exception("Server " + this.Pop3Server.Name + " doesn't accept username '"
+ this.UserAccount.UserName + "'.\nMessage: " + response);
76      }
77      //send password
78      if (!executeCommand("PASS " + this.UserAccount.Password, out response))
79      {
80          throw new Exception("Server " + this.Pop3Server.Name + " doesn't accept password '"
+ this.UserAccount.Password + "' for user '" + this.UserAccount.UserName + "'.\nMessage: " + response);
81      }
82      setPop3ConnectionState(Pop3ConnectionStateEnum.Connected);
83  }
84  /// <summary>
85  /// set POP3 connection state
86  /// </summary>
87  /// <param name="State"></param>
88  protected void setPop3ConnectionState(Pop3ConnectionStateEnum State)
89  {
90      pop3ConnectionState = State;
91  }
92  /// <summary>
93  /// 判断当前的链接状态是否是指定的状态，如果不是，则抛出异常
94  /// </summary>
95  /// <param name="requiredState"></param>
96  protected void EnsureState(Pop3ConnectionStateEnum requiredState)
97  {
```

```
98              if (pop3ConnectionState != requiredState)
99              {
100                 throw new Exception(" 目前指向服务器 " + this.Pop3Server.Name + " 的连接状态是："
+ pop3ConnectionState.ToString() + " 不是指定的 " + requiredState.ToString());
101             }
102         }
103     public void Disconnect()
104     {
105         if (pop3ConnectionState == Pop3ConnectionStateEnum.Disconnected ||
106           pop3ConnectionState == Pop3ConnectionStateEnum.Closed)
107         {
108             return;
109         }
110         //ask server to end session and possibly to remove emails marked for deletion
111         try
112         {
113             string response;
114             if (executeCommand("QUIT", out response))
115             {
116                 //server says everything is ok
122                 setPop3ConnectionState(Pop3ConnectionStateEnum.Closed);
118             }
119             else
120             {
121                 //server says there is a problem
122                 setPop3ConnectionState(Pop3ConnectionStateEnum.Disconnected);
123             }
124         }
125         finally
126         {
127             //close connection
128             if (stream != null)
129             {
130                 stream.Close();
131             }
132             sr.Close();
133         }
134     }
135     #endregion
```

3. Email 操作块

此代码块直接使用上两块的成效，并在上述代码基础上，封装更具用户友好性的方法。代码如下。

```
01      #region EMAIL 操作
02      /// <summary>
03      /// 获取现在收件箱内的所有可用邮件的 ID
```

```
04          /// </summary>
05          /// <returns></returns>
06          public bool GetEmailIdList(out List<int> EmailIds)
07          {
08            EnsureState(Pop3ConnectionStateEnum.Connected);
09            EmailIds = new List<int>();
10            //get server response status line
11            string response;
12            if (!executeCommand("LIST", out response))
13            {
14              return false;
15            }
16            //get every email id
17            int EmailId;
18            while (readMultiLine(out response))
19            {
20              if (int.TryParse(response.Split(' ')[0], out EmailId))
21              {
22                EmailIds.Add(EmailId);
23              }
24              else
25              {
26                      //CallWarning("GetEmailIdList", response, "first characters should be integer
(EmailId)");
27              }
28            }
29            //TraceFrom("{0} email ids received", EmailIds.Count);
30            return true;
31          }
32
33          /// <summary>
34          /// 一行一行地获取邮件的全部内容
35          /// </summary>
36          /// <param name="MessageNo">Email to retrieve</param>
37          /// <param name="EmailText">ASCII string of complete message</param>
38          /// <returns></returns>
39          public bool GetEmailRawByRaw(int MessageNo, out MailContent mail)
40          {
41            // 先向服务器发送一个 "RETR int" 命令，查看邮件是否存在
42            if (!SendRetrCommand(MessageNo))
43            {
44              mail = null;
45              return false;
46            }
47            mail = new MailContent();
48            mail.No = MessageNo;
```

```
49          #region 获取邮件头中的信息
50          string mailHead=null;
51          bool bEnd=false ;
52          do{
53             bEnd=readMultiLine(out mailHead);
54             if (!bEnd)
55             {
56                mail = null;
57                return false;
58             }
59             if (mailHead != "" && mailHead != null)
60             {
61                int index = mailHead.IndexOf(':');
62                string sType = mailHead.Substring(0, index).ToUpper();
63                string sValue = mailHead.Substring(index + 1).Trim();
64                switch (sType)
65                {
66
67                   case "FROM":
68                      mail.From = sValue;
69                      // 发信人
70                      break;
71                   case "TO":
72                      mail.To = sValue;
73                      // 收信人
74                      break;
75                   case "DATE":
76                      mail.Date = sValue;
77                      // 信件的发送日期
78                      break;
79                   case "CONTENT-TYPE":
80                      mail.ContentType = sValue;
81                      // 信件编码类型
82                      break;
83                   case "SUBJECT":
84                      mail.Subject = sValue;
85                      // 主题
86                      break;
87                }
88             }
89          }
90          while (bEnd && mailHead != "");
91          #endregion
92          #region 获取邮件 Body 内容
93          string response;
94          StringBuilder mailBody = new StringBuilder("");
```

```
95              while (readMultiLine(out response))
96              {
97                  mailBody.Append(response);
98              }
99          mail.Body = mailBody.ToString();
100         #endregion
101         return true;
102      }
103      /// <summary>
104      /// 将服务器上指定 Id 的邮件转移到垃圾箱，等客户端执行 Update 时再彻底删除
105      /// </summary>
106      /// <param name="msg_number"></param>
107      /// <returns></returns>
108      public bool DeleteEmail(int msg_number)
109      {
110          EnsureState(Pop3ConnectionStateEnum.Connected);
111          string response;
112          if (!executeCommand("DELE " + msg_number.ToString(), out response))
113          {
114              return false;
115          }
116          return true;
122      }
118      /// <summary>
119      /// 统计邮箱的现有邮件的数量及邮箱大小
120      /// </summary>
121      /// <param name="NumberOfMails"></param>
122      /// <param name="MailboxSize"></param>
123      /// <returns></returns>
124      public bool GetMailboxStats(out int NumberOfMails, out int MailboxSize)
125      {
126          EnsureState(Pop3ConnectionStateEnum.Connected);
127          //interpret response
128          string response;
129          NumberOfMails = 0;
130          MailboxSize = 0;
131          if (executeCommand("STAT", out response))
132          {
133              //got a positive response
134              string[] responseParts = response.Split(' ');
135              if (responseParts.Length < 2)
136              {
137                  //response format wrong
138                  throw new Exception("Server " + this.Pop3Server.Name + " sends illegally formatted response." +
139                      "\nExpected format: +OK int int" +
```

```
140                     "\nReceived response: " + response);
141                }
142                NumberOfMails = int.Parse(responseParts[1]);
143                MailboxSize = int.Parse(responseParts[2]);
144                return true;
145            }
146         return false;
147     }
148     /// <summary>
149     /// 获取某个指定邮件的大小
150     /// </summary>
151     /// <param name="msg_number"></param>
152     /// <returns></returns>
153     public int GetEmailSize(int msg_number)
154     {
155         EnsureState(Pop3ConnectionStateEnum.Connected);
156         string response;
157         executeCommand("LIST " + msg_number.ToString(), out response);
158         int EmailSize = 0;
159         string[] responseSplit = response.Split(' ');
160         if (responseSplit.Length < 2 || !int.TryParse(responseSplit[2], out EmailSize))
161         {
162             throw new Exception(" 获取数据失败 ");
163         }
164         return EmailSize;
165     }
166     /// <summary>
167     /// 获取邮箱中现有邮件的唯一ID( unique Email id )。一个邮件的Email Id在程序中可以改动,
但是 unique Email id 却是肯定不会变化的
168     /// </summary>
169     /// <param name="EmailIds"></param>
220     /// <returns></returns>
221     public bool GetUniqueEmailIdList(out List<EmailUid> EmailIds)
222     {
223         EnsureState(Pop3ConnectionStateEnum.Connected);
224         EmailIds = new List<EmailUid>();
225         //get server response status line
226         string response;
227         if (!executeCommand("UIDL ", out response))
228         {
229             return false;
180         }
181         //get every email unique id
182         int EmailId;
183         while (readMultiLine(out response))
184         {
```

```
185            string[] responseSplit = response.Split(' ');
186
187            if (responseSplit.Length >=2&&int.TryParse(responseSplit[0], out EmailId))
188            {
189                EmailIds.Add(new EmailUid(EmailId, responseSplit[1]));
190            }
191        }
192        return true;
193    }
194    #endregion
```

除了上述讲到的内容外，此类还有另外的变量定义，详情见附带的代码光盘。

22.2.5 调用接收邮件类

下面是 Default.aspx 页面下，单击【接收】按钮时执行的代码。

```
01    protected void btnReceive_Click(object sender, EventArgs e)
02    {
03      MailAccount account = new MailAccount(
04          this.accountName.Text,
05          this.userName.Text,
06          this.password.Text);
07      MailHost receiveHost = new MailHost(
08          this.pop3Host.Text,
09          Convert.ToInt32(this.pop3Port.Text),
10          this.pop3SSLEnable.Checked);
11      ReceiveMail receiveMail = new ReceiveMail(account, receiveHost);
12      receiveMail.Connect();
13      List<int> idList;
14      if (receiveMail.GetEmailIdList(out idList))
15      {
16        List<MailContent> mails=new List<MailContent>();
17        foreach (int i in idList)
18        {
19          MailContent mail;
20          if (receiveMail.GetEmailRawByRaw(i, out mail))
21          {
22            mails.Add(mail);
23          }
24        }
25        DetailsView1.DataSource = mails;
26        DetailsView1.DataBind();
27      }
28      //receiveMail.
29    }
```

22.3 运行系统

 本节视频教学录像：2 分钟

系统设计好了，下面来看系统运行的效果。

(1) 按【F5】或【Ctrl+F5】快捷键，在浏览器中运行该程序，如图所示输入想要发送的邮件及相关服务器设置，然后单击【发送】按钮。发送成功后，会在按钮下面显示"发送成功！"，否则会显示错误信息。

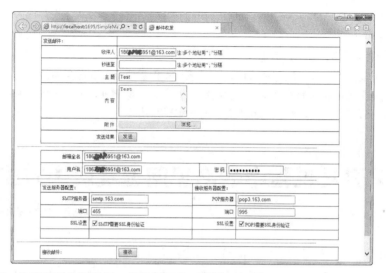

(2) 进入邮箱，查看邮件收发情况，确认是否收到邮件，如图所示。

(3) 设置好 POP3 服务器之后，直接单击【接收】按钮，结果如图所示。

<table>
<tr><td colspan="3">发送服务器配置：</td><td colspan="2">接收服务器配置：</td></tr>
<tr><td>SMTP服务器</td><td colspan="2">smtp.163.com</td><td>POP服务器</td><td>pop3.163.com</td></tr>
<tr><td>端口</td><td colspan="2">465</td><td>端口</td><td>995</td></tr>
<tr><td>SSL设置</td><td colspan="2">☑SMTP需要SSL身份验证</td><td>SSL设置</td><td>☑POP3需要SSL身份验证</td></tr>
</table>

接收邮件：　　　　　接收

接收结果：

No	1
Date	Sat, 18 Oct 2014 10:12:40 +0800 (CST)
From	=?UTF-8?B?572R5piT5omL5py65Y+356CB6YKu566x?= <phone@service.netease.com>
To	＠163.com
ContentType	text/html; charset=GBK
Subject	=?GBK?B?xPq1xM340tfK1rv6usXC69PKz+S8pLvus8m5pg==?=
	<table width=3D"606" align=3D"center" border=3D"0" cellspa=dding=3D"0" cellspacing=3D"0" background=3D"http://mimg.127.net/xm/mail_res/comm

22.4 在我的网站中运用本系统

 本节视频教学录像：1 分钟

在实现邮件的发送、接收之后，需要实现更多复杂的功能，比如：

(1) 接收某个时间段内的邮件；

(2) 查看垃圾箱中的邮件；

(3) 将邮件移入、移出垃圾箱；

(4) 彻底删除邮件；

(5) 查看最新收到的邮件；

(6) 将邮件标记为已读、未读，等等。

为了实现上述复杂而人性化的邮件管理功能，我们不仅需要 POP3 服务器的帮助，还需要在自己的邮件接收端建立一个存放邮件的设计完善的数据库，一方面实现 POP3 邮件操作，另一方面存储与服务器交互来的邮件。读者可以在本章代码的基础上自行实现此功能。

22.5 开发过程中的常见问题及解决方式

 本节视频教学录像：3 分钟

1. POP3 邮件服务器登录时为什么使用了两次提交命令？

POP3 服务器登录不同于高级语言的登录习惯。POP3 的指令都是以"指令名称 +1 个参数"的形式提交的，每次只能向服务器提交一个参数值，因此 POP3 的登录分两次：先提交用户名，检查其是否存在；如果没有此用户名便没有继续登录的必要了，直接返回登录失败的消息即可；如果确实有 POP3 服务器，再在一定的时间段内将密码提交到服务器验证即可。记住，提交用户名通过 POP3 验证后，服务器会启动一个针对这个邮件操作的对话，如果两次连接服务器的时间太长，对话会自动终止。

2. 邮件发送时如何实现多个收件人、暗送、多个附件等常用功能？

读者可以根据自己的需要改动代码中相关的参数，.NET 封装的 SMTP 发送功能十分齐全，支持所有特殊的发送格式。对于不懂的参数，可以查看 MSDN，上面有详细的参数讲解。

3. POP3 服务器返回的数据都是弱类型的吗？都是像实例代码中那样前几行是邮件的标头，一个空行后便是邮件内容吗？

POP 协议历经三代发展到了如今的 POP3 阶段，协议的内容与实现已经广为知晓，读者可以根据自己的需要去查找更专业的资料，了解更多 POP3 的返回值格式以及解析的问题。

第23章

本章视频教学录像：29 分钟

网站流量统计系统

想知道你建立的网站有多少人访问过吗？想知道你的网站哪一天访问的人最多吗？
如果想解决类似这样的问题，一个能够统计网站流量的系统是必不可少的。

本章要点（已掌握的在方框中打钩）

□ 系统分析

□ 数据库分析和设计

□ 系统设计

□ 流量统计的代码实现

□ 将网站流量统计系统添加至已有网站中

23.1 系统分析

 本节视频教学录像：8 分钟

每一个网站建设者或管理者都希望自己辛辛苦苦创建的网站能够人气爆棚，这可以通过网站的访问量看出，但是又如何才能得知网站的访问量呢？如果在网站中加入网站流量统计系统，统计网站当天、当月、当年总的访问量，这样网站的人气就一目了然了。

本章使用 ASP.NET 和 SQL Server 2008 来创建一个网站流量统计系统。

23.1.1 系统目标

本系统需要实现的目标有以下 6 点。
(1) 实现对网站运行天数的统计。
(2) 实现对网站本日访问人数的统计。
(3) 实现对网站本周访问人数的统计。
(4) 实现对网站本月访问人数的统计。
(5) 实现对网站本年访问人数的统计。
(6) 实现对网站访问 IP 流量的统计。

23.1.2 系统原理

当用户打开网页访问时，会创建一个 Session 对象，我们可以把用户的登录信息，如登录 IP、登录时间等信息统统记录下来，放到此 Session 对象中，然后将这些信息插入数据库当中，利用这些信息来统计各种流量。当用户关闭浏览器或者使该 Session 超时，则该 Session 就会失效。如果用户在 1 分钟内连续刷新网页来增加流量，也视为无效。

23.1.3 技术要点

在项目中添加 Global.asax 文件，在该文件的 Session_Start 事件中使用 Request 对象获取客户端的 IP 地址、登录时间、浏览器信息等，然后插入数据库中。Session 的超时时间默认为 20 分钟，这里可以将其超时时间设为 1 分钟。代码如下。

```
01      // 在新会话启动时运行的代码
02      void Session_Start(object sender, EventArgs e)
03      {
04          Session.Timeout = 1;                // 设置 Session 的有效时间为 1 分钟
05          Session["IP"] = Request.UserHostAddress;        // 获取客户端 IP
06 // 根据登录用户的 IP，判断该用户是否在 1 分钟之内重复登录
07          if (!DataClass.IsValidLogin(Session["IP"].ToString()))
08          {
09            Session["LoginTime"] = DateTime.Now;    // 获取用户访问时间，即当前时间
10            Session["BrowserInfo"] = Request.Browser.Browser;    // 获取用户使用的浏览器信息
11            DataClass.ExecSql("insert into tabStatInfo(IpAddress,LoginTime,BrowserInfo) values
              ('"+Session["IP"] + "','" + Session["LoginTime"] + "','" +Session["BrowserInfo"] + "')");
12          }
13      }
```

在 Session_End 事件中清空 Session，代码如下。

```
01      // 在会话结束时运行的代码
02      void Session_End(object sender, EventArgs e)
03      {
04        Session["IP"] = null;    // 清空 Session 中名为 IP 的值
05        Session["LoginTime"] = null;    // 清空 Session 中名为 LoginTime 的值
06        Session["BrowserInfo"] = null;    // 清空 Session 中名为 BrowserInfo 的值
07      }
```

注意　只有在 Web.config 文件中的 sessionstate 模式设置为 InProc 时，才会引发 Session_End 事件。如果会话模式设置为 State Server 或 SQL Server，则不会引发该事件。

在公共类 DataClass.cs 文件中编写了 GetSqlServerConn、ExecSql、returnDataSet、IsValidLogin 等 4 个方法，方法的功能说明和代码设计如下。

1. GetSqlServerConn（）方法

该方法主要用来创建数据库的连接对象。

```
01      private static SqlConnection GetSqlServerConn()
02      {
03        SqlConnection sqlConn;    // 定义 SQl Server 连接对象
04        string strConn = WebConfigurationManager.ConnectionStrings["FlowStat"].ConnectionString;    //
读取 web.config 配置文件的 ConnectionString 节点获取连接字符串
05        sqlConn = new SqlConnection(strConn);    // 生成数据库连接对象
```

```
06      return sqlConn;   // 返回数据库连接对象以供调用
07   }
```

2. ExecSql(string str_sqltxt) 方法

该方法用来根据输入的 SQL 语句作为参数，对数据库进行查询、插入、更新、删除等操作（代码 23-2-2.txt）。

```
01    public static bool ExecSql(string str_sqltxt)
02    {
03        SqlConnection sqlConn = GetSqlServerConn();   // 创建连接对象
04        sqlConn.Open();   // 打开连接
05        SqlCommand cmd = new SqlCommand(str_sqltxt, sqlConn);
06        try
07        {
08          cmd.ExecuteNonQuery();   // 执行 SQl 语句
09          return true;   // 执行成功
10        }
11        catch (Exception e)
12        {
13          return false;   // 执行失败
14        }
15        finally
16        {
17          if (sqlConn.State != ConnectionState.Closed)
18          {
19            sqlConn.Close();   // 关闭连接
20          }
21        }
22    }
```

3. returnDataSet(string str_sqltxt) 方法

该方法用来根据输入的 SQL 语句作为参数，对数据库进行查询操作，将查询得到的结果集存放到程序集中。

```
01    public static DataSet returnDataSet(string str_sqltxt)
02    {
03        SqlConnection sqlConn = GetSqlServerConn();   // 创建连接对象
04        SqlDataAdapter sda = new SqlDataAdapter(str_sqltxt, sqlConn);
05        DataSet ds = new DataSet();
06        sda.Fill(ds, "table1");
07        return ds;
08    }
```

4. IsValidLogin(string str_ip) 方法

该方法用来根据输入的 IP 地址作为参数，对数据库进行查询操作，并比较当前时间和登录时间的时间间隔是否大于 1 分钟（代码 23-2-4.txt）。

```
01     public static bool IsValidLogin(string str_ip)
02     {
03       string sqltxt = "select IPAddress,max(LoginTime) LastTime from tabStatInfo where
04       IPAddress='"+str_ip+"' group by IPAddress";
05       SqlConnection sqlconn = GetSqlServerConn();    // 创建连接对象
06       SqlDataAdapter sda = new SqlDataAdapter(sqltxt, sqlconn);
07       DataSet ds = new DataSet();
08       sda.Fill(ds, "table1");
09       TimeSpan ts=new TimeSpan();
10          // 得到登录的时间间隔
11     ts=DateTime.Now.Subtract(DateTime.Parse(ds.Tables[0].Rows[0]["LastTime"].ToString()));
12       if (ts.TotalSeconds <= 60)
13       {
14           return true;    // 是 1 分钟之内重复登录
15       }
16       else
17           return false;    // 不是 1 分钟之内重复登录
18     }
```

【代码详解】

在函数 IsValidLogin() 中第 3、4 行的 SQL 语句 "select IPAddress,max(LoginTime) LastTime from tabStatInfo where IPAddress= '"+str_ip+"' group by IPAddress" 主要用来根据用户的 IP 地址获得该用户登录的最近时间。第 12 行 DateTime.Now.Subtract() 用来得到当前时间与该 IP 地址的最近登录时间之间的时间间隔。

23.2　数据库分析及设计

 本节视频教学录像：1 分钟

根据分析，本系统需要用到数据库来存储以及统计所记录的数据，所以在系统开发之前，首先要进行数据库的设计。

23.2.1　数据库分析

在网站流量统计系统中，需要统计访问用户的 IP 和访问的时间。为了更好地统计和管理这些数据，我们选择 SQL Server 2008 数据库来满足系统的需求。在数据库中需要有一张数据表来存储访问 IP 数据和访问时间数据，所以在这个数据表中需要包含 id、IPAddress 以及 LoginTime 等字段。

23.2.2　创建数据库

在 SQL Server 2008 中创建数据库的具体步骤如下。

(1) 选择【开始】➢【所有程序】➢【Microsoft SQL Server 2008】➢【SQL Server Management Studio】，以【Windows 身份验证】模式登录。

（2）在【对象资源管理器】窗口中的【数据库】节点上右击，在弹出的快捷菜单中选择【新建数据库】菜单项，弹出【新建数据库】对话框。

（3）在【数据库名称】文本框中输入"db_flow"，在【数据库文件】列表框中分别设置"db_flow"和"db_flow_log"文件的路径为"D:\Final\ch23\数据库"，单击【确定】按钮即可完成 db_flow 数据库的创建。

23.2.3 创建数据表

本实例中需要一张记录登录 IP 地址和登录时间信息的表，下面来创建数据表。

（1）在【对象资源管理器】中展开 db_flow 节点，右击【表】节点，在弹出的快捷菜单中选择【新建表】菜单项。

（2）在打开的表编辑窗口中，按照下表进行输入。

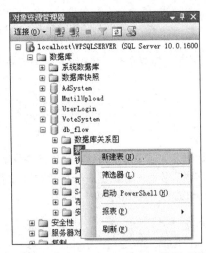 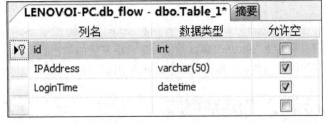

（3）在【表 – dbo.Table_1*】选项卡上右击，在弹出的快捷菜单中选择【保存】菜单项，弹出【选择名称】对话框，在【输入表名称】文本框中输入"tabStatInfo"，单击【确定】按钮，即可完成表的创建。

 提示　以上步骤是创建数据库的过程，大家也可以直接附加光盘 db_flow.mdf 文件。

23.3 系统设计

 本节视频教学录像: 15 分钟

在 23.1.1 小节中，已经提出了网站流量统计系统需要实现的 6 个目标，所以在系统设计时，需要设计出这些模块来实现各个目标。

23.3.1 母版页展示

母版页（Main.master）实现整个网站的布局和导航功能，其他的页面只需要引用该母版页就可以使用母版所提供的所有功能。该页面主要使用 Menu 控件来实现流量统计功能的导航。运行结果如图所示。

| | 今日流量统计 | 本月流量统计 | 本年流量统计 | IP流量统计 |

具体代码如下。

```
01  <table width="100%" height="768px">
02      <tr  style="height:20%">
03        <td align="center" class="link">
04          <asp:Menu ID="Menu1" runat="server" Width="100%"
05          DynamicVerticalOffset="2" Orientation="Horizontal">
06           <Items>
07            <asp:MenuItem NavigateUrl="~/Default.aspx" Text=" 首页 "/>
08            <asp:MenuItem NavigateUrl="~/DayStat.aspx" Text=" 今日流量统计 "/>
09            <asp:MenuItem NavigateUrl="~/MonthStat.aspx" Text=" 本月流量统计 "/>
10            <asp:MenuItem NavigateUrl="~/YearStat.aspx" Text=" 本年流量统计 "/>
11            <asp:MenuItem NavigateUrl="~/IPStat.aspx" Text="IP 流量统计 "/>
12           </Items>
```

```
13              </asp:Menu>
14          </td>
15      </tr>
16      <tr style="height:80%">
17          <td valign="top">
18              <asp:ContentPlaceHolder ID="ContentPlaceHolder1" runat="server">
19              </asp:ContentPlaceHolder>
20          </td>
21      </tr>
22  </table>
```

23.3.2 系统首页展示

接下来，我们先来设计系统的首页面（Default.aspx），该页面中需要有系统的首页、今日流量统计、本月流量统计、本年流量统计以及 IP 流量统计等导航内容，而这些内容直接引用自母版页即可。在页面上放置 12 个 Label 控件，分别用来显示网站运行天数、今日访问人数、本周访问人数、本月访问人数、最高日访问量、最高日访问日期、最高月访问量、最高月访问日期、最高年访问量、最高年访问日期、总访问人数、统计日期等。

系统的首页如图所示。

23.3.3 配置网站的 Web.config

数据库和系统页面都设计好了，如何将它们连接起来呢？这就需要通过配置系统的 Web.config 文件来连接数据库。

在【解决方案资源管理器】中双击 Web.config 文件，打开 Web.config 的代码窗口，然后将 <connectionStrings> 和 </connectionStrings> 之间的代码更换为以下代码。

```
<add name="FlowStat" connectionString="Data Source=.\sqlexpress; Initial Catalog=db_flow;User
ID=sa;Password=123"/>
```

【代码详解】

此段代码的作用是增加一个数据库的连接，name 属性表示该标签的名称，connectionString 属性表示数据库的连接字符串。在连接字符串中，DataSource 表示此处数据库服务器的名称或者数据库服务器所在的 IP 地址，InitialCatalog 表示数据库的名称，User ID 表示登录数据库的用户名，Password 表示密码。数据库连接字符串中的各个属性值都要根据自己的情况来设置。

23.3.4　首页代码设计

因为在首页中要显示网站运行天数、今日访问人数、本周访问人数、本月访问人数、最高日访问量、最高日访问日期、最高月访问量、最高月访问日期、最高年访问量、最高年访问日期、总访问人数、统计日期等内容，所以要分别编写相应的方法进行统计。

1. 今日访问人数统计代码设计

只要确定查询的时间段，就可以统计出今日访问人数。查询的时间段应该是在当天的零点到第 2 天的零点之间，在这期间查询的记录数就是今日访问人数。

在 Default.aspx.cs 中的 Page_Load() 方法中输入以下代码。

```
01    protected void Page_Load(object sender, EventArgs e)
02    {
03        if (!IsPostBack)
04        {
05            ds = new DataSet();
06        }
07    }
08    // 统计今日访问人数
09    private void showCurrDay()
10    {
11        startTime = DateTime.Now.ToShortDateString() + " 0:00:00";
12        endTime = DateTime.Now.AddDays(1).ToShortDateString() + " 0:00:00";
13        str_sql = "select * from tabStatInfo where LoginTime>='"
14            + startTime + "' and LoginTime<'" + endTime + "'";
15        ds.Clear();
16        ds = DataClass.returnDataSet(str_sql);
17        lblCurrDayStat.Text = ds.Tables[0].Rows.Count.ToString();
18    }
```

2. 本周访问人数统计代码设计

如果要统计出本周访问人数，就需要知道当天是星期几，然后根据当天所在的星期，得到该星期一到星期日的日期，再通过该时间段查询出所有的记录数，就是本周访问人数。

紧接上面的代码，输入以下代码。

```
01    // 统计本周访问人数
02    private void showCurrWeek()
03    {
04        switch (DateTime.Now.DayOfWeek)
```

```
05         {
06             case DayOfWeek.Monday:
07                 startTime = DateTime.Now.AddDays(0).ToShortDateString() + " 0:00:00";
08                 endTime = DateTime.Now.AddDays(6).ToShortDateString() + " 0:00:00";
09                 break;
10             case DayOfWeek.Tuesday:
11                 startTime = DateTime.Now.AddDays(-1).ToShortDateString() + " 0:00:00";
12                 endTime = DateTime.Now.AddDays(5).ToShortDateString() + " 0:00:00";
13                 break;
14             case DayOfWeek.Wednesday:
15                 startTime = DateTime.Now.AddDays(-2).ToShortDateString() + " 0:00:00";
16                 endTime = DateTime.Now.AddDays(4).ToShortDateString() + " 0:00:00";
17                 break;
18             case DayOfWeek.Thursday:
19                 startTime = DateTime.Now.AddDays(-3).ToShortDateString() + " 0:00:00";
20                 endTime = DateTime.Now.AddDays(3).ToShortDateString() + " 0:00:00";
21                 break;
22             case DayOfWeek.Friday:
23                 startTime = DateTime.Now.AddDays(-4).ToShortDateString() + " 0:00:00";
24                 endTime = DateTime.Now.AddDays(2).ToShortDateString() + " 0:00:00";
25                 break;
26             case DayOfWeek.Saturday:
27                 startTime = DateTime.Now.AddDays(-5).ToShortDateString() + " 0:00:00";
28                 endTime = DateTime.Now.AddDays(1).ToShortDateString() + " 0:00:00";
29                 break;
30             case DayOfWeek.Sunday:
31                 startTime = DateTime.Now.AddDays(-6).ToShortDateString() + " 0:00:00";
32                 endTime = DateTime.Now.AddDays(0).ToShortDateString() + " 0:00:00";
33                 break;
34         }
35         ds.Clear();
36         str_sql = "select * from tabStatInfo where LoginTime>='"+ startTime + "' and LoginTime<'" + endTime + "'";
37         ds = DataClass.returnDataSet(str_sql);
38         lblCurrWeekStat.Text = ds.Tables[0].Rows.Count.ToString();
39     }
```

3. 本月访问人数统计代码设计

可以根据当日的时间，抽取出年和月，然后根据该年和月查询出所有的登录记录数就是本月访问人数。

在 Default.aspx.cs 页面中紧接上面的代码输入以下代码。

```
01     // 统计本月访问人数
02     private void showCurrMonth()
03     {
04         str_sql = "select * from tabStatInfo where Year(LoginTime)='" + DateTime.Now.Year + "' and Month(LoginTime)='" + DateTime.Now.Month + "'";
05         ds.Clear();
06         ds = DataClass.returnDataSet(str_sql);
```

```
07          lblCurrMonthStat.Text = ds.Tables[0].Rows.Count.ToString();
08      }
```

4. 最高日访问量统计和该日日期代码设计

根据访问时间的年、月、日分组，得到该日的访问量，然后对每日的访问量进行比较，找到最高日访问量放到 MaxDayCount 中，该日的日期放到 MaxDayDate 中。

在 Default.aspx.cs 的代码窗口中输入以下代码。

```
01      // 统计最高日访问量和最高日访问日期
02      private void showDayMax()
03      {
04          str_sql = "select count(*) as count,max(LoginTime) as date from  tabStatInfo group by year(LoginTime),month(LoginTime),day(LoginTime)";
05          ds.Clear();
06          ds = DataClass.returnDataSet(str_sql);
07          int MaxDayCount = 0;
08          string MaxDayDate = "";
09          foreach (DataRow dr in ds.Tables[0].Rows)
10          {
11              if (dr != null)
12              {
13                  if (MaxDayCount <= Convert.ToInt32(dr[0]))
14                  {
15                      MaxDayCount = Convert.ToInt32(dr[0]);
16                      MaxDayDate = dr[1].ToString();
17                  }
18              }
19          }
20          lblMaxDayStat.Text = MaxDayCount.ToString();    // 最高日访问量
21          if (MaxDayDate != "")
22          {
23              lblMaxDayDate.Text = (Convert.ToDateTime(MaxDayDate).Year).ToString() + " 年 " + (Convert.ToDateTime(MaxDayDate).Month).ToString() + " 月 " + (Convert.ToDateTime(MaxDayDate). Day). ToString() + " 日 ";    // 最高日访问日期
24          }
25      }
26  }
```

5. 最高月访问量统计和该月的日期代码设计

要统计出最高月访问量，首先要查询出访问时间中的年份集合，然后求出年份集合当中的各年的每个月份的访问人数。

在 Default.aspx.cs 的代码窗口中输入以下代码。

```
01      // 最高月访问量和最高月访问日期
02      private void showMonthMax()
03      {
04          int MaxMonCount = 0;
05          string MaxMonDate = "";
```

```
06          str_sql = "select year(LoginTime) from tabStatInfo group by year(LoginTime)";
07          ds.Clear();
08          ds = DataClass.returnDataSet(str_sql);
09          foreach (DataRow dr in ds.Tables[0].Rows)
10          {
11              str_sql = "select count(*) as count,max(Month(LoginTime)) as month from tabStatInfo
where year(LoginTime)='" + dr[0].ToString() + "'" +"group by month(LoginTime)";
12              DataSet dsMonth = DataClass.returnDataSet(str_sql);
13              foreach (DataRow drMonth in dsMonth.Tables[0].Rows)
14              {
15                  if (drMonth != null)
16                  {
17                      if (MaxMonCount <= Convert.ToInt32(drMonth[0]))
18                      {
19                          MaxMonCount = Convert.ToInt32(drMonth[0]);
20                          MaxMonDate = dr[0].ToString() + " 年 " + drMonth[1].ToString() + " 月 ";
21                      }
22                  }
23              }
24          }
25          lblMaxMonthStat.Text = MaxMonCount.ToString();    // 最高月访问量
26          lblMaxMonthDate.Text = MaxMonDate;    // 最高月访问日期
27      }
```

6. 最高年访问量统计和该年日期代码设计

根据访问时间分组，得到各年的访问量，然后对各年的访问量进行比较，然后求出最高年访问量和访问日期。

在 Default.aspx.cs 的代码窗口中输入以下代码。

```
01    // 最高年访问量和最高年访问日期
02    private void showYearMax()
03    {
04        int MaxYearCount = 0;
05        string MaxYearDate = "";
06        str_sql = "select count(*),max(LoginTime) from tabStatInfo group by year(LoginTime)";
07        ds.Clear();
08        ds = DataClass.returnDataSet(str_sql);
09        foreach (DataRow dr in ds.Tables[0].Rows)
10        {
11            if (dr != null)
12            {
13                if (MaxYearCount <= Convert.ToInt32(dr[0]))
14                {
15                    MaxYearCount = Convert.ToInt32(dr[0]);
16                    MaxYearDate = dr[1].ToString();
17                }
18            }
19        }
20        lblMaxYearStat.Text = MaxYearCount.ToString();    // 最高年访问量
```

```
21        lblMaxYearDate.Text = MaxYearDate;    // 最高年访问日期
22    }
```

7. 总访问人数统计代码设计

查询数据库中的所有记录数，就是总访问人数。

在 Default.aspx.cs 的代码窗口中输入以下代码。

```
01    // 显示总访问人数
02    private void showTotal()
03    {
04        ds.Clear();
05        ds = DataClass.returnDataSet("select count(*) from tabStatInfo");
06        this.lblTotalNumber.Text = ds.Tables[0].Rows[0][0].ToString();
07    }
```

8. 网站运行天数代码设计

查询数据库中的最早的访问时间，然后计算当前时间与最早访问时间的间隔天数，就是网站运行天数。

在 Default.aspx.cs 的代码窗口中输入以下代码。

```
01    // 统计网站运行天数
02    private void showRunDays()
03    {
04        str_sql = "select LoginTime from tabStatInfo where id=1";
05        TimeSpan sp = new TimeSpan();
06        ds.Clear();
07        ds = DataClass.returnDataSet(str_sql);
08        sp = DateTime.Now.Subtract(DateTime.Parse(ds.Tables[0].Rows[0][0].ToString()));
09        string spToStr = sp.TotalDays.ToString();
10        string TotalDayNumber = spToStr.Substring(0, spToStr.IndexOf('.'));
11        int days = Int32.Parse(TotalDayNumber);
12        if (TotalDayNumber == "0")
13            TotalDayNumber = "1";
14        lblRunDays.Text = " 网站已运行 " + TotalDayNumber + " 天 ";
15    }
```

23.3.5 今日流量统计页展示

今日流量统计页面需要显示当前日期和今日总流量，以及当前日期的时间段、该时间段的访问人数、该时间段访问人数占该日访问量的比例。

1. 界面设计

添加一个 DayStat.aspx。在该页面添加两个 Label 控件，用来显示当前日期和今日总流量，还要添加一个 DataList 控件用来显示时间段、人数和该时间段流量与总流量的百分比。

页面代码如下。

```
01  <div style="width: 100%;">
02  今日访问统计: <br />
03  日期: <asp:Label ID="lblDate" runat="server" Text=""></asp:Label>  今日累计:
04      <asp:Label ID="lblDayCount" runat="server" Text=""></asp:Label></div>
05  <div>
06      <asp:DataList ID="DataList1" runat="server" Width="100%">
07          <HeaderTemplate>
08              <table>
09                  <tr align="center">
10                      <td> 日期 </td>
11                      <td> 人数 </td>
12                      <td colspan="2"> 比例 %</td>
13                  </tr>
14          </HeaderTemplate>
15          <ItemTemplate>
16              <tr style="height: 10px">
17                  <td><asp:Label ID="lblTime" runat="server"
18                  Text="<%#Time(Container.ItemIndex)%>"></asp:Label>
19                  </td>
20                  <td><asp:Label ID="lblCount" runat="server"
21                  Text="<%#Count(Container.ItemIndex)%>"></asp:Label>
22                  </td>
23                  <td align="left"><asp:Image ID="imgPercent" runat="server"
24                  Width="<%#Percent(Container.ItemIndex)%>" Height="8"
25                      ImageUrl="~/images/progress.gif" />
26                  </td>
27                  <td align="left"><asp:Label ID="lblPercent" runat="server"
28                  Text="<%#Percent(Container.ItemIndex)%>"></asp:Label>
29                  </td>
30              </tr>
31          </ItemTemplate>
32          <FooterTemplate>
33              </table>
34          </FooterTemplate>
35      </asp:DataList>
36  </div>
```

2. 今日访问人数统计代码设计

只要确定查询的时间段，就可以统计出今日访问人数。查询的时间段应该是当天的零点到第 2 天的零点之间，在这期间查询的记录数就是今日访问人数。

在 DayStat.aspx.cs 的代码窗口中输入以下代码。

```
// 一天的开始时间和结束时间
string startTime = DateTime.Now.ToShortDateString() + " 0:00:00";
string endTime = DateTime.Now.AddDays(1).ToShortDateString() + " 0:00:00";
                    // 今日访问人数统计
01  protected int Total()
02  {
03      string str_sql = "select * from tabStatInfo where LoginTime>='"+startTime+"' and
04          LoginTime<'"+endTime+"'";
05      DataSet ds = DataClass.returnDataSet(str_sql);
06      int totalCount = ds.Tables[0].Rows.Count;          // 今日总访问人数
07      return totalCount;
08  }
```

3. 时间段代码设计

Time（ ）方法用于绑定到 DataList 控件中的 Time 列，DataList 控件的数据源是一个从 0 到 23 的整数数组，Time（ ）方法根据该数组传入的数据，用于划分时间段。

在 DayStat.aspx.cs 的代码窗口紧接上面的代码输入以下代码。

```
01  // 确定时间段
02  protected string Time(int i)
03  {
04      string TimePhase="";
05      if (i >= 0 && i < 24)
06      {
07          TimePhase = i.ToString() + ":00--" + (i + 1).ToString() + ":00";
08      }
09      return TimePhase;
10  };
```

4. 各时间段访问人数统计代码设计

Count() 方法用于绑定到 DataList 控件中的 Count 列，DataList 控件的数据源是一个从 0 到 23 的整数数组，Count() 方法根据该数组传入的数据，统计各个时间段的访问人数。

在 DayStat.aspx.cs 的代码窗口中紧接上面的代码输入以下代码。

```
01  // 各时间段的访问人数
02  protected int Count(int i)
03  {
04      int TimeCount = 0;
05      string str_sql = "select count(*) as count,datepart(hh,LoginTime) as hour from tabStatInfo
06          where  LoginTime>'"+startTime+"' and LoginTime<'"+endTime+"' and
07          datepart(hh,LoginTime)="+i+" group by datepart(hh,LoginTime)";
08      DataSet ds = DataClass.returnDataSet(str_sql);
09      if (ds.Tables[0].Rows.Count != 0)
```

```
10        {
11            TimeCount=Convert.ToInt32(ds.Tables[0].Rows[0]["count"]);
12        }
13        return TimeCount;
14    }
```

5. 各时间段访问量占当日访问量的百分比代码设计

Percent() 方法用于绑定到 DataList 控件中的 Percent 列，DataList 控件的数据源是一个从 0 到 23 的整数数组，Percent() 方法根据该数组传入的数据，统计各个时间段的访问人数，然后用某时间段的访问量除以总的日访问量求出百分比。

在 DayStat.aspx.cs 的代码窗口中紧接上面的代码输入以下代码。

```
01    // 各时间段访问量占当日访问量的百分比
02    protected double Percent(int i)
03    {
04        double CountPercent = 0;
05        if (Total() != 0)
06        {
07            CountPercent =Math.Round(Convert.ToSingle(Count(i)) / Convert.ToSingle(Total()) *100, 2);
08        }
09        return strPercent;
10    }
```

23.3.6 本月流量统计页设计

本月流量统计页面需要显示本月日期、本月累计总访问量，以及该月份每一天的访问人数和当天访问人数占该月总访问人数的比例。

1. 界面设计

添加一个 MonthStat.aspx 页面，与今日流量统计页面相似，如图所示。

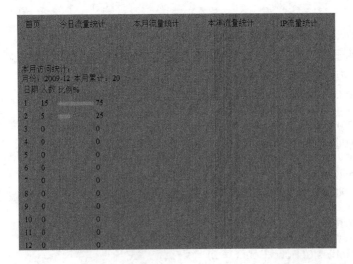

2. 初始化页面代码设计

在页面初始化之前，首先定义两个 String 类型的变量，用来存放这个月的开始时间和结束时间。代码如下。

```
// 一天的开始时间和结束时间
string startTime = DateTime.Now.ToShortDateString() + " 0:00:00";
string endTime = DateTime.Now.AddDays(1).ToShortDateString() + " 0:00:00";
```

在 DayStat.aspx.cs 的代码窗口中输入以下代码。

```
01    protected void Page_Load(object sender, EventArgs e)
02    {
03        if (!IsPostBack)
04        {
05            lblMonth.Text = DateTime.Now.Year + "-" + DateTime.Now.Month;
06                        // 得到当前年中当月的天数
07            int MonthDays = DateTime.DaysInMonth(DateTime.Now.Year,
08             DateTime.Now.Month);
09            startTime = lblMonth.Text + "-1 0:00:00";
10            endTime = lblMonth.Text + "-" + MonthDays + " 23:59:59";
11            int[] daysList = new int[MonthDays];
12            for (int i = 0; i < MonthDays; i++)
13            {
14                daysList[i] = i + 1;
15            }
16            DataList1.DataSource = daysList;
17            DataList1.DataBind();
18            lblMonthCount.Text = Total().ToString();    // 本月累计访问人数
19        }
20    }
```

3. 本月访问人数统计代码设计

可以根据当日的时间，抽取出年和月，然后根据该年和月查询出所有的登录记录数就是本月访问流量。

在 MonthStat.aspx.cs 的代码窗口中输入以下代码。

```
01    // 本月访问人数统计
02    protected int Total()
03    {
04        string str_sql = "select * from tabStatInfo where LoginTime>='" + startTime + "' and
05        LoginTime<'" + endTime + "'";
06        DataSet ds = DataClass.returnDataSet(str_sql);
07        int totalCount = ds.Tables[0].Rows.Count;    // 当月总访问人数
08        return totalCount;
09    }
```

4. 时间段代码设计

Time（）方法用于绑定到 DataList 控件中的 Time 列，DataList 控件的数据源是一个存放当月天数的数组，Time（）方法根据该数组传入的数据，用于确定当天所处的日期。

在 MonthStat.aspx.cs 的代码窗口紧接上面的代码输入以下代码。

```
01      // 确定时间段
02   protected string Time(int i)
03   {
04          // 得到当前年中当月的天数
05      int Month = DateTime.DaysInMonth(DateTime.Now.Year, DateTime.Now.Month);
06      string MonthDays = "";
07      if (i >= 0 && i < Month)
08      {
09         MonthDays = (i + 1).ToString();
10      }
11      return MonthDays;
12   }
```

5. 一天的访问人数统计代码设计

Count（）方法用于绑定到 DataList 控件中的 Count 列，DataList 控件的数据源是一个存放当月天数的数组，Count（）方法根据该数组传入的数据，统计当天访问人数。

在 MonthStat.aspx.cs 的代码窗口中紧接上面的代码输入以下代码。

```
01      // 统计一天的访问人数
02      protected int Count(int i)
03      {
04          int TimeCount = 0;
05          string str_sql = "select count(*) as count,datepart(dd,LoginTime) as hour from tabStatInfo
06          where LoginTime>'" + startTime + "' and LoginTime<'" + endTime + "' and
07          datepart(dd,LoginTime)=" + (i+1) + " group by datepart(dd,LoginTime)";
08          DataSet ds = DataClass.returnDataSet(str_sql);
09          if (ds.Tables[0].Rows.Count != 0)
10          {
11              TimeCount = Convert.ToInt32(ds.Tables[0].Rows[0]["count"]);
12          }
13          return TimeCount;
14      }
```

6. 每天访问量占当月访问量的百分比代码设计

Percent（）方法用于绑定到 DataList 控件中的 Count 列，DataList 控件的数据源是一个存放当月天数的数组，Count（）方法根据该数组传入的数据，统计当天访问的人数，然后用某天的访问量除以总的月访问量求出百分比。

在 MonthStat.aspx.cs 的代码窗口中紧接上面的代码输入以下代码。

```
01      // 每天访问量占当月访问量的百分比
02      protected double Percent(int i)
03      {
04          double CountPercent = 0;
```

```
05        if (Total() != 0)
06        {
07            CountPercent =Math.Round(Convert.ToSingle(Count(i)) / Convert.ToSingle(Total()) * 100,
2);
08        }
09        return strPercent;
10    }
```

23.3.7 本年流量统计页设计

本年流量统计页面需要显示当前年份、本年累计总访问量，以及该年每一月的访问人数和该月访问人数占该年总访问人数的比例。

1. 界面设计

添加一个 YearStat.aspx 页面，与今日流量统计页面相似，如图所示。

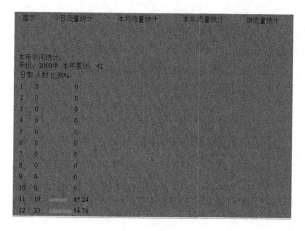

2. 初始化页面代码设计

在页面初始化 Page_Load() 事件之中，显示当前的年份和本年累计访问人数。

在 YearStat.aspx.cs 的代码窗口中输入以下代码。

```
01    protected void Page_Load(object sender, EventArgs e)
02    {
03        if (!IsPostBack)
04        {
05            int[] monthList = new int[12];
06            for (int i = 0; i < 12; i++)
07            {
08                monthList[i] = i + 1;
09            }
10            DataList1.DataSource = monthList;
11            DataList1.DataBind();
12            lblYear.Text = DateTime.Now.Year+" 年 ";    // 年份
13            lblYearCount.Text = Total().ToString();    // 本年累计访问人数
```

```
14        }
15    }
```

3. 本年访问人数统计代码设计

根据当前日期的年份，可以查询出所有的登录记录数，就是本年的访问人数。

在 YearStat.aspx.cs 的代码窗口中输入以下代码。

```
01              // 年访问人数统计
02    protected int Total()
03    {
04        string str_sql = "select * from tabStatInfo where year(LoginTime)="+DateTime.Now.Year;
05        DataSet ds = DataClass.returnDataSet(str_sql);
06        int totalCount = ds.Tables[0].Rows.Count;    // 年访问人数
07        return totalCount;
08    }
```

4. 时间段代码设计

Time（）方法用于绑定到 DataList 控件中的 Time 列，DataList 控件的数据源是一个存放本年月数的数组，Time（）方法根据该数组传入的数据，用于确定当天所处的月份。

在 YearStat.aspx.cs 的代码窗口中紧接上面的代码输入以下代码。

```
01    // 确定时间段
02    protected string Time(int i)
03    {
04        string Month = "";
05        if (i >= 0 && i < 12)
06        {
07            Month = (i + 1).ToString();
08        }
09        return Month;
10    }
```

5. 每月的访问人数统计代码设计

Count（）方法用于绑定到 DataList 控件中的 Count 列，DataList 控件的数据源是一个存放当年月数的数组，Count（）方法根据该数组传入的数据，统计当月访问的人数。

在 YearStat.aspx.cs 的代码窗口中紧接上面的代码输入以下代码。

```
01    // 统计每月的访问人数
02     protected int Count(int i)
03    {
04        int TimeCount = 0;
05        string str_sql = "select count(*) as count,month(LoginTime) as month from tabStatInfo
06        where year(LoginTime)='" + DateTime.Now.Year + "' and month(LoginTime)='" +(i+1) + "'
07        group by Month(LoginTime)";
08        DataSet ds = DataClass.returnDataSet(str_sql);
```

```
09        if (ds.Tables[0].Rows.Count != 0)
10        {
11            TimeCount = Convert.ToInt32(ds.Tables[0].Rows[0]["count"]);
12        }
13        return TimeCount;
14    }
```

6. 每月访问量占当年访问量的百分比代码设计

Percent（）方法用于绑定到 DataList 控件中的 Count 列，DataList 控件的数据源是一个存放当年月数的数组，Percent（）方法根据该数组传入的数据，统计当月访问人数，然后用某月的访问量除以总的年访问量求出百分比。

在 YearStat.aspx.cs 的代码窗口中紧接上面的代码输入以下代码。

```
01    protected double Percent(int i)
02    {
03        double CountPercent = 0;
04        if (Total() != 0)
05        {
06            CountPercent =Math.Round(Convert.ToSingle(Count(i)) / Convert.ToSingle(Total()) *100, 2);
07        }
08        return strPercent;
09    }
```

23.3.8 IP 流量统计页设计

IP 流量统计页面需要显示累计总 IP 访问量，以及每个 IP 访问量和该 IP 访问量占所有 IP 访问量的比例。

1. 界面设计

添加一个 IpStat.aspx 页面，界面基本与今日流量统计页面一致，如图所示。

| 首页 | 今日流量统计 | 本月流量统计 | 本年流量统计 | IP流量统计 |

访客IP统计：
累计：50 个 IP
IP	访问次数	比例%
127.0.0.1	49	98.00
192.168.0.41	1	2.00

页面代码如下。

```
01    <asp:DataList ID="DataList1" runat="server" Width="100%">
02    <ItemTemplate>
03        <tr>
04            <td><asp:Label ID="lblIP" runat="server"
```

```
05                    Text='<%#Eval("IPAddress") %>'></asp:Label>
06                  </td>
07                  <td><asp:Label ID="lblCount" runat="server"
08                  Text='<%#Eval("countNumber")%>'></asp:Label>
09                  </td>
10                  <td align="left"><asp:Label ID="lblPercent" runat="server"
11                  Text='<%#Eval("per")%>'></asp:Label>
12                  </td>
13                </tr>
14             </ItemTemplate>
15   </asp:DataList>
```

2. 初始化页面代码设计

在页面初始化 Page_Load() 事件之中，显示 IP 累计访问量。

在 IPStat.aspx.cs 的代码窗口中输入以下代码。

```
01      protected void Page_Load(object sender, EventArgs e)
02      {
03        if (!IsPostBack)
04        {
05          //IP 统计
06          DataSet ds = DataClass.returnDataSet("select count(*) as
07          countNumber,IPAddress,cast(count(*)*100.0/(select count(*) from tabStatInfo) as
08          numeric(10,2)) as per from tabStatInfo group by IPAddress");
09          DataList1.DataSource = ds.Tables[0];
10          DataList1.DataBind();
11          lblIPCount.Text=Total().ToString();
12        }
13      }
```

3. 累计访问 IP 数统计代码设计

可以查询出所有的登录记录数，就是累计访问 IP 数。

在 IPStat.aspx.cs 的代码窗口中输入以下代码。

```
01                    // 累计访问 IP 数统计
02      protected int Total()
03      {
04        string str_sql = "select count(*) from tabStatInfo";
05        DataSet ds = DataClass.returnDataSet(str_sql);
06        int totalCount =Convert.ToInt32(ds.Tables[0].Rows[0][0]);   // 累计访问 IP 数
07        return totalCount;
08      }
```

技 巧　SQL 语句中的 cast 函数用于将一种数据类型转换为另一种数据类型。

如 cast(countNumber as numeric(10,2))，是将整型字段转换为 numeric 类型。

23.4 运行系统

 本节视频教学录像：2分钟

下面来看系统运行的效果。

(1) 按【F5】或【Ctrl+F5】快捷键，在浏览器中运行该程序，页面中将显示网站运行天数、今日访问人数、本周访问人数、本月访问人数、最高年访问人数等内容。

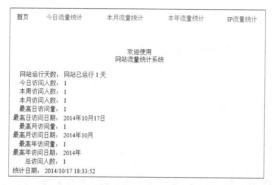

(2) 当在一分钟内刷新该网页时，系统将不增加流量值。

(3) 当点击今日流量统计时，页面将显示今日流量统计页面。

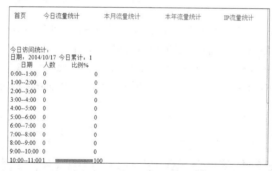

(4) 当点击本月流量统计时，页面将显示本月流量统计页面。

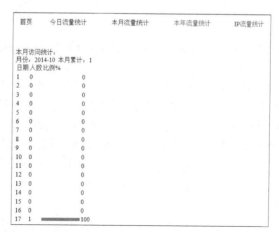

(5) 当点击本年流量统计时，页面将显示本年流量统计页面。

(6) 当点击 IP 流量统计时，页面将显示 IP 流量统计页面。

23.5 在我的网站中应用本系统

 本节视频教学录像：1分钟

系统开发完成之后，需要将系统添加到一些现有的网站中，以执行统计网站流量的功能。

(1) 首先在原有系统的数据库中添加相应的存放访问数据的表。

(2) 在原有系统的 Global 文件中对 Session_Start() 方法和 Session_End() 添加相应的代码。

(3) 最后在原有的网站中加入首页、今日流量统计页面、本周流量统计页面、本月流量统计页面和 IP 流量统计页面即可。

23.6 开发过程中的常见问题及解决方式

本节视频教学录像：2分钟

(1) 因为我们的所有网页跳转都需要网站的导航，所以就要把网站的导航功能放到母版页上，供其他页面来使用。

(2) 为了防止有用户快速刷新页面来刻意增加网站流量，需要在用户访问网页的时候，写一个方法来判断该用户的访问时间间隔是否小于 1 分钟，如果小于 1 分钟则该次访问不计入流量统计中。

(3) 在获取某 IP 流量占 IP 访问量的百分比的时候，SQL 语句中整数字段比整数字段得到的还是整型。因此需要使用 SQL 内置函数 cast() 将整型字段转换成实型，从而得到带小数位的百分比。

第 **24** 章

 本章视频教学录像：22 分钟

用户验证系统

注册会员是网站聚集人气的一个重要功能，很多服务和信息只有会员才能享用。本
章介绍如何在网站中添加用户验证系统来保证网站的信息安全。

本章要点（已掌握的在方框中打钩）

☐ 了解用户验证的原理

☐ 创建数据库和数据表

☐ 设计系统前台页面

☐ 设计用户验证代码

☐ 将用户验证系统添加至已有网站中

24.1 系统分析

 本节视频教学录像：5 分钟

为了区分每个用户的不同信息，许多网站都采用了身份验证。不同的用户登录网站之后可以使用自己的身份进行网络活动，就像个人的身份证一样。

本章使用 ASP.NET 和 SQL Server 2008 来创建一个用户身份验证系统。

24.1.1 系统目标

本系统需要实现的目标有以下 3 点。

(1) 用户注册。

(2) 用户登录。

(3) 生成验证码。

24.1.2 系统原理

当用户浏览网站时，可要求用户成为本网站的会员之后才可以查看相关的网站资源。用户注册成为会员之后，凭用户名和密码登录网站。同时为了防止利用程序重复登录破解密码，还要生成随机的验证码，以增加程序识别的难度。

24.1.3 技术要点

提 示

如何生成验证码？

先利用 Random 类生成随机数，然后将产生的随机数绘制成图片并以二进制的形式保存到输出流中即可。

为了完成以上功能，需要使用一般处理程序（HTTP 处理程序 .ashx）。.ashx 文件是用于写 Webhandler 的，当然也可以用 .aspx 文件。但是使用 .ashx 可以让你专注于编程，而不用管相关的 Web 技术。

右键单击项目，在弹出的快捷菜单中选择【添加新项】菜单项，弹出【添加新项】窗体，选择"一般处理程序"模板，在【名称】文本框中输入"ValidCode.ashx"，单击【添加】按钮。

首先需要生成验证码显示的随机数。打开 ValidCode.ashx，添加 GetValidCode 方法，此方法从给定的序列中随机抽取若干个字符并返回给调用者（代码 24-1.txt）。

```
01    private string GetValidCode(int num)
02    {
03        string strRandomCode = "ABCD1EF2GH3IJ4KL5MN6P7QR8ST9UVWXYZ";    //定义要随机抽取的字符串
04        char[] chastr = strRandomCode.ToCharArray();           //将定义的字符串转换成字符数组
05        StringBuilder sbValidCode = new StringBuilder();       //定义 StringBuilder 对象用于存放验证码
06        Random rd = new Random();                              //随机函数，随机抽取字符
07        for (int i = 0; i < num; i++)
08        {
09            sbValidCode.Append(strRandomCode.Substring(rd.Next(0, strRandomCode.Length), 1));
//以 strRandomCode 的长度产生随机位置，并截取该位置的字符添加到 StringBuilder 对象中
10        }
11        return sbValidCode.ToString();
12    }
```

有了随机数之后，还要将此随机数生成图片信息保存到输出流中。找到系统自动生成的 ProcessRequest 方法，输入以下代码。当使用一般处理程序的时候，此方法将被自动调用（代码 24-2.txt）。

```
01    public void ProcessRequest(HttpContext context)
02    {
03        string strValidCode = GetValidCode(5);              //产生 5 位随机字符
04        context.Session["ValidCode"] = strValidCode;        //将字符串保存到 Session 中，以便需要时进行验证
05        Bitmap image = new Bitmap(120, 30);                 //定义宽 120 像素、高 30 像素的数据定义的图像对象
06        Graphics g = Graphics.FromImage(image);             //绘制图片
07        try
08        {
09            Random random = new Random();                   //生成随机对象
10            g.Clear(Color.White);                           //清除图片背景色
11            for (int i = 0; i < 25; i++)                    //随机产生图片的背景噪线
12            {
13                int x1 = random.Next(image.Width);
```

```
14          int x2 = random.Next(image.Width);
15          int y1 = random.Next(image.Height);
16          int y2 = random.Next(image.Height);
17          g.DrawLine(new Pen(Color.Silver), x1, y1, x2, y2);
18        }
19        Font font = new System.Drawing.Font("Arial", 20, (System.Drawing.FontStyle.Bold));
                    // 设置图片字体风格
20        LinearGradientBrush brush = new LinearGradientBrush(new Rectangle(0, 0, image.Width,
image.Height), Color.Blue, Color.DarkRed, 3, true);          // 设置画笔类型
21        g.DrawString(strValidCode, font, brush, 5, 2);         // 绘制随机字符
22        g.DrawRectangle(new Pen(Color.Silver), 0, 0, image.Width - 1, image.Height - 1);   // 绘制图
片的前景噪点
23        System.IO.MemoryStream ms = new System.IO.MemoryStream();       // 建立存储区为内存的流
24        image.Save(ms, ImageFormat.Gif);              // 将图像对象储存为内存流
25        context.Response.ClearContent();              // 清除当前缓冲区流中的所有内容
26        context.Response.ContentType = "image/Gif";       // 设置输出流的 MIME 类型
27        context.Response.BinaryWrite(ms.ToArray());      // 将内存流写入到输出流
28      }
29      finally
30      {
31        g.Dispose();
32        image.Dispose();
33      }
34    }
```

24.2　数据库分析及设计

 本节视频教学录像：1 分钟

　　根据分析，本系统需要用到数据库来保存用户的注册信息数据，所以在系统开发之前，首先要进行数据库的设计。

24.2.1　数据库分析

　　在用户身份验证系统中，需要保存用户的名称、密码、性别、年龄等信息。更详细的信息用户资料，读者可以自己继续添加。

24.2.2　创建数据库

　　在 SQL Server 2008 中创建数据库的具体步骤如下。

　　(1) 选择【开始】➤【所有程序】➤【Microsoft SQL Server 2008】➤【SQL Server Management

Studio】，以【Windows 身份验证】模式登录。

（2）在【对象资源管理器】窗口中的【数据库】节点上右击，在弹出的快捷菜单中选择【新建数据库】菜单项，弹出【新建数据库】对话框。

（3）在【数据库名称】文本框中输入"ch24DataBase"，在【数据库文件】列表框中使用默认设置"ch24DataBase"和"ch24DataBase_log"文件的路径，然后单击【确定】按钮，即可完成 ch24DataBase 数据库的创建。

24.2.3 创建数据表

本实例中需要一张记录上传文件相关信息的表，下面来创建数据表。

（1）在【对象资源管理器】中展开 ch24DataBase 节点，右击【表】节点，在弹出的快捷菜单中选择【新建表】菜单项。

（2）在打开的表编辑窗口中，按照下表进行输入。

(3) 在【dbo.Table_1*】选项卡上右击，在弹出的快捷菜单中选择【保存】菜单项，弹出【选择名称】对话框，在【输入表名称】文本框中输入"tabUsersInfo"，然后单击【确定】按钮，即可完成表的创建。

24.3 实现步骤

 本节视频教学录像：10 分钟

在 24.1.1 小节中，已经提出了用户身份验证系统需要实现的 3 个目标，所以在系统设计时，需要设计 3 个模块来实现各个目标。

24.3.1 登录页面设计

首先设计系统的登录页面，页面中需要输入用户名、密码、显示的验证码。输入用户名后可以检查该用户名是否已注册来减少不必要的操作步骤。所有信息输入后单击【提交】按钮验证用户信息；如果用户未注册则单击【注册】按钮，转到注册页面进行新用户注册。

(1) 在 Visual Studio 2010 中，新建【语言】为【Visual C#】的 ASP.NET 网站，删除原有的 Default.aspx 页面，重新添加一个 Default.aspx 页面。

(2) 在 Default.aspx 页面的设计视图中，如图所示设计系统界面，所用控件及属性设置如表所示。

控件类型	ID	属性值	功能
标准 Label 控件	lblUserName	Text=" 用户名 "	显示提示文字
	lblPwd	Text=" 密码 "	显示提示文字
	lblValidCode	Text=" 验证码 "	显示提示文字
标准 TextBox 控件	txtUserName	Width="120px"	输入用户名
	txtPwd	TextMode="Password" Width="120px"	输入用户密码
	txtValidCode	Width="120px"	输入显示的验证码
验证 RequiredFieldValidator 控件	rfvUserName	ErrorMessage=" 用户名不能为空 " ControlToValidate="txtUserName" Display="Dynamic" ValidationGroup="UserLogin" Text="*"	验证用户名是否输入
	rfvPwd	ErrorMessage=" 密码不能为空 " ControlToValidate="txtPwd" ValidationGroup="UserLogin" Display="Dynamic" Text="*"	验证密码是否输入
	rfvValidCode	ErrorMessage=" 验证码不能为空 " ControlToValidate="txtValidCode" ValidationGroup="UserLogin" Display="Dynamic" Text="*"	验证验证码是否输入
标准 Image 控件	imgValidCode	ImageUrl="~/ValidCode.ashx" Height="22px" Width="70px" AlternateText=" 验证码图片 "	显示验证码图片
标准 Button 控件	btnSubmit	Text=" 提交 " ValidationGroup="UserLogin" OnClick="btnSubmit_Click"	检查输入信息并保存
	btnRegist	Text=" 注册 " OnClick="btnRegist_Click"	转到用户注册页面
验证 ValidationSummary 控件	vsUserLogin	howMessageBox="True" ShowSummary="False" ValidationGroup="UserLogin"	显示错误的验证信息

24.3.2 用户注册页面设计

如果用户第 1 次进入本网站则需要注册新的用户身份，系统需要添加一个用户注册页面。

(1) 在网站中添加一个 Web 页面，命名为 "UserRegist.aspx"。

(2) 在 UserRegist.aspx 页面的设计视图中，如图所示设计系统界面，所用控件及属性设置如表所示。

控件类型	ID	设置属性值	功能
标准 Label 控件	lblUserName	Text=" 用户名 "	显示提示文字
	lblPwd	Text=" 密码 "	显示提示文字
	lblPwdAgain	Text=" 重复密码 "	显示提示文字
	lblSex	Text=" 性别 "	显示提示文字
	lblAge	Text=" 年龄 "	显示提示文字
标准 TextBox 控件	txtUserName	Width="120px"	输入用户名
	txtPwd	Width="120px" TextMode="Password"	输入密码
	txtPwdAgain	Width="120px" TextMode="Password"	输入重复密码
	txtAge	Width="120px"	输入年龄
标准 RadioButtonList 控件	rdlSex	RepeatDirection="Horizontal" Items 属性添加两个 ListItem，分别设置其属性为 Selected="True" Value="1" Text=" 男 " 和 Value="0" Text=" 女 "	选择用户性别，1 表示男性，0 表示女性
验证 RequiredFieldValidator 控件	rfvUserName	ErrorMessage=" 用户名不能为空 " ControlToValidate="txtUserName" ValidationGroup="UserRegist" Display="Dynamic" SetFocusOnError="True" Text="*"	验证是否输入用户名

控件类型	ID	设置属性值	功能
验证 RequiredFieldValidator 控件	rfvPwd	ErrorMessage=" 密码不能为空 " ControlToValidate="txtPwd" ValidationGroup="UserRegist" Display="Dynamic"SetFocusOnError="True"Text="*"	验证是否输入密码
	rfvPwdAgain	ErrorMessage=" 重复密码不能为空 " ControlToValidate="txtPwdAgain" ValidationGroup="UserRegist" Display="Dynamic" SetFocusOnError="True" Text="*"	验证是否输入重复密码
	rfvCheckUserName	ControlToValidate="txtUserName" ValidationGroup="UserCheck" Display="Dynamic" Text=" 请输入要检查的用户名 "	验证用户名是否输入
验证 CompareValidator 控件	cvPwd	ErrorMessage=" 两次密码输入不一致 " ControlToCompare="txtPwd" ControlToValidate="txtPwdAgain" ValidationGroup="UserRegist" Display="Dynamic" SetFocusOnError="True" Text="*"	验证密码和重复密码是否输入一致
验证 RangeValidator 控件	rvAge	ErrorMessage=" 年龄在 1~100 岁之间 " ControlToValidate="txtAge" MaximumValue="100" MinimumValue="1" Type="Integer" ValidationGroup="UserRegist" Display="Dynamic" SetFocusOnError="True" Text="*"	验证输入的年龄是否为1~100 岁之间的有效数字
<span></span>	message	"	显示用户名是否已经注册
标准 Button 控件	btnSubmit	Text=" 提交 " ValidationGroup="UserRegist" OnClick="btnSubmit_Click"	保存注册信息

控件类型	ID	设置属性值	功能
HTML Reset 控件	btnReset	type="reset" value="重置"	清空所有输入信息
验证 ValidationSummary 控件	vsUserRegist	ShowMessageBox="True" ShowSummary="False" ValidationGroup="UserRegist"	显示错误的验证信息

提示　提验证控件的 ValidationGroup 属性可以将验证的内容分组，单击按钮的时候只有属于同一个验证组的控件才能被执行验证。Ajax 控件可以在检查用户是否注册的时候局部刷新页面，保持用户输入的内容不至于丢失。

24.3.3 配置网站的 Web.config

数据库和系统页面都设计好了，如何将它们连接起来呢？这就需要通过配置系统的 Web.config 文件来连接数据库。

在【解决方案资源管理器】中双击 Web.config 文件，打开 Web.config 的代码窗口，然后将 <connectionStrings> 和 </connectionStrings> 之间的代码更换为以下代码。

```
<add name="ch24DataBase" connectionString="Data Source=.\sqlexpress;Initial Catalog=ch24DataBase; User ID=sa;Password=123"/>
```

【代码详解】

此段代码的作用是添加一个数据库的连接字符串，".\sqlexpress" 表示要连接当前本机的 sqlexpress 数据库服务器，读者也可设定为数据库所在服务器的 IP 地址。数据库的名称为 "ch24DataBase"。Password 为登录数据库服务器的密码。

24.3.4 数据库连接代码设计

在用户登录网站或注册新用户的时候需要连接数据库操作数据，在使用结束时要关闭此连接，所有相关数据操作使用一个公共数据类来实现。

新建一个类文件，命名为 "DataClass.cs"，添加 GetSqlServerConn 方法，用于获得数据库连接（代码 24-3.txt）。

```
01   private SqlConnection GetSqlServerConn()
02   {
03     SqlConnection sqlConn;   // 定义 SQl Server 连接对象
04       string strConn = WebConfigurationManager.ConnectionStrings["ch24DataBase "]
ConnectionString;   // 读取 Web.config 配置文件的 ConnectionString 节点获取连接字符串
05     sqlConn = new SqlConnection(strConn);        // 生成数据库连接对象
06     sqlConn.Open();              // 打开数据库连接
07     return sqlConn;             // 返回数据库连接对象以供调用
```

```
08  }
```

继续添加 CloseSqlServerConn 方法，用于关闭数据库连接（代码 24–4.txt）。

```
01  private void CloseSqlServerConn(SqlConnection sqlConn)
02  {
03    if (sqlConn.State == ConnectionState.Open)    // 如果数据库连接处于关闭状态，则打开此连接
04    {
05      sqlConn.Close();
06    }
07  }
```

24.3.5　判断用户是否注册代码设计

由于用户名不能重复，所以新用户注册的时候要检查输入的用户名是否已经注册。在公共类中继续添加 IsUserRegist 方法（代码 24–5.txt）。

```
01  public bool IsUserRegist(string strUserName)
02  {
03    string strComm = "select count(*) from tabUsersInfo where UserName=@UserName";
04    SqlConnection sqlConn = this.GetSqlServerConn();
      // 调用 GetSqlServerConn() 方法获得数据库连接
05    SqlCommand sqlComm = new SqlCommand();         // 生成数据库命令操作对象
06    try
07    {
08      sqlComm.CommandText = strComm;              // 指定要执行的 SQL 命令
09      sqlComm.Connection = sqlConn;              // 指定要使用的 SQL 连接
10      sqlComm.Parameters.AddWithValue("@UserName", strUserName);
              // 为 SQL 命令的参数赋值
11      object obj = sqlComm.ExecuteScalar();      // 执行 SQL 命令返回第 1 行第 1 列的值
12      if (int.Parse(obj.ToString()) > 0)        // 判断是否存在数据
13      {
14        return true;
15      }
16      else
17      {
18        return false;
19      }
20    }
21    catch (Exception ex)
22    {
23      return false;
24    }
25    finally
26    {
27      this.CloseSqlServerConn(sqlConn);          // 调用方法关闭数据库
28    }
29  }
```

24.3.6 保存用户注册信息代码设计

用户可以保存输入的注册信息，注册后的用户可以凭用户名和密码登录网站。由于密码信息在数据库中是以明文的方式保存的，可能会导致用户的密码被盗取，所以需要将密码加密后再保存到数据库中。这里使用 MD5 常用的加密方式，在公共类中添加 GetMD5 方法（代码 24-6.txt）。

```
01  private string GetMD5(string strPwd)
02  {
03    MD5 md5 = new MD5CryptoServiceProvider();        // 加密服务提供类
04    byte[] bPwd = Encoding.Default.GetBytes(strPwd);    // 将输入的密码转换成字节数组
05    byte[] bMD5 = md5.ComputeHash(bPwd);             // 计算指定字节数组的哈希值
06    md5.Clear();                    // 释放加密服务提供类的所有资源
07    StringBuilder sbMD5Pwd=new StringBuilder();
08    for(int i=0;i<bMD5.Length;i++)              // 将加密后的字节转换成字符串
09    {
10        sbMD5Pwd.Append(bMD5[i].ToString());
11    }
12    return sbMD5Pwd.ToString();
13  }
```

密码加密后就可以保存到数据库中，在公共类中添加 SaveUserInfo 方法来保存用户注册的信息（代码 24-7.txt）。

```
01  public bool SaveUserInfo(string strUserName, string strPwd, int iSex, int iAge)
02  {
03     string strComm = @"insert into tabUsersInfo(UserName,Pwd,Sex,Age) values(@UserName,@Pwd,@Sex,@Age)";
04    SqlConnection sqlConn = this.GetSqlServerConn();        // 调用 GetSqlServerConn() 方法获得数据库连接
05    SqlCommand sqlComm = new SqlCommand();     // 生成数据库命令操作对象
06    try
07    {
08      sqlComm.CommandText = strComm;        // 指定要执行的 SQL 命令
09      sqlComm.Connection = sqlConn;          // 指定要使用的 SQL 连接
10      sqlComm.Parameters.AddWithValue("@UserName", strUserName);        // 为 SQL 命令的参数赋值
11      sqlComm.Parameters.AddWithValue("@Pwd", GetMD5(strPwd));
12      sqlComm.Parameters.AddWithValue("@Sex", iSex);
13      sqlComm.Parameters.AddWithValue("@Age", iAge);
14      sqlComm.ExecuteNonQuery();         // 执行 SQL 命令
15      return true;
16    }
17    catch (Exception ex)
18    {
19      return false;
20    }
21    finally
22    {
23      this.CloseSqlServerConn(sqlConn);        // 调用方法关闭数据库
24    }
25  }
```

24.3.7　用户登录检查代码设计

用户登录网站时要输入注册的用户名和密码来验证是否为注册用户，只有输入的信息验证通过才能浏览网站信息。可在公共类中添加 IsUserExist 方法来检查用户输入的信息是否正确（代码 24-8.txt）。

```
01   public bool IsUserExist(string strUserName, string strPwd)
02   {
03       string strComm = "select count(*) from tabUsersInfo where UserName=@UserName and
Pwd=@Pwd";
04       SqlConnection sqlConn = this.GetSqlServerConn();
         // 调用 GetSqlServerConn() 方法获得数据库连接
05       SqlCommand sqlComm = new SqlCommand();      // 生成数据库命令操作对象
06       try
07       {
08       sqlComm.CommandText = strComm;          // 指定要执行的 SQL 命令
09       sqlComm.Connection = sqlConn;           // 指定要使用的 SQL 连接
10       sqlComm.Parameters.AddWithValue("@UserName", strUserName);      // 为 SQL 命令的参数赋
值
11       sqlComm.Parameters.AddWithValue("@Pwd", GetMD5(strPwd));
12       object obj = sqlComm.ExecuteScalar();       // 执行 SQL 命令返回第 1 行第 1 列的值
13       if (int.Parse(obj.ToString()) > 0)          // 判断是否存在数据
14       {
15         return true;
16       }
17       else
18       {
19         return false;
20       }
21       }
22       catch (Exception ex)
23       {
24         return false;
25       }
26       finally
27       {
28         this.CloseSqlServerConn(sqlConn);         // 调用方法关闭数据库
29       }
30   }
```

24.3.8　判断用户是否注册事件代码

由于用户名不能重复，所以新用户注册的时候要检查输入的用户名是否已经注册。这里我们借助 JQuery 实现异步检测，当光标从用户名文本框离开后，自动检测用户名是否已被注册。步骤如下：

(1) 在 UserRegist.aspx 页面添加对 JQuery 的引用，拖曳 Scripts 文件夹下的 jquery-1.4.1.js 到页面源视图 <head> 区域，代码如下：

```
<script src="Scripts/jquery-1.4.1.js" type="text/javascript"></script>
```

(2) 在 UserRegist.aspx 源视图的 <head> 区域加上如下代码，用于异步调用 CheckUserName.

aspx 以检测用户名，并将检测的结果返回并显示。

```
01 <script type="text/javascript">
02     function checkUserName() {
03         // 请求的地址
04         // 将用户名发送给服务器，查看该用户名是否被使用，返回一个字符串
05         var username = $("#txtUserName").val();
06         $.get("CheckUserName.aspx?username=" + username, null, callback);
07     }
08     function callback(data) {
09         $("#message").html(data);
10     }
11 </script>
```

(3) 为 txtUserName 文本框加上 onblur="checkUserName();" 事件。

(4) 添加一个名为 CheckUserName.aspx 的页面，在 Page_Load() 事件输入以下代码。

```
01    protected void Page_Load(object sender, EventArgs e)
02    {
03        string txtUserName=Request["username"];
04        // 调用 IsUserRegist 判断用户是否已经注册
05        bool bFlag = new DataClass().IsUserRegist(txtUserName);
06        if (bFlag)         // 根据判断结果显示对应信息
07        {
08            Response.Write(" 该用户名已注册 ");
09        }
10        else
11        {
12            Response.Write(" 您可以使用该用户名注册 ");
13        }
14    }
```

24.3.9 保存用户信息事件代码

用户单击注册页面的【提交】按钮，可以触发该事件保存用户信息。在 UserRegist.aspx 页面双击 "提交" 按钮控件，生成 btnSubmit_Click 方法，输入以下代码（代码 24-10.txt ）。

```
01    protected void btnSubmit_Click(object sender, EventArgs e)
02    {
03        DataClass dc = new DataClass();
04        if (String.IsNullOrEmpty(txtAge.Text.Trim()))
05        {
06            txtAge.Text = "0";
07        }
08        bool bResult = dc.SaveUserInfo(txtUserName.Text.Trim(), txtPwd.Text.Trim(), int.Parse(rdlSex.
SelectedItem.Value.Trim()), int.Parse(txtAge.Text));    // 调用方法保存用户注册信息
09        if (bResult)
10        {
11            Response.Write("<script>alert(' 保 存 成 功!   ') ;window.location.href = 'Default.aspx'; </
script>");
```

```
12      }
13      else
14      {
15        Response.Write("<script>alert(' 保存失败！ ')</script>");
16      }
17   }
```

24.3.10 用户登录事件代码

用户进入登录页面，输入用户名、密码、验证码后单击【提交】按钮，如果是已注册的网站用户，则显示欢迎信息。在 Default.aspx 页面双击 "提交" 按钮控件，生成 btnSubmit_Click 方法，输入以下代码（代码 24-11.txt）。

```
01   protected void btnSubmit_Click(object sender, EventArgs e)
02   {
03      if (txtValidCode.Text.ToUpper().Equals(Session["ValidCode"].ToString().ToUpper()))
04      {
05          bool bFlag=  new DataClass().IsUserExist(txtUserName.Text, txtPwd.Text);    // 调 用
DataClass 的 IsUserExist 方法判断输入的信息是否正确
06        if (bFlag)
07        {
08          Response.Write("<script>alert(' 欢迎 " + txtUserName.Text + " 登录 ')</script>");
09        }
10        else
11        {
12          Response.Write("<script>alert(' 用户名或密码错误，请重新输入！ ')</script>");
13        }
14      }
15      else
16      {
17      Response.Write("<script>alert(' 验证码输入错误，请重新输入！ ')</script>");
18      }
19   }
```

24.3.11 用户注册事件代码

用户进入登录页面，如果是第 1 次进入网站，则需要注册。单击【注册】按钮，转到相应的注册页面。在 Default.aspx 页面双击 "注册" 按钮控件，生成 btnRegist_Click 方法，输入以下代码（代码 24-12.txt）。

```
01   protected void btnRegist_Click(object sender, EventArgs e)
02   {
03     Response.Redirect("UserRegist.aspx");
04   }
```

24.4 运行系统

 本节视频教学录像：4 分钟

系统设计好了，下面来看系统运行的效果。

(1) 按【F5】或【Ctrl+F5】快捷键，在浏览器中运行该程序，页面中将显示用户登录的界面。

(2) 单击【注册】按钮，将跳转到用户注册页面。

(3) 输入注册用户名后，光标离开，系统自动检测该用户名是否能够注册。

(4) 用户输入的信息不正确，系统会提示错误信息。

(5) 用户输入正确的信息后单击【提交】按钮，保存该注册信息并显示保存结果。

(6) 注册用户可以凭用户名和密码登录网站。输入用户名和密码，单击【提交】按钮，系统会提示登录成功信息或失败信息。

24.5 在我的网站中应用本系统

 本节视频教学录像：1 分钟

读者可将 Default.aspx 页面用作网站的首页作为网站的身份验证，其余相关页面只需复制到网站中对应的位置即可使用。具体页面的细节可自行调整，这里只是给出一个主要的功能模块供读者参考。

24.6 开发过程中的常见问题及解决方式

 本节视频教学录像：1 分钟

开发过程中需要注意以下几个问题。

(1) 用户登录成功后，此处给出的是登录成功的提示信息，读者可修改为跳转到指定的页面。

(2) 当使用验证控件的时候，如果没有设置 ValidationGroup 属性为同一个值，在单击所有的按钮控件时都会触发验证事件，所以要把验证的控件都设置为同一个验证组才能避免出现这种情况。

(3) 注册用户时，用户名的检测借助 JQuery 采用异步传输方式，实现自动检测用户名是否可用。

第 25 章

 本章视频教学录像：16 分钟

广告生成系统

现代生活中，广告是必不可少的一种宣传手段，在网站中添加广告是一种非常流行的做法。本章介绍如何在网站中发布不同的广告信息。

本章要点（已掌握的在方框中打钩）

☐ 了解广告显示的原理

☐ 创建数据库和数据表

☐ 设计系统前台页面

☐ 设计广告生成代码

☐ 将广告生成系统添加至已有网站中

25.1 系统分析

 本节视频教学录像：2 分钟

网站建成使用后，随着人气的提升，许多广告客户希望能在互联网上做广告来宣传自己的商品。本章使用 ASP.NET 和 SQL Server 2008 来创建一个广告生成系统。

25.1.1 系统目标

本系统需要实现的目标有以下 3 点。

(1) 在数据库中保存广告信息。

(2) 提取广告信息存储到 XML 配置文件中。

(3) 显示提取的广告信息。

25.1.2 系统原理

当用户需要添加广告信息时，可将输入的广告信息保存至数据库。需要显示广告时，可根据需要选择合适的广告信息生成 XML 配置文件，根据配置文件的内容显示对应的广告。用户单击广告时可浏览相应的网站信息。

25.1.3 技术要点

提示

如何生成 XML 配置文件？

要想根据获取的信息生成 XML 配置文件，需要使用 System.Xml 命名空间下的 XmlDocument 类在内存中对 XML 文件进行操作，并把操作的结果保存到磁盘上。详细代码参见 25.3.5 小节。

25.2 数据库分析及设计

 本节视频教学录像：1 分钟

根据分析，本系统需要用到数据库来存储发布的广告信息的数据，所以在系统开发之前，首先要进行数据库的设计。

25.2.1　数据库分析

在广告生成系统中，需要保存用户上传的广告图片，链接地址、显示文字、广告类别、显示频度等信息。

25.2.2　创建数据库

在 SQL Server 2008 中创建数据库的具体步骤如下。

(1) 选择【开始】➤【所有程序】➤【Microsoft SQL Server 2008】➤【SQL Server Management Studio】，以【SQLServer 身份验证】模式登录。

(2) 在【对象资源管理器】窗口中的【数据库】节点上右击，在弹出的快捷菜单中选择【新建数据库】菜单项，弹出【新建数据库】对话框。

(3) 在【数据库名称】文本框中输入"ch25DataBase"，在【数据库文件】列表框中使用默认

设置"ch25DataBase"和"ch25DataBase _log"文件的路径，然后单击【确定】按钮，即可完成 ch25DataBase 数据库的创建。

25.2.3 创建数据表

本实例中需要一张记录上传文件相关信息的表，下面来创建数据表。

(1) 在【对象资源管理器】中展开 ch25DataBase 节点，右击【表】节点，在弹出的快捷菜单中选择【新建表】菜单项。

(2) 在打开的表编辑窗口中，按照下表进行输入。

(3) 在【dbo.Table_1*】选项卡上右击，在弹出的快捷菜单中选择【保存】菜单项，弹出【选择名称】对话框，在【输入表名称】文本框中输入"tabAdSystem"，然后单击【确定】按钮，即可完成表的创建。

■ 25.3 系统设计

 本节视频教学录像：5 分钟

在 25.1.1 小节中，已经提出了广告生成系统需要实现的 3 个目标，所以在系统设计时，需要设计 3 个模块来实现各个目标。

25.3.1 系统页面设计

首先设计系统的页面，页面中需要有上传的广告图片、单击广告链接的地址、广告不能显示时提示的文字信息、广告的分类以及每个广告在一定时间内显示的频率，还要能保存广告的信息以及关闭页面。

(1) 在 Visual Studio 2010 中，新建【语言】为【Visual C#】的 ASP.NET 空白网站，添加一个默认的 Default.aspx 页面。

(2) 在 Default.aspx 页面的设计视图中，如图所示设计系统界面，所用控件及属性设置如表所示。

控件类型	ID	设置属性值	功能
标准 FileUpload 控件	fileUpAddress	—	上传广告图片
标准 TextBox 控件	txtNavigateUrl	—	输入链接网址
	txtAlternateText	—	输入图片不能显示时替换的文字
	txtKeyword	Text=" 查看结果 " OnClick=" lbtnVoteResult_ Click "	输入广告类别
	txtImpressions	—	输入广告显示的频率
标准 Button 控件	btnSubmit	Text=" 提交 " OnClick=" btnSubmit_Click "	保存广告信息
HTML Button 控件	btnCancle	value=" 取消 " onclick="closeWindow();"	关闭当前页面

(3) 在网站中添加一个名为 "ShowAd.aspx" 的 Web 页面，用于显示设置的广告信息。在设计视图中，如图所示设计系统界面，所用控件及属性设置如表所示。

这里显示的广告图片，刷新页面观看效果

控件类型	ID	设置属性值	功能
标准 AdRotator 控件	adTitle	AdvertisementFile ="~/App_Data/AdSample.ads " Height ="80px " Width ="300px " Target ="_blank "	显示广告图片

25.3.2 配置网站的 Web.config

数据库和系统页面都设计好了，如何将它们连接起来呢？这就需要通过配置系统的 Web.config 文件来连接数据库。

在【解决方案资源管理器】中双击 Web.config 文件，打开 Web.config 的代码窗口，然后将 <connectionStrings> 和 </connectionStrings> 之间的代码更换为以下代码。

```
<add name="ch25DataBase" connectionString="Data Source= localhost;Initial Catalog=ch25DataBase; User ID=sa;Password=123"/>
```

【代码详解】

此段代码的作用是添加一个数据库的连接字符串，"localhost"表示要连接当前本机的数据库，读者也可设定为数据库所在服务器的 IP 地址。数据库的名称为"ch25DataBase"。

25.3.3 数据库连接代码设计

在系统保存上传信息时要连接数据库，结束时要关闭此连接。所有的相关数据操作使用一个公共数据类来实现。

(1) 新建一个类文件，命名为"DataClass.cs"，添加 GetSqlServerConn 方法，用于获得数据库连接（代码 25-1.txt）。

```
01   private SqlConnection GetSqlServerConn()
02   {
03     SqlConnection sqlConn;              // 定义 SQl Server 连接对象
04       string strConn = WebConfigurationManager.ConnectionStrings["ch25DataBase"].ConnectionString;   // 读取 Web.config 配置文件的 ConnectionString 节点获取连接字符串
05     sqlConn = new SqlConnection(strConn);        // 生成数据库连接对象
06     sqlConn.Open();              // 打开数据库连接
07     return sqlConn;              // 返回数据库连接对象以供调用
08   }
```

(2) 继续添加 CloseSqlServerConn 方法，用于关闭数据库连接（代码 25-2.txt）。

```
01   private void CloseSqlServerConn(SqlConnection sqlConn)
```

```
02   {
03     if (sqlConn.State == ConnectionState.Open)   // 如果数据库连接处于关闭状态，则打开此连接
04     {
05       sqlConn.Close();
06     }
07   }
```

25.3.4　保存广告信息代码设计

有了数据库连接，我们就可以通过它保存数据信息，得到相关的广告信息，系统可以将此信息保存至数据库。在公共类中继续添加 SaveAdsInfo 方法来保存广告相关信息内容（代码 25-3.txt）。

```
01   public bool SaveAdsInfo(string strImageUrl, string strNavigateUrl, string strAlternateText, string
strKeyword, string strImpressions)
02   {
03     string strComm = "insert into tabAdSystem(ImageUrl,NavigateUrl,AlternateText,Keyword,
Impressions) values(@ImageUrl,@NavigateUrl,@AlternateText,@Keyword,@Impressions)";
04     SqlConnection sqlConn = this.GetSqlServerConn();        // 调用 GetSqlServerConn() 方法获得
数据库连接
05     SqlCommand sqlComm = new SqlCommand();     // 生成数据库命令操作对象
06     try
07     {
08       sqlComm.CommandText = strComm;         // 指定要执行的 SQL 命令
09       sqlComm.Connection = sqlConn;          // 指定要使用的 SQL 连接
10       sqlComm.Parameters.AddWithValue("@ImageUrl", strImageUrl);        // 为 SQL 命令的参数赋
值
11       sqlComm.Parameters.AddWithValue("@NavigateUrl", strNavigateUrl);
12       sqlComm.Parameters.AddWithValue("@AlternateText", strAlternateText);
13       sqlComm.Parameters.AddWithValue("@Keyword", strKeyword);
14       sqlComm.Parameters.AddWithValue("@Impressions", strImpressions);
15       sqlComm.ExecuteNonQuery();
16       return true;
17     }
18     catch (Exception ex)
19     {
20       return false;
21     }
22     finally
23     {
24       CloseSqlServerConn(sqlConn);          // 关闭数据库连接
25     }
26   }
```

25.3.5 显示广告代码设计

广告信息在用户浏览网站时可以显示给用户，用户对感兴趣的广告可以单击浏览。广告的显示需要 XML 文件来实现。在 App_Data 文件夹中新建一个 XML 文件，命名为 "AdSample.ads"，然后输入以下代码用于在 <Advertisements></Advertisements> 标签对中写入广告信息（代码 25-4.txt）。

```
01  <?xml version="1.0" encoding="utf-8"?>
02  <Advertisements>
03  </Advertisements>
```

Advertisements 标签对之间有一些常用标签，其作用如表所示。

标签对名称	用途
Ad	一个广告信息，添加于 Advertisements 标签对之间
ImageUrl	要显示的图像的 URL，添加于 Ad 标签对之间
NavigateUrl	单击 AdRotator 控件时要定位到的页面的 URL，添加于 Ad 标签对之间
AlternateText	图像不可用时要显示的文本。在某些浏览器中，该文本显示为工具提示，添加于 Ad 标签对之间
Keyword	公布的类别。AdRotator 控件使用该属性来对公布列表进行筛选以获得特定的类别，添加于 Ad 标签对之间
Impressions	一个值，指示相对于 XML 文件中的其他公布，显示一个公布的频度，添加于 Ad 标签对之间

在公共类中添加 createXmlDoc 方法用于生成 XML 操作对象（代码 25-5.txt）。

```
01  private XmlDocument createXmlDoc()
02  {
03      XmlDocument xmldoc = new XmlDocument();      // 生成 XML 文档对象
04      xmldoc.Load(HttpContext.Current.Server.MapPath("~/App_Data/AdSample.ads"));      // 加载指定的 XML 文档
05      return xmldoc;                // 返回生成的 XML 文档对象
06  }
```

在公共类中添加 GetAdsInfoToXml 方法用于生成 XML 广告信息（代码 25-6.txt）。

```
01  public bool GetAdsInfoToXml()
02  {
03      string strComm = "select ImageUrl,NavigateUrl,AlternateText,Keyword,Impressions from tabAdSystem";
```

```
04    SqlConnection sqlConn = this.GetSqlServerConn();        // 调用 GetSqlServerConn() 方法获得数
据库连接
05    SqlCommand sqlComm = new SqlCommand();    // 生成数据库命令操作对象
06    SqlDataReader sdr = null;
07    try
08    {
09      XmlDocument xmldoc = createXmlDoc();    // 获取 XML 文档对象
10      XmlNode root = xmldoc.SelectSingleNode("Advertisements");   // 获取 XML 配置文件根节点
11      root.RemoveAll();    // 删除 XML 文件所有的广告节点，防止重复
12      sqlComm.CommandText = strComm;    // 指定要执行的 SQL 命令
13      sqlComm.Connection = sqlConn;    // 指定要使用的 SQL 连接
14      sdr = sqlComm.ExecuteReader();
15      while (sdr.Read())    // 读取数据添加到 XML 文件中
16      {
17        XmlElement xeAd = xmldoc.CreateElement("Ad");    // 创建一个 <Ad> 节点
18        XmlElement xeSub = xmldoc.CreateElement("ImageUrl");    // 创建一个 <ImageUrl> 节点
19        xeSub.InnerText = sdr["ImageUrl"].ToString();    // 设置 <ImageUrl> 节点文本节点
20        xeAd.AppendChild(xeSub);    // 添加到 <Ad> 节点中
21        xeSub = xmldoc.CreateElement("NavigateUrl");    // 创建一个 <NavigateUrl> 节点
22        xeSub.InnerText = sdr["NavigateUrl"].ToString();    // 设置 <NavigateUrl> 节点文本节点
23        xeAd.AppendChild(xeSub);    // 添加到 <Ad> 节点中
24        xeSub = xmldoc.CreateElement("AlternateText");    // 创建一个 <AlternateText> 节点
25        xeSub.InnerText = sdr["AlternateText"].ToString();    // 设置 <AlternateText> 节点文本节点
26        xeAd.AppendChild(xeSub);    // 添加到 <Ad> 节点中
27        xeSub = xmldoc.CreateElement("Keyword");    // 创建一个 <Keyword> 节点
28        xeSub.InnerText = sdr["Keyword"].ToString();    // 设置 <Keyword> 节点文本节点
29        xeAd.AppendChild(xeSub);    // 添加到 <Ad> 节点中
30        xeSub = xmldoc.CreateElement("Impressions");    // 创建一个 <Impressions> 节点
31        xeSub.InnerText = sdr["Impressions"].ToString();    // 设置 <Impressions> 节点文本节点
32        xeAd.AppendChild(xeSub);    // 添加到 <Ad> 节点中
33        root.AppendChild(xeAd);    // 添加到根节点 <Advertisements> 中
34      }
35      xmldoc.Save(HttpContext.Current.Server.MapPath("~/App_Data/AdSample.ads"));    // 将内存
中的 XML 结构保存到磁盘上
36      return true;
37    }
38    catch (Exception ex)
39    {
40      return false;
41    }
42    finally
43    {
44      CloseSqlServerConn(sqlConn);    // 关闭数据库连接
```

```
45    }
46  }
```

25.3.6 保存广告信息事件代码设计

用户输入相关的广告信息之后，单击【提交】按钮可以保存广告信息。在 Default.aspx 设计页面双击"提交"按钮自动添加事件 btnSubmit_Click 方法，添加以下代码（代码 25-7.txt）。

```
01  protected void btnSubmit_Click(object sender, EventArgs e)
02  {
03    StringBuilder sbFileName;
04    DataClass dc = new DataClass();
05    if (!String.IsNullOrEmpty(this.fileUpAddress.FileName))
06    {
07      sbFileName = new StringBuilder();
08      sbFileName.Append(DateTime.Now.Year);
09      sbFileName.Append(DateTime.Now.Month);
10      sbFileName.Append(DateTime.Now.Day);
11      sbFileName.Append(DateTime.Now.Hour);
12      sbFileName.Append(DateTime.Now.Minute);
13      sbFileName.Append(DateTime.Now.Second);
14      sbFileName.Append(DateTime.Now.Millisecond);
15      sbFileName.Append(Path.GetExtension(this.fileUpAddress.FileName));
16      this.fileUpAddress.SaveAs(Server.MapPath("~/images/") + sbFileName.ToString());
17      bool bResult = dc.SaveAdsInfo(Server.MapPath("~/images/" + sbFileName.ToString()),this.
txtNavigateUrl. Text,this.txtAlternateText.Text,this.txtKeyword.Text,this.txtImpressions.Text);
18      if (bResult)
19      {
20        Response.Write("<script>alert(' 保存成功！ ')</script>");
21      }
22      else
23      {
24        Response.Write("<script>alert(' 保存失败！ ')</script>");
25      }
26    }
27  }
```

25.3.7 关闭当前页面事件代码设计

用户在广告信息保存页面单击【取消】按钮，可以关闭当前页面。在 Default.aspx 设计页面 <title></title> 标签对之后添加以下代码（代码 25-8.txt）。

```
01  <script language="javascript" type="text/javascript">
02    function closeWindow() {
03    window.close();
04    }
05  </script>
```

25.3.8 显示广告信息事件代码设计

用户浏览网页的时候，广告信息可随机显示不同的广告内容，单击广告可显示相应的页面。在 ShowAd.aspx 设计页面空白处双击生成 Page_Load 窗体事件，添加以下代码（代码 25-9.txt）。

```
01  protected void Page_Load(object sender, EventArgs e)
02  {
03    if (!IsPostBack)                // 判断是否第 1 次显示页面
04    {
05      DataClass dc = new DataClass();
06      dc.GetAdsInfoToXml();
07    }
08  }
```

25.4 运行系统

 本节视频教学录像：2 分钟

系统设计好了，下面来看系统运行的效果。

(1) 按【F5】或【Ctrl+F5】快捷键，在浏览器中运行该程序，页面中将显示添加广告信息的界面，如图所示。

(2) 单击【提交】按钮，可将输入的内容保存到数据库中，并返回提示信息。

(3) 单击【取消】按钮，在弹出的对话框中单击【是】按钮，可以关闭当前 Web 窗体。

(4) 用户浏览时可看到广告图片信息，如图所示。

(5) 单击广告可浏览对应的页面，如图所示。

25.5　在我的网站中应用本系统

 本节视频教学录像：1 分钟

　　读者根据自己的需要，将相关代码拷贝至已有网站对应的位置即可运行。对数据库的连接信息和对应的字段信息可根据实际情况修改，更多的细化功能读者可自行练习，这里不再赘述。

25.6　开发过程中的常见问题及解决方式

 本节视频教学录像：1 分钟

　　开发过程中要注意广告控件的 XML 配置文件的格式，此格式是固定的，一定要按照标准来写。可能有的读者没有学过如何通过代码操作 XML 文件，我们这里只是给出了一段简单的代码，具体的相关应用请参阅 MSDN 的描述。

第26章

 本章视频教学录像：14 分钟

文件批量上传系统

文件上传是开发项目中必不可少的功能，也是用户和网站管理者之间的交流工具。本章使用 JavaScript 介绍如何动态地添加上传文件。

本章要点（已掌握的在方框中打钩）

☐ 了解批量上传的原理

☐ 创建数据库和数据表

☐ 设计系统前台页面

☐ 设计批量上传代码

☐ 将批量上传系统添加至已有网站中

26.1 系统分析

 本节视频教学录像：2 分钟

网站建成后，用户希望能够保存一些文件信息到网站上，系统管理员由于工作的需要，经常要上传很多图片文件到系统中，如果能够批量上传信息，则能更好地满足需要。

本章使用 ASP.NET 和 SQL Server 2008 来创建一个批量上传系统。

26.1.1 系统目标

本系统需要实现的目标有以下 4 点。
(1) 根据需要添加上传控件。
(2) 根据需要删除上传控件。
(3) 保存上传信息。
(4) 显示上传信息。

26.1.2 系统原理

当用户需要上传文件时，单击【添加附件】按钮可以动态地增加上传控件，单击【删除】按钮可以移除多余的上传控件。用户选择好要上传的文件，单击【上传】按钮即可保存所有选定的文件信息到网站中。

26.1.3 技术要点

如何获取上传的文件个数呢？

当用户上传文件时，本系统通过 Request 的 Files 属性获得请求中的文件信息，然后根据获得的文件信息的个数逐个保存到网站中。如果用户未选择上传文件，那么得到的文件名肯定是空字符串，则不保存该条信息。代码将在 26.3.4 小节中介绍。

26.2 数据库分析及设计

 本节视频教学录像：1 分钟

根据分析，本系统需要用到数据库来存储上传文件保存的数据，所以在系统开发之前，首先要进行数据库的设计。

26.2.1 数据库分析

在批量上传系统中，需要保存用户上传的文件信息，包括文件名、保存的位置、保存的时间、文件的类型等信息。

26.2.2 创建数据库

在 SQL Server 2008 中创建数据库的具体步骤如下。

(1) 选择【开始】➤【所有程序】➤【Microsoft SQL Server 2008】➤【SQL Server Management Studio】，以【SQLServer 身份验证】模式登录。

(2) 在【对象资源管理器】窗口中的【数据库】节点上右击，在弹出的快捷菜单中选择【新建数据库】菜单项，弹出【新建数据库】对话框。

(3) 在【数据库名称】文本框中输入"ch26DataBase"，在【数据库文件】列表框中使用默认设置"ch26DataBase"和"ch26DataBase_log"文件的路径，然后单击【确定】按钮，即可完成 ch26DataBase 数据库的创建。

26.2.3 创建数据表

本实例中需要一张记录上传文件相关信息的表，下面来创建数据表。

(1) 在【对象资源管理器】中展开 ch26DataBase 节点，右击【表】节点，在弹出的快捷菜单中选择【新建表】菜单项。

(2) 在打开的表编辑窗口中，按照下表进行输入。

(3) 在【dbo.Table_1*】选项卡上右击，在弹出的快捷菜单中选择【保存】菜单项，弹出【选择名称】对话框，在【输入表名称】文本框中输入"tabUploadFile"，然后单击【确定】按钮，即可完成表的创建。

26.3 系统设计

 本节视频教学录像：6 分钟

在 26.1.1 小节中，我们已经提出了批量上传系统需要实现的 4 个目标，所以在系统设计时，需要设计 4 个模块来实现各个目标。

26.3.1 系统页面设计

首先设计系统的页面，页面中需要有【添加附件】按钮、【上传】按钮，上传控件在单击【添加附件】按钮时显示。

(1) 在 Visual Studio 2010 中，新建【语言】为【Visual C#】的 ASP.NET 空网站，添加一个默认的 Default.aspx 页面。

(2) 在 Default.aspx 页面的设计视图中，如图所示设计系统界面，所用控件及属性设置如表所示。

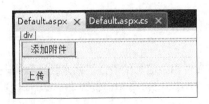

控件类型	ID	设置属性值	功能
Html Button 控件	btnAttch	value=" 添加附件 " onclick= " AddFileCtrol();"	动态添加上传控件
Html Div 控件	dv1	—	显示上传控件
标准 Button 控件	btnUpload	Ｔｅｘｔ＝"上　传" onclick=" btnUpload_ Click "	保存上传文件

（3）为了动态添加上传控件，需要使用 JavaScript 脚本来实现此功能。在源视图的 <title></title> 标签对之后添加脚本函数（代码 26-1.txt）。

```
01  <script language="javascript" type="text/javascript">
02  function AddFileCtrol() {                              //添加一个上传控件
03      var innerDiv = document.createElement("div");       //新建一个 Div 元素
04      document.getElementById("dv1").appendChild(innerDiv)  //添加到 Div 元素中
05      var fileCtrol = document.createElement("input");    //建立 input 元素
06      fileCtrol.name = "upFile";                          //设置元素的名称
07      fileCtrol.type = "file";                            //设置元素的类型
08      innerDiv.appendChild(fileCtrol);                    //添加到 fileCtrol 元素
09      var btnCtrol = document.createElement("input");     //建立 input 元素
10      btnCtrol.name = "btnDelete";                        //设置元素的名称
11      btnCtrol.type = "button";                           //设置元素的类型
12      btnCtrol.setAttribute("value", " 删除 ");            //设置元素的显示文字
13      btnCtrol.onclick = function() { DeleteFileCtrol(this.parentNode) };    //绑定删除上传控件函数
到 onclick 事件
14      innerDiv.appendChild(btnCtrol);                     //添加到 Div 元素
15  }
16  function DeleteFileCtrol(obj) {                         //删除对应上传控件函数
17      document.getElementById("dv1").removeChild(obj);
18  }
19  </script>
```

（4）在网站中添加 1 个名为"UserRegist.aspx"的 Web 页面，用于显示上传的文件信息以供下载。在 UploadFileList.aspx 页面的设计视图中，如图所示设计系统界面，所用控件及属性设置如表所示。

控件类型	ID	设置属性值	功能
标准 GridView 控件	grdFileList	—	显示上传文件
GridView 控件的 TemplateField 字段	—	HeaderText=" 文件名 "	—
标准 HyperLink 控件	HyperLink1	NavigateUrl='<%# GetFileUrl(Eval("SaveAddress"). ToString(),Eval("NewFileName"). ToString()) %>' Text='<%# Eval("OldFileName") %>'	添加到 TemplateField 字段的 ItemTemplate 标签对之间，显示上传文件链接以供下载
GridView 控件的 BoundField 字段	—	DataField="UploadTime" HeaderText=" 上传时间 " DataFormatString="{0:yyyy-MM-dd}" HtmlEncode="False"	显示文件上传的时间
GridView 控件的 BoundField 字段	—	DataField="TypeName" HeaderText=" 文件类型 "	显示上传文件的类型

26.3.2 配置网站的 Web.config

数据库和系统页面都设计好了，如何将它们连接起来呢？这就需要通过配置系统的 Web.config 文件来连接数据库。

在【解决方案资源管理器】中双击 Web.config 文件，打开 Web.config 的代码窗口，然后将 <connectionStrings> 和 </connectionStrings> 之间的代码更换为以下代码。

```
<add name="ch26DataBase" connectionString="Data Source= localhost;Initial
Catalog=ch26DataBase;User ID=sa;Password=123"/>
```

【代码详解】

此段代码的作用是添加一个数据库的连接字符串，"localhost" 表示要连接当前本机的数据库，读者也可设定为数据库所在服务器的 IP 地址。数据库的名称为 "ch26DataBase"。

26.3.3 数据库连接代码设计

在系统保存上传信息时要连接数据库，结束时要关闭此连接。所有的相关数据操作使用一个公共数据类来实现。

新建一个类文件，命名为 "DataClass.cs"，添加 GetSqlServerConn 方法，用于获得数据库连接（代码 26-2.txt）。

```
01   private SqlConnection GetSqlServerConn()
02   {
03     SqlConnection sqlConn;                    //定义 SQI Server 连接对象
04     string strConn = WebConfigurationManager.ConnectionStrings["ch26DataBase
"].ConnectionString;   // 读取 Web.config 配置文件的 ConnectionString 节点获取连接字符串
05     sqlConn = new SqlConnection(strConn);      // 生成数据库连接对象
06     sqlConn.Open();              // 打开数据库连接
07     return sqlConn;              // 返回数据库连接对象以供调用
08   }
```

继续添加 CloseSqlServerConn 方法，用于关闭数据库连接（代码 26-3.txt）。

```
01   private void CloseSqlServerConn(SqlConnection sqlConn)
02   {
03     if (sqlConn.State == ConnectionState.Open)   // 如果数据库连接处于关闭状态，则打开此连接
04     {
05       sqlConn.Close();
06     }
07   }
```

26.3.4 保存上传信息代码设计

有了数据库连接，我们就可以通过它保存上传文件的信息，系统可以将此信息保存至数据库。在公共类中继续添加 SaveFilesInfo 方法来保存上传文件的信息内容（代码 26-4.txt）。

```
01   public bool SaveFilesInfo(HttpFileCollection fileColl)
02   {
03     SqlConnection sqlConn;
04     SqlCommand sqlComm;
05     string strComm = @"insert into
06         tabUploadFile(NewFileName,OldFileName,SaveAddress,UploadTime,TypeName)
07         values(@NewFileName,@OldFileName,@SaveAddress,@UploadTime,@ TypeName)";
08     sqlConn = GetSqlServerConn();                 // 调用方法获取数据库连接
09     SqlTransaction sqlTran = sqlConn.BeginTransaction();   // 开始数据库事务
10     StringBuilder sbFileName;
11     try
12     {
13       sqlComm = new SqlCommand(strComm, sqlConn);
14       sqlComm.Transaction = sqlTran;          // 指定命令要使用的事务
15       for (int i = 0; i < fileColl.Count; i++)          // 循环保存上传信息
16       {
17         if (!String.IsNullOrEmpty(fileColl[i].FileName))
18         {
```

```
19      sbFileName = new StringBuilder();        // 使用年月日时分秒毫秒生成文件名
20      sbFileName.Append(DateTime.Now.Year);
21      sbFileName.Append(DateTime.Now.Month);
22      sbFileName.Append(DateTime.Now.Day);
23      sbFileName.Append(DateTime.Now.Hour);
24      sbFileName.Append(DateTime.Now.Minute);
25      sbFileName.Append(DateTime.Now.Second);
26      sbFileName.Append(DateTime.Now.Millisecond);
27      sbFileName.Append(Path.GetExtension(fileColl[i].FileName));
28      sqlComm.Parameters.Clear();
        // 清空以前参数，指定当前 SQL 命令参数
29      sqlComm.Parameters.AddWithValue("@NewFileName", sbFileName.ToString());
30          sqlComm.Parameters.AddWithValue("@OldFileName", Path.GetFileName(fileColl[i].
FileName));
31          sqlComm.Parameters.AddWithValue("@SaveAddress", System.Web.HttpContext. Current.
Server.MapPath("~/Upload/"));
32      sqlComm.Parameters.AddWithValue("@UploadTime", DateTime.Now);
33          sqlComm.Parameters.AddWithValue("@TypeName", Path.GetExtension (fileColl[i].
FileName));
34          sqlComm.ExecuteNonQuery();        // 执行 SQL 命令
35          fileColl[i].SaveAs(System.Web.HttpContext.Current.Server.MapPath("~/Upload/") +
sbFileName.ToString());        // 保存对应的文件到服务器
36      }
37      }
38      sqlTran.Commit();        // 提交事务保存数据
39      return  true;
40      }
41      catch (Exception ex)
42      {
43      sqlTran.Rollback();        // 发生异常回滚事务
44      CloseSqlServerConn(sqlConn);        // 关闭数据库连接
45      return false;
46      }
47  }
```

26.3.5 获取上传文件信息代码设计

对用户上传的文件信息可以随时下载，因此需要将上传的文件信息显示给用户。在公共类中继续添加 GetFilesInfo 方法来获取上传文件的信息内容（代码 26-5.txt）。

```
01   public DataTable GetFilesInfo()
02   {
```

```
03    SqlConnection sqlConn;
04    SqlDataAdapter sqlAdpt;
05    DataTable dtFilesInfo;
06     string strComm = "select NewFileName,OldFileName,SaveAddress,UploadTime,TypeName
from tabUploadFile";
07    try
08    {
09      sqlConn = GetSqlServerConn();
10      sqlAdpt = new SqlDataAdapter(strComm, sqlConn);    // 使用数据适配器读取数据
11      dtFilesInfo = new DataTable();
12      sqlAdpt.Fill(dtFilesInfo);                // 填充数据到 DataTable
13      return dtFilesInfo;
14    }
15    catch (Exception ex)
16    {
17      throw ex;
18    }
19  }
```

26.3.6　保存上传文件的事件代码设计

用户选择好上传的文件之后，单击【上传】按钮可以保存文件信息。在 Default.aspx 设计页面双击 "上传" 按钮自动添加事件 btnUpload_Click 方法，添加以下代码（代码 26-6.txt）。

```
01   protected void btnUpload_Click(object sender, EventArgs e)
02   {
03     HttpFileCollection fileColl = Request.Files;      // 获取当前请求中所有的文件信息
04     DataClass dc = new DataClass();
05     bool bResult = false;            // 判断保存是否成功
06     try
07     {
08       bResult = dc.SaveFilesInfo(fileColl);
09     }
10     catch (Exception ex) { }
11     if (bResult)
12     {
13       Response.Write("<script>alert(' 文件保存成功！ ')</script>");
14     }
15     else
16     {
17       Response.Write("<script>alert(' 文件保存失败！ ')</script>");
18     }
```

```
19  }
```

26.3.7 下载上传文件的事件代码设计

本系统将用户上传的文件信息显示在页面上，当单击对应信息的时候，可以下载该文件。在 UploadFileList.aspx 设计页面空白处双击添加 Page_Load 窗体事件，添加以下代码（代码 26-7.txt）。

```
01  protected void Page_Load(object sender, EventArgs e)
02  {
03    if (!IsPostBack)      // 第一次打开页面绑定文件信息到 GridView 控件
04    {
05      this.grdFileList.DataSource = new DataClass().GetFilesInfo();   // 绑定文件信息数据
06      this.grdFileList.DataBind();
07    }
08  }
```

由于页面显示文件名的字段 NavigateUrl 属性使用了一个处理方法 GetFileUrl 生成保存在服务器端的文件名，所以需要继续添加 GetFileUrl 方法（代码 26-8.txt）。

```
01  public string GetFileUrl(string strAddress, string strFileName)
02  {
03    return strAddress + strFileName;      // 获取服务器保存的文件实际路径和实际文件名
04  }
```

26.4 运行系统

 本节视频教学录像：2 分钟

下面来看系统运行的效果。

(1) 按【F5】或【Ctrl+F5】快捷键，在浏览器中运行该程序，页面中将显示【添加附件】和【上传】按钮。

(2) 单击【添加附件】按钮，可自动生成一个上传控件和一个【删除】按钮。连续单击可生成多个上传控件，单击【删除】按钮可删除对应的上传控件。

（3）单击【上传】按钮，将文件信息保存到数据库中并将文件保存至服务器，保存完成后返回提示信息，如图所示。

（4）用户可以访问 UploadFileList.aspx 页面查看上传的文件信息，如图所示。

（5）用户单击对应的文件名或目标执行另存为操作可以下载该文件。

26.5 在我的网站中应用本系统

 本节视频教学录像：1 分钟

将 Default.aspx 页面中相关的代码拷贝至一个已存在页面作为部分代码，或者将该页面改名后作为一个链接添加至已有页面中即可。其余相关代码文件无需改动，拷贝至已有网站对应的位置就可以运行。应该根据具体情况修改数据库表，可以在其中添加一个用户字段，以区分每个用户上传的文件信息。更多的细化功能读者可自行练习，这里不再赘述。

26.6 开发过程中的常见问题及解决方式

本节视频教学录像：2 分钟

开发过程中应该注意以下几点。

(1) 使用 JavaScript 脚本语言时，读者要熟练掌握使用脚本语言生成 Html 控件的方法，特别要注意脚本事件是如何绑定到对应按钮上的。

(2) 保存上传文件的时候，一般情况下都要对文件进行改名保存，以防止重名文件的出现。常用的方法是取得当前系统时间加上毫秒级的时间组成新的文件名。

(3) 在 GridView 显示数据的时候，我们会发现保存的文件路径和文件名称需要组合成一个字段显示，这时需要一个转换函数，即代码中提到的 GetFileUrl (string strAddress, string strFileName) 函数，此函数将两个字段信息组合后重新绑定到 GridView 控件上。需要注意的是此函数一定要是 Public 类型的，否则前端页面代码不能使用此函数。

(4) 在 GridView 显示数据的时候，我们还会发现日期字段显示的时候会出现年月日时分秒的格式，为了去除多余的时间，需要格式化该字段，需要使用 DataFormatString="{0:yyyy-MM-dd}"，使日期只显示年月日的格式。但是需要注意的是，一定要把 HtmlEncode 属性设置为 False，否则DataFormatString 属性不起作用。

(5) 在使用上传控件上传文件信息的时候，一定要注意在 form 标签的属性中添加"enctype="multipart/form-data""代码，否则使用 Request 的 Files 属性将获取不到请求中的文件信息。

(6) 当同时上传多个文件的时候，要注意事务的使用，以确保多个文件同时上传成功。否则用户不知道哪些文件上传成功，哪些失败，将造成使用上的不便。

第 4 篇
项目实战

万事俱备，只欠东风。学以致用才是学习的最终目的。

本篇先介绍开发前的项目规划，然后通过博客系统、B2C 网上购物系统以及信息管理系统（图书管理系统、学生管理系统、教师档案管理系统）等 5 个项目的实战，带领您迈入真正的 ASP.NET 开发人员行列。

第27章

 本章视频教学录像：28分钟

项目实战前的几点忠告——项目规划

一个项目系统从无到有要经历策划、分析、开发、测试和维护等阶段，我们将这样的一个阶段过程称为项目的生命周期。本章介绍面对项目的开发，如何对项目进行规划。

本章要点（已掌握的在方框中打钩）

□ 了解项目的开发流程

□ 了解项目开发团队

□ 了解项目开发文档

□ 了解项目的实际运作过程

□ 了解如何满足客户需求

□ 了解如何控制项目进度及预算

27.1 项目开发流程

 本节视频教学录像：11 分钟

每一个项目的开发都不是一帆风顺的。为了避免软件开发过程中的混乱，也为了提高软件的质量，开发人员需要按照项目开发流程进行操作。一个项目的开发往往会被分成很多步骤来实现，每一个步骤都有自己的起点和终点。

项目开发的流程如图所示。

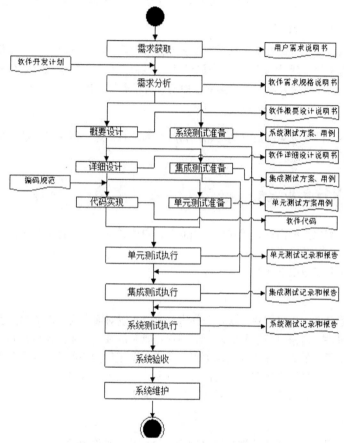

下面从项目的整体划分介绍在项目开发过程中各阶段的主要任务。

27.1.1 策划阶段

项目策划草案和风险管理策划往往作为一个项目开始的第 1 步。当接到一个项目后，应根据公司高层负责人所制定的初步商业计划书来完成项目的策划草案，并确定、分析项目的风险和项目风险的优先级，同时，还要制定出一套面对项目风险的解决方案。项目策划阶段的主要目的是确立产品开发的经济理由。

当确定项目开发规划之后，则需要制订项目开发计划、人员组织结构定义及配备、过程控制计划等。

1. 项目策划草案

项目策划草案应包括产品简介、产品目标及功能说明、开发所需的资源、开发时间等。

2. 风险管理计划

也就是把有可能出错或现在还不能确定的东西列出来，并制定出相应的解决方案。风险发现得越早对项目越有利。

3. 软件开发计划

软件开发计划的目的是收集控制项目时所需的所有信息，项目经理根据项目策划来安排资源需求，并根据时间表跟踪项目进度。项目团队成员则根据项目策划，以了解他们自己的工作任务、工作时间以及所要依赖的其他活动。

除此之外，软件开发计划还应该包括项目的应收标准及应收任务（包括确定需要制订的测试用例）。

4. 人员组织结构定义及配备

常见的人员组织结构有垂直方案、水平方案和混合方案等 3 种。垂直方案中的每个成员会充当多重角色，而水平方案中的每个成员会充当一至两个角色，混合方案则包括了经验丰富的人员与新手的相互融合。具体方案的选择应根据公司人员的实际技能情况进行调整安排。

5. 过程控制计划

过程控制计划的目的是收集项目计划正常执行所需的所有信息，用来指导项目进度的监控、计划的调整，以确保项目能按时完成。

27.1.2　需求分析阶段

需求分析是指理解用户的需求，就软件的功能与客户达成一致，估计软件风险和评估项目代价，最终形成开发计划的一个复杂过程。

需求分析阶段主要完成以下任务。

1. 需求获取

需求获取，是指开发人员与用户多次沟通并达成协议，以对项目要实现的功能进行的详细说明。

需求获取过程是进行需求分析过程的基础和前提，其目的在于产生正确的用户需求说明书，从而保证需求分析过程产生正确的软件需求规格说明书。需求获取工作做的不好，会导致需求的频繁变更，影响项目的开发周期，严重的可导致整个项目的失败。需求人员首先应制订访谈计划，准备提问单进行用户访谈，获取需求，并记录访谈内容，以形成用户需求说明书。

2. 需求分析

需求分析过程主要是对所获取的需求信息进行分析，及时排除错误和弥补不足，以确保需求文档能正确地反映用户的真实意图，最终将用户的需求转化成软件需求，形成软件需求规格说明书。针对软件需求规格说明书中的界面需求以及功能需求，制作界面原型。

所形成的界面原型，可以有 3 种表示方法：图纸（以书面形式）、位图（以图片形式）和可执行文件（交互式）。

在进行设计阶段之前，应当对开发人员进行培训，以使开发人员能更好地理解用户的业务流程和产品的需求。

27.1.3　开发阶段

软件开发阶段是指具体实现项目目标的一个阶段，分为以下两个阶段。

1. 软件概要设计

设计人员在软件需求规格说明书的指导下，需完成以下任务。

(1) 通过软件需求规格说明书，对软件功能需求进行体系结构设计，确定软件结构及组成部分，编写《体系结构设计报告》。

(2) 进行内部接口设计和数据结构设计，编写《数据库设计报告》(定稿)。

(3) 编写《软件概要设计说明书》。

2. 软件详细设计

软件详细设计阶段的任务如下。

(1) 通过《软件概要设计说明书》，了解软件结构。

(2) 确定软件部件各组成单元，进行详细的模块接口设计。

(3) 进行模块内部数据结构设计。

(4) 进行模块内部算法设计 (可采用流程图、伪代码等方式，详细描述每一步的具体加工要求及种种实现细节)，编写《软件详细设计说明书》。

27.1.4　编码阶段

编码阶段的主要任务如下。

1. 编写代码

开发人员通过《软件详细设计说明书》，对软件结构及模块内部数据结构和算法进行代码编写，并保证编译通过。

2. 单元测试

编写代码完成后，开发人员可以对代码进行单元测试和集成测试，记录并解决软件中的问题。

27.1.5　系统测试阶段

进行系统测试的目的在于发现软件的问题，通过与系统定义的需求做比较，发现软件与系统定义不符合或与其矛盾的地方。

系统测试过程一般包括制订系统测试计划、测试方案设计、测试用例开发和测试执行等，最后要对测试活动和结果进行评估。

1. 测试的时间安排

测试中各阶段的实施时间如下。

(1) 系统测试计划在项目计划阶段完成。

(2) 测试方案设计、测试用例开发和项目开发活动同时开展。

(3) 编码结束之后对软件进行系统测试。

(4) 完成测试后要对整个测试活动和软件产品质量进行评估。

2. 测试注意事项

测试时应注意以下几个方面。

(1) 系统测试人员根据《软件需求规格说明书》设计系统测试方案，编写《系统测试用例》，进行系统测试，反馈缺陷问题报告，完成系统测试报告。如需要进行相应的回归测试，则开展回归测试的相关活动。

(2) 进行系统测试是反复迭代的过程，软件经过缺陷更正、功能改动、需求增加后，均需反复进行系统测试，包括专门针对软件版本的功能改动或对增加部分而撰写的文档等依次回归测试来验证修改后的系统或产品的功能是否符合规格说明。

(3) 测试人员对问题做记录并通知开发组。

27.1.6　系统验收阶段

系统验收阶段是指从系统测试完毕到客户验收签字的阶段。在该阶段内，双方相互配合确认软件已达到合同的要求，并要求客户在《客户验收报告》上签字。

27.1.7　系统维护阶段

项目维护是指在已完成对项目的研制（分析、设计、编码和测试）工作并交付使用以后，对项目产品所开展的一些项目工程的活动。即根据软件运行的情况，对软件进行适当的修改，以适应新的要求，以及纠正运行中发现的错误等。同时，还需要编写软件问题报告和软件修改报告。

27.2　项目开发团队

 本节视频教学录像：6 分钟

应根据实际项目来组建项目团队，人员一般可控制在 5~7 人，尽量做到少而精。组建项目团队时首先需要定岗，就是确定项目需要完成什么目标，完成这些目标需要哪些职能岗位，然后选择合适的人员组成。

27.2.1　项目团队组成

主要角色介绍如下。

1. 项目经理

主要负责团队的管理；制定开发的目标和各个工作的详细任务表，跟踪这些任务的执行情况，并进行控制；组织会议对程序进行评审；综合具体情况，对各种不同的方案进行取舍并做出决定；协调各项目参与人员之间的关系。

项目经理要具有领导才能，对问题能正确而迅速地做出确定，能充分利用各种渠道和方法来解决问题，能跟踪任务，有很好的日程观念，能在压力下工作。

2. 系统分析师

主要负责系统分析，了解用户需求，写出《软件需求规格说明书》，建立用户界面原型等。担任系统分析员的人员应该善于协调，并且具有良好的沟通技巧。担任此角色的人员中，必须要有具备业务和技术领域知识的人才。

3. 设计员

主要负责系统的概要设计、详细设计和数据库设计。要求熟悉分析与设计技术，熟悉系统的架构。

4. 程序员

负责按项目的要求进行编码和单元测试，要求有良好的编程和测试技术。

5. 测试人员

负责进行测试，描述测试结果，提出问题解决方案。要求了解要测试的系统，具备诊断和解决问题的技能。

6. 其他人员，如美工、文档管理等角色

成功的项目团队是一个高效、协作的团队。一个高效的项目团体对项目的目标要有共同的认识和理解，对每位成员的角色要有明确的划分、目标导向、高度的合作互助以及高度的信任。团队成员对自己要有一个高度的期望，要做好计划、控制并相信自己的工作。项目团队成员要共同营造一个积极向上的有效项目环境。项目团队成员不能仅限于完成自己的任务，还要协同其他成员共同完成承担的项目。有效的团队成员应开放、坦诚而又能及时沟通，包括交流信息、想法、感情。要在成员当中彼此作出建设性的反馈。在项目开发的过程当中，冲突矛盾会经常发生，要能对解决冲突和矛盾的对策达成一致的意见。有效的团队解决冲突的方法是通过沟通交流和协调，及时地反馈和正视问题，以积极的态度对待冲突，把它当做成长和学习的机会。团队成员要学会解决各种冲突的方法，冲突不能完全靠项目经理来解决，团队成员之间的冲突应该由团队成员来处理。每个人都必须以积极的态度来对待冲突，并对面临的冲突广泛地交换意见。冲突也有有利的一面，它能将问题暴露出来，以及时地得到重视。能引发讨论，澄清成员们的观念，可以培养成员解决问题的开放性和创造性。另外要有效地管理时间，团队成员要明确每月、每周的目标，每天制定一个日程表，以便进行时间管理。

27.2.2 项目团队要求

一个高效的软件开发团队需要建立在合理的开发流程及团队成员密切合作的基础之上，所有成员共同迎接挑战，有效地计划、协调和管理各自的工作，以期完成明确的目标。高效的开发团队具有以下一些特征。

1. 具有明确且有挑战性的共同目标

一个具有明确的且有挑战性目标的团队的工作效率会很高。因为在通常情况下，技术人员往往会为完成了某个具有挑战性意义的任务而感到自豪，而反过来技术人员为了获得这种自豪的感觉，会更加积极地工作，从而带来团队开发的高效率。

2. 具有很强的凝聚力

在一个高效的软件开发团队中，成员们的凝聚力表现为相互支持、互相交流和互相尊重，而不是相互推卸责任、保守、相互指责。例如，某个程序员明明知道另外的模块中需要用到一段与自己已经编写完成且有些难度的程序代码，但他就是不愿拿出来给其他的程序员共享，也不愿意与系统设计人员交流，这样就会为项目的顺利开发带来不良的影响。

3. 具有融洽的交流环境

在一个开发团队中，每个开发人员行使各自的职责，例如系统设计人员做系统概要设计和详细设计，需求分析人员制定需求规格说明，项目经理配置项目开发环境并且制订项目计划等。但是由于种种原因，每个组员的工作不可能一次性做到位，如系统概要设计的文档可能有个别地方会词不达意，做详细设计的时候就有可能造成误解，因此高效的软件开发团队是具有融洽的交流环境的，而不是那种简单的命令执行式的。

4. 具有共同的工作规范和框架

高效软件开发团队具有规范性及共同的框架，对于项目管理具有规范的项目开发计划，对于分析设计具有规范和统一框架的文档及审评标准，对于代码具有程序规范条例，对于测试有规范且可推理的测试计划及测试报告，等等。

5. 采用合理的开发过程

软件项目的开发不同于一般商品的研发和生产，开发过程中面临着各种难以预测的风险，比如客户需求的变化、人员的流失、技术的瓶颈、同行的竞争，等等。高效的软件开发团队往往会采用合理的开发过程去控制开发过程中的风险，提高软件的质量，降低开发的费用等。

■ 27.3 项目开发文档

 本节视频教学录像：4 分钟

计算机软件是计算机系统中与硬件相互依存的另一部分，包括程序、数据及其相关文档的完整集合。文档是软件产品的一部分，是与程序开发、维护和使用有关的图文材料，没有文档的软件是不完整的。软件文档的编制在软件开发工作中占有突出的地位和相当大的工作量。高质量、高效率地开发、分发、管理和维护文档，对于转让、变更、修正、扩充和使用文档，对于充分发挥软件产品的效益有着十分重要的意义。

27.3.1 项目开发文档的作用

文档在产品的开发过程中起着重要的作用，主要有以下几点。

(1) 提高软件开发过程的能见度：把开发过程中发生的事件以可阅读的形式记录起来，管理人员可把这些记载下来的材料作为检查软件开发进度和开发质量的依据，实现对软件开发的工程管理。

(2) 提高开发效率：通过软件文档的编制，可使开发人员对各个阶段的工作进行周密思考、全盘权衡，从而减少返工，并且可在开发早期发现错误和不一致性，便于及时纠正。

(3) 可作为开发人员在一定阶段的工作成果和结束标志。

(4) 记录开发过程中的有关信息，便于协调以后的软件开发、使用和维护。

(5) 提供对软件的运行、维护和培训的有关信息，便于管理人员、开发人员、操作人员、用户之间的协作、交流和了解。使软件开发活动更科学、更有成效。

(6) 便于潜在用户了解软件的功能、性能等各项指标，为他们选购符合自己需要的软件提供依据。

从某种意义上来说，文档是软件开发规范的体现和指南。按规范要求生成一整套文档的过程，就是按照软件开发规范完成一个软件开发的过程。所以，在使用工程化的原理和方法来指导软件的开发和维护时，应当充分地注意软件文档的编制和管理。

27.3.2 项目开发文档的分类

按照文档产生和使用的范围，软件文档大致可分为以下 3 类。

(1) 开发文档：这类文档是在软件开发过程中，作为软件开发人员前一阶段工作成果的体现和后一阶段工作依据的文档，包括软件需求说明书、数据要求说明书、概要设计说明书、详细设计说明书、可行性研究报告、项目开发计划等。

(2) 管理文档：这类文档是在软件开发过程中，由软件开发人员制订的工作计划或工作报告，使管理人员能够通过这些文档了解软件开发项目的安排、进度、资源使用和成果等，包括项目开发计划、测试计划、测试报告、开发进度月报及项目开发总结等。

(3) 用户文档：这类文档是软件开发人员为用户准备的有关该软件使用、操作、维护的资料，包括用户手册、操作手册、维护修改建议、软件需求说明书等。

国家标准局在 1988 年 1 月发布了《计算机软件开发规范》和《软件产品开发文件编制指南》，将整个软件开发过程应提交的文档归纳为以下 13 种。

1. 可行性研究报告

说明该软件项目的实现在技术上、经济上和管理上等方面的可行性，评价为合理地达到开发目标可供选择的各种可能的实现方案，说明并论证所选定实施方案的理由。

2. 项目开发计划

为软件项目实施方案制订出具体的计划。它应包括各部分工作的负责人员、开发的进度、开发经费的预算、所需的硬件和软件资源等。项目开发计划应提供给管理部门，并作为开发阶段评审的基础。

3. 软件需求说明书

也称软件规格说明书。其中应对所开发软件的功能、性能、用户界面和运行环境等作出详细的说明。它是用户与开发人员对软件需求取得共同理解基础上达成的协议，也是实施开发的基础。

4. 数据要求说明书

该说明书应给出数据逻辑描述和数据采集的各项要求，为生成和维护系统的数据文件做好准备。

5. 概要设计说明书

也叫总体设计说明书，该说明书是总体设计工作阶段的成果。它应当说明系统的功能、模块划分、程序的总体结构、输入输出及接口设计、运行设计、数据结构设计和出错处理设计等，从而为详细设计奠定基础。

6. 详细设计说明书

着重描述每一个模块是如何实现的，包括实现算法、逻辑流程等。

7. 用户手册

详细描述软件的功能、性能和用户界面，使用用户了解如何使用该软件。

8. 操作手册

为操作人员提供该软件各种运行情况的有关知识，特别是操作方法细节。

9. 测试计划

针对集成测试和确认测试，需要为组织测试制订计划，包括测试的内容、进度、条件、人员，测试用例的选取原则、测试结果允许的偏差范围等。

10. 测试分析报告

测试工作完成以后，应当提交测试计划执行情况的说明，对测试结果加以分析，并提出测试的结论性意见。

11. 开发进度月报

是软件开发人员按月向管理部门提交的项目进展情况的报告，应包括进度计划与实际执行情况的比较、阶段成果、遇到的问题、解决的办法以及下个月的打算等。

12. 项目开发总结报告

软件项目开发完成之后，应当与项目实施计划对照，总结实际执行的情况，如进度、成果、资源利用、成本和投入的人力等。此外，还需对开发工作作出评价，总结经验和教训。

13. 维护修改建议

软件产品投入运行之后，可能存在修正、更改等问题，应当对存在的问题、修改的考虑以及修改的影响估计等做详细的描述，写成维护修改建议，提交审批。

上述 13 个文档，最终要向软件管理部门或向用户回答下列问题：要满足哪些需求，即回答"做什么？"；所开发的软件在什么环境中实现，所需信息从哪里来，即回答"从何处？"；开发工作的时间如何安排，即回答"何时做？"；开发（或维护）工作打算"由谁来做？"；需求应如何实现，即回答"怎样干？"；为什么要进行这些软件的开发或维护修改工作？具体在哪个文档要回答哪些问题，与软件开发人员及文档的编制有关。

然而在实际工作中，软件开发人员中普遍地存在对编制文档不感兴趣的现象。从用户方面来看，他们又常常抱怨：文档不够完整、文档编写得不好、文档已经陈旧或是文档太多，难于使用等。所以为了对软件开发流程进行更好的管理，一定要重视文档的编写工作。

27.4 项目的实际运作

 本节视频教学录像：1 分钟

软件开发一般是按照软件生命周期分阶段进行的，开发阶段的运作过程一般如下。

1. 做可行性分析，确定项目目标和范围

开发一个新项目或新版本的时候，首先应当和用户一起确认需求，进行项目的范围规划。项目是范围、进度、质量和资源四要素的平衡，用户对项目进度要求和优先级高的时候，往往要缩小项目范围，对用户需求进行优先级排序，排除优先级低的需求。另外做项目范围规划的一个重要依据，就是开发者的经验和对项目特征的清楚认识。在项目范围规划初期需要进行一个宏观的估算，否则很难判断清楚或给用户承诺在现有资源情况下，需要多长时间完成用户的需求。

2. 项目进度的确定

项目的目标和范围确定后，需要开始确定项目的过程，项目整个过程中采用何种生命周期模型？项目过程是否需要对组织级定义的标准过程进行裁剪等相关内容。项目过程定义是进行 WBS（Work Breakdown Structure，工作分解结构）分解前必须确定的一个环节。WBS 就是把一个项目按一定的原则分解，项目分解成任务，任务再分解成一项项工作，再把一项项工作分配到每个人的日常活动中，直到分解不下去为止。

WBS 即是：项目→任务→工作→日常活动。

项目过程确认清楚后开始进行项目的 WBS 分解，WBS 分解一般是项目组的核心成员参加，但项目经理应该起主导和协调的作用。WBS 的最底层工作单元需要是可以独立核实的产品，需要去下达计划和任务，工作单元需要有明确的责任人，因此有的时候在没有做仔细估算时很难让工作单元满足这些要求，这样就难免在进行估算的过程中还要对 WBS 进行优化和调整。

WBS 分解完成后可以开始进行工作单元的估算，估算出项目的总规模，结合项目的历史经验数据，即你在做历史项目的时候需求、设计、编码工作量的比例究竟如何？然后根据估算得到的需求阶段工作量数据去推算出设计和开发的估算工作量。估算数据出来后，可以使用 Project 工具安排整个项目的进度计划，项目进度计划安排中的两个重要内容就是关键人力资源的确定和关键路径的确定。在这两个因素确认清楚后，要排出整个项目的进度计划就很简单了。

在项目进度计划基本排出来后就可以规划和确定项目的里程碑和基线了，项目的里程碑和基线是项目重要的跟踪控制检查点。整个项目进度计划基本排出来后需要和项目组的所有项目成员确认，以获取项目的内部承诺，项目成员应该对整个进度计划安排基本达成一致。项目进度计划出来后可以通知 QA（质量保证部门）和配置管理员分别制订质量保证计划和配置管理计划，项目经理协助测试负责人制订项目的系统测试计划。

3. 项目计划的其他关键因素的分析和确认

确定项目开发过程中需要使用的方法、技术和使用的工具。一个项目中除了使用常用的开发工具

外，还会使用需求管理、设计建模、配置管理、变更管理、IM 沟通（及时沟通）等诸多工具，使用面向对象分析和设计、开发语言、数据库、测试等多种技术。在这里都需要分析和定义清楚，这将成为后续技能评估和培训的一个重要依据。

进行项目相关人员分析。所有对项目有影响的相关人员都是项目的干系人，一般会按照项目内部角色和外部角色进行划分。在对所有的干系人分析清楚后，应通过责任矩阵来分析各个干系人涉及的项目各阶段的相关活动。对项目中的各个成员的技能进行评估，根据项目评估的结果来制订项目的培训计划，并对培训的效果进行跟踪。常用的方法和工具有《项目成员培训需求收集表》、《项目成员技能评估表》、《项目成员技能沟通确认表》和《项目培训计划》等。

项目的关键依赖和承诺。项目的内部关键依赖和承诺一般会直接体现到项目进度计划中，但项目的外部依赖和承诺则必须有专门的地方进行记录和定期进行跟踪。因为当外部关键依赖无法得到满足的时候将直接影响到整个项目的进度，打乱整个项目的步调。

项目风险分析。风险管理是项目管理的一个重要领域，整个项目管理的过程就是不断地去分析、跟踪和减轻项目风险的过程。风险分析的一个重要内容就是分析风险的根源，然后根据根源去制定专门的应对措施。风险管理贯穿整个项目管理过程，需要定期对风险进行跟踪和重新评估，对于转变成了问题的风险还需要事先制订相应的应急计划。

4. 项目开发阶段运作

根据开发计划进度进行开发，项目经理跟进开发进度，严格控制项目需求变动的情况。项目开发过程中不可避免地会出现需求变动的情况，在需求发生变更时，可根据实际情况实施严格的需求变更管理。

5. 测试验收

测试验收阶段主要是在项目投入使用前查找项目中的运行错误。在需求文档基础之上核实每个模块能否正常运行，核实需求能否被正确实施。根据测试计划，由项目经理安排测试人员，根据项目开展计划分配进行项目的测试工作。通过测试，确保项目的质量。

6. 项目过程总结

测试验收完成后紧接着应开展项目过程的总结，主要是对项目开发过程的工作成果进行总结，以及进行相关文件的归档、备份等。

▌ 27.5 项目规划中的常见问题及解决方式

🎬 **本节视频教学录像：6 分钟**

项目的开发过程并不是一天两天可以做好的。而对于一个复杂的项目来说，其开发的过程更是充满了曲折和艰辛，其问题也是层出不穷、接连不断。

27.5.1 如何满足客户需求

满足客户的需求也就是在项目开发流程中所提到的需求分析。如果一个项目经过大量的人力、物力、财力和时间的投入后，开发出来的软件没人要，这种遭遇是很让人痛心疾首的。比如，用户需要一个人事管理的软件，而你在软件开发前期忽略了向用户询问软件中是否增加岗位培训的功能，而是想当然地认为岗位培训一般都用于现实生活中，没有哪家公司会用软件进行员工的岗位培训。然而，当你千辛万苦地将软件开发完成，并向用户提交时，才发现岗位培训功能在这个软件中对用户来说是多么的渴望与需要，这个时候是开发人员最为苦恼的时候。

需求分析之所以重要，就因为它具有决策性、方向性和策略性的作用，它在软件开发的过程中占据着举足轻重的地位。在一个大型软件系统的开发中，它的作用要远远大于程序设计本身。那么该如何做才能满足客户的需求呢？

1. 了解客户业务目标

只有在需求分析时更好地了解客户的业务目标，才能使产品更好地满足需求。充分了解客户业务目标，有助于程序开发人员设计出真正满足客户需要并达到期望的优秀软件。

2. 撰写高质量的需求分析报告

需求分析报告是分析人员对从客户那里获得的所有信息进行整理，它主要用以区分业务需求及规范、功能需求、质量目标、解决方法和其他信息，它使程序开发人员和客户之间针对要开发的产品内容达成共识和协议。需求分析报告应以一种客户认为易于翻阅和理解的方式组织编写，同时程序分析师可能会采用多种图表作为文字性需求分析报告的补充说明，虽然这些图表很容易让客户理解，但是客户可能对此并不熟悉，因此，对需求分析报告中的图表进行详细的解释说明也是很有必要的。

3. 使用符合客户语言习惯的表达方式

在与客户进行需求交流时，要尽量站在客户的角度去使用术语，而客户不需要懂得计算机行业方面的术语。

4. 要多尊重客户的意见

客户与程序开发人员，偶尔也会碰到一些难以沟通的问题。如果开发人员与客户之间产生了不能相互理解的问题，要尽量多听听客户方的意见，能满足客户的需求时，就要尽可能地满足客户的需求，如果实在是因为某些技术无法实现，则应合理地向客户说明情况。

5. 划分需求的优先级

绝大多数的项目没有足够的时间或资源实现功能上的每一个细节。如果需要对哪些特性是必要的，哪些是重要的等问题做出决定，那么最好询问一下客户所设定的需求优先级。程序开发人员不可以猜测客户的观点，然后去决定需求的优先级。

27.5.2 如何控制项目进度

大量的软件错误通常只有到了项目后期，在进行系统测试时才能够被发现，解决问题所花费的时间也将会很难预料，经常导致项目进度无法控制。同时在整个软件开发的过程中，项目管理人员由于缺乏对软件质量状况的了解和控制，也加大了项目管理的难度。

面对这种情况，较好的解决方法是尽早进行测试，当软件的第1个过程结束后，测试人员要马上基于它进行测试脚本的实现，按项目计划中的测试目的执行测试用例，对测试结果进行评估报告。这样，就可以通过各种测试指标实时监控项目的质量状况，从而提高对整个项目的控制和管理的能力。

27.5.3 如何控制项目预算

在整个项目开发的过程中，错误发现得越晚，单位错误修复的成本就会越高，错误的延迟解决必然会导致整个项目成本的急剧增加。

解决这个问题的较好方法是采取多种测试手段，尽早发现项目中潜伏的问题。

第28章

 本章视频教学录像：18 分钟

我的博客我做主——博客系统实战

博客是网络上比较流行的事物，通过它，我们可以和网络上的其他人交流心情或信息。一些大网站都提供有博客的注册。但是，你知道博客系统是如何实现的吗？你想自己开发一个独特的博客系统吗？本章进行博客系统的开发实战。

本章要点（已掌握的在方框中打钩）

☐ 开发背景

☐ 需求及功能分析

☐ 三层架构介绍

☐ 系统功能实现

☐ 系统运行

28.1 开发背景

 本节视频教学录像：1分钟

博客是一种通常由个人管理、不定期张贴新的文章、图片的网站。许多博客专注在特定的课题上提供评论或新闻，其他则被作为比较个性化的日记。一个典型的博客能结合文字、图像、其他博客或网站的链接，以及其他与主题相关的媒体。能够让读者以互动的方式留下意见，是许多博客的重要要素。

 提示 　一个完整的博客包含用户发表的文章、图片等，游客可以查看文章、图片及对其进行评论。

28.2 需求及功能分析

 本节视频教学录像：2分钟

在进行项目开发之前，我们先来对需求和功能进行分析。

28.2.1 需求分析

Blog 是 Web blog 的缩写，中文就是"网络日志"，而具体来说，博客这个概念可解释为一种特定的模式，在网络上出版、发表和张贴个人的文章。网络博客（BLOG）是继 EMAIL、QQ、MSN 之后当今网络上又一种主流的交互模式。用户和博主可以通过博客这个平台来交流。许多门户网站如新浪、网易等都拥有自己的博客系统。然而，门户网站的博客系统版式千篇一律。

为了把本章内容与实践充分结合，提高学生的软件设计能力与开发能力，我们本着创新的思想，来开发一个具有独特个性的博客管理系统。

功能要求如下。

(1) 管理员登录后台，对博客进行管理（包括文章图片管理）。

(2) 游客浏览博客，对文章发表评论，给管理员留言。

28.2.2 总体功能设计

总体功能模块设计，是在需求的基础上，对系统的建构做一个总体的规划。特别是在开发一个大型系统时，在总体设计的基础上再进行各个模块的单独开发。

可以把博客系统分为以下几大模块：文章管理、图片管理、游客评论、游客留言，如图所示。

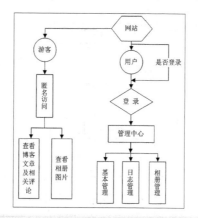

28.2.3　各功能模块设计

各功能模块分析如下。

1. 文章管理模块

通过后台管理，可以对文章进行添加、删除和修改，从而更新前台显示内容。流程图如下。

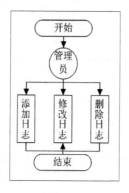

2. 图片管理模块

通过后台管理，可以对图片进行添加、删除和修改，从而更新前台显示内容。流程图如下。

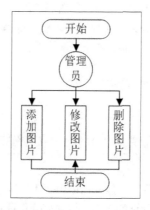

3. 文章显示评论模块

游客可以查看博客上的文章，并对文章发表评论。流程图如下。

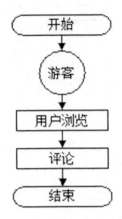

4. 博客留言模块

游客可以查看博客上的内容，并给管理员留言。流程图如下。

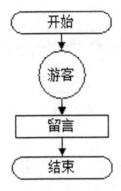

28.3 三层架构

 本节视频教学录像：5分钟

首先谈一下什么是三层架构，所谓三层开发就是将整个业务应用划分为表示层、业务逻辑层、数据访问层和数据库等，有的还要细一些。明确地将客户端的表示层、业务逻辑访问、数据访问及数据库访问划分出来，这样十分有利于系统的开发、维护、部署和扩展。

软件要分层，其实总结一句话，是为了实现"高内聚、低耦合"。采用"分而治之"的思想，把问题划分开来各个解决，易于控制，易于延展，易于分配资源。

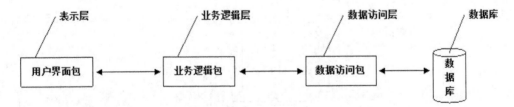

表示层：负责直接跟用户进行交互，一般是指前台，用于数据录入、数据显示等。

业务逻辑层：用于做一些有效性验证的工作，以更好地保证程序运行的健壮性。如进行数据的有效性判断，不允许的地方是否输入了空字符串，该输入 Email 的，格式是否正确等；进行数据类型的合法性判断，该是整型的地方当然不能接受字符串；判断数据库操作是否合法，如字段长度是否有效；还有sql 防注入的问题，用户权限的合法性判断等。通过以上的诸多判断，以决定是否将操作继续向后传递，尽量保证程序的正常运行。

数据访问层：顾名思义，就是专门跟数据库进行交互，如对数据的添加、删除、修改、显示等。需要强调的是，所有的数据对象只在这一层被引用，如 System.Data、SqlClient 等。除了数据层之外的任何地方都不应该出现这样的应用。

ASP.NET 可以使用 .NET 平台快速方便地部署三层架构。ASP.NET 革命性的变化是在网页中也使用基于事件的处理，可以指定处理的后台代码文件，可以使用 C#、VB、J# 等作为后台代码的语言。在 .NET 中可以方便地实现组件的装配，后台代码通过命名控件可以方便地使用自己定义的组件。表示层放在 ASPX 页面中，数据访问和业务逻辑层用组件来实现，这样就很方便地实现了三层架构。

提示 这里只是简单地介绍了一下三层架构，下面会详细介绍如何建立三层架构。

28.3.1 数据库设计

根据模块分析可以发现，系统要保存的主要数据是用户信息、文章、文章类别、图片、图片类别、文章评论、游客留言等。根据这些要素，本小节为系统设计了 7 个表。

1. 用户信息表

主要用于存储用户基本信息，包括用户名、密码、真实姓名等。

字段名	字段类型	类型说明	字段含义
ID	int	整型	ID，自动编号
User	nvarchar(50)	字符型	用户名
Name	nvarchar(50)	字符型	姓名
sex	nvarchar(50)	字符型	性别
Birthday	nvarchar(50)	字符型	出生日期
School	nvarchar(50)	字符型	就读的学校
Fristaddress	nvarchar(50)	字符型	出生地
Secondaddress	nvarchar(50)	字符型	目前居住地
Email	nvarchar(50)	字符型	邮箱地址
Pwd	nvarchar(50)	字符型	密码
Date	datetime	日期型	创建时间

2. Type 文章类型表

用来存储文章的类别等。

字段名	字段类型	类型说明	字段含义
ID	int	整型	ID，自动编号
Type	nvarchar(100)	字符型	文章类型
Date	datetime	日期型	创建时间

3. Article 文章表

用来存储文章作者、文章类别、文章标题、文章内容等信息。

字段名	字段类型	类型说明	字段含义
ID	int	整型	ID，自动编号
Author	nvarchar(50)	字符型	文章作者
TypeId	int	整型	文章类别
Subject	nvarchar(50)	字符型	文章标题
Content	ntext	文本	文章内容
Count	int	整型	浏览次数
Date	datetime	日期型	创建时间

4. Picture 图片表

用来存储图片信息。其中的 Typeid 字段用来存储图片的类别信息。

字段名	字段类型	类型说明	字段含义
ID	int	整型	ID，自动编号
TypeId	int	整型	
ImgName	nvarchar(100)	字符型	图片名称
Imgsdescribe	nvarchar(50)	字符型	图片描述
ImgUrl	nvarchar(200)	字符型	图片路径
Date	datetime	日期型	创建时间

5. PictureType 图片类型

用来存储图片的类别。

字段名	字段类型	类型说明	字段含义
ID	int	整型	ID，自动编号
TypeName	nvarchar(100)	字符型	图片类型
date	datetime	日期型	创建时间

6. myRevert 回复表

用来存储文章评论信息。

字段名	字段类型	类型说明	字段含义
ID	int	整型	ID，自动编号
Content	ntext	文本	回复内容
ArticleID	int	整型	文章 ID
User	nvarchar(50)	字符型	姓名
Date	datetime	日期型	创建时间

7. Message 留言表

用来存储游客的留言信息。

字段名	字段类型	类型说明	字段含义
ID	int	整型	ID，自动编号
UserMessage	ntext	文本	回复内容
User	nvarchar(50)	字符型	姓名
Date	datetime	日期型	创建时间

28.3.2 使用 ASP.NET 建立三层结构

本项目采用的是三层结构的设计模式，分别为数据访问层、业务逻辑层、表示层。此模型可使项目的结构更加清楚，分工更明确，有利于后期的更新升级和维护。建立三层结构的具体步骤如下。

(1) 在 Visual Studio 2010 中，选择【文件】➤【新建】➤【项目】➤【其他项目类型】➤【空白解决方案】，命名为"myBlog"，单击【确定】按钮，即可建立本项目的解决方案。

(2) 在【解决方案资源管理器】中的【解决方案 'myBlog'】上右击，选择【添加】➤【新建项目】➤【Visual C#】➤【类库】，并更改名称为 "DAL"，然后单击【确定】按钮，即可建立数据访问层。

(3) 重复步骤(2)，分别新建名为 "BLL" 和 "Model" 的类库，单击【确定】按钮，即可建立业务逻辑层和实体层。

(4) 在【解决方案资源管理器】中的【解决方案 'myBlog'】上右击，选择【添加】➤【新建网站】➤【ASP.NET 网站】，命名为 "Web"，单击【确定】按钮，即可建立表示层。

28.3.3　各层之间相互引用

各层之间的引用步骤如下。

(1) 在【解决方案资源管理器】中，右击【Web】，选择【添加引用】➤【项目】，按【Ctrl】键选中 BLL 和 Model，单击【确定】按钮。

(2) 右击【BLL】项目，引用 DAL 和 Model。

(3) 右击【DAL】项目，引用 Model。

28.3.4　配置数据库 Web.config 中的数据库连接

按【F5】键运行程序，会提示自动生成 Web.config 的信息，选择"是"，关闭运行的程序。此步骤主要是为了自动生成"Web.config"配置文件。打开"Web.config"文件，在"connectionStrings"节点下添加如下的数据库配置信息。

```
<connectionStrings>
<add name="conStr" connectionString="Data Source=.\sqlexpress;Initial Catalog=myBlog;User ID=sa;Password=123;"/>
</connectionStrings>
```

 提　示　"Data Source=.\sqlexpress;"表示使用本地计算机中的 SQL Server 服务器，"Initial Catalog=myBlog;"表示使用 myBlog 数据库，"User ID=sa;Password=123;"表示 SQL Server 的登录名和密码。在 Web.config 文件中，首先要移除曾经设置的默认连接，然后添加自己的连接。

28.4　系统功能实现

 本节视频教学录像：5 分钟

本节介绍各个功能的具体开发。

28.4.1　添加数据访问类

既然是用数据库保存数据，当然不能缺少数据库访问类。本例使用 Microsoft 提供的数据库访问助

手 "SqlHelper.cs" 类，此类包含了常用的数据库操作方法。

添加数据库访问类的步骤如下。

(1) 在 "DAL" 类库下添加数据访问类 "SqlHelper.cs"。代码见随书光盘 "ch28\myBlog"。

(2) 打开 SqlHelper.cs，修改 "ConnectionStringLocalTransaction" 中的数据库连接的名字为 "conStr"。此变量用于在数据库访问时，获取数据库的连接字符串。

(3) 按【Ctrl+S】组合键保存项目修改。

28.4.2 用户登录功能实现

系统运行时，首先要求登录。其界面如下。

用户使用用户名和密码登录后，需要在系统体系结构实际查询数据库是否有这条数据。

1. 实现数据访问层

本部分介绍实现数据访问层类库项目代码的方法，从而结合所有需要的功能使用新创数据层来实现功能。步骤如下。

(1) 返回 Visual Studio 2008 的解决方案，然后在 DAL 层添加新建类，命名为 "DAL_User.cs"。

(2) 添加完成后，下面的模板或框架代码将出现在新添加类中。

```
01   using System;
02   using System.Collections.Generic;
03   using System.Linq;
04   using System.Text;
05
06   namespace DAL
07   {
08       class DAL_User
09       {
10       }
11   }
```

(3) 此处需要修改模板代码，添加 System.Data 命名空间。

```
using System.Data ;
```

(4) 在刚创建的 DAL_User.cs 类中添加一个我们需要的数据判断方法，代码如下。

```
01    public class DAL_User
02    {
03        /// <summary>
04        /// 是否存在该记录
```

```
05       /// </summary>
06       public bool Exists(string UserID, string UserPwd)
07       {
08         StringBuilder strSql = new StringBuilder();
09         strSql.Append("select count(1) from [User]");
10         strSql.Append(" where [User]=" + UserID + " and Pwd=" + UserPwd + " ");
11         int cmdresult;
12         object obj = SQLHelper.ExecuteScalar(strSql.ToString());
13         if ((Object.Equals(obj, null)) || (Object.Equals(obj, System.DBNull.Value)))
14         {
15           cmdresult = 0;
16         }
17         else
18         {
19           cmdresult = int.Parse(obj.ToString());
20         }
21         if (cmdresult == 0)
22         {
28           return false;
24         }
25         else
26         {
27           return true;
28         }
29       }
30     }
```

提 示　SQLHelper 在前面已提到过，此类包含常用的数据库操作方法。

通过使用 DAL_User.cs 类，将使用 Exists 方法返回一个 bool 值。至此已经在数据访问层中添加了所需的代码，下面需要添加业务逻辑层中所需的代码，它将使用刚才数据访问层中创建的类。

2. 实现业务逻辑层

本部分介绍向业务逻辑层添加代码的方法，最终表示层将调用该代码。步骤如下。

(1) 进入 Visual Studio 2010 的解决方案，然后在 BLL 层添加新建类，命名为 "BLL_User.cs"。打开这个类，将看到以下代码。

```
01  using System;
02  using System.Collections.Generic;
03  using System.Linq;
```

```
04  using System.Text;
05
06  namespace BLL
07  {
08    class BLL_User
09    {
10    }
11  }
```

（2）此处一样也要添加 System.Data 命名空间。另外在前面已讲到了层与层之间的关系，所以要引用 DAL 层以便调用对应的方法。

```
01   using System.Data ;
02   using DAL;
```

（3）现在需要实例化 DAL_User.cs 类，然后调用 Exists 方法，将返回 bool 值，代码如下。

```
01  using System;
02  using System.Collections.Generic;
03  using System.Linq;
04  using System.Text;
05  using System.Data;
06  using DAL;
07
08  namespace BLL
09  {
10    public class BLL_User
11    {
12      DAL.DAL_User dal = new DAL_User();
13      /// <summary>
14      /// 是否存在该记录
15      /// </summary>
16      public bool Exists(string UserID, string UserPwd)
17      {
18        return dal.Exists(UserID, UserPwd);
19      }
20    }
21  }
```

这样就在类中完成了业务逻辑层的代码，接下来实现最后一部分，介绍体系结构中的表示层。

3. 实现表示层的代码

返回 Visual Studio 2008 的解决方案和 Web 项目中，添加名为"Login.aspx"的 Web 页面。界面设计如图所示。

4. 后台代码

下面要引用业务逻辑层并实例化我们要调用的类，代码如下。

```
01   using System;
02   using System.Collections;
03   using System.Configuration;
04   using System.Data;
05   using System.Web;
06   using System.Web.Security;
07   using System.Web.UI;
08   using System.Web.UI.HtmlControls;
09   using System.Web.UI.WebControls;
10   using System.Web.UI.WebControls.WebParts;
11   using BLL;
12   using Model;
13   public partial class login : System.Web.UI.Page
14   {
15       BLL_User userbll = new BLL_User();
16       protected void Page_Load(object sender, EventArgs e)
17       {
18       }
19       protected void Button1_Click(object sender, EventArgs e)
20       {
21           // 用户名
22          string UserName = this.TextBox1.Text;
23           // 密码
24          string UseerPwd = this.TextBox2.Text;
25          bool a = userbll.Exists(UserName, UseerPwd);
26          if (a)
27          {
28       // 登录成功把用户名存入 Session，跳转页面
29              Session["user"] = UserName;
30              Response.Redirect("guanli.aspx");
31          }
32          else
33          {
34              Response.Write("<script language=javascript>alert(' 请重新输入！ ')</script>");
35          }
36      }
```

```
37  }
```

28.4.3 基本设置功能的实现

基本设置功能用于设置用户的基本信息。界面如图所示。

1. 实现数据访问层

数据访问层的代码如下。

```
01  using System;
02  using System.Collections.Generic;
03  using System.Text;
04  using System.Data;
05  using Model;
06  namespace DAL
07  {
08      public class DAL_User
09      {
10          #region 成员方法
11
12          Model.BlogUser model = new Model.BlogUser();    // 实例化实体层
13          /// <summary>
14          /// 更新一条数据
15          /// </summary>
16          public void Update(Model.BlogUser model)
17          {
18              StringBuilder strSql = new StringBuilder();
19              strSql.Append("update [User] set ");
20              strSql.Append("[Name]='" + model.Name + "',");
21
22              strSql.Append("sex='" + model.sex + "',");
23              strSql.Append("Birthday='" + model.Birthday + "',");
24              strSql.Append("Fristaddress='" + model.Fristaddress + "',");
25              strSql.Append("Secondaddress='" + model.Secondaddress + "',");
```

```
26          strSql.Append("Email='" + model.Email + "'");
27          strSql.Append(" where ID=" + model.ID + " ");
28          SQLHelper.ExecuteNonQuery(strSql.ToString());
29      }
30
31      /// <summary>
32      /// 获得数据列表
33      /// </summary>
34      public DataTable GetList()
35      {
36          StringBuilder strSql = new StringBuilder();
37       strSql.Append("select ID,[User],Pwd,Name,Img,sex,Birthday,Fristaddress,Secondaddress,
School,Email,date ");
38          strSql.Append(" FROM [User] ");
39          return SQLHelper.ExecuteTable(strSql.ToString());
40      }
41      }
42
43      #endregion 成员方法
44
45  }
```

2. 实现业务逻辑层

业务逻辑层的代码如下。

```
01  using System;
02  using System.Collections.Generic;
03  using System.Text;
04  using DAL;
05  using Model;
06  using System.Data;
07  namespace BLL
08  {
09    public class BLL_User
10    {
11      #region 成员方法
12
13      DAL.DAL_User dal = new DAL_User();
14      /// <summary>
15      /// 更新一条数据
16      /// </summary>
17      public void Update(Model.BlogUser model)
18      {
```

```
19          dal.Update(model);
20        }
21
22        /// <summary>
23        /// 获得数据列表
24        /// </summary>
25        public DataTable GetList()
26        {
27            return dal.GetList();
28        }
29
30
31        #endregion  成员方法
32    }
33  }
```

3. 表示层代码

在项目中添加名为"adddangan.aspx"的页面，设计界面如图所示。

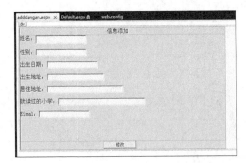

4. 后台代码

后台代码如下。

```
01  using System;
02  using System.Collections;
03  using System.Configuration;
04  using System.Data;
05  using System.Web;
06  using System.Web.Security;
07  using System.Web.UI;
08  using System.Web.UI.HtmlControls;
09  using System.Web.UI.WebControls;
10  using System.Web.UI.WebControls.WebParts;
11  using BLL;
12  using Model;
13
```

```
14    public partial class adddangan : System.Web.UI.Page
15    {
16        BLL_User userbll = new BLL_User();    // 实例化业务逻辑层
17        BlogUser usermo = new BlogUser();     // 实例化实体层
18        protected void Page_Load(object sender, EventArgs e)
19        {
20            if (!IsPostBack)    // 首次加载
21            {
22                select();    // 读取数据
28            }
24        }
25        /// <summary>
26        /// 把数据库的固定内容读取出来绑定到页面控件上面显示
27        /// </summary>
28        public void select()
29        {
30
31            this.txtxm.Text = userbll.GetList().Rows[0]["Name"].ToString();    // 姓名
32            this.TextBox2.Text = userbll.GetList().Rows[0]["sex"].ToString();    // 性别
33            this.txtrq.Text = userbll.GetList().Rows[0]["Birthday"].ToString();    // 出生日期
34            this.txtdz.Text = userbll.GetList().Rows[0]["Fristaddress"].ToString();    // 出生地址
35            this.txtjz.Text = userbll.GetList().Rows[0]["Secondaddress"].ToString();    // 居住地址
36            this.txtEimal.Text = userbll.GetList().Rows[0]["Email"].ToString();    //Eimal
37            this.txtjd.Text = userbll.GetList().Rows[0]["School"].ToString();        // 就读过的学校
38
39        }
40    }
```

双击"修改"按钮, 在自动生成的按钮的 Click 事件处理函数体内添加如下代码。

```
01    /// <summary>
02    /// 更新数据
03    /// </summary>
04    /// <param name="sender"></param>
05    /// <param name="e"></param>
06    protected void Button1_Click(object sender, EventArgs e)
07    {
08        usermo.Name =this.txtxm.Text;
09        usermo.sex=this.TextBox2.Text;
10        usermo.Birthday=Convert.ToDateTime(this.txtrq.Text);
11        usermo.Fristaddress=this.txtdz.Text;
12        usermo.Secondaddress=this.txtjz.Text ;
13        usermo.Email=this.txtEimal.Text ;
14        usermo.School =this.txtjd.Text;
15        usermo.ID = 1;
16        userbll.Update(usermo);
```

```
17        Response.Write("<script>alert(' 修改成功！ ')</script>");
18        select();  // 更新成功后重新绑定数据
19    }
```

28.4.4 添加日志功能的实现

博客最主要的功能就是写日志，本系统中添加日志的界面如图所示。

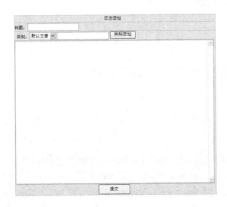

1. 实现数据访问层

返回 Visual Studio 2010 的解决方案，然后在 DAL 层中添加新建类，命名为 "DAL_Article.cs"。代码如下。

```
01        /// <summary>
02        / 增加一条数据
03        /// </summary>
04        public void Add(Model.Article model)
05        {
06          StringBuilder strSql = new StringBuilder();
07          strSql.Append("insert into Article(");
08          strSql.Append("Author,TypeId,Subject,Content,[Count]");
09          strSql.Append(")");
10          strSql.Append(" values (");
11          strSql.Append("'" + model.Author + "',");
12          strSql.Append("" + model.TypeId + ",");
13          strSql.Append("'" + model.Subject + "',");
14          strSql.Append("'" + model.Content + "',");
15          strSql.Append("" + model.Count);
16        strSql.Append(")");
17        SQLHelper.ExecuteNonQuery(strSql.ToString());
18        }
```

2. 实现业务逻辑层

返回 Visual Studio 2010 的解决方案，然后在 BLL 层添加新建类，命名为 "BLL_Article.cs"。

此处一样也要添加 System.Data 和 DAL 命名空间。

```
using System.Data;
using DAL;
```

类代码如下。

```
01   DAL_Article dal_Article = new DAL_Article();   // 实例化数据层
02       /// <summary>
03       /// 增加一条数据
04       /// </summary>
05       public void Add(Model.Article model)
06       {
07           dal_Article.Add(model);           // 返回实体类
08       }
```

3. 实现表示层

在解决方案和 Web 项目中添加"addrizhi.aspx"页面，如图所示。

4. 后台代码

双击"提交"按钮，在自动生成的按钮的 Click 事件处理函数体内添加如下代码。

```
01   Article art = new Article();   // 实例化实体类
02   BLL_Article arcbll = new BLL_Article();   // 实例化业务逻辑层
03
04    protected void Button1_Click(object sender, EventArgs e)
05    {
06         // 日志添加
07         art.Author = " 个人 ";//
08         art.Subject = this.TextBox1.Text;   // 文章标题
09         art.Content = this.TextBox2.Text;   // 文章内容
10         art.Count = 0;
11         art.TypeId =Convert.ToInt32( this.DropDownList1.SelectedValue);   // 文章类别
12         arcbll.Add(art);
13         Response.Write("<script>alert(' 添加成功！ ')</script>");
```

14   }

28.4.5 显示内容功能的实现

添加日志后，将显示在博客的主页 Index.aspx 中，界面如图所示。

1. 实现数据访问层

数据访问层的代码如下。

```
01      public DataTable GetListRevert(int top)
02      {
03         StringBuilder strSql = new StringBuilder();
04         string addsql = "top " + top;
05         if (top <= 0)    // 要查询几条数据
06         {
07            addsql = "";
08         }
09            strSql.Append("select " + addsql + " a.*,c.*,d.Type from Article as a left join (select
count(ArticleID)as b,ArticleID from myRevert group by ArticleID) as c on a.id=c.ArticleID  join [Type] as d
on a.TypeId=d.ID order by a.ID desc"); // 联表查询
10            return SQLHelper.ExecuteTable(strSql.ToString());
11         }
```

2. 业务逻辑层的代码

业务逻辑层的代码如下。

```
01  DAL_Article dal_Article = new DAL_Article();    // 实例化数据层
02      /// <summary>
03      /// 获得数据列表
04      /// </summary>
05      /// <param name="top"></param>
06      /// <returns></returns>
07      public DataTable GetList(int top)
08      {
09         return dal_Article.GetList(top);
10      }
```

3. 表示层代码

在解决方案和 Web 项目中添加"rizhi.aspx"页面，如图所示。

28.4.6 日志管理功能的实现

在 guanli.aspx 页面，系统管理员可以对日志进行管理，包括编辑和删除操作。界面如图所示。

1. 实现数据访问层

数据访问层的代码如下。

```
01      public DataTable GetList(int top)
02      {
03          StringBuilder strSql = new StringBuilder();
04          string addsql = "top "+top;
05          if (top <= 0)
06          {
07              addsql = "";
08          }
09
10              strSql.Append("select " + addsql + " a.ID,a.Author,a.TypeId,a.[Subject],a.[Content],a.[Count],a.date,b.Type ");
11              strSql.Append(" FROM Article a join [type] b on a.TypeId = b.ID order by a.ID desc");
12              return SQLHelper.ExecuteTable(strSql.ToString());
13      }
14
15  /// <summary>
16      // 删除一条数据
17      /// </summary>
18      public void Delete(int ID)
19      {
20          StringBuilder strSql = new StringBuilder();
21          strSql.Append("delete from Article ");
22          strSql.Append(" where ID=" + ID);
28          SQLHelper.ExecuteNonQuery(strSql.ToString());
24      }
```

2. 实现业务逻辑层

业务逻辑层的代码如下。

```
01        public DataTable GetList(int top)
02        {
03            return dal_Article.GetList(top);
04        }
05        /// <summary>
06        /// 删除一条数据
07        /// </summary>
08        public void Delete(int ID)
09        {
10            dal_Article.Delete(ID);
11        }
```

3. 表示层代码

在解决方案和 Web 项目中添加 "delrizhi.aspx" 页面。在 delrizhi.aspx 页面添加一个数据显示控件，如图所示。

用户名	新闻标题	添加时间	基本操作
数据绑定 系统管理员	数据绑定	数据绑定...	删除 | 编辑
数据绑定 系统管理员	数据绑定	数据绑定...	删除 | 编辑
数据绑定 系统管理员	数据绑定	数据绑定...	删除 | 编辑
数据绑定 系统管理员	数据绑定	数据绑定...	删除 | 编辑
数据绑定 系统管理员	数据绑定	数据绑定...	删除 | 编辑

4. 后台代码

```
01  public void select()
02    {
03        rep1.DataSource = artbll.GetList(0);
04        rep1.DataBind();
05    }
06    protected void LinkButton1_Click(object sender, EventArgs e)
07    {
08        for (int i = 0; i < this.rep1.Items.Count; i++)
09        {
10            Label lb = (Label)this.rep1.Items[i].FindControl("Label1");
11            int id = Convert.ToInt32(lb.Text.ToString());
12            artbll.Delete(id);
13        }
14  Response.Write("<script>alert(' 删除成功！ ')</script>");
15        select();
16
17  }
```

提示　以上只讲了部分模块，讲述了基本三层架构的流程。其他模块的实现方法与此相似，读者可参照源代码练习。

28.5　系统运行

　本节视频教学录像：4 分钟

系统设计好了，现在我们将 login.aspx 页设为起始页，单击工具栏中的【启用调试】按钮运行系统。

(1) 运行后，即打开登录页面。使用【用户名】为"admin"、【密码】为"admin"的用户登录。

(2) 登录后进入管理界面，从中可以进行基本信息的设置、日志的添加和管理、相册的添加和管理等。

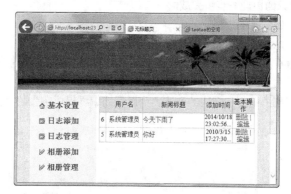

(3) 单击左侧的【日志添加】链接，在【类别】文本框中输入类别，单击【类别添加】按钮，即可新建一个类别。输入标题和内容，单击【提交】按钮，即可完成日志的添加。

(4) 单击标题栏中的【主页】，可以看到添加后的日志显示在主页中。

(5) 单击标题栏中的【管理中心】，重新登录后，单击【日志管理】，即可编辑或删除日志。

	用户名	新闻标题	添加时间	基本操作
7	系统管理员	欢迎光临	2014/10/18 23:11:24...	删除 | 编辑
6	系统管理员	今天下雨了	2014/10/18 23:02:56...	删除 | 编辑
5	系统管理员	你好	2010/3/15 17:27:30...	删除 | 编辑

(6) 另外还有相册的添加与管理功能，和日志基本类似，读者可以自己操作。

28.6 开发过程常见问题及解决

 本节视频教学录像：1 分钟

本章介绍了三层架构的开发，一般都是先分析需求，接着整理出实体的数据，设计架构，然后设计数据库的表和字段，接下来就是 DAL、BLL、UI。

如果你是初次开发这样的三层架构程序，在开发过程中，你肯定会遇到这样或者那样的问题，不要急于求成，要按照软件设计的原理一步步完成。

(1) 明确系统的需求，做到有的放矢。

(2) 讨论、思考系统的总体框架，在此基础上完成各部门功能模块的框架。

(3) 建立合理高效的数据库，尽可能做到满足现有功能，还能进行下一步扩展的需求。

(4) 编写代码，运行调试，逐渐完善。

(5) 总结开发过程中遇到的问题和解决的方法，为以后的编程提供宝贵的经验。

第29章

 本章视频教学录像：23 分钟

B2C 网上购物系统实战

以练促学，通过实际项目开发，巩固加深对 .Net 的掌握。本章通过开发一个完整的 B2C 网上购物系统，以掌握 Web 系统开发的流程。

本章要点（已掌握的在方框中打钩）

- □ 开发背景
- □ 需求及功能分析
- □ 系统功能实现
- □ 系统运行
- □ 开发过程常见问题及解决

29.1 开发背景

本节视频教学录像：2 分钟

我们已经系统地学习了 .Net 程序设计的基本概念、方法和一般的应用技巧，但是编程的目的是应用，而不是死记硬背，不会灵活使用，知识永远也无法转化成能力。本章通过建立一个较为完整的 B2C 网上购物系统，让大家全面地掌握 .Net 的基本知识，并熟练掌握 Web 网站系统开发的基本流程。

结合本系统，一个 Web 网站的开发流程通常需要经历以下几个步骤。

（1）知道为什么做，也就是编写程序的目的是什么。我们要开发的是具有网上购物功能的一个系统。

（2）要做哪些事情，做这些事情需要达到什么程度。网上购物，通常就是要完成顾客注册、商品录入与展示、购物车、订单查询与处理等功能。

（3）数据库的设计，这是建立在对项目需求明确、功能清晰基础上的，因为数据库的设计是项目的基石，必须牢固。本系统的数据库是用来存储信息数据的，鉴于本系统的重点不是数据库，故实现的方法略微简单。

（4）编写代码。在达到目的的前提下，兼顾代码的运行效率，也就是体现出代码的功能化、模块化等。

（5）运行系统，查漏补缺，总结经验和教训。

29.2 需求及功能分析

本节视频教学录像：6 分钟

所谓磨刀不误砍柴工，在接到项目任务时，不能盲目地进行开发。在开发之前，要对项目的开发背景、客户的需求以及项目的可行性等进行分析，然后再根据分析的结果做出合理的项目规划，使项目能够按部就班地进行，不至于出现顾此失彼的情况。

> **提示** 在实际应用中，需求不是非常明确的，需要与客户长期接洽才能达成共识。

29.2.1 需求分析

通常，网上购物系统的功能可以很复杂很强大，也可以很简单很明了，但是最主要的需求是必须满足的，比如顾客的注册，商品的查询、维护、销售，订单的查询与处理等。经过这样一个调查分析的过程，我们设计的 B2C 网上购物系统的需求才能明确。

下面，把 B2C 网上购物系统的主要需求——列举出来。

（1）设计数据库，用来存储顾客、商品、购物车、订单等各种信息，这样顾客、商品、购物信息才不至于程序结束导致数据丢失，并且能对各种数据信息进行有效管理，方便查询与存储操作。本次 .NET 系统的开发，将采用 SQL Server 作为数据库。

（2）顾客的注册。

（3）顾客、管理人员的登录。

（4）商品呈现，实现顾客对商品的浏览与查找。

(5) 购物车，实现顾客可以方便地多次购物。

(6) 商品管理，实现对商品信息的录入与管理功能。

(7) 销售订单管理，实现对顾客的订单进行查询和处理。

这就是我们设计的系统的基本需求，在需求定义阶段，设计人员和需方人员应协调沟通，确认需求且彼此理解无误，形成书面文档，就可以进行下一步的工作了。

下面对系统进行功能分析。

29.2.2 总体功能设计

总体功能模块设计，是在需求的基础上，对系统的架构做一个总体的规划。开发一个项目，特别是复杂的项目，总体设计方案是由大家集思广益，多次商讨之后决定的。我们这样做，也是按照程序设计的指导思想进行的，即由上至下、逐步细化。

可以把本系统分为以下几大模块：人员信息管理、商品呈现、购物车、商品管理、订单管理。如图所示。

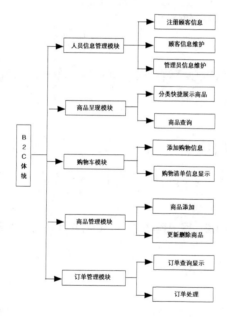

为了充分发挥 .NET 的特性，我们建立一个购物明细类 OrderItem 和订单信息类 OrderInfo，为购物信息的传递实现提供方便。类声明如下。

```
01   //购物明细项目类
02   public class OrderItem
03   {
04       public string ID;    //商品编号
05       public float  Price;   //商品价格
06       public int Num;   //商品数量
07       public float  SumPrice;   //小计
08       public OrderItem()
09       {
```

```
10      }
11  }
12  //订单信息类
13  public class OrderInfo
14  {
15      public string OrderNo;      //订单编号
16      public DateTime OrderTime;    //下单时间
17      public float TotalPrice;    //订单总金额
18      public string BuyerName;    //购货人姓名
19      public string BuyerPhone;    //联系人电话
20      public string BuyerEmail;    //Email 地址
21      public string ReceiverName;    //收货人姓名
22      public string ReceiverPhone;    //联系人电话
23      public string ReceiverAddress;    //收货人地址
24      public string ReceiverPostalcode;    //邮政编码
25      public string State;    //订单状态
```

注意 在这里声明类对象，目的是为了程序在传值的时候简单一些，表达方便，不一定都要把信息封装成类。

29.2.3 各功能模块设计

下面依次介绍人员信息管理、商品呈现、购物车、商品管理和订单管理 5 大模块的实现。

1. 人员信息管理

人员信息管理是用来实现 B2C 网上购物系统的顾客在线注册、顾客信息管理和管理员信息管理等 3 个功能。

人员信息管理模块的流程如图所示。

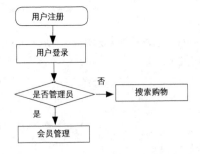

2. 商品呈现模块

商品呈现模块的功能是将系统中的商品在网站首页显示出来，提供多种供用户查询自己所需商品的方法。

流程如图所示。

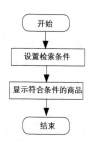

提 示　　我们对按各种条件检索出来的商品，如种类、价格区间或名称，在展示商品信息时，可以将商品的图片信息显示出来，这样会给顾客呈现非常直观的效果。

3. 购物车模块

网上购物车模块实现顾客的购物过程，提供类似于超市中小购物车的功能，用来搜集顾客选中的商品，一块结账。并实现比商场的传统购物车更方便的功能：顾客可以多次购物，购物车会记录下每次顾客选中的商品，下次登录时可以继续购物，多次一块结账，而不需要像逛超市一样，每次要重新推一个空的购物车重新选购。

网上购物车模块流程如图所示。

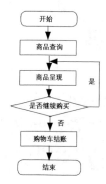

4. 商品管理模块

商品管理模块的功能是录入要销售的商品信息，如名称、种类、价格、图片等信息，然后对录入的商品进行修改、删除等维护操作。

商品管理模块流程如图所示。

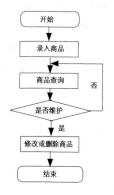

5. 订单管理模块

订单管理模块的功能是查询客户订单，核对订单信息，对订单进行处理。

订单管理模块流程如图所示。

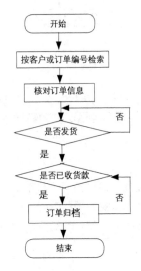

29.3 系统功能实现

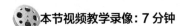本节视频教学录像：7 分钟

本节从以下几个方面详细讲解 B2C 网上购物系统是如何实现的，分为系统目录框架、顾客注册功能、人员信息管理、商品呈现、购物车、商品管理、订单管理等。

29.3.1 系统目录框架的搭建

本小节介绍系统目录框架的搭建。B2C 系统和一般的 Web 网站略有不同，其权限管理和逻辑流程较一般网站更为复杂。系统框架的搭建也有别于网站的开发。下面具体介绍本系统搭建的流程。

1. 创建项目

系统搭建的第 1 步是创建一个站点。打开 Visual Studio 2008，选择文件→新建→网站，在弹出的新建网站窗口中选择代码文件的存放路径和开发语言，系统将在选定的文件路径下写入 Web 开发所需的文件，并生成一个默认的 Web 网页 "Default.aspx"，这样系统项目就建好了。

以后需要添加页面时，只需要在解决方案面板中，在网站需要添加页面的目录单击右键，在弹出的快捷菜单中选择【添加新项】菜单项，然后在弹出的【新建文件】对话框中选择需要添加的文件类型和文件即可。

2. 附加数据库

(1) 在 SQL Server 2008 中，右击【对象资源管理器】中的【数据库】，在弹出的快捷菜单中选择【附加】菜单项。

(2) 单击【添加】按钮，添加"随书光盘 ch29\db_EShop.mdf"数据库文件。

(3) 修改 Web.config 文件的 <connectionStrings> 标签对为以下代码。

```
01    <connectionStrings>
02    <add name="db_EShopConnectionString" connectionString="Data Source=,\sqlexpress;Initial Catalog=DB_ESHOP;User ID=sa;Password=123"/>
03    </connectionStrings>
```

 提示　"Data Source=.\sqlexpress"表示数据库在本地计算机中，开发完成后，可将该地址改为数据库的具体地址。"User ID"和"Password"可改为自己计算机中 SQL Server 2008 的登录账户名和密码。

3. 页面框架

接下来的工作就是决定系统页面的框架和页面的风格。系统采用如图所示的框架，依次为页头、菜单、导航、主功能区、页脚。因为除了登录和重设密码外，所有的页面布局基本一致，所以我们可采用模板页以保证系统具有统一的风格，从而提高代码的重用度。

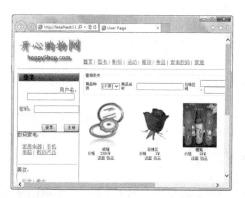

模板页是在项目里选择【添加新项】，在弹出窗口中选择【添加母版页】，然后再进行排版布局。

29.3.2 顾客注册功能的实现

在 Web 项目上右击，选择【添加新项】，选择新建一个 Web 窗体，即可创建一个 Web 网页，我们把这个页面的文件命名为"AddUser"，用来实现注册用户的功能。可以看到，对于一个 Web 窗体，Visual Studio .Net 实际上创建了两个文件，一个是 aspx 前台页面文件，负责页面布局与控件的声明；一个是 .cs 后台程序文件，用来实现逻辑处理。在后面其他页面创建时也都采用这种方法。

顾客注册包括顾客的基本信息录入，以及确认提交，在前台页面提供了注册信息的输入，及非空等验证，单击【提交】按钮后，服务器端将会对提交的注册信息进行逻辑处理，合法信息将会保存到数据库中。后台程序单击【提交】按钮的代码如下（代码 29-1.txt）。

```
01   protected void btnSubmit_Click(object sender, EventArgs e)
02   {
03 stringsql=@"insertinto[USER](ID,NAME,PASSWORD,PHONECODE,EMAILS,ADVANCEPAYMENT,ROLE) values (@ID,@NAME,@PASSWORD,@PHONECODE,@EMAILS,@ADVANCEPAYMENT,@ROLE)";
04      SqlParameter[] parameters = new SqlParameter[7];
05
06      SqlParameter id = new SqlParameter("@ID", SqlDbType.Char);
07      DateTime tempTime = DateTime.Now;
08      id.Value = tempTime.ToString("yyyyMMddhhmmss");
09      parameters[0] = id;
10      SqlParameter name = new SqlParameter("@NAME", SqlDbType.VarChar);
11      name.Value = this.txtUserName.Text.Trim();
12      parameters[1] = name;
13
14      SqlParameter password = new SqlParameter("@PASSWORD", SqlDbType.VarChar);
15      password.Value = this.txtPassword.Text.Trim();
16      parameters[2] = password;
17
18      SqlParameter phoneCode = new SqlParameter("@PHONECODE", SqlDbType.VarChar);
19      phoneCode.Value = this.txtPhone.Text.Trim();
20      parameters[3] = phoneCode;
21
22      SqlParameter email = new SqlParameter("@EMAILS", SqlDbType.VarChar);
23      email.Value = this.txtEmail.Text.Trim();
24      parameters[4] = email;
25
26      SqlParameter adven = new SqlParameter("@ADVANCEPAYMENT", SqlDbType.Float);
27      adven.Value = 0;
28      parameters[5] = adven;
29
30      SqlParameter role = new SqlParameter("@ROLE", SqlDbType.Bit);
31      role.Value = false;
```

```
32        parameters[6] = role;
33        try
34        {
35            int result = dbHelper.ExecuteNonQuery(sql, parameters);
36            if (result == 1)
37            {
38                Response.Write("<script type='text/javascript'> alert(' 添加成功 ');</script>");
39
40            }
41            else
42                throw new Exception();
43        }
44        catch
45        {
46            Response.Write("<script type='text/javascript'> alert(' 用户名已存在，请修改用户名！ ');</
script>");
47        }
48
49 }
```

此处代码中调用了公共类 DataBaseHelper，其代码如下（代码 29-2.txt）。

```
01   using System;
02   using System.Data;
03   using System.Data.SqlClient;
04   using System.Configuration;
05   public class DataBaseHelper
06   {
07       // 声明数据连接对象和数据访问对象
08       private SqlConnection connection;
09       private SqlCommand command;
10       private SqlDataAdapter adapter;
11   public DataBaseHelper()
12   {
13           this.connection = new SqlConnection(ConfigurationManager.ConnectionStrings["Database
ConnectionString"].ConnectionString);    // 取得连接字符处 ;
14           this.command = new SqlCommand();
15           this.command.Connection = this.connection;
16           this.adapter = new SqlDataAdapter(command);
17   }
18
19       public int ExecuteNonQuery(string sql)
20       {
```

```
21          return this.ExecuteNonQuery(sql, new SqlParameter[0]);
22      }
23
24      public int ExecuteNonQuery(string sql, SqlParameter[] param)
25      {
26          this.command.CommandText = sql;
27          this.command.Parameters.Clear();
28          for (int i = 0; i < param.Length; i++)
29          {
30              if(param[i] != null)
31                  this.command.Parameters.Add(param[i]);
32          }
33          int result = 0;
34          try
35          {
36              this.connection.Open();
37              result = this.command.ExecuteNonQuery();
38          }
39          catch (Exception ex)
40          {
41              throw ex;
42          }
43          finally
44          {
45              this.connection.Close();
46          }
47          return result ;
48      }
49
50      public DataTable Select(string sql, SqlParameter[] param)
51      {
52          this.command.CommandText = sql;
53          this.command.Parameters.Clear();
54          for (int i = 0; i < param.Length; i++)
55          {
56              if(param[i] != null)
57                  this.command.Parameters.Add(param[i]);
58          }
59          DataTable dtData = new DataTable();
60          // 连接数据库取得数据，出现异常则向上级抛出；
61          try
62          {
63              this.adapter.Fill(dtData);
```

```
64          }
65      catch (Exception ex)
66      {
67          throw ex;
68      }
69      return dtData;
70  }
71
72  public DataTable Select(String sql)
73  {
74      return this.Select(sql, new SqlParameter[0]);
75  }
76
77  public static SqlParameter[] AddParameter(SqlParameter[] paramArray, SqlParameter param)
78  {
79      Array.Resize<SqlParameter>(ref paramArray, paramArray.Length + 1);
80      paramArray[paramArray.Length - 1] = param;
81      return paramArray;
82  }
83  }
```

以后各页面调用的 DataBaseHelper 类皆为此类，后面不再赘述。

29.3.3 人员信息的维护

对录入的顾客信息，管理人员可进行删除等操作，以将无效用户从系统中清除，所以只需在人员列表中将要删除的用户名称取出，然后提交数据库进行删除即可。操作较为简单，我们重点学习一下 GridView 的扩展用法，注意绑定列 BoundField 与命令列 CommandField 的使用。下面建立 UserManage 页面，如图所示。

前台页面使用了 GridView 列出用户，通过提交行删除事件，后台程序可对选中的行进行删除操作。后台 .cs 代码如下（代码 29-3.txt）。

```
01  protected void Page_Load(object sender, EventArgs e)
02  {
03      if (!IsPostBack)
04      {
05          gvMemberBind();
06      }
```

```
07    }
08    public void gvMemberBind()
09    {
10        DataTable dt = new DataBaseHelper().Select("select * from [user] where role='0' order by
name");
11        gvUser.DataSource = dt;
12        gvUser.DataBind();
13
14    }
15    protected void gvUser_PageIndexChanging(object sender, GridViewPageEventArgs e)
16    {
17        gvUser.PageIndex = e.NewPageIndex;
18        gvMemberBind();
19    }
20    protected void gvUser_RowDeleting(object sender, GridViewDeleteEventArgs e)
21    {
22        string name = gvUser.DataKeys[e.RowIndex].Value.ToString();
23        string sql="delete from [user] where name='"+name+"' ";
24        int i = new DataBaseHelper().ExecuteNonQuery(sql);
25        if (i == 1)
26        {
27            gvMemberBind();
28        }
29    }
```

29.3.4 商品呈现功能实现

我们采用 DataList 控件将查询得到的商品信息以直观的形式展示给顾客，这样可以方便商品图片的
布局显示。大家要重点学习一下 DataList 与 GridView 有什么不同，在绑定数据时，DataList 控件有什
么灵活性。下面建立商品展示 Default.aspx 页面，如图所示。

在前面的布局中我们设置了检索条件，下面展示商品信息，以满足顾客的购物需求，后台代码主要是根据传入的检索条件，进行商品的查询、数据的绑定，在这里大家可以看一下，是如何与 DataList 控件进行数据绑定的。后台代码如下（代码 29-4.txt）。

```
01   private void query()
02   {
03
04       string sql="select top 20 * from Goods where 1=1 ";
05       if (!IsPostBack)
06       {
07         if (Request["Class"] != null && Request["Class"].ToString().Trim().Length > 0)
08         {
09           sql += " and class like'%" + Server.HtmlDecode(Request["Class"].ToString().Trim()) + "%' ";
10         }
11       }
12       else if (ddlKind.SelectedIndex > 0)
13       {
14         sql += " and class like'%='" + ddlKind.SelectedValue.Trim() + "%' ";
15       }
16       if(txtName.Text.Trim().Length>0)
17       {
18         sql += " and name like '%" + txtName.Text.Trim() + "%' ";
19       }
20       if (txtPriceMin.Text.Trim().Length > 0)
21       {
22         sql += " and price >=" + txtPriceMin.Text.Trim();
23       }
24       if (txtPriceMax.Text.Trim().Length > 0)
25       {
26         sql += " and price <=" + txtPriceMax.Text.Trim();
27       }
28       sql += " order by class,name ";
29       DataTable dt = new DataBaseHelper().Select(sql);
30       dlResult.DataSource = dt;
31       dlResult.DataBind();
32   }
```

29.3.5　购物车功能实现

本模块将检索到的要采购的商品，通过单击【购买】按钮，实现将此商品信息收集在本人的购物车中。前台页面即为商品呈现页面，只是在呈现每个商品的信息时，加载了购买事件。在事件被激发时，后台程序通过绑定信息，分析是购买的哪个商品，将此人的购买信息存到数据库的购物车表中，并以购物车的形式展现给顾客。实现代码如下（代码 29-5.txt）。

```
01      // 当购买商品时，获取商品信息
02   public OrderItem GetSubGoodsInformation(DataListCommandEventArgs e, DataList DLName)
03   {
04      // 获取购物车中的信息
05      OrderItem Goods = new OrderItem();
06      Goods.ID = DLName.DataKeys[e.Item.ItemIndex].ToString();
07      string GoodsInfo = e.CommandArgument.ToString();
08      Goods.Price = float.Parse(GoodsInfo);
09      return (Goods);
10   }
11   public void AddShopCartItem(DataListCommandEventArgs e, DataList DLName)
12   {
13      if (Session["USERNAME"] != null)
14      {
15         OrderItem Goods = null;
16         Goods = GetSubGoodsInformation(e,DLName);
17         if (Goods == null)
18         {
19         // 显示错误信息
20            Response.Write("<script>alert(' 没有可用的数据 ');location='index.aspx';</script>");
21            return;
22         }
23         else
24         {
25         // 取得当前购物车有无此已购商品
26            string sql ="select * from ShopCart where GoodsID=@GoodsID and UserName=@
UserName";
27         SqlParameter[] parameters ={ new SqlParameter("@GoodsID", SqlDbType.Char, 14),
28         new SqlParameter("@UserName", SqlDbType.Char, 50)};
29         parameters[0].Value = Goods.ID;
30         parameters[1].Value = Session["USERNAME"].ToString().Trim();
31         int i=new DataBaseHelper().Select(sql,parameters).Rows.Count;
32         if(i>0 )
33         {
34            sql=@"update ShopCart
35               set Num=(Num+1),
36      SumPrice=(SumPrice+@Price)
37               where GoodsID=@GoodsID and UserName=@UserName";
38         }
39         else
40         {
```

```
41              sql = @"Insert into ShopCart(GoodsID,Num,SumPrice,UserName)
42                  values(@GoodsID,1,@Price,@UserName)";
43
44          }
45          SqlParameter[] parameters1 ={ new SqlParameter("@GoodsID", SqlDbType.Char, 14),
46          new SqlParameter("@Price", SqlDbType.Float, 8),
47          new SqlParameter("@UserName", SqlDbType.Char, 50)};
48
49          parameters1[0].Value = Goods.ID;
50          parameters1[1].Value = Goods.Price;
51          parameters1[2].Value = Session["USERNAME"].ToString().Trim();
52
53          //执行
54          int s = new DataBaseHelper().ExecuteNonQuery(sql, parameters1);
55          if (s > 0)
56          {
57              GlobleClass.PopInfo(this.Page, "恭喜您，添加成功！");
58          }
59          else
60          {
61              GlobleClass.PopInfo(this.Page, "操作不成功！");
62          }
63      }
64  }
65  else
66  {
67      GlobleClass.PopInfo(this.Page, "请先登录，谢谢！");
68  }
69  }
```

需要注意的是，在添加购物信息时，一定要注意判断用户是否已登录，如果未登录要给以提醒登录，因为只有登录了，才知道商品是卖给哪位用户。购物结束，我们要能查看购物车的采购信息，并进行结账。为此在主页建立"我的购物车"链接，建立购物车页面，新建一个窗口文件"UserDetail.aspx"。前台模板内设计如图所示。

后台读取绑定购物车的商品信息，并进行"结账"，即提交订单的操作。后台文件 UserDetail.aspx.cs 代码如下（代码 29-6.txt）。

```
01    // <summary>
02    /// 显示购物车中的信息
03    /// </summary>
04    private void LoadShopCar()
05    {
06        string sql = @"select GoodsID,Name,Price,Num,SumPrice,UserName
07            from ShopCart S, Goods G where S.GoodsID=G.ID and UserName='" +
Session["USERNAME"].ToString().Trim() + "' ";
08        DataTable dt = new DataBaseHelper().Select(sql);
09        gvShopCart.DataSource = dt;
10        gvShopCart.DataBind();
11    }
12    /// <summary>
13    /// 显示购物车中的商品合计金额
14    /// </summary>
15    private void TotalDs()
16    {
17        string sql = "select Sum(SumPrice) from ShopCart " +
18            "where UserName='" + Session["USERNAME"].ToString().Trim() + "' ";
19        DataTable dt = new DataBaseHelper().Select(sql);
20        if (dt.Rows.Count > 0)
21        {
22            lblTotal .Text = GlobleClass.VarStr(dt.Rows[0][0].ToString(), 2);
23        }
24    }
25    protected void gvShopCart_PageIndexChanging(object sender, GridViewPageEventArgs e)
26    {
27        gvShopCart.PageIndex = e.NewPageIndex;
28        LoadShopCar();
29    }
30    protected void gvShopCart_RowDeleting(object sender, GridViewDeleteEventArgs e)
31    {
32        string goodsID =gvShopCart.DataKeys[e.RowIndex]["GoodsID"].ToString();
33        string userName =gvShopCart.DataKeys[e.RowIndex]["UserName"].ToString();
34        string sql=@"delete from ShopCart
35            where UserName='"+userName+"' and GoodsID='"+goodsID +"' ";
36        int i = new DataBaseHelper().ExecuteNonQuery(sql);
37        LoadShopCar();
38        TotalDs();
39    }
40    protected void gvShopCart_RowCancelingEdit(object sender, GridViewCancelEditEventArgs e)
41    {
```

```
42      gvShopCart.EditIndex = -1;
43      LoadShopCar();
44      TotalDs();
45   }
46   protected void gvShopCart_RowUpdating(object sender, GridViewUpdateEventArgs e)
47   {
48      string goodsID = gvShopCart.DataKeys[e.RowIndex]["GoodsID"].ToString();
49      string userName = gvShopCart.DataKeys[e.RowIndex]["UserName"].ToString();
50      string num = ((TextBox)(gvShopCart.Rows[e.RowIndex].Cells[2].Controls[0])).Text.ToString();
51      if (GlobleClass.IsNumber(num) == true)
52      {
53         string sql = @"update ShopCart set Num=" + num + ", " +
54              "SumPrice=(" + num + "*( Select Price from Goods " +
55              " where ID='" + goodsID + "')) " +
56            "where UserName='" + userName + "' and GoodsID='" + goodsID + "'";
57         if (new DataBaseHelper().ExecuteNonQuery(sql) == 1)
58         {
59            gvShopCart.EditIndex = -1;
60            LoadShopCar();
61            TotalDs();
62         }
63      }
64      else
65      {
66         GlobleClass.PopInfo(this.Page, "请输入正确的物品数量！");
67      }
68   }
69
70   protected void gvShopCart_RowEditing(object sender, GridViewEditEventArgs e)
71   {
72      gvShopCart.EditIndex = e.NewEditIndex;
73      LoadShopCar();
74      TotalDs();
75   }
<                          >
76   protected void btnReckoning_Click(object sender, EventArgs e)
77   {
78      Response.Redirect("CheckOut.aspx?Total="+lblTotal.Text.Trim());
79   }
```

单击“结账”按钮的事件 btnReckoning_Click，将会把购物信息以及收件人的地址电话等信息传到后台，生成订单，由卖家对订单进行发货等处理。

29.3.6 商品信息管理功能实现

商品信息管理将实现新商品的录入，并支持商品图片的上传，以及对系统内已有商品的修改和删除。通过本小节用户应学会简单的添加上传附件的功能，将文件图片上传到服务器并加以保存。要对商品进行管理，有必要做一个商品的查询功能，以方便查找要修改或删除的商品，为此新建Product窗口，在这里实现对已有商品的查询显示功能，如图所示。

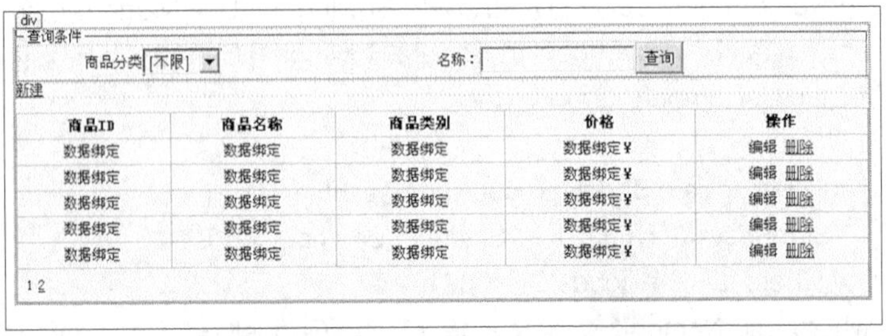

后台代码将按照前台设置的检索条件，进行数据库信息的查询，并将结果绑定到 GridView 控件上显示，同时进行商品的删除操作。后台代码如下（代码 29-7.txt）。

```
01  /// <summary>
02  /// 绑定商品的信息
03  /// </summary>
04  public void gvBind()
05  {
06      string sql = "select  * from Goods where 1=1 ";
07      if (ddlKind.SelectedIndex > 0)
08      {
09          sql += " and class='" + ddlKind.SelectedValue.Trim() + "' ";
10      }
11      if (txtName.Text.Trim().Length > 0)
12      {
13          sql += " and Name like '%" + txtName.Text.Trim() + "%' ";
14      }
15      sql += " order by class,name  ";
16      DataTable dt = new DataBaseHelper().Select(sql);
17
18      gvGoodsInfo.DataSource = dt;
19      gvGoodsInfo.DataBind();
20  }
21
22  protected void gvGoodsInfo_PageIndexChanging(object sender, GridViewPageEventArgs e)
23  {
24      gvGoodsInfo.PageIndex = e.NewPageIndex;
25      gvBind();
```

```
26     }
27
28     protected void gvGoodsInfo_RowDeleting(object sender, GridViewDeleteEventArgs e)
29     {
30        string ID = gvGoodsInfo.DataKeys[e.RowIndex].Value.ToString();
31        string sql = "delete from goods where id='" + ID + "' ";
32        int i = new DataBaseHelper().ExecuteNonQuery(sql);
33        gvBind();
34     }
35     protected void btnSearch_Click(object sender, EventArgs e)
36     {
37        gvBind();
38     }
39     protected void gvGoodsInfo_RowDataBound(object sender, GridViewRowEventArgs e)
40     {
41        if (e.Row.RowIndex>-1)
42        {
43           string id = gvGoodsInfo.DataKeys[e.Row.RowIndex]["ID"].ToString();
44           string myUrl = "EditProduct.aspx?ID=" + id;
45           ((HyperLink)e.Row.FindControl("hlDetail")).NavigateUrl = "javascript:OpenWindow('" +
myUrl + "')";
46
47        }
48     }
```

对于要修改或者新增加的商品，鉴于信息较多，大家要在这一小节中学会简单地添加附件功能。我们专门建立了一个商品信息窗口进行维护，商品信息维护窗口 EditProduct 如图所示。

值得注意的是，为了增加代码的可重用性，我们在此将新增商品和修改已有商品做在了一个页面中，那么在保存商品信息时，就一定要区别，方法是通过判断窗口有无传入商品的 ID 信息，来作为是保存修改还是新增商品，为此一定要做好页面传入参数的判断。本页面用了一个 HiddenField 控件 hdID 来保存传入商品的 ID，HiddenField 控件常用来保存存储页面不可见的信息。后台代码如下（代码 29-8.txt）。

```
01    protected void Page_Load(object sender, EventArgs e)
02    {
03       GlobleClass.ExecBeforPageLoad(this.Page);
04       if (!IsPostBack)
05       {
06          if (Request["ID"] != null && Request["ID"].ToString().Trim().Length > 0)
07          {
08             hdID.Value = Request["ID"].ToString().Trim();
09             GetGoodsInfo(hdID.Value);
10          }
11       }
12    }
13    /// <summary>
14    /// 获取指定商品的信息，并将其显示在界面上
15    /// </summary>
16    public void GetGoodsInfo(string id)
17    {
18       string sql = "SELECT  * FROM GOODS WHERE ID='"+id+"' ";
19       DataTable dt = new DataBaseHelper().Select(sql);
20       if (dt.Rows.Count > 0)
21       {
22          txtName.Text = dt.Rows[0]["NAME"].ToString();
23          ddlKind.SelectedValue = dt.Rows[0]["CLASS"].ToString();
24          txtUnit.Text = dt.Rows[0]["UNIT"].ToString();
25          txtPrice.Text = GlobleClass.VarStr(dt.Rows[0]["Price"].ToString(), 2);
26          hdImageUrl.Value = dt.Rows[0]["ImageUrl"].ToString();
27          ImageMapPhoto.ImageUrl = dt.Rows[0]["ImageUrl"].ToString();
28          txtShortDesc.Text = dt.Rows[0]["Introduce"].ToString();
29       }
30    }
31    protected void btnUpdate_Click(object sender, EventArgs e)
32    {
33       if (txtName.Text == "" || txtUnit.Text == "" || txtPrice.Text == "" || ddlKind.SelectedIndex==0)
34       {
35          GlobleClass.PopInfo(this.Page, " 请输入必要的信息！ ");
36       }
37       else if (GlobleClass.IsNumber(txtPrice.Text.Trim()) == false)
38       {
39          GlobleClass.PopInfo("<script>alert(' 请输入正确价格（格式: 1.00）! ");
40       }
41       else
42       {
```

```
43        string sql = "";
44        if (hdID.Value.Trim().Length > 0)
45        {
46          sql = @"update Goods
47                set Class=@Class,
48                    Name=@Name,
49                    Introduce=@Introduce,
50                    Unit=@Unit,
51                    ImageUrl=@ImageUrl,
52                    Price=@Price
53                where ID=@ID";
54        }
55        else
56        {
57          sql = @"insert  Goods
58                (Class,Name,Introduce,Unit,ImageUrl,Price,ID)
59                values(@Class,@Name,@Introduce,@Unit,@ImageUrl,@Price,@ID)";
60        }
61        SqlParameter[] Parameters = new SqlParameter[7];
62        SqlParameter ClassID = new SqlParameter("@Class", SqlDbType.VarChar, 50);
63        ClassID.Value = ddlKind.SelectedValue;
64        Parameters[0] = ClassID;
65        SqlParameter name = new SqlParameter("@Name", SqlDbType.VarChar, 50);
66        name.Value = txtName.Text.Trim();
67        Parameters[1] = name;
68        SqlParameter GoodsIntroduce = new SqlParameter("@Introduce", SqlDbType.NText, 16);
69        GoodsIntroduce.Value = txtShortDesc.Text.Trim();
70        Parameters[2] = GoodsIntroduce;
71        SqlParameter GoodsUnit = new SqlParameter("@Unit", SqlDbType.VarChar, 10);
72        GoodsUnit.Value = txtUnit.Text.Trim();
73        Parameters[3] = GoodsUnit;
74        SqlParameter GoodsUrl = new SqlParameter("@ImageUrl", SqlDbType.VarChar, 50);
75        GoodsUrl.Value = hdImageUrl.Value.Trim();
76        Parameters[4] = GoodsUrl;
77        SqlParameter MarketPrice = new SqlParameter("@Price", SqlDbType.Float, 8);
78        MarketPrice.Value = txtPrice.Text.Trim();
79        Parameters[5] = MarketPrice;
80        SqlParameter ID = new SqlParameter("@ID", SqlDbType.BigInt, 8);
81        if (hdID.Value.Trim().Length > 0)
82        {
83          ID.Value = hdID.Value;
84        }
85        else
```

```
86        {
87            ID.Value = System.DateTime.Now.ToString("yyyyMMddHHmm");
88        }
89        Parameters[6] = ID;
90        //执行
91        int i = new DataBaseHelper().ExecuteNonQuery(sql, Parameters);
92        if (i == 1)
93        {
94            GlobleClass.PopInfo(this.Page, "操作成功！");
95        }
96      }
97    }
98    protected void UploadImage_OnClick(object sender, EventArgs e)
99    {
100       try
101       {
102           if (imageUpload.PostedFile.FileName == "")
103           {
104               GlobleClass.PopInfo(this.Page, "要上传的文件不允许为空！");
105               return;
106           }
107           else
108           {
109               string filePath = imageUpload.PostedFile.FileName;
110               string filename = filePath.Substring(filePath.LastIndexOf("\\") + 1);
111               string fileSn = System.DateTime.Now.ToString("yyyyMMddHHmmssfff");
112               string serverpath = Server.MapPath(@"~\Images\Goods\") + fileSn + filename.
Substring(filename.LastIndexOf("."));
113               string relativepath = @"~\Images\Goods\" + fileSn + filename.Substring(filename.
LastIndexOf("."));
119               imageUpload.PostedFile.SaveAs(serverpath);
115               hdImageUrl.Value = relativepath;
116               ImageMapPhoto.ImageUrl = relativepath;
117           }
118       }
119       catch (Exception error)
120       {
121           GlobleClass.PopInfo(this.Page, "处理发生错误！原因: " + error.ToString());
122       }
123    }
124    protected void btnNew_Click(object sender, EventArgs e)
125    {
126        hdID.Value = "";
```

```
127     txtName.Text = "";
128     txtUnit.Text = "";
129     txtPrice.Text = "";
120     txtShortDesc.Text = "";
121     hdImageUrl.Value = "";
122   }
```

29.3.7　订单信息管理功能实现

订单信息管理，将实现对客户提交到系统内的已有订单进行查询和处理的功能，我们在本小节还要学习简单的票据打印功能。

程序要人性化设计，查询订单要符合实际业务需要，这就要提供按客户查询和按订单信息查询等多种检索条件，以方便查找需要处理的订单。为此新建了一个 OrderList 窗口，在这里实现对已有订单的查询，显示各个订单当前处理状态，如图所示。

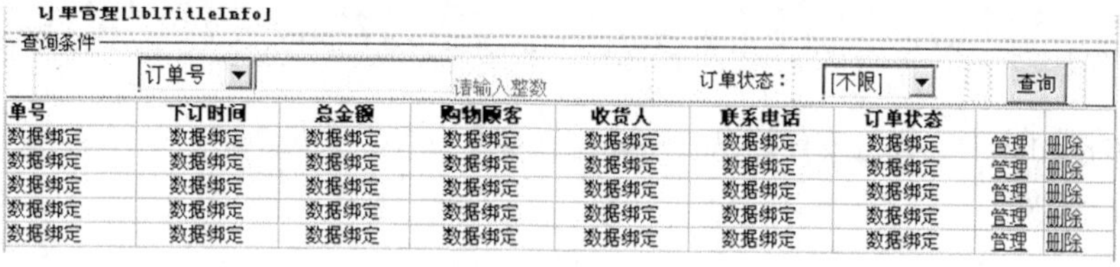

在这里我们仍然使用了 GridView 作为数据显示的控件，对于规整的二维表格式数据，GridView 确实是一个很好的控件。下面看一下后台代码，是如何查询订单数据，并绑定到 GridView 控件显示的。很简单，代码如下（代码 29-9.txt）。

```
01   // 绑定总金额
02   public string GetVarTP(string strTotalPrice)
03   {
04       return  GlobleClass.VarStr(strTotalPrice, 2);
05   }
06   /// <summary>
07   /// 获取符合条件的订单信息
08   /// </summary>
09   public void pageBind()
10   {
11       string sql = "select  * from [Order] where 1=1 ";
12
13       if (txtKeyword.Text.Trim().Length > 0)
14       {
15           if (ddlKeyType.SelectedIndex == 0)
16           {
17               sql += " and ORDERID='" + txtKeyword.Text.Trim() + "' ";
18           }
```

```
19        else if (ddlKeyType.SelectedIndex == 1)
20        {
21            sql += " and UserName='" + txtKeyword.Text.Trim() + "' ";
22        }
23    }
24    if (ddlState.SelectedIndex > 0)
25    {
26        sql += " and state='" + ddlState.SelectedValue.Trim() + "' ";
27    }
28    sql += " order by orderdate desc  ";
29    DataTable dt = new DataBaseHelper().Select(sql);
30
31    gvOrderList.DataSource = dt;
32    gvOrderList.DataBind();
33 }
34
35 protected void gvOrderList_PageIndexChanging(object sender, GridViewPageEventArgs e)
36 {
37    gvOrderList.PageIndex = e.NewPageIndex;
38    pageBind();
39 }
40 protected void btnSearch_Click(object sender, EventArgs e)
41 {
42    pageBind();
43 }
44 protected void gvOrderList_RowDeleting(object sender, GridViewDeleteEventArgs e)
45 {
46    string orderID = gvOrderList.DataKeys[e.RowIndex].Value.ToString();
47    string sql = "delete  * from [Order] where  ORDERID='" + txtKeyword.Text.Trim() + "' ";
48    int i = new DataBaseHelper().ExecuteNonQuery(sql);
49    pageBind();
50
51 }
```

到这一步，我们通过检索找到了要处理的订单，如何处理呢？首先要能看到订单的详细信息，比如订单里都订购了哪些商品，数量和价格是多少。为此新建一个订单明细窗口 OrderModify，在这个窗口中将显示上一步检索到的订单的详细信息，并能够对订单进行处理，即修改订单的执行状态，如图所示。

前台页面为了打印时页面美观，进行了平铺式的布局，通过调用 Windows 的打印程序，实现了本小节要学习的打印功能，页面后台代码如下（代码 29-10.txt）。

```
01  public  OrderInfo order = new OrderInfo();
02   protected void Page_Load(object sender, EventArgs e)
03   {
04     if (!IsPostBack)
05     {
06       order = GetOrderInformation();
07       OrderItemBind();
08     }
09   }
10
11   private void OrderItemBind()
12   {
13     string sql=@"select GoodsID,Name,Price,Num,SumPrice,UserName
14         from OrderItem S, Goods G
15         where S.GoodsID=G.ID and s.orderid='"+Request["OrderID"].ToString().Trim()+"' ";
16     DataTable dt = new DataBaseHelper().Select(sql);
17     rptOrderItems.DataSource = dt;
18     rptOrderItems.DataBind();
19   }
20   /// <summary>
21   /// 获取指定订单信息
22   /// </summary>
23   /// <returns> 返回 OrderInfo 类的实例对像 </returns>
24   public OrderInfo GetOrderInformation()
25   {
26     OrderInfo order = new OrderInfo();
27     // 获取订单基本信息
28     DataTable dt = new DataBaseHelper().Select( "select  * from [Order] where  ORDERID='" +
Request["OrderID"].ToString().Trim() + "' ");
29     if(dt.Rows.Count>0)
30     {
31       DataRow dr=dt.Rows[0];
32       order.OrderNo = dr["ORDERID"].ToString();
```

```
33        order.OrderTime = Convert.ToDateTime(dr["orderdate"].ToString());
34        order.TotalPrice = float.Parse(dr["TotalPrice"].ToString());
35        order.ReceiverName = dr["ReceiverName"].ToString();
36        order.ReceiverPhone = dr["ReceiverPhone"].ToString();
37        order.ReceiverPostalcode=dr["ReceiverPostCode"].ToString();
38        order.ReceiverAddress =dr["ReceiverAddress"].ToString();
39        order.State = dr["State"].ToString();
40        lblState.Text = dr["State"].ToString();
41        //ddlState.SelectedValue = dr["State"].ToString();
42      }
43      // 获取订单购买人信息
44      DataTable dtBuyer = new DataBaseHelper().Select("select [User].* from [Order] INNER JOIN "+
45          "[USER] ON [Order].UserName = [USER].Name where  [Order].ORDERID='" +
Request["OrderID"].ToString().Trim() + "' ");
46        if (dt.Rows.Count > 0)
47        {
48          DataRow drBuyer = dtBuyer.Rows[0];
49          order.BuyerEmail = drBuyer["Emails"].ToString();
50          order.BuyerName = drBuyer["Name"].ToString();
51          order.BuyerPhone = drBuyer["Phonecode"].ToString();
52        }
53      return (order);
54    }
55
56    protected void btnSave_Click(object sender, EventArgs e)
57    {
58      if(ddlState.SelectedIndex>0)
59      {
60          string sql = "update [order] set state='" + ddlState.SelectedValue.Trim() + "' where
OrderID='" + Request["OrderID"].ToString().Trim() + "' ";
61          int i = new DataBaseHelper().ExecuteNonQuery(sql);
62          if (i == 1)
63          {
64          GlobleClass.PopInfo(this.Page, " 修改成功，订单状态变更为: " + ddlState.SelectedValue.Trim());
65          order = GetOrderInformation();
66          }
67      }
68    }
```

在本次窗口代码中，大家有没有发现在绑定显示数据时有什么不同？除了直接将后台变量的值直接输出到前台显示，更关键的是不是多了一个对象 order？这就是我们在项目开发初期介绍的 OrderInfo 类的对象实例。在这个页面我们对它进行了初始化，赋值和前台输出绑定，希望大家仔细研究，对将某些事物的基本信息封装的好处多加体会。

到本节为止，我们已经将 B2C 网上购物系统从顾客注册与登录、商品呈现、购物车、商品管理，一直到订单管理等最基本的流程实现了。在项目实现的过程中，用到了最常用的 Web 服务器控件的用法，相信大家对 GridView 显示二维表数据、在 DataList 里定义 Tale 表灵活展示数据、图片附件上传至服务器、简单打印订单等功能都有了一定的了解，更重要的是对 .Net 进行 Web 系统开发的流程有了一个完整的认识。

▌ 29.4　系统运行

本节视频教学录像：6 分钟

系统设计开发完成后，现在就将商品展示页 Default 页设为起始页，来看看系统的运行效果。按【F5】键调试运行，会在浏览器中打开系统的默认页面，本系统默认为登录页面。

29.4.1　普通用户登录

(1) 在左侧登录窗口中单击【注册】按钮，填写注册信息（如用户名为 123456，密码为 123456），完成后单击【提交】按钮，提示"添加成功"。

(2) 使用注册的信息登录，即可登录网站，可以购买本站中的商品。

(3) 单击商品的【详细】链接可查看到商品明细信息。

(4) 单击商品的【购买】链接，即可提示"恭喜你，添加成功！"，购买完成，单击【我的购物车】，即可查看所购买的商品，并且可以结账，结账后会生成订单，购物车内的物品自动清空。

29.4.2 管理员登录

(1) 使用管理员的用户名"admin"、密码"000"登录本站，系统会自动转到网站管理的界面。

(2) 在管理界面中，管理员可以实现订单管理、商品管理以及人员管理等。

▋ 29.5 开发过程中的常见问题及解决方式

本节视频教学录像：2 分钟

本章主要通过一个不太复杂的综合范例——B2C 网上购物系统的开发，具体讲解了如果开发一个 .NET Web 网站，包括开发的流程和一些开发技巧。

如果你是初次开发这样的综合性程序，在开发过程中，你肯定会遇到这样或者那样的问题，不要急于求成，要按照软件设计的原理一步步完成。

(1) 明确系统的需求，做到有的放矢。

(2) 讨论、思考系统的总体框架，在此基础上完成各部门功能模块的框架。

(3) 建立合理高效的数据库，尽可能做到满足现有功能，还能进行下一步扩展的需求。

(4) 编写代码，运行调试，逐渐完善。

(5) 总结开发过程当中遇到的问题和解决的方法，为以后的编程提供宝贵的经验。

更改数据库地址、名称或 SQL Server 2008 的登录名和密码后，对 Web.config 文件的 <connectionStrings> 标签对中的连接字符串，需改成新数据库的地址名称及账号和密码。

注 意

第30章

本章视频教学录像：25 分钟

信息管理不用愁——信息管理系统开发实战

知识与实战结合，学以致用，才是学习的最终目的。

本章简要介绍图书管理系统、学生管理系统以及教师档案管理系统的开发实战。

本章要点（已掌握的在方框中打钩）

☐ 图书管理系统

☐ 学生管理系统

☐ 教师档案管理系统

30.1 图书管理系统

本节视频教学录像：9 分钟

本节将建立一个图书管理的 Web 系统，通过对图书的添加、管理、删除以及借出归还等功能的实现，具体展示 asp.net 4.0 的系统构建和 Web 页面的开发。本节尽可能地做到将 Visual Studio2008 提供的常用功能融入其中，使大家对 asp.net 4.0 实际开发流程、控件的使用、数据的绑定和数据的高级应用等有更深刻的认识。

30.1.1 系统分析

在进行系统设计前先要明确我们要做的系统将提供哪些功能，即通常所说的有哪些需求，在现实的项目开发中有条重要的规范就是"按合同设计"，说的是同一个道理。我们需要完成客户要求系统提供的功能，以保证系统的开发流程是可控的。

1. 需求分析

这里假设我们已经过了严格的需求分析，经分析系统必须提供如下功能：(1) 添加，维护和删除图书。(2) 图书的借出和归还。(3) 添加和维护用户信息。(4) 提供图书查询检索功能。

以上需求是我们将要完成的系统必须提供的功能。这些需求如何转化为开发所需要的设计呢？下面就来分析一下如何将这些需求体现在设计中。

2. 系统分析

现在已经知道系统将能够提供一些什么功能，根据需求分析的结论系统可以分为图书信息管理、用户信息管理、借阅管理三大模块。系统的层次结构如图所示。

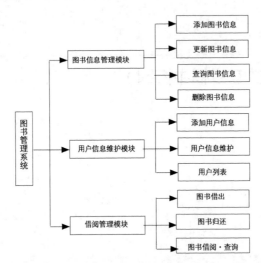

到这里对于一个较为简单的 Web 系统来说我们已经完成了系统概要设计，为了便于理解，我们把详细的设计和功能的实现放到一起。下面开始设计数据库，图中涉及的名词有两个，即"图书"和"用户"，系统提供的一切功能都是围绕着这两个实体实现的，系统的所有操作也都是对"图书信息"和"用户信息"的增删改查进行的，因此数据表的设计如下。

(1) 图书表（book）设计如图所示。

(2) 用户表（user）设计如图所示。

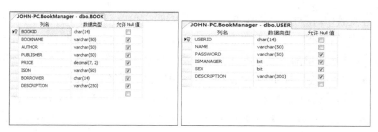

这里解释一下表中涉及的数据类型。char(14) 为长度 14 的字符串，如果字符串不足 14 位，则以空格填充；varchar(50) 是长度为 0~50 的字符串；decimal(7，2) 是长度为 7 的数字，小数点后面为两位有效数字。

注 意　标示为 PrimaryKey 的为主键列，主键列不允许有重复值和空值。SQL Server 2008 的数据类型可以参照 MSDN 中的 SQL Server 2008 说明文档。

30.1.2 功能实现

本小节介绍系统各部分功能的实现。

1. 附加数据库

在 SQL Server 2008 中，附加随书光盘中的 "Sample\ch30\BookManger\BookManager.mdf" 数据库文件。

将数据库文件附加到数据库后，原来的数据库连接的地址及用户名密码需改成新数据库的 地 址 及 用 户 名 和 密 码，格 式 为 "Data Source=localhost;Initial Catalog=BookManager;User ID=sa;Password=sa123"。其中 Data Source 为数据库地址；localhost 表示为本机，如在其他机器上应该为该机器 IP 地址；Initial Catalog 为数据库名称；UserID 和 Password 则分别为 SQL Server 的用户名和密码。

2. 登录

页面运行后的界面如图所示。

当用户输入用户名和密码并单击【登录】按钮后，进行登录验证。首先从数据库查询录入的信息以验证登录信息是否正确，如果验证通过，则在 Session 中写入 isValidate 属性，其值为 true；如果用户选择以管理员身份登录，则图书在 Session 中写入 isManager 属性，其值为 true。完成后转入功能页。

3. 系统导航及模板页的设计及实现

在网站和 Web 系统中总会有些 Web 页面共有的区域，如标题区域、页脚区域、导航区域等，为了维持统一的风格，系统的这些区域一般情况下都不会轻易改变。在每个页面分别设置的话又会造成开发的较大开销和维护工作量的增加，且不易保证统一的系统界面风格。asp.net 从 2.0 开始提供有模板页（MasterPage）功能，允许在模板页中添加一些控件用以实现系统中 Web 页面中共有的功能，从而使引入模板页的 Web 页面从模板页继承这些功能，就好像这些功能本来就是 Web 页面提供的一样。在本系统中我们将系统的标题、导航模块和版权声明等系统页面共有的部分放入模板页，将开发界面切换到设计视图完成后的界面，如图所示。

为了实现单击 TreeView 节点导航到相应页面，我们为 TreeView 节点的属性分别绑定该节点指向的页面地址。

<asp:TreeNode Text=" 添加用户 " Value="~/user/AddUser.aspx"></asp:TreeNode>

然后双击设计视图中的 TreeView 控件为其添加单击事件。

```
01   protected void tvMenu_SelectedNodeChanged(object sender, EventArgs e)
02   {
03      // 取得选择节点要导航到的地址字符串
04         string selectUrl = this.tvMenu.SelectedNode.Value;
05      // 跳转到相应的页面
06         Response.Redirect(selectUrl);
07   }
```

SiteMapPath 控件默认使用系统中的 Web.sitemap 文件作为其数据源。

4. 图书管理

图书管理分为添加、删除、更新和查询等功能。以下为各功能的运行效果图及功能简述。

（1）添加图书功能。

在有新书到来的时候，添加新的图书信息到系统数据库，保存前将检查录入数据的合法性，如书名和 ISDN 码不能为空、价格必须为正数等。

（2）查询图书信息功能。

本功能提供给用户一个查找图书的界面，使用户可以取得符合查询条件的图书列表。如该用户为管理员，则提供到图书更新和图书删除的操作列，界面运行效果如图所示。

```
01  <asp:TemplateField HeaderText=" 操作 " ShowHeader="True" Visible="False">
02  <ItemTemplate>
03  <asp:LinkButton ID="lbtnDetail" runat="server" CausesValidation="False"
04  CommandName="Select" Text=" 更新 "></asp:LinkButton>
05   <asp:LinkButton ID="lbtnDelete" runat="server" CausesValidation="False" Text=" 删 除 "
CommandName="Delete"></asp:LinkButton>
06  </ItemTemplate>
07  </asp:TemplateField>
```

这段代码即为页面中的操作列，这里使用了模板列，在 Gridview 中每一列都可以转化为模板列。具体操作为在设计界面单击 GridView 右上角的 GridView Tasks 面板，选择"编辑列"，在弹出的 Fields 面板中的 Selected fields 区域选择要转化为模板列的数据列，然后单击 Fields 面板左下方的转化模板列按钮即可。本页面使用模板页面，来实现在 GridView 中插入 LinkButton 按钮以实现数据编辑和删除的操作。

```
01  AutoGenerateColumns="False"
02   AllowPaging="True" PageSize = "30"
03              DataKeyNames="bookid"
04   AllowSorting="True"
```

这段代码为 GridView 的非必须属性，依次为不自动添加列，允许分页，每页为 30 行，数据行键值为 bookid 列数据，允许排序。GridView 还有其他的一些属性，此次暂未提及，有兴趣的读者可以查询 MSDN 获取更多的信息。下面重点讲解 Gridview 的事件处理，代码如下。

```
01  onselectedindexchanged="gvData_SelectedIndexChanged"
02  onrowdeleting="gvData_RowDeleting"
03  onpageindexchanging="gvData_PageIndexChanging"
```

分别对应 GridView 的选定、删除和翻页处理事件。事件处理代码如下（代码 30-1-1.txt）。

```
// 翻页时将数据定位到选定 GridView 页
01   protected void gvData_PageIndexChanging(object sender, GridViewPageEventArgs e)
02   {
03    gvData.PageIndex = e.NewPageIndex;
04   }
// 删除指定图书信息
```

```
05      protected void gvData_RowDeleting(object sender, GridViewDeleteEventArgs e)
06    {
07        string sql = "delete book where bookid=@BOOKID";
08        SqlParameter param = new SqlParameter("@BOOKID", SqlDbType.Char);
09        param.Value = gvData.DataKeys[e.RowIndex]["bookid"].ToString();
10        bool result = false;
11        try
12        {
13          result = dbHelper.ExecuteNonQuery(sql, new SqlParameter[] { param });
14          if (result)
15          {
16            Response.Write("<script type='text/javascript'> alert(' 删除成功 ');</script>");
17          }
18        }
19        catch
20        {
21          Response.Write("<script type='text/javascript'> alert(' 删除失败，请重试 ');</script>");
22        }
23    }
// 导航到编辑图书界面
24    protected void gvData_SelectedIndexChanged(object sender, EventArgs e)
25    {
// 根据选择行导航到相应的图书编辑界面
26 Response.Redirect("EditBook.aspx?BOOKID=" + this.gvData.SelectedDataKey ["bookid"].
ToString());
27    }
```

(3) 修改图书信息功能。

当发现已添加到系统的图书信息有错误或图书信息有变更时，系统允许管理员修改图书信息。界面在运行时的效果如图所示。

本界面和图书添加界面类似，不同点为本界面从图书查询界面导航过来，同时在地址字符串中传入一个图书 ID 的参数，页面加载时根据该 ID 查询数据库取得该图书信息，并将其设置到页面更新完成提交时，由原来的数据插入操作改为数据更新操作。

5. 用户管理

本模块的功能和图书管理模块类似，实现了系统用户信息的添加、更新和删除等功能。
用户添加功能如图所示。

用户列表功能如图所示。

本页面实现根据用户 ID 和用户名查询和删除等功能，同时提供到用户信息更新页面的导航。
用户信息更新功能如图所示。

6. 借阅管理

本模块实现图书的借出和归还功能，为定位具体的图书页面附带有查询图书的功能。如图所示。

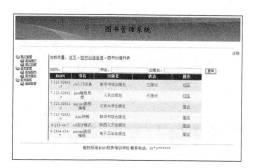

如果图书"状态"为"已借出"则"操作"为"归还"。单击"归还"按钮会弹出图书归还界面，确认借书信息无误后单击【还书】按钮则可更新数据库中的借阅信息。运行界面如图所示。

单击借阅管理页面中的"借出"按钮会弹出图书借出界面，输入借阅者用户名后单击【借出】按钮，在数据库中就会添加该图书的借出记录。运行界面如图所示。

30.1.3 开发过程中的常见问题及解决方式

提 示

如何实现 GridView 无数据出现表头和提示信息？

解决办法：在需要的地方加入如下方法即可，参数1为要绑定的数据源，参数2为被绑定的 Gridview，参数3为无数据时的提示信息。代码如下（代码 30-1-2.txt）。

```
01  public static void FillGridView(DataTable dtData, GridView gvData, string message)
02  {
03      if (dtData.Rows.Count > 0)
04      {
05          gvData.DataSource = dtData;
06          gvData.DataBind();
07          return;
08      }
09      else
10      {
11          if (message == null)
12          {
13              message = "无可浏览数据！";
14          }
```

```
15        int gvColumns = gvData.Columns.Count;
16        if (gvColumns < 1)
17        {
18           throw new Exception(" 数据表中无数据列 ");
19        }
20        string[] drData = new string[gvColumns];
21        //drData.SetValue(message, 0);
22        dtData.Rows.Add(drData);
23        gvData.DataSource = dtData;
24        gvData.DataBind();
25        for (int i = 1; i < gvColumns; i++)
26        {
27           gvData.Rows[0].Cells[i].Visible = false;
28        }
29        gvData.Rows[0].Cells[0].ColumnSpan = gvColumns;
30        gvData.Rows[0].Cells[0].Text = message;
31     }
32  }
```

30.2 学生管理系统

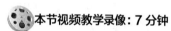本节视频教学录像：7 分钟

本节将建立一个学生管理的 Web 系统，通过系统的具体实现展示 ASP.NET 3.5 的系统构建和 Web 页面的开发。

30.2.1 系统分析

本系统的目标是开发一个实现学生管理功能的 Web 系统，内容包括学生管理、教师信息管理、课程管理和分数管理等。

1. 需求分析

这里假设我们已经经过了严格的需求分析，经分析系统必须提供如下功能。

(1) 添加、维护和删除学生信息。

(2) 添加、维护和删除教师信息。

(3) 添加、维护和删除课程信息，以及课程分数的录入和查询。

2. 系统分析

需求分析已列出系统需提供给用户的功能，但凭这些还不能支持接下来的开发工作，需要对需求进行梳理归纳后形成设计。根据需求，系统功能归纳起来可以用下图表示。

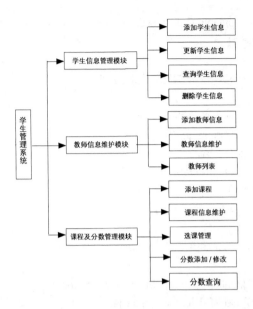

30.2.2 功能实现

根据上面对系统的分析，系统将提供学生信息管理、教师信息管理和课程及分数管理等模块，以及系统使用时必须添加的权限管理模块。下面具体实现各个模块的功能。

1. 附加数据库

在 SQL Server 2008 中，附加随书光盘中的 "Sample\ch30\StudentManager\StudentM anager. mdf" 数据库文件。

将数据库文件附加到数据库后，需要修改 web.config 文件，将原来的数据库连接的地址及用户名密码改成新数据库的地址及账号和密码，格式为 "Data Source=localhost;Initial Catalog=StudentManager;User ID=sa;Password=sa123"。其中 Data Source 为数据库地址；localhost 表示本机，如在其他机器上则应为该机器的 IP 地址；Initial Catalog 为数据库名称；UserID 和 Password 分别为 SQL Server 的用户名和密码。

2. 设计系统页面框架及功能区域

接下来的工作就是决定系统页面的框架和页面的风格。系统采用如图所示的框架，按编号依次为页头、菜单、导航、主功能区和页脚。

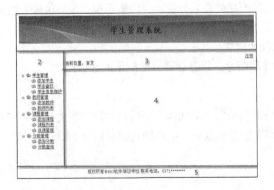

因为除了登录和重设密码外，所有的页面布局基本一致，所以可采用模板页以保证系统具有统一的风格，提高代码的重用度。模板页左侧区域 2 为 TreeView 提供给用户导航的菜单，区域 3 用 SiteMapPath 控件以显示当前位置（具体代码见随书光盘中的源码）。

3. 学生管理模块设计及实现

学生管理模块可分为添加学生、学生查找、学生信息维护等功能。

(1) 添加学生功能如图所示。

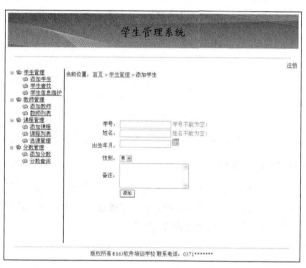

本页面的主要功能为单击【添加】按钮时数据验证和数据提交操作。为防止用户提交错误或提交空数据，需在【学号】和【姓名】文本框中添加验证控件，以防止用户提交非法的数据。

(2) 学生查找功能如图所示。

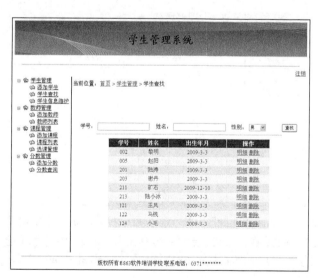

本页面提供根据【学号】、【姓名】和【性别】查询功能，对已查出的学生提供"删除"和导航到该学生"明细"信息的超链接。

(3) 学生信息明细及学生信息编辑功能如图所示。

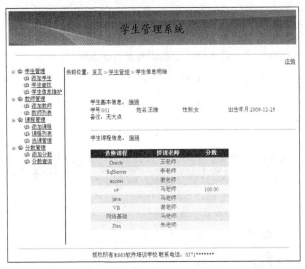

本页面用以展示学生的基本信息，并提供到学生课程信息编辑的超链接页面。

4. 选课及分数管理模块设计及实现

系统中的教师及课程管理涉及的功能和业务逻辑，与学生管理无太大的差别，这里重点讲解一下选课和分数管理。涉及的主要内容仍是数据展示控件和数据库数据操作。前面已经讲过一些数据展示控件的基本用法，下面把重点放在数据展示控件的技巧性运用上。

(1) 选课管理功能如图所示。

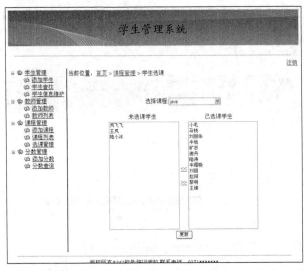

本页面使用了 DropDownList 和 ListBox 作为数据展示控件。页面主要实现以下操作：首先从【选择课程】下拉列表中选择特定课程，根据选定课程分别在【未选课学生】和【已选课学生】列表加载需要数据。用户可单击某学生将其从两类中添加或删除，也可以单击中间的【<<】和【>>】按钮，将一侧数据全部移动到另一侧。

确认学生选课信息后，可单击【更新】按钮提交更新。

(2) 添加和查询分数功能如图所示。

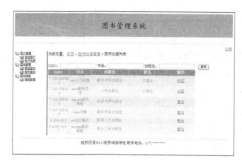

系统中的分数添加和分数查询功能较为相似，所以为一个设计页面。为了区分用户导航信息，即用户要查看的是分数添加还是分数查询，我们在导航地址中添加传入参数 "ENABLE=false"，标明分数不可编辑。在页面 Load 方法中添加如下代码。

```
01    string enableEdit = Request.QueryString["ENABLE"];
02    if (enableEdit != null)
03    {
04        this.hfdEnableEdit.Value = "false";
05    }
```

上述代码用以在页面 ID 为 "hfdEnableEdit" 的 HiddenField 控件的 Value 属性赋值为 false，以便在以下的数据取得后填充页面时，判断分数数据是否可编辑（代码 30-2-1.txt）。

```
01    protected void gvCouse_RowDataBound(object sender, GridViewRowEventArgs e)
02    {
03        if (e.Row.RowIndex > -1)
04        {
05            TextBox tempScore = ((TextBox)(e.Row.FindControl("txtScore")));
06            if (!bool.Parse(this.hfdEnableEdit.Value))
07            {
08                tempScore.BorderStyle = BorderStyle.None;
09
10                tempScore.ReadOnly = true;
11                if (tempScore.Text.Trim().Length > 0 && double.Parse(tempScore.Text) < 60)
12                    tempScore.ForeColor = System.Drawing.Color.Red;
13            }
14        }
15    }
```

其中 txtScore 为页面 GridView 模板列 "分数" 中的用以录入和查看分数的 TextBox 控件。

30.2.3　开发过程中的常见问题及解决方式

如何打印 GridView 中的数据？（代码 30-2-2.txt）

解决办法：可在页面中添加如下的 avaScript 函数实现打印功能。

```
01      function printPage( gvID)
02      {
03        var newWin = window.open('printer','','');
04        var titleHTML = document.getElementById(gvID).innerHTML;
05        newWin.document.write("<table>")
06        newWin.document.write(titleHTML);
07        newWin.document.write("</table>");
08        newWin.document.location.reload();
09        newWin.print();
10        newWin.close();
11      var Ovent = window.event;
12      Ovent.returnValue = false;
13      }
```

30.3 教师档案管理系统

本节视频教学录像：9 分钟

随着我国成功地加入 WTO 及世界经济文化发展的信息化趋势的日益显现，学校的管理机制正在发生着根本性的变化。如果想要在激烈的教学市场竞争中站稳脚跟，就必须变革学校内部的管理制度，并发挥现代科技的优势。那么，借助现代信息技术和管理理论，建立一个完善的教师档案管理系统则势在必行。

30.3.1 系统分析

1. 需求分析

对管理员来说，包括对全体教师基本档案、学科建设、教学研究等信息，和对学校师资队伍（即教师）的管理。

（1）基本档案管理：系统管理员可以对所有教师的"教育背景"和"工作简历"进行增加、删除和修改等操作。

（2）学科建设管理：系统管理员可以对所有教师的"教学学科"信息进行添加、删除和修改等操作。

（3）教学研究管理：系统管理员可以对所有教师的"在研课题"、"发表论文"、"发表论著"和"获奖情况"等信息进行增加、删除和修改等操作。

（4）师资队伍管理：系统管理员可以对教师用户的基本信息进行添加、删除和修改等操作。

对于普通教师来说，可以根据系统权限的开放程度来对自己的信息进行管理。

（1）基本档案管理：教师可以对自己的"教育背景"和"工作简历"进行添加、删除和修改等操作。

（2）学科建设管理：教师可以对自己的"教学学科"进行添加、删除和修改等操作。

（3）教学研究管理：教师可以对自己的"在研课题"、"发表论文"、"发表论著"和"获奖情况"等信息进行添加、删除和修改等操作。

2. 系统分析

根据需求分析，系统功能归纳起来如下图所示。

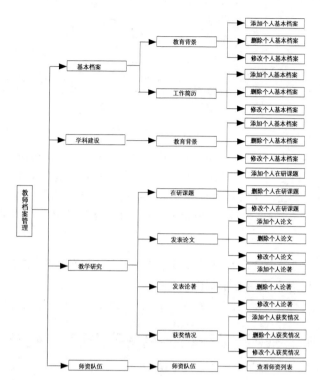

(1) 教师用户系统结构图如下。

(2) 管理员用户模块功能图如下。

30.3.2　功能实现

本小节介绍系统部分功能的实现。

1. 登录页面

本系统中，教师是由管理员创建的，不需要进行注册。但是，教师若想享受系统提供的服务，就必须登录系统。

在主界面中添加了 3 个 TextBox 文本框、1 个 Button 按钮和 1 个 CheckBox。

用户输入【用户名称】【密码】和【验证码】，单击【登录】按钮，触发 log_Click 事件，首先判断【用户名称】和【密码】是否为空，然后判断【验证码】是否正确，接着调用 GetUserInfo() 方法判断用户是否登录成功和用户的权限，跳转到 Default.aspx 管理页面，保存到 Session 对象中。

2. 基本档案管理

用户登录成功之后，系统会自动转入管理页面，单击"基本档案"下拉菜单里面的"教育背景"超链接进入 Resume_Study.aspx 页面进行操作。

个人档案（教育背景）

		姓名	起止时间	毕业院校	专业	获得学位	年度	添加人	修改人
删除	修改	明明	2007.3.12-2007.12.15	山东大学	会计	夺	2026	admin	admin
删除	修改	kcm	324		asf	23	af	2026	kcm

添加

这里创建了一个 GridView 对象，并在其中添加了两个 LinkButton 控件（删除、修改）和一个 Button 按钮（添加）。根据用户的不同，读取不同的信息绑定到 GridView 控件上。

3. 教育背景添加

当管理员需要对教育背景进行添加时，可以单击【添加】按钮，进入添加页面。

个 人 简 历 —— 教育背景添加

姓 名：	[请选择...]
起止时间：	格式：2001.9.28 — 2005.7.28
毕业院校：	格式：吉林大学
专 业：	格式：计算机专业
获得学位：	格式：学士学位
年 度：	[请选择...]

添加 重置 返回

这里添加了多个 TextBox 控件、多个 DropDownList 控件及 3 个 Button 控件。当管理员需要对教育背景进行添加时，可以单击【添加】按钮，触发 btnAdd_Click 事件，首先判断用户是否输入，然后调用 AddResumeInfo() 方法进行添加操作，添加成功后跳转到教育背景管理页面。

4. 修改信息

当管理员需要修改教育背景时，需要单击【修改】按钮，触发 gvList_RowUpdating(object sender, GridViewUpdateEventArgs e) 事件，进行页面跳转。

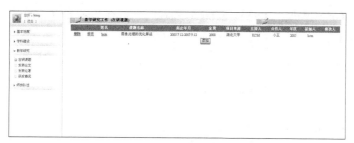

将要修改的信息从数据库读取出来绑定到 TextBox 上，单击【修改】按钮触发 btnUpdate_Click 事件，首先判断用户是否输入信息，然后调用 UpdateResumeInfo () 方法进行修改操作。

5. 删除信息

当管理员需要删除教育背景时，需要单击【删除】按钮，触发 gvList_RowDeleting 事件，调用 DeleteResumeInfo() 方法，通过 P_Int_id 进行删除操作。

以上是教师档案中基本档案模块的主要实现方法，讲述了添加、修改、删除等操作。其他几个模块的实现方法基本上一样，读者可参照源代码练习。

其他模块简介如下。

6. 学科建设管理页面

学科建设管理主界面如图所示。

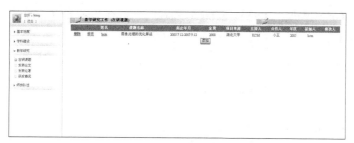

单击【添加】按钮以及【删除】或者【修改】链接，就可以进行相应的操作。

7. 教学研究管理

包括在研课题管理、发表论文管理、发表论著管理和获奖情况管理等 4 项功能，如图所示。

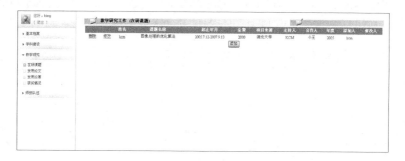

8. 修改个人资料

用户只需要填写正确的【旧密码】，就可以修改个人资料。主界面如图所示。

30.3.3 开发过程中的常见问题及解决方式

在基本档案管理模块中，如何根据不同的用户显示不同的信息？

解决办法：构建一个 GridView 的数据源，并对 GridView 进行绑定，从而显示相关的数据。代码如下（代码 30-3.txt）。

```
01    public void gvListBind()
02    {
03    // 判断用户是否登录
04      if (Session["Username"] == null)
05      {
06        Response.Write("<script>parent.location='../Default.aspx';</script>");
07      }
08      else
09      {
10        if (Convert.ToInt32(Session["Admin"]) == 1)
11        {
12          SqlCommand myCmd = prObj.GetARICmd(1);
13          prObj.GVBind(myCmd, gvList, "AResume");
14        }
15        else
16        {
17         SqlCommand myCmd = prObj.GetSRICmd(1, Convert.ToInt32(Session["UID"]));
18          prObj.GVBind(myCmd, gvList, "SResume");
19        }
20
21      }
22
23  }
```